자동차 엔진정비 실습

MAINTENANCE OF AUTOMOBILE ENGINE

구민사

저자약력 |

이승재

현) 가톨릭상지대학교 하이브리드자동차과 교수

전) 현대자동차(주) 중앙연구소 근무

자동차 엔진정비 실습

초판 인쇄 | 2023년 12월 10일
초판 발행 | 2023년 12월 20일

저　　자 | 이승재
발 행 인 | **조규백**
발 행 처 | 도서출판 **구민사**
(07293) 서울특별시 영등포구 문래북로 116, 604호(문래동 3가 46, 트리플렉스)
전　　화 | (02) 701-7421(~2)
팩　　스 | (02) 3273-9642
홈페이지 | www.kuhminsa.co.kr

신고번호 | 제2012-000055호 (1980년 2월 4일)
I S B N | 979-11-6875-317-4 93550

값 | **29,000원**

PREFACE

머리말

자동차 엔진정비 실습은 자동차 정비를 처음 접하는 초보자, 학생들 및 현장근무자를 위한 실습 교재이다. 자동차 엔진은 여러 가지 많은 부품으로 이루어져 있다. 그래서 실기 기능과 고장 진단 능력을 이해하기 쉽게 내용을 최신 차종으로 구성하였으며, 자신의 가능성과 잠재능력을 계발할 수 있도록 구성하였다.

컬러 사진을 풍부하게 수록하는 것은 물론, 자동차 엔진의 분해조립 및 엔진 각 부품 측정과 파형 측정 및 분석을 수록하였고, 실습 교육의 효과를 높이기 위하여 관련 부품의 역할과 고장 시 증상 및 점검방법을 수록하였다. 또한 NCS 및 과정평가, 자격증 시험에 필요한 내용을 다음과 같이 수록하였다.

이 책의 구성은 다음과 같다.

- chapter 01. 엔진 정비에 사용되는 필요한 공구와 테스터기를 수록하여 엔진 정비 시 정확한 공구 사용방법을 사용할 수 있도록 하였다.
- chapter 02. 엔진 소모품 교환에 대하여 수록하여 현장에서도 바로 작업을 할 수 있도록 하였다.
- chapter 03. DOHC엔진 및 디젤 엔진 분해조립 및 타이밍벨트 교환에 대하여 수록하였다.
- chapter 04. 엔진본체 정비로 안전한 작업과 각 구성부품을 테스터기를 이용하여 점검 및 진단하여 이상 유・무를 정확하게 파악하고 정비할 수 있도록 하였다.
- chapter 05. 냉각장치 정비로 냉각장치 부품 교환 및 냉각장치를 점검・진단하여 조정・수리 및 교환할 수 있도록 하였다.
- chapter 06. 윤활장치 정비로 엔진오일 교환 및 윤활장치의 윤활압력 측정・윤활유 누유 상태와 순환 상태를 점검・진단하여 문제의 부분을 수리, 교환할 수 있도록 하였다.

chapter 07. 연료장치 정비로 연료장치 부품 교환 및 구조, 특징과 연료장치의 연료압력을 측정하고, 연료 라인에 누유와 분사상태를 점검 및 진단하여 문제의 부분을 조정, 수리, 교환할 수 있도록 하였다.

chapter 08. 점화장치 정비로 점화장치 교환, 점화장치 점검 및 정비할 수 있도록 하였다.

chapter 09. 흡배기장치 장비로 흡배기장치 교환 및 점검과 정비할 수 있도록 하였다.

chapter 10. 전자제어장치 센서 탈부착 및 센서 단품 점검과 센서를 진단장비로 서비스 데이터 · 점검, 진단, 조정, 수리, 교환하고 센서의 파형을 분석하여 고장 원인을 파악할 수 있도록 하였다.

chapter 11. LPI엔진의 부품 교환과 점검 및 진단하여 문제 부분을 조정, 수리, 교환할 수 있도록 하였다.

chapter 12. 전자제어 디젤엔진 부품 교환 및 점검, 진단하여 고장 부분을 조정, 수리, 교환할 수 있도록 하였다.

chapter 13. 엔진시동 작업 및 압축압력, 진공도, 배기가스, 매연을 점검할 수 있도록 하였다.

아무쪼록 본 교재가 자동차 엔진을 공부하는 학생들과 산업체 전문 기술자들에게 널리 애용되는 교육용 및 참고 서적이 되기를 바라며, 보다 충실한 교재가 될 수 있도록 지속적인 수정과 보완을 약속드린다.

본 교재를 집필하는데 애써주신 구민사 조규백 대표님과 직원 여러분에게 감사를 표하며, 아울러 독자 여러분의 힘찬 정진과 건강하시기를 기원합니다.

CONTENTS

차례

Chapter 2

기본 엔진정비

Chapter 3

엔진 분해 및 조립과 타이밍벨트 교환

Chapter 4

엔진본체 정비

Chapter 9

흡배기장치 정비

Chapter 10

전자제어엔진 정비

Chapter 13

배출가스 검사

Chapter

1

엔진정비 공구와 테스터기

01 엔진정비용 일반 공구

자동차의 새로운 신기술이 발전됨에 따라 자동차의 정비도 과학적으로 행해져야 하므로 현대적인 정비공구와 테스터기를 사용하게 되었다. 그러나 기본이 되는 공구는 예전이나 현재나 그 중요함에 있어 변함이 없다. 자동차 엔진정비에 많이 사용되는 일반 공구의 명칭 및 그 사용방법 등에 대하여 설명하기로 한다.

올바른 정비작업은 엔진작업에 알맞은 공구를 선택하고 바르게 사용해야 하며, 또한 사용한 후에는 반드시 손질해 두어야 한다.

1.1 수공구

[1] 드라이버(Driver)

스크루 드라이버는 각종 나사못이나 작은 나사를 죄고 푸는데 사용되는 공구로, 영어의 스크루 드라이버(screw driver)를 줄인 말이며, 일반적으로 비교적 작은 나사를 돌리는 것을 말할 때가 많다. 강철제(鋼鐵製) 몸체에 나무・플라스틱의 손잡이가 붙어 있다. 나사머리에 직선으로 홈이 나 있는 것에 사용하는 일(⊖)자형 드라이버(끝이 일직선으로 되어 있다)와 십자머리 나사에 사용하기 위한 십(⊕)자형 드라이버(끝이 십자형으로 되어 있다) 및 자동으로 회전하는 것 등이 있으며, 생크와 손잡이의 결합방법에 따라 보통형과 관통형으로 구별된다. 드라이버는 홈의 크기에 맞는 것을 사용하지 않으면 드라이버의 끝 또는 나사머리가 손상된다.

(1) 표준 스크루 드라이버(Standard Screw Driver)

일반적인 드라이버로 손잡이 부분이 약간 볼록하게 나온 드라이버이며, 일자와 십자로 나뉜다.

(2) 양용 스크루 드라이버(Insert Changeable Screw Driver)

일자와 십자를 겸용으로 사용할 수 있는 드라이버이다.

[그림 1-1] 표준 스크루 드라이버

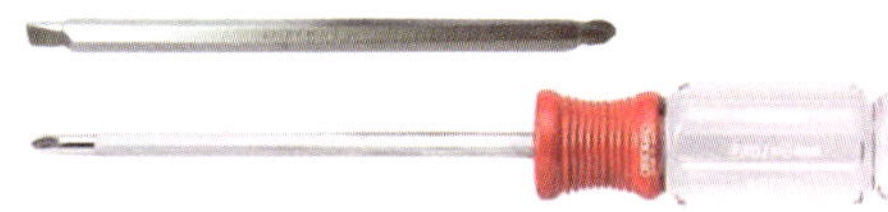

[그림 1-2] 양용 스크루 드라이버

(3) 해머 스크루 드라이버(Hammer Screw Driver)

나사에 녹이 나서 빠지지 않을 때 해머 드라이버와 해머를 사용하여 고정된 나사에 충격을 가하면서 나사를 뺄 때 사용한다. 드라이버 손잡이 부분(머리)에 강철이 있어서 해머로 타격을 가할 수 있는 드라이버로 전기작업을 하면 감전의 위험이 있다.

(4) 정밀 스크루 드라이버(Precision Screw Driver)

주로 정밀한 드라이버를 사용해야 하는 경우에 많이 사용하는 것으로, 시계 드라이버라고도 한다. 1~3.0mm 등 굵기가 3.0mm 이하의 드라이버이다.

[그림 1-3] 해머 스크루 드라이버

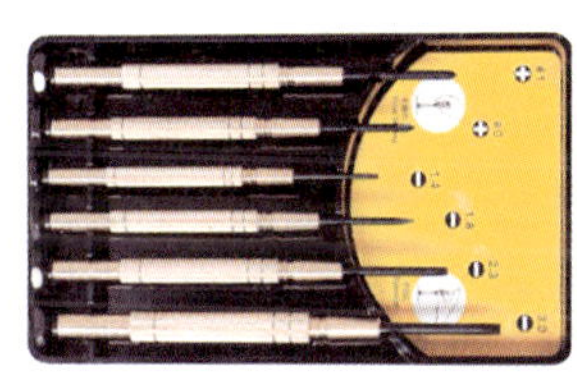

[그림 1-4] 정밀 스크루 드라이버

(5) 별 스크루 드라이버(Torx Screw Driver)

볼 드라이버처럼 끝이 별모양으로 되어 있다.

[그림 1-5] 별 스크루 드라이버

(6) 미니(주먹) 스크루 드라이버(Stubby Screw Driver)

크기가 주먹 크기와 비슷해서 붙여진 이름이다. 주로 협소한 공간에서의 작업에 사용한다.

[그림 1-6] **미니(주먹) 스크루 드라이버**

(7) 자동 스크루 드라이버(Automatic Screw Driver)

자동 드라이버는 박음과 빼기가 자동으로 되며 핸들의 조정장치의 선택에 따라 왼쪽 또는 오른쪽으로 돌게 하거나, 보통 드라이버처럼 고정시켜 사용할 수 있다.

[그림 1-7] **자동 스크루 드라이버**

(8) 토크 드라이버(Torque Driver)

조이려고 하는 스크루 토크를 토크 드라이버에 있는 마이크로미터 눈금으로 맞추고 조이면 조정값에 이르러 "딱"하고 소리가 나면서 더 이상 조임이 안 된다.

[그림 1-8] **토크 드라이버**

(9) 휘어지는 정밀 스크루 드라이버(Professional Screw Driver)

깊고 협소한 공간에서 편리하게 작업을 하고 앞으로 뒤로 옆으로 휘어지는 드라이버로, 손잡이 뒤편에는 L(Left)로 돌리면 왼쪽방향으로만 돌고, R(Right)로 돌리면 드라이버가 오른쪽방향으로 돌게 된다.

[그림 1-9] **휘어지는 정밀 스크루 드라이버**

(10) 전동 스크루 드라이버(Electric Screw Driver)

전원에 코드를 꽂아 직접 연결하여 사용하는 것과 충전하여 무선으로 사용할 수 있는 충전방식이 있다. 전동 드라이버는 전동기의 힘을 이용하여 나사를 조이거나 풀 때 쉽고 빠르게 작업할 수 있고, 토크 조정도 가능하다.

[그림 1-10] **충전식 스크루 드라이버**

(11) 에어 스크루 드라이버(Air Screw Driver)

이 공기식 스크루 드라이버는 중량이 가볍고 적은 용적으로 최대의 토크를 낼 수 있고, 과부하로 인한 고장이 없어 전동공구와 비교하여 소형으로 고속회전을 얻을 수 있다. 회전방향을 좌우로 조정하는 조정기와 공기량을 조정하는 노브가 있다.

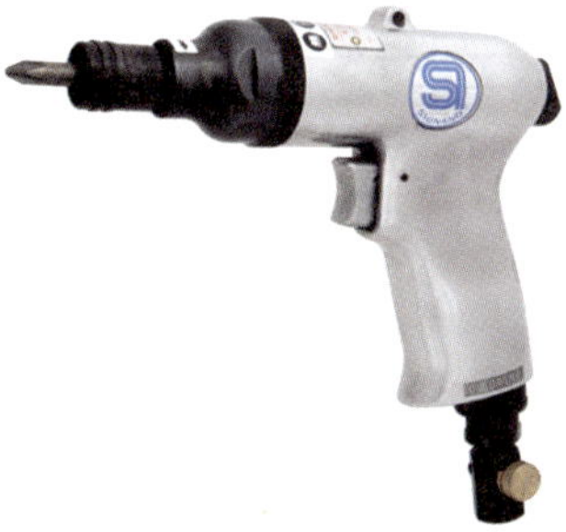

(a) 에어 임팩 드라이버

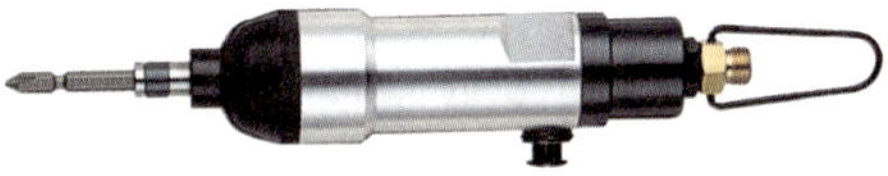

(b) 에어 스크루 드라이버

[그림 1-11] **에어 스크루 드라이버**

(12) 임팩 드라이버(Impact Driver)

부식되고 찌들어서 빠지지 않는 ⊕, ⊖볼트를 망치 등으로 타격하여 풀어낸다.

[그림 1-12] 임팩 드라이버

[2] 플라이어(Plier)

플라이어는 레버의 원리를 이용해서 악력(握力)을 배가시키는 작업용 공구로, 작은 부품이나 금속편을 잡고, 구부리고, 잡아당기고 선재(線材)를 절단할 때 사용하는 공구이다.

(1) 조합 플라이어(Combination Plier)

조합 플라이어는 일반적으로 플라이어라고 부르며, 가장 사용횟수가 많은 플라이어로 물체의 크기에 알맞게 조우의 폭을 변화시킬 수 있도록 지지점의 구멍이 2단으로 되어 있기 때문에 큰 것과 작은 것 모두 잡을 수 있다.

조우(jaw)에는 세레이션이 있기 때문에 미끄러지지 않으며, 지지점 부근의 안쪽에는 철사를 자를 수 있도록 되어 있다.

(2) 롱 노즈 플라이어(Long Nose Plier)

끝이 가늘고 길게 되어 있으며 조합 플라이어로 잡을 수 없는 구멍 속 또는 좁은 곳의 작업에 용이하며, 철사나 전선을 구부리거나 접거나 절단하는데 사용한다.

[그림 1-13] 조합 플라이어

[그림 1-14] 롱 노즈 플라이어

(3) 다이고널 컷팅 플라이어(Diagonal Cutting Plier, Cutting Nippers)

동선류나 철선류의 절단 및 전선류의 절단이나 피복을 벗기는데 사용하며, 록핀, 분

할핀의 절단에 사용한다. 일명 니퍼라고도 한다.

(4) 엔드 니퍼 플라이어(End Cutting Nipper & Plier)

와이어 끝부분이나 작은 물체를 뽑아내거나 다듬기에 사용된다.

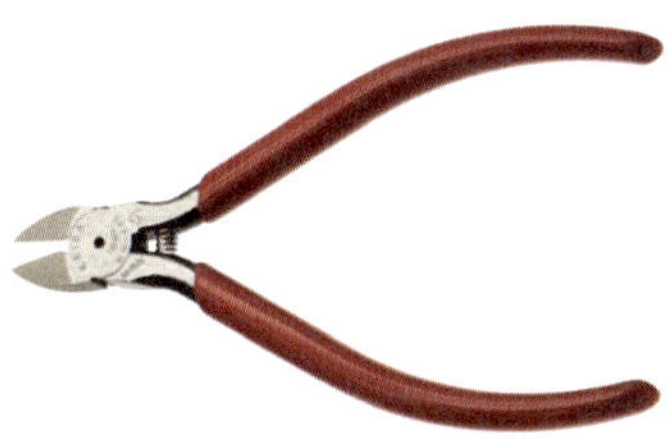

[그림 1-15] 다이고널 컷팅 플라이어(니퍼)

[그림 1-16] 엔드 니퍼 플라이어

(5) 전공 플라이어(Side Cutting Plier, Pincers)

주로 구리선이나 철선류를 굽히거나 절단하고 물체를 잡는데 사용한다.

[그림 1-17] 전공 플라이어

(6) 워터펌프 플라이어(Water Pump Plier)

잡는 물체의 크기에 대하여 입의 크기를 크게 변화시킬 수 있으며, 물펌프 패킹을 떼어내거나 설치하는데 사용하며, 배관작업에 많이 사용한다.

[그림 1-18] 워터펌프 플라이어

(7) 바이스 그립 플라이어(Vise-Grip Plier)

플라이어와 손 바이스를 합친 기능이 있으며, 압착간격 조정이 용이하고 2중 레버로 되어 있어 집는 힘이 강하여 스패너, 파이프렌치 등으로 사용이 가능하고 고착된 볼트를 풀 때 유용하다. 잠김 기능이 있어 대상 물체를 고정시킨 후 두 손을 자유로이 사용하여 작업이 가능하다.

[그림 1-19] **바이스 그립 플라이어**

(8) 스냅 링 플라이어(Snap Ring Plier)

축 외부에 설치된 스냅 링을 빼내거나 끼우는 축용과 축 내부 스냅 링을 빼내거나 끼우는 구멍형이 있다. 오므리거나 벌릴 때 사용하는 것과 겸용으로 사용하는 것이 있다.

[그림 1-20] **스냅 링 플라이어**

(9) 호스 반도 플라이어(Hose Clamp Plier)

플라이어 이빨이 호스 클립이 미끄러지지 않게 하며 좁은 곳에서도 사용할 수 있는 스프링식 호스 클립의 탈착작업 전용이다.

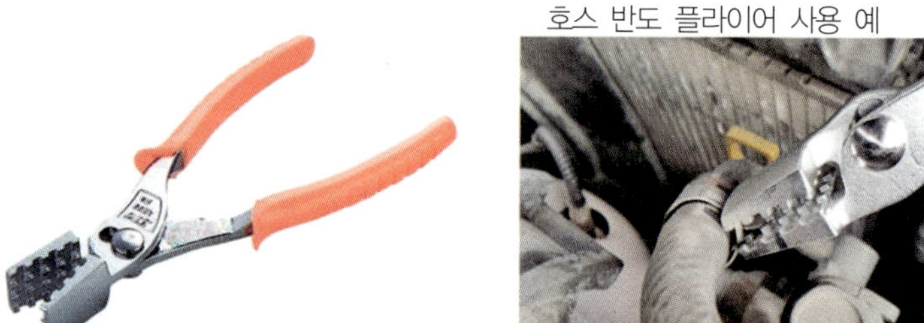

[그림 1-21] **호스 반도 플라이어**

(10) 피스톤 링 플라이어(Piston Ring Plier)

피스톤 링을 확장하여 빼내거나 장착하는데 사용한다.

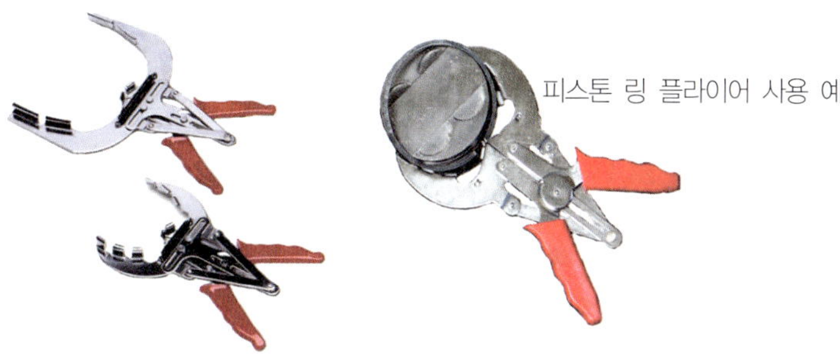

[그림 1-22] **피스톤 링 플라이어**

(11) 머플러 탈거 플라이어(Muffler Remover Plier)

차량의 머플러 교환 시 머플러 고무 및 정비 시 손쉽게 탈착하는데 사용한다.

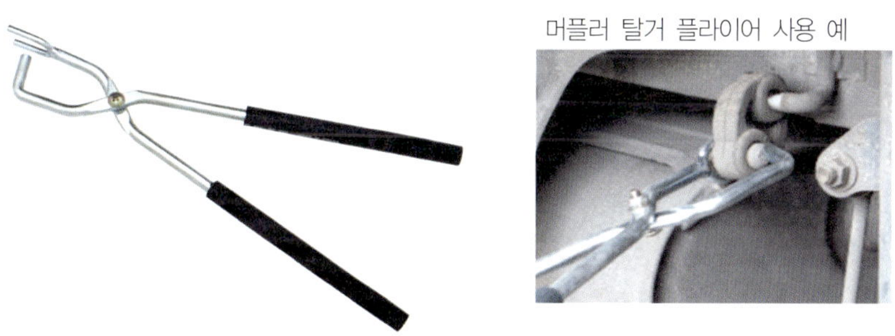

[그림 1-23] **머플러 탈거 플라이어**

(12) 도어 판넬 플라이어(Door Panels Plier)

차량의 도어 판넬 탈거 시 차량에 손상 없이 손쉽게 작업할 수 있다.

[그림 1-24] **도어 판넬 플라이어**

[3] 렌치(Wrench)

렌치는 스패너(spanner)라고도 하며, 볼트, 너트, 나사 등을 조이거나 풀 때 사용한다.

(1) 오픈 엔드렌치(Open End Wrench)

양구 스패너, 양쪽에 물림입이 달린 스패너로 양쪽 끝이 열려있다. 복스렌치보다는 큰 힘을 줄 수는 없지만, 복스렌치나 소켓렌치를 사용할 수 없는 곳이나 작은 힘으로 볼트 너트를 풀 수 있으며, 복스렌치나 소켓렌치보다 빠르게 볼트, 너트를 조이거나 풀 수 있으며 연료파이프라인의 피팅(연결부)을 풀고 조일 때 사용한다. 이 렌치는 볼트 너트의 6각 가운데서 2각만 입 부분에 걸리게 되므로, 복스렌치나 소켓렌치보다 볼트 너트에 상처를 내기 쉽고 렌치의 일부분도 마멸되기 쉽다.

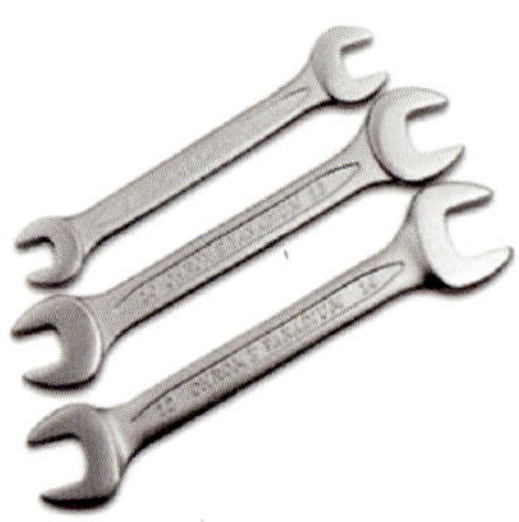

오픈 엔드렌치 사용 예

[그림 1-25] **오픈 엔드렌치**

(2) 복스렌치(Box Wrench)

복스렌치는 강제 막대의 한 대의 끝을 둥글게 하고, 그 안쪽에 6각 또는 8각, 12각 렌치 홈을 판 것으로 볼트나 너트 주위를 완전히 감싸게 되어 있어 고른 힘이 분산되어 사용 도중 미끄러지지 않고 큰 힘으로 풀거나 조일 수 있다. 일명 더블 옵셋렌치(Double Off Set Wrench)이나 일반적으로 복스렌치라 한다.

복스렌치 사용 예

[그림 1-26] **복스렌치**

(3) 조합렌치(Combination Wrench)

조합렌치는 한쪽은 오픈 엔드렌치로 하고 다른 쪽은 복스렌치로 되어 있어서 오픈 엔드렌치의 장점과 복스렌치의 장점을 하나로 만든 렌치이다. 가조임은 스패너 쪽으로, 본 조임은 옵셋 쪽으로 사용하여 하나로 두 가지의 기능을 한다.

[그림 1-27] **조합렌치**

(4) 라쳇 복스렌치(Rachet Box Wrench)

소켓과 라쳇 핸들이 일체화된 렌치로 회전 부분에 라쳇(rachet)이라는 기어장치가 있고, 구멍은 6각 또는 12각의 것이 있다.

① 기어렌치(Gear Wrench) : 소켓 라쳇 핸들과 같이 자동으로 반대방향으로 돌아가게 할 수 없으나 렌치를 뒤집어 사용하면 조이기와 풀기, 양 작업을 할 수 있다. 예를 들면, 시동전동기 탈착작업 등에서 렌치를 빼고 끼울 필요 없이 끝날 때까지 연속적으로 사용가능하다.

(a) 기어렌치 (b) 더블 기어렌치

[그림 1-28] **기어 렌치**

② 플렉시블 기어렌치(Flexible Gear Wrench) : 굴절형 기어렌치로 헤드부분에 힌지가 있어 헤드부분이 180° 회전이 가능하여 각도를 조절하면서 작업할 수 있다.

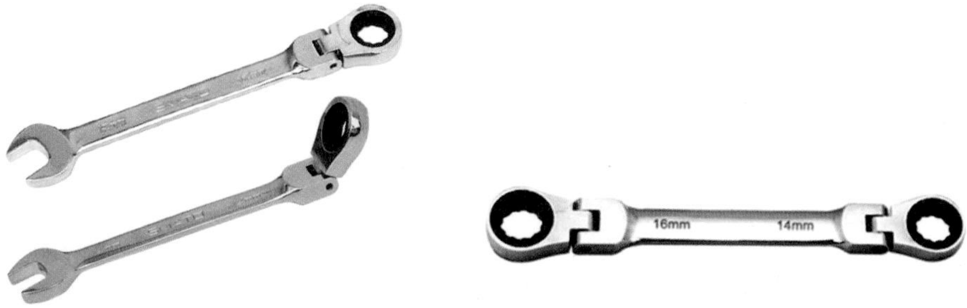

(a) 플렉시블 기어렌치 (b) 더블 플렉시블 기어렌치

[그림 1-29] **플렉시블 기어렌치**

③ **슈퍼 라쳇렌치**(Super Rachet Wrench) : 양쪽의 치수가 틀리며(예, 17mm, 19mm), 조이기와 풀기방향으로 조절할 수 있어 엔진오일교환 작업 시 드레인 플러그를 풀거나 조일 때 많이 사용한다.

[그림 1-30] **슈퍼 라쳇렌치**

(5) 너트렌치(Nut Wrench)

복스렌치를 둘로 나눈 형식의 것과 플레어 너트에 쓰이는 동관 치수에 입의 벌어짐을 맞추고 벌어진 입을 통해서 너트에 끼우는 것이 있다. 주로 브레이크나 연료파이프를 풀거나 조일 때 많이 사용한다.

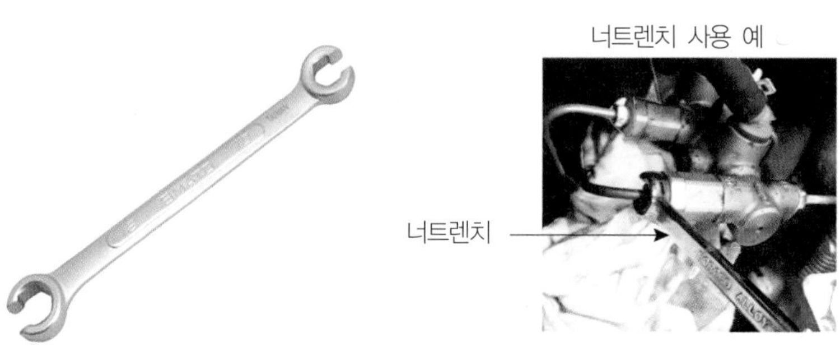

[그림 1-31] **너트렌치**

(6) 조정렌치(Adjustable Wrench)

조정렌치는 몽키 스패너라고도 불리며, 볼트나 너트의 크기에 따라서 한쪽의 조(jaw)의 크기를 조정할 수 있게 되어 있다.

이 렌치는 볼트 또는 너트의 크기에 따라 조의 크기를 조정할 수 있어 편리하기는 하나, 사용 중 물림 턱 조절 나사산(웜과 랙기어)의 여유가 많아 가동부분이 파손되기 쉽고, 또 볼트 또는 너트의 모서리도 마멸되기 쉬우므로 복스렌치 등이 맞지 않는 특수한 볼트 또는 너트를 돌리는 데만 사용하는 것이 원칙이다. 조의 크기는 랙 기어(rack gear)를 돌려서 조정한다.

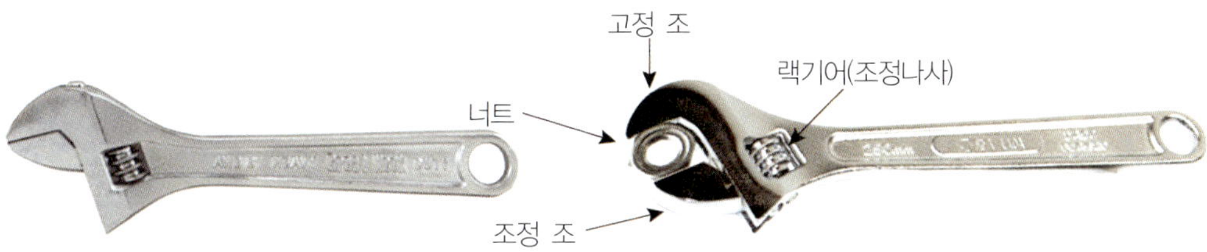

[그림 1-32] **조정렌치**

(7) 조정 파이프렌치(Adjustable Pipe Wrench)

간단히 파이프렌치라고도 한다. 평행하지 않은 두께의 조(jaw)로 되어있고 이 조에는 톱니모양의 이(serration)가 있어 자국을 내므로 모서리가 둥글게 되어 있는 파이프 등과 같이 매끄러운 것을 물려서 고정 또는 회전시킬 때 사용한다. 이의 방향을 참고해서 한쪽 방향으로만 회전시켜야 하고 조정은 조정너트로 한다. 휠 얼라이먼트 토인조정 시 고착된 타이로드 연결부를 풀 때 유용하다.

[그림 1-33] **조정 파이프렌치 및 사용법**

(8) 오일필터렌치(Oil Filter Wrench)

오일필터렌치는 자동차나 건설기계의 오일필터나 연료필터를 탈거하거나 조립할 때 사용된다. 오일필터렌치는 제작회사별로 여러 가지가 있으나, 사용방법은 거의 같고 오일필터의 종류에 알맞은 것을 선택하여 사용한다.

[그림 1-34] **오일필터렌치**

(9) 체인렌치(Adjustable Chain Pipe Wrench)

지름이 큰 파이프의 조임작업에 사용하나 주로 오일필터, 연료필터 교환 시에 많이 사용한다.

[그림 1-35] **체인렌치**

(10) 소켓렌치(Socket Wrench)

라쳇 핸들, 힌지핸들 같은 렌치형 수동 구동공구에 끼워서 볼트 또는 너트를 각 사이즈에 맞는 소켓렌치를 자유로이 선택할 수 있는 편리한 점이 있다. 그러나 볼트 또는 너트의 크기에 관계없이 렌치의 길이가 거의 일정하기 때문에 크기에 따라 렌치에 가해지는 손의 힘을 가감할 필요가 있으며, 전기나 압축에어를 이용하는 임팩 소켓도 있다.

(a) 6각 (b) 8각 (c) 12각

(d) 톡스 비트 소켓 (e) 임팩 비트 홀더 소켓 (f) 헤드 소켓 (g) 별 소켓

(h) 산소센서 소켓 (i) 스파크 플러그 소켓 (j) 플레어 너트 소켓

[그림 1-36] **소켓렌치의 종류**

(11) 소켓렌치 어댑터의 종류

① 연결대(Extension Bar) : 연결대는 힌지핸들, T-핸들, 라쳇핸들, 스피드핸들, 유니버셜조인트 등에 복스 소켓, 오일필터 캡 등을 끼워 용도에 알맞게 연결 사용한다.

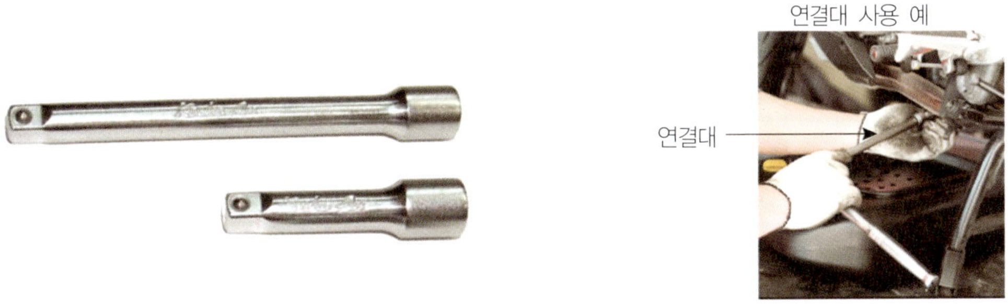

[그림 1-37] **연결대**

② 힌지핸들(Hinged Handle) : 힌지핸들은 소켓핸들 또는 복스대라고도 하며, 최대의 지렛대 원리로 많은 힘으로 단단히 조여져 있는 실린더 헤드 볼트나 너트 등을 풀고 조일 때 사용하는 핸들이다. 볼트나 너트를 처음 풀 경우와 토크렌치로 최종적으로 조이기 직전까지 사용한다.

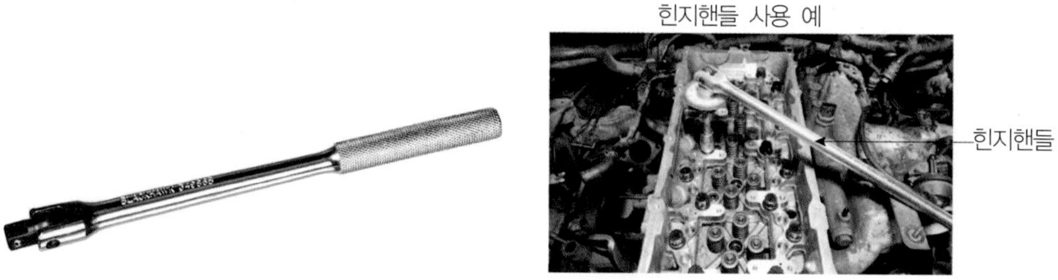

[그림 1-38] **힌지핸들**

③ 스피드핸들(Speed Handle) : 볼트나 너트를 신속하게 풀거나 조일 때 사용하며 작업공간이 충분하고 볼트나 너트가 많을 경우 빠르게 작업할 수 있다. 아래 볼트나 너트를 풀 때 핸들을 90°로 수직으로 세워 오른손으로 슬라이딩핸들 윗부분을 손바닥으로 조금 누른 상태에서 핸들을 가볍게 잡고 왼손으로 아래 슬라이딩핸들을 잡고 아래 슬라이딩을 왼손으로 돌린다. 10mm 이상은 힌지핸들로 푼 뒤 스피드핸들로 작업한다. 옆 볼트나 너트를 풀 때는 오른손으로 아래 슬라이딩핸들을 잡고 왼손으로 위 슬라이딩핸들을 가볍게 잡고 밀면서 푼다.

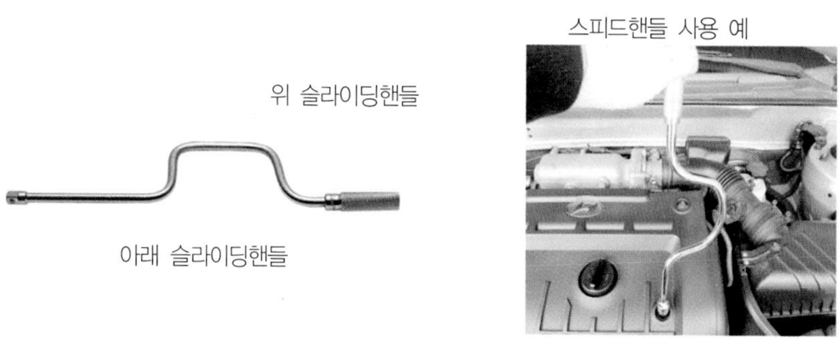

[그림 1-39] **스피드핸들**

④ 슬라이딩 T–핸들(Sliding T–handle) : 양 끝에 똑같은 힘을 가할 수 있고, 한쪽으로 몰아서 힌지핸들 대용으로 사용할 수 있다. 길이를 조절하여 필요한 토크로 조일 수 있으므로 볼트와 너트를 무리한 힘으로부터 보호할 수 있다.

[그림 1-40] 슬라이딩 T-핸들

⑤ 라첫핸들(Ratchet Handle) : 라첫핸들은 볼트나 너트에서 소켓렌치를 빼내지 않고 계속 한쪽방향으로 볼트나 너트를 조이거나 풀 때 많이 사용한다. 라첫 리버싱 레버(rachet reversing lever)는 소켓을 한쪽방향으로 회전시키고, 그 반대방향으로 고정시키는 레버이며 큰 토크가 필요치 않는 작업에 사용해야 한다. 볼트나 너트를 강하고 단단하게 조이거나 강하게 조여 있는 볼트나 너트에 사용하면 톱니바퀴(기어)가 손상이 된다.

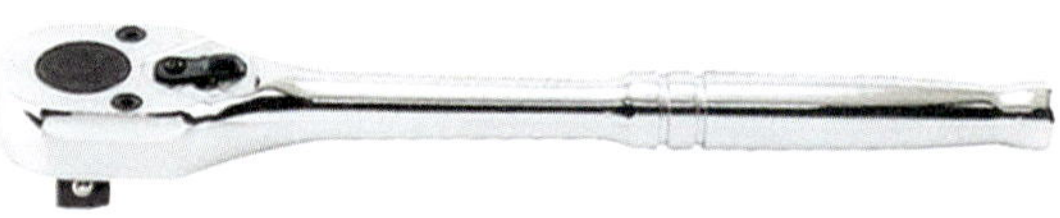

라첫핸들 사용 예

[그림 1-41] 라첫핸들

⑥ 유니버셜 조인트(Universal Joint) : 두 축의 각도를 자유롭게 바꿀 수 있는 이음(조인트)공구이다. 각도가 있는 비스듬한 작업 공간 또는 작업이 원활하지 않은 복잡한 작업공간에서 소켓과 라첫핸들 사이에 연결하여 각도 변화를 주어서 경사진 곳에서 조임이나 풀기작업이 가능하다. 소켓렌치의 핸들의 굴절 각도는 45°까지 자유롭게 할 수 있다.

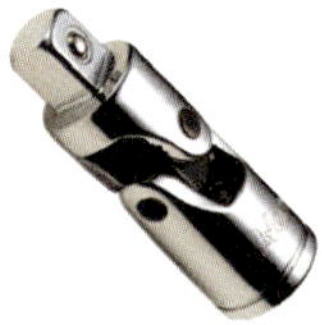

유니버셜 조인트 사용 예

[그림 1-42] 유니버셜 조인트

(12) 토크렌치(Torque Wrench)

토크렌치는 볼트나 너트를 규정값으로 조일 때 사용하며, 모든 기계의 볼트나 너트를 규정토크로 조이지 않으면 사용 중 볼트나 너트가 풀리거나 변형이 된다. 규정 토크 이상으로 조이면 부품의 변형 및 파손, 볼트의 부러짐이나 변형이 되므로 토크렌치는 이러한 것을 방지하기 위하여 사용한다.

볼트나 너트에 가해지는 토크 정도를 지침으로 표시되는 것(스케일형과 다이얼형)과 미리 규정 토크값을 조정하여 두는 프리세트 토크렌치가 있다. 프리세트는 볼트나 너트가 규정 토크값이 되었을 때 "딸깍"소리가 난다.

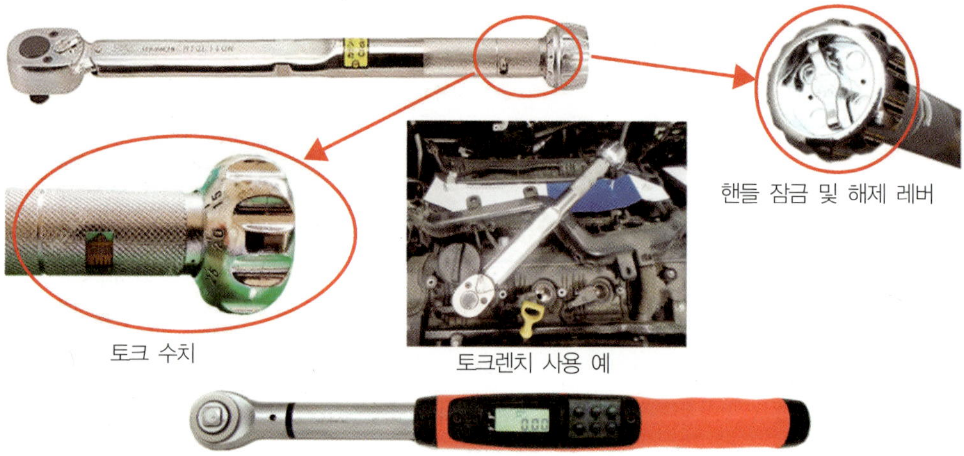

(a) 프리세트식

(b) 다이얼식

[그림 1-43] 토크렌치

(13) 특수 렌치

① T-형 핸들(T-type Handle) : T-형 렌치는 토크가 일정한 곳의 볼트나 너트의 조임이나 풀기에 사용하며 소켓과 T자 모양의 핸들을 한 몸통으로 만들어 놓은 것과 러그에 소켓이나 유니버셜 소켓을 끼워서 사용하는 것이 있으며, 주로 힘을 많이 주지 않아도 되는 작은 볼트나 너트를 조이거나 풀 때 많이 사용한다.

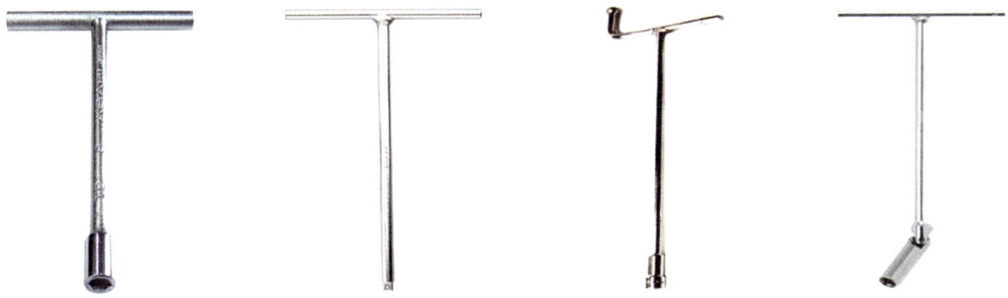

(a) 고정식 T- 핸들 (b) 소켓 연결 T-핸들 (c) 스피드 T-핸들 (d) 유니버셜 T-핸들

[그림 1-44] **T-형 핸들**

② T-형 스파크 플러그렌치(T-type Spark Plug Wrench, 핸들) : 스파크 플러그렌치는 알맞게 각도 조절이 되어 스파크 플러그를 조이거나 풀 때 사용하는 전용공구이다.

[그림 1-45] **T-형 스파크 플러[그렌치**

③ 육각렌치(Hex Head Wrench) : 알렌렌치라고도 하며 자동차 등에 사용되는 육각형의 볼트를 조이거나 풀 때 사용한다. 사용 시 볼트에 렌치를 직각으로 삽입해야 볼트 및 렌치의 손상을 막을 수 있다.

육각렌치 사용 예

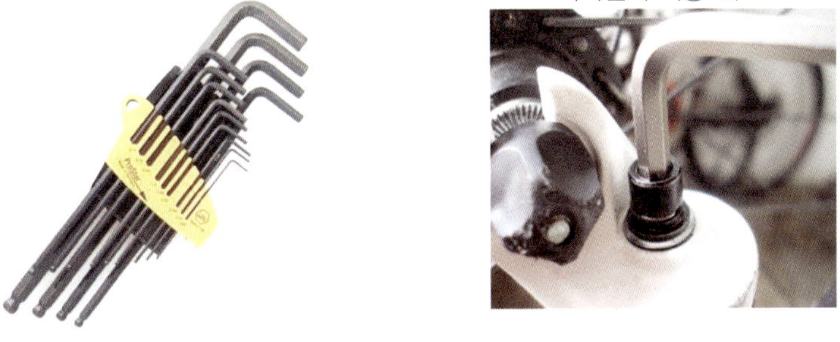

[그림 1-46] **육각렌치**

④ **톡스렌치(Torx Wrench)** : 별 모양으로 생겼다고 하여 별렌치(star wrench)라고도 하며, 별 모양의 볼트를 조이거나 풀 때 사용한다. 사용할 때는 볼트에 별렌치를 직각으로 삽입해야 볼트 및 렌치의 손상을 막을 수 있다.

톡스 렌치 사용 예

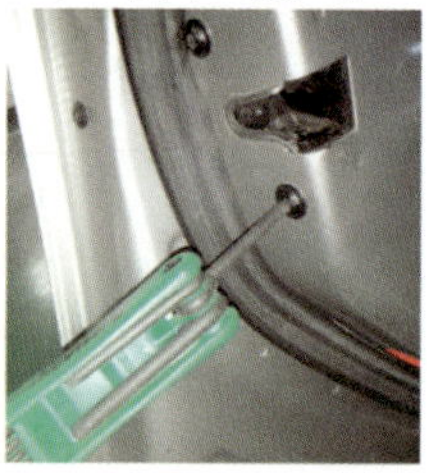

[그림 1-47] **톡스렌치**

1.2 기타 공구

[1] 해머(Hammer)

(1) 볼 핀 해머(Ball Peen Hammer)

가장 많이 사용되는 것으로 판금작업 등 물체를 타격할 때 사용되는 공구로 핀이 볼 모양으로 둥글게 되어 있다.

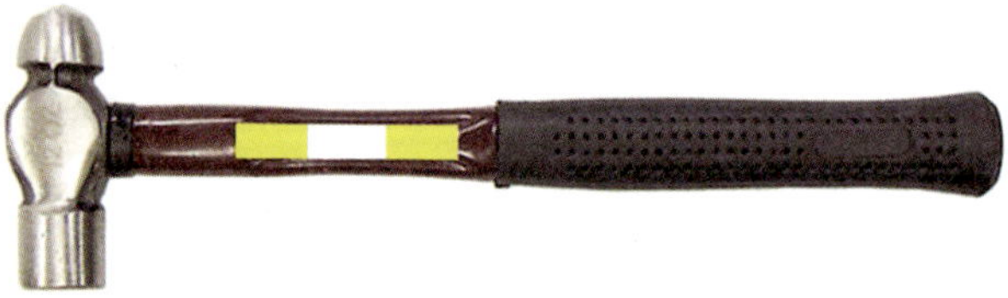

[그림 1-48] **볼 핀 해머**

(2) 슬레지 해머(Sledge Hammer)

슬래지 해머는 고착된 부분을 타격하여 분리할 때 무척 유용하며, 암석이나 콘크리트를 부술 때, 볼트작업, 끌(chisel)의 타격에 사용한다.

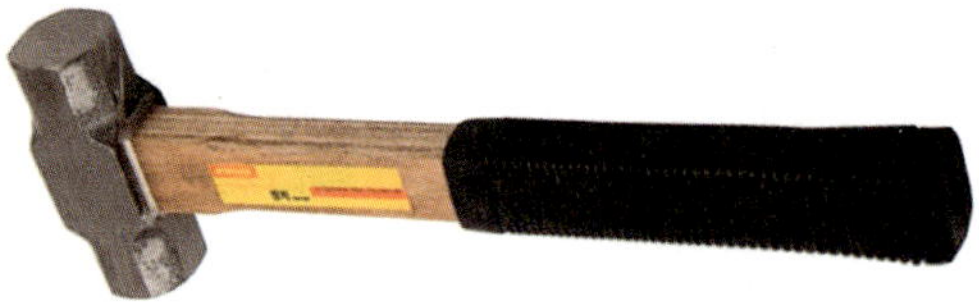

[그림 1-49] **슬레지 해머**

(3) 연질 해머(Soft Face Hammer)

물체에 손상을 주지 않고 충격만 가할 때 사용하는 공구로 고무 해머, 우레탄 해머, 나무 해머 등이 있다.

(a) 고무 해머 (b) 우레탄 해머 (c) 나무 해머

[그림 1-50] 연질 해머

(4) 목공 해머(Carpenter′ s Hammer)

강철의 머리와 나무자루로 된 것으로 해머 머리 뒤에는 못 빼기 등에 사용되는 글로우(glow)가 있다.

[그림 1-51] 목공 해머

(5) 검사용 해머(Test Hammer)

검사용 해머는 머리에 긴 나무자루를 꽂은 것으로 타격음에 의하여 부품의 상태를 검사하는데 쓰인다.

[그림 1-52] 검사용 해머

[2] 펀치(Punch)

펀치는 금속, 가죽, 종이 및 기타의 물질에 구멍을 뚫거나 금속편에 표시를 할 때, 핀이나 리벳을 떼어낼 때 또는 구멍을 맞출 때 사용한다.

(1) 센터 펀치(Center Punch)

센터 펀치는 포인트 부가 원뿔형으로 되고 팁(tip)은 90°의 원뿔로 되어 있다. 스톡은 8각 또는 4각형이고 드릴작업의 구멍위치, 중심위치, 분해하여 다시 조립할 때 제위치에 설치할 수 있도록 표시하는데 사용된다.

자동 센터 펀치(automatic center punch)는 보통 펀치처럼 해머로 타격하지 않고, 내부기구에 의해 작업자의 필요한 손의 힘으로 누르기만 하면 자동 타격하게 되어 있다.

(2) 핀 펀치(Pin Punch)

스트레이트 핀이나 테이퍼 핀을 떼어낼 때 사용되며, 표준형의 것은 포인트 쪽으로 테이퍼되어 있고, 어떤 형식의 핀 펀치는 테이퍼되어 있지 않고 곧게 되어있다.

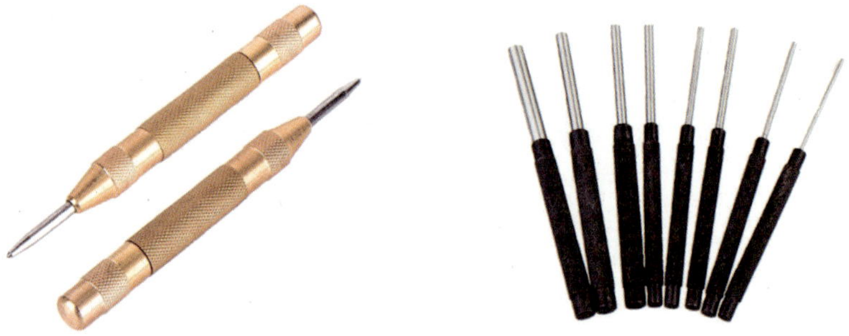

(a) 센터 펀치 (b) 핀 펀치

[그림 1-53] 펀치

[3] 스크레이퍼(Scraper)

스크레이퍼는 접촉 부분의 굳은 부분에 붙어있는 개스킷이나 접착제 등을 떼어내는데 주로 사용한다.

[그림 1-54] 스크레이퍼

[4] 치즐(Chisel)

치즐은 리벳머리, 녹슨 볼트 및 너트 등을 떼어내기 및 철이나 비철금속의 홈파기 가공, 절단가공 등에 사용한다. 치즐은 팁의 형태에 따라 플랫형(flat type), 케이프형(cape type), 둥근형(round type), 다이아몬드형(diamond type) 등이 있으며, 일종의 끌이다.

[그림 1-55] 치즐

[5] 핸드 탭과 다이스(Hand Tap & Dies)

핸드 탭은 금속이나 플라스틱 등에 볼트를 끼울 수 있게 암나사를 내는데 사용되고, 다이스는 수나사를 내는데 사용된다.

(a) 핸드 탭　　(b) 다이스

[그림 1-56] 핸드 탭과 다이스

[6] 줄(File)

줄은 금속판을 깎거나 표면을 매끈하게 다듬질 할 때, 모따기를 하기 위해 사용된다. 표면에 줄 날을 무수히 세워 날을 세운 방법에 따라 한 줄날, 두 줄날, 세 줄날이 있고, 날의 거칠기에 따라 거친 날, 중간 날, 고운 날 등으로 구별된다. 또한 단면의 모양에 따라 각형, 평형, 삼각형, 원형, 반원형 등이 있다. 전진 행정 시에만 압력을 가하고 후진 행정 시에는 줄을 약간 든다. 이렇게 하지 않으면 줄이 곧 무뎌지게 된다.

[그림 1-57] 줄

[7] 클립공구(Clip Remover)

차량의 내장수지, 클립 분리 시 사용된다. 차량의 도어, 백, 플로어 등 내장에 사용하기 적합하다.

클립공구 사용 예

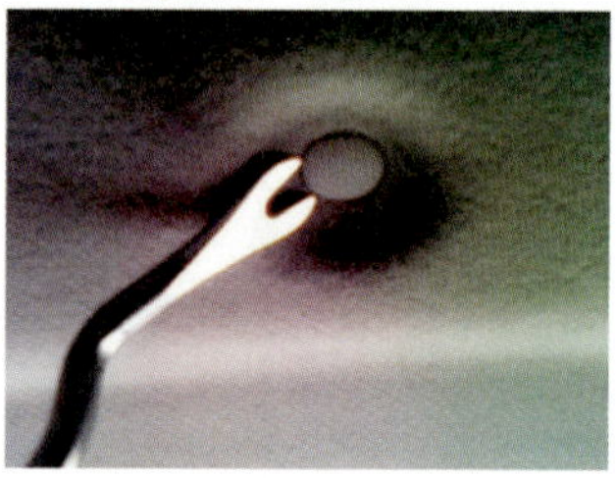

[그림 1-58] 클립공구

[8] 클립 리무버(Clip Remover)

자동차의 내장작업 시 차량에 손상을 주지 않고 용도에 맞게 제품을 선택하여 손쉽게 작업할 수 있다.

(a) 클립 리무버 사용 예(1)

(b) 클립 리무버 사용 예(2)

(c) 클립 리무버 사용 예(3)

(d) 클립 리무버 사용 예(4)

(e) 클립 리무버 사용 예(5)

[그림 1-59] **클립 리무버**

[9] 오링 풀러(Awls, Hook, Picks)

차량의 오링 및 리테이너 제거, 인두작업 시 납 제거, 단품의 구석과 벌어진 틈 청소 시 사용한다.

[그림 1-60] **오링 풀러**

1.3 작업용 장비

[1] 이동식 크레인(Mobile Floor Crane)

이동식 크레인은 중량물을 들어 올리는데 사용되는 것으로 주로 작업장 내의 엔진이나 변속기 등 무거운 것을 들어서 옮기는데 사용한다. 물건을 들어 올릴 때는 유압밸브를 잠그고 레버를 상하로 작동시키면서 오일이 압축되어 마운팅 지프가 상승하고, 유압밸브를 풀면 로프팅 지프(lofting jeep)가 내려온다.

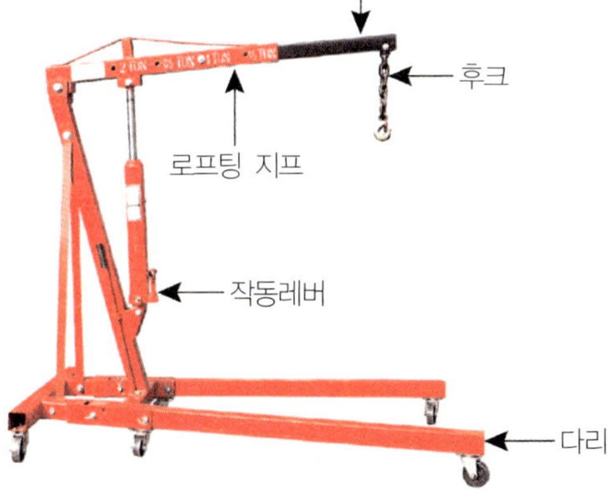

[그림 1-61] **이동식 크레인**

[2] 잭(Jack)

(1) 가레지잭(Hydraulic Garage Jack)

가레지잭은 공작잭이라고도 하며, 안정성이 있고 작동이 정확하여 차고나 정비공장 등에서 자동차를 들어 올릴 때 널리 사용된다.

잭의 조정레버를 당겨 핸드레버 홈에 걸고 작동레버를 상하로 작동시키거나, 풋 페달을 상하로 밟으면 암이 상승하고 조정레버를 홈에서 빼내어 밑으로 밀면 암은 하강한다.

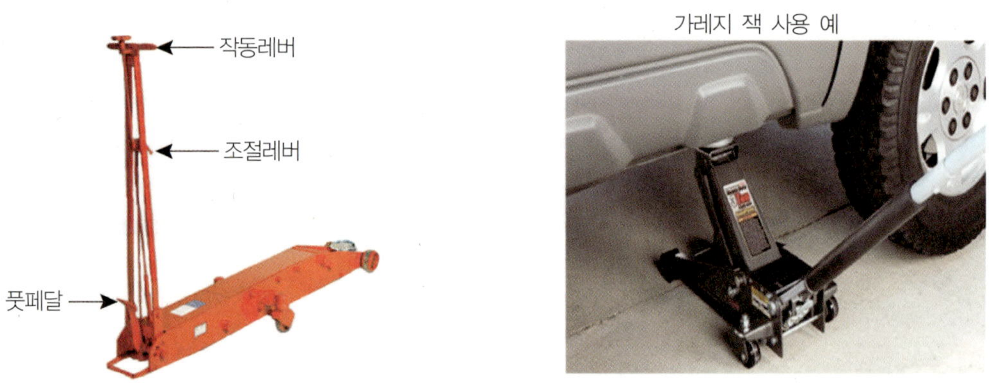

[그림 1-62] **가레지잭**

(2) 이동식 유압잭(Portable hydraulic jack)

이동식 유압잭은 유압을 이용하여 유압 실린더를 움직여 차량을 들어 올리는데 사용된다. 유압잭은 잭을 고일 지점에 잭을 똑바로 세우고 높이가 맞지 않을 경우에는 높이 조정 스크루를 알맞게 풀거나 조여서 조정한 뒤 유압밸브를 잠그고 작동레버를 상·하로 작동시키면 피스톤을 상승시킨다. 작업이 끝난 뒤 잭의 유압밸브를 풀면 피스톤이 하강한다.

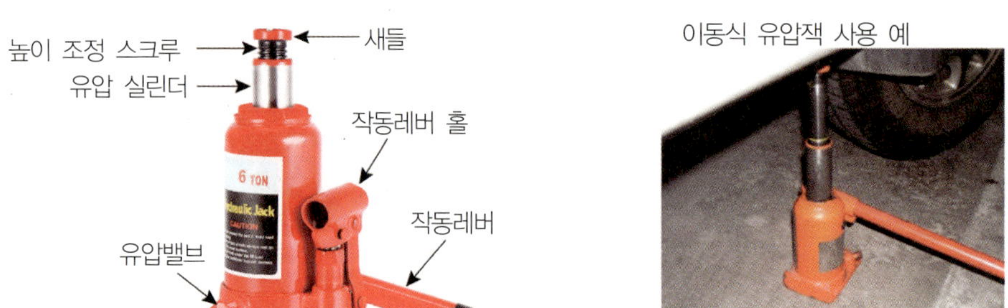

[그림 1-63] **이동식 유압잭**

(3) 휠 척잭(Wheel Chuck Jack)

자동차에 휴대하고 다니면서 타이어펑크 시 타이어를 교환하는데 주로 사용된다. 사용방법은 구동러그에 핸들의 러그를 설치하고 오른쪽으로 돌리면 시트가 상승하고 왼쪽으로 돌리면 시트가 하강한다.

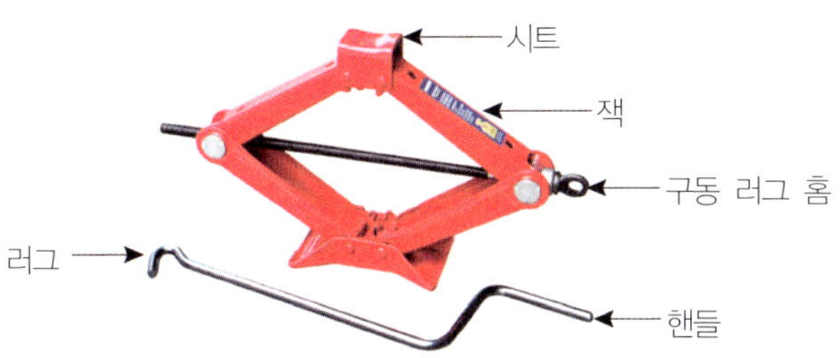

[그림 1-64] **휠 척잭**

(4) 리지드잭(Ridged Jack, 안전잭)

리지드잭은 안전잭이라고도 하고, 잭으로 잭업(jack up)을 한 뒤 차를 안전하게 고일 때 사용한다. 잭업작업 시에는 자동차를 평탄한 곳에서 설치해야 하고 잭업 시에는 고임목을 고인다.

[그림 1-65] **리지드잭**

[3] 카 클리퍼(Car Creeper, 작업침대)

자동차 밑에서 정비, 검사 시 사용하는 작업침대이다. 자유자재로 이동할 수 있도록 작업침대 밑에는 롤러가 설치되어 있고 내구성이 강하다.

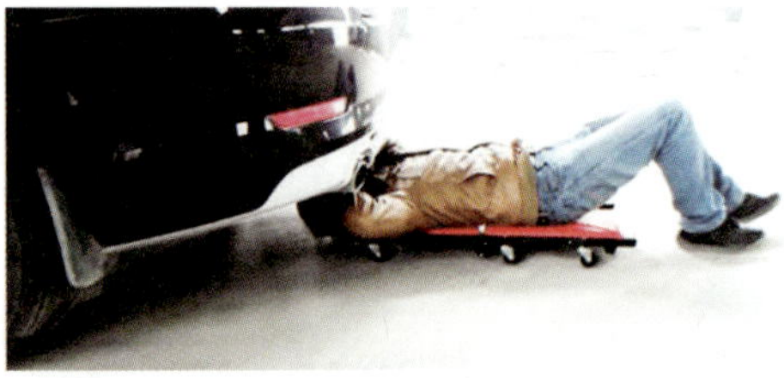

[그림 1-66] 작업침대

[4] 풀러(Puller)

기어, 베어링, 부싱 등을 축 또는 케이스에서 빼낼 때 사용한다.

(1) 기어 풀러(Gear Puller)

기어 풀러는 각종 기어를 빼내거나 설치하는데 사용한다.

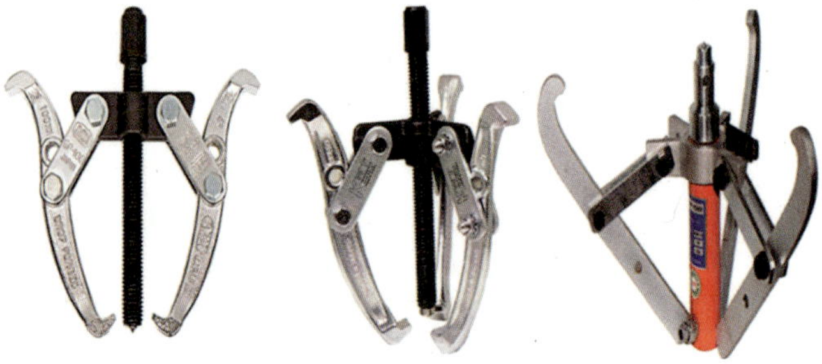

(a) 2조우 곡선형 (b) 3조우 곡선형 (c) 유압식

[그림 1-67] 기어 풀러

(2) 푸시 풀러(Push Puller)

푸시 풀러는 레그를 교환하여 필요에 따라 축에서 기어나 베어링을 빼내는데 사용한다.

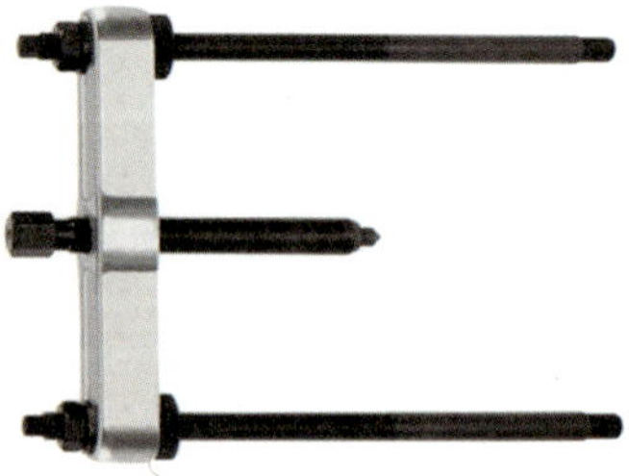

[그림 1-68] 푸시 풀러

[5] 작업등(Work Light)

어두운 곳에서 일하는 자리를 밝게 비추어 작업을 원활히 할 수 있도록 켜는 등으로, 일반등, 형광등, 할로겐등, LED등이 있으나 이동이 편리하고 충전식인 LED등을 많이 사용한다.

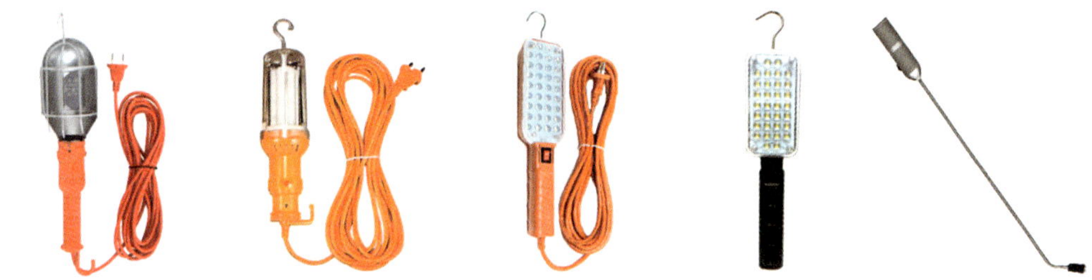

(a) 일반(백열전구) (b) 할로겐 (c) LED (d) LED(충전식)

[그림 1-69] 작업등

[6] 에어 릴, 전선 릴(Air Reel, Code Reel)

에어 호스 및 전선길이를 자유자재로 이용하고 사용하지 않을 때는 자동 되감기된다.

[그림 1-70] 에어 릴, 전선 릴

[7] 와이어 브러시(Wire Brush)

매우 가는 강철 줄로 이루어진 기구이며, 녹 등을 닦아낼 때 사용한다.

[그림 1-71] 와이어 브러시

[8] 자석 자바라(Magnetic Flexible)

제품 하단부에 강력 영구자석이 내장되어 있고 유연하게 휘어지기 때문에 공구 및 볼트나 너트가 좁은 공간으로 떨어졌을 때 손쉽게 꺼낼 수가 있다.

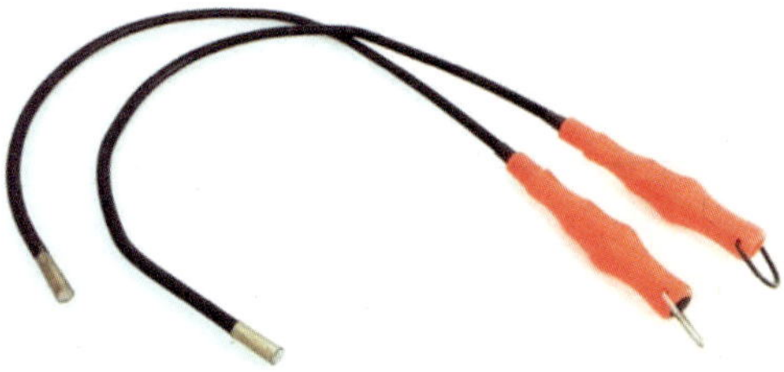

[그림 1-72] 자석 자바라

[9] 반사경(Telescoping Mirror)

거울의 길이 조정 및 각도 조절이 가능하여 차량정비 시 시야 확보가 힘든 곳에 사용한다.

[10] 금속 청진기(Automotive Stethoscope)

자동차의 엔진, 변속기, 뒤 차축, 트랜스케이스 등 소음의 원인을 찾을 때 소리를 듣고 진단하는 청진기이다.

[그림 1-73] 반사경

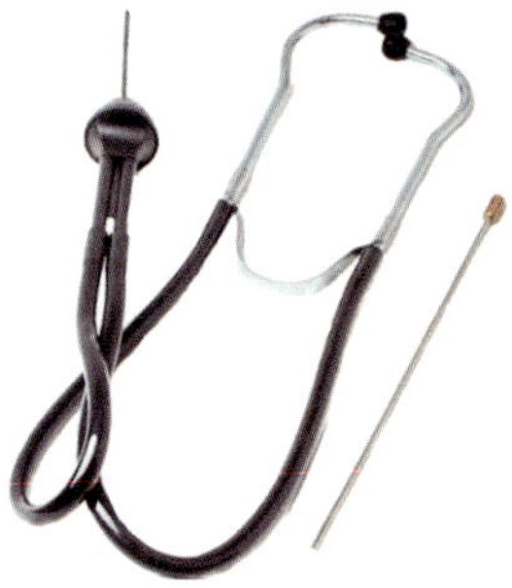

[그림 1-74] 금속청진기

[11] 전기식 벤치 그라인더(Electric Bench Grinder)

회전하는 숫돌차를 보통 한쪽에는 고운 것을 끼우고, 또 한쪽에는 거친 것을 설치하고 공작물을 연마하는 기계이다. 이 형식의 연마기는 작업대 위에 볼트나 너트로 고정한다.

[12] 핸드 그라인더(Portable Electric Grinder)

숫돌바퀴를 회전시키는 전동공구이다. 재료를 잘라낸 후의 버 제거나 용접가공을 한 후의 표면성형 및 가는 파이프나 철골의 절단 등에 사용한다. 또한 숫돌바퀴를 회전식의 와이어 브러시 등에 바꿔달 수 있어 녹 제거 등 연마작업도 할 수 있다.

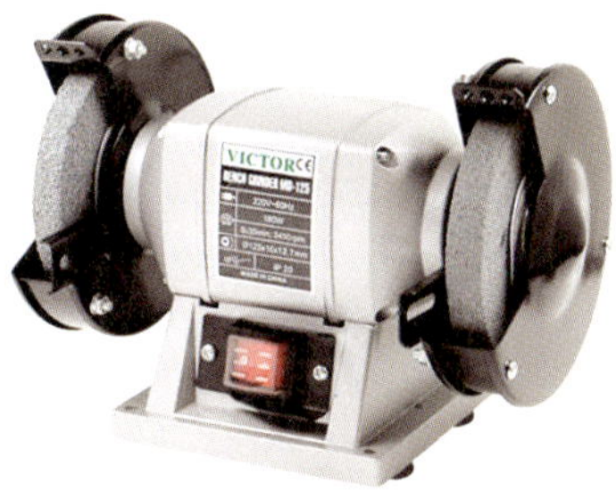

[그림 1-75] 전기식 벤치 그라인더

[그림 1-76] 핸드 그라인더

[13] 고속 절단기(High Speed Cutter)

고속 절단기는 환봉, 파이프, 형강, 앵글 등을 자르는데 사용된다.

[그림 1-77] 고속 절단기

[14] 전기드릴(Cord Drill)

전기드릴은 벤치 드릴로 하기 어려운 작업에 주로 사용하고, 공작물을 고정시켜 놓고 드릴 날을 결합하여 필요한 위치에 구멍을 뚫는다.

(a) 전기드릴

(b) 충전드릴

[그림 1-78] 드릴

[15] 열풍기(Heal Guns)

높은 발열량을 낼 수 있어 젖은 부품 등을 건조시킬 때 사용한다.

[그림 1-79] 열풍기

[16] 바이스(Vise)

바이스는 공작물을 절단하기 위해 쇠톱질(톱질)하거나 줄작업, 공작물에 구멍을 뚫을 때 또는 리벳 등을 하기 위해 공작물을 잡는 일을 한다. 바이스는 사용하지 않을 때에는 조우를 약간의 사이를 두고 붙여두며 핸들은 수직위치로 한다. 조우는 공작물이 미끄러지지 않게 하도록 거칠게 되어있기 때문에 연한 금속물을 조우에 물릴 때는 금속물이 손상되지 않도록 연한 금속면을 조우에 대어야 한다.

[17] 전기인두(Soldering Iron)

머리 부분은 주로 연납 땜이 잘 되도록 열전도가 좋은 구리를 주로 사용을 한다. 땜납의 가열온도는 300℃ 전후가 알맞으며 온도를 일정하게 조절하는 인두가 있다. 가열온도가 너무 높거나 장시간 사용하면 인두에 산화물이 생겨 땜납이 인두에 붙지 않아 납땜이 어려워지므로, 이때는 인두의 산화물을 줄 등으로 제거하고 사용한다.

[그림 1-80] 바이스

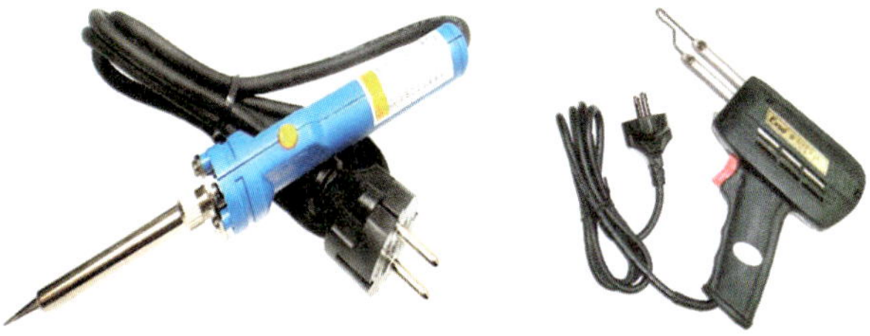

[그림 1-81] 전기인두

[18] 멀티 프레스(Multi Press)

자동차에서 사용하는 프레스 종류는 에어식 프레스와 유압식 프레스를 주로 사용한다. 프레스는 베어링, 부싱, 축 등의 빼내기와 설치하기, 축의 굽음을 수정하는데 사용한다.

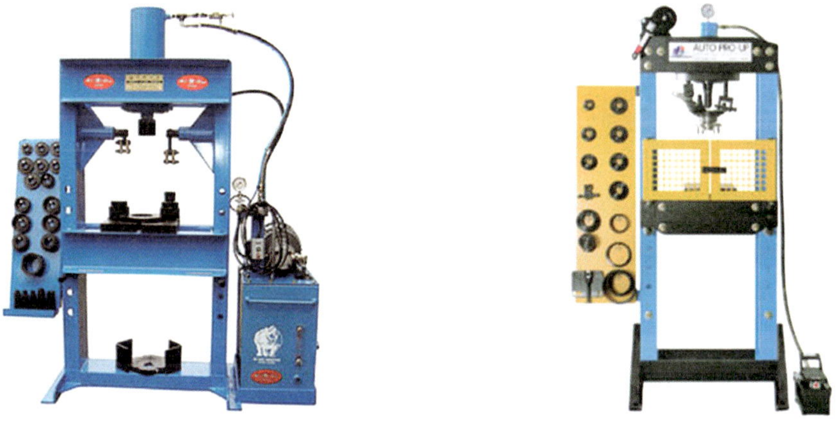

[그림 1-82] 프레스

[19] 리프트(Lift)

자동차 정비용 리프트는 하중 적재장치에 차량을 들어 올려 점검 및 정비작업에 사용되는 장치이다.

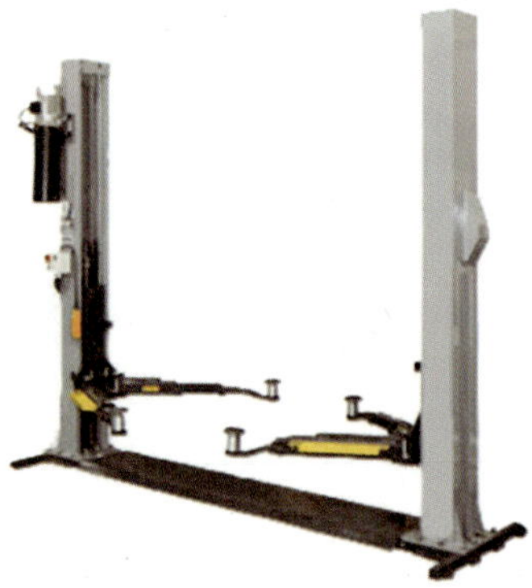

(a) 2주식 기둥형 리프트

(b) 2주식 대문형 리프트

(c) X타입 지상형 리프트

(d) 시저스 리프트

(e) 4주식 리프트

[그림 1-83] **리프트**

[20] 에어 공구

(1) 에어 라쳇렌치(Air Rachet Wrench)

에어 라쳇렌치는 압축공기의 압력을 이용하여 소켓을 돌려 볼트나 너트를 조이거나 푸는데 사용하는 자동차 정비에서 흔히 사용하는 공구이다. 회전방향을 바꿀 때는 리버싱 레버로 하고 총길이가 125mm, 170mm, 260mm, 299mm 등 다양하기 때문에 좁은 공간에서 작업이 용이하고 큰 힘을 들이지 않고 신속하게 작업을 할 수 있다.

[그림 1-84] 에어 라쳇렌치

(2) 에어 임팩트 렌치(Air Impact Wrench)

에어 라쳇렌치처럼 압축공기의 압력을 이용하여 소켓을 돌려 볼트나 너트를 조이거나 푸는데 사용하는 공구이다. 에어 라쳇렌치보다는 힘이 좋으므로 충격렌치라고도 하며, 회전방향을 바꿀 때는 전환 스위치로 하고 크기도 다양하여 작업에 맞는 것을 사용하면 된다. 압축공기의 압력을 조절할 수가 있어 볼트나 너트를 조일 때 부하가 많이 걸리면 구동축이 스톱되어 볼트나 너트를 과부하로부터 보호할 수 있다.

(3) 에어 드릴(Air Drill)

에어를 이용하여 간편하게 드릴작업을 할 수 있다.

[그림 1-85] 에어 임팩트렌치

[그림 1-86] 에어 드릴

(4) 엔진건, 컵(Engine Cleaner Gun, Cup)

차량의 엔진룸 및 각종 부위 세척 시 사용한다.

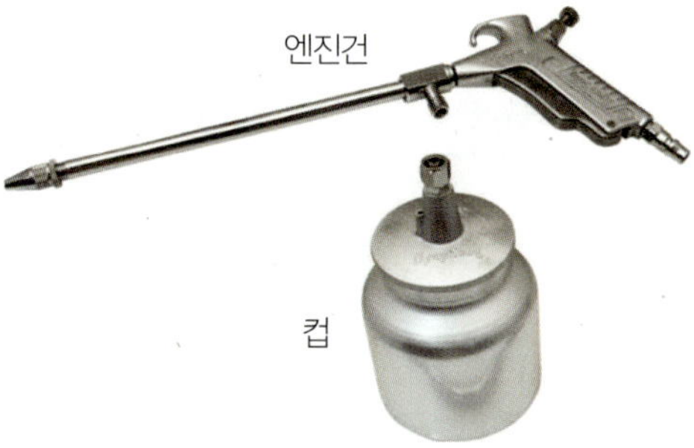

[그림 1-87] 엔진건, 컵

(5) 에어 더스트건(Air Duster Gun)

압축공기를 이용하여 차량의 엔진룸 및 각종 제품의 세척 및 구석진 곳 등의 청소 시에 많이 사용한다.

(6) 코일호스(Coil Hose)

에어 작업용으로 사용되며 코일 모양으로 생긴 호스로 주 에어 라인호스와 연결하여 주 에어 라인호스와 가까운 곳에 작업을 할 때 주로 사용한다. 코일 모양으로 되어 있기 때문에 길게 늘어날 수 있으며, 5m, 7.5m, 10m 등 길이도 다양하게 있다.

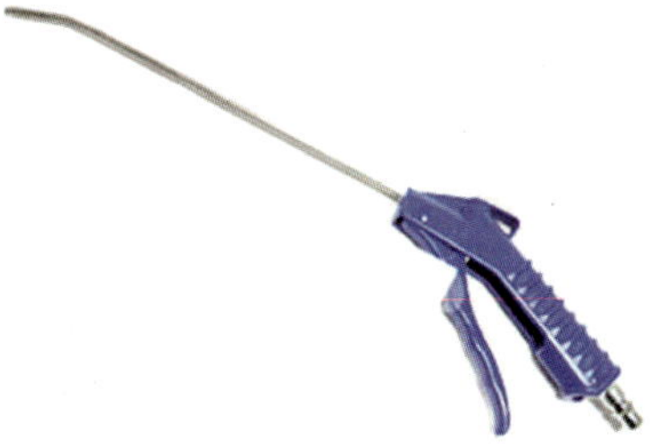

[그림 1-88] 에어 더스트건(에어건)

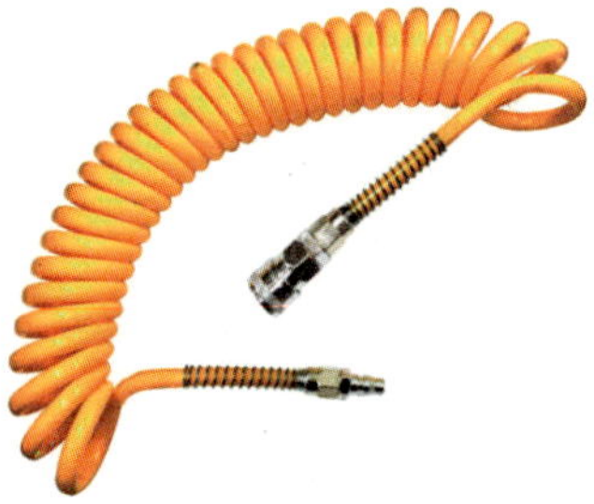

[그림 1-89] 코일호스

(7) 에어 컴프레서(Air Compressor)

공압 공구에 공급하는 공기를 압축하고 저장하는 기계로 주기적으로 컴프레서 아래 워터 드레인으로 물을 빼주어야 한다.

[그림 1-90] 에어 컴프레서

1.4 엔진 전용공구

[1] 밸브가이드 고무교환 공구(Valve Stem Oil Seal Replacement Tool)

자동차 흡기 및 배기밸브의 가이드 고무를 교환하기 위해 엔진 헤드를 탈거하지 않고 가이드 고무를 탈착 및 부착 시 사용한다.

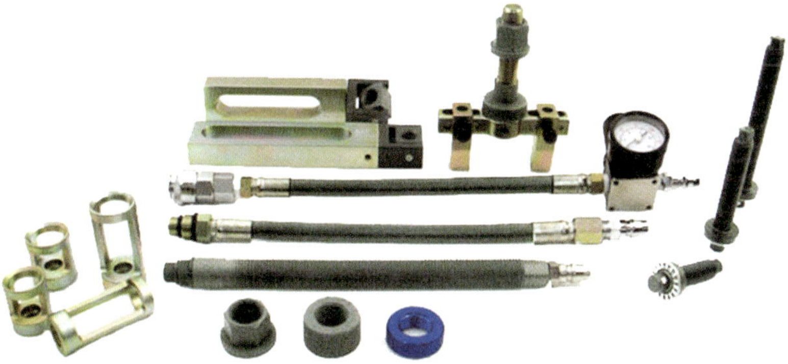

[그림 1-91] 밸브가이드 고무교환 공구

[2] 피스톤 링 압축기(Piston Ring Compressor)

실린더 블록에 피스톤을 삽입할 때 피스톤 링을 압축하고 유도하는 공구이다.

[그림 1-92] 피스톤 링 압축기

[3] 오토 텐셔너(Auto Tensioner) 장력조절기

타이밍벨트 텐션 베어링의 장력조절을 위한 공구이다.

[4] 캠 샤프트 정지공구(Cam Shaft Pulley Stoper)

차량의 타이밍벨트 교환 시 캠 샤프트의 회전을 방지하기 위한 정지 공구이다.

[5] 타이밍 겉벨트 장력 조절기(하이브리드용)

하이브리드 차량 타이밍벨트 교환 시 오토텐션 압축 스프링을 압축하는 공구이다.

[그림 1-93] 오토 텐셔너 장력 조절기

[그림 1-94] 캠 샤프트 정지공구

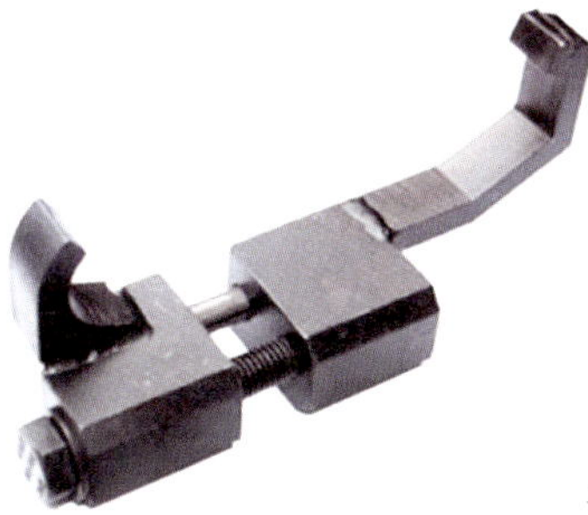

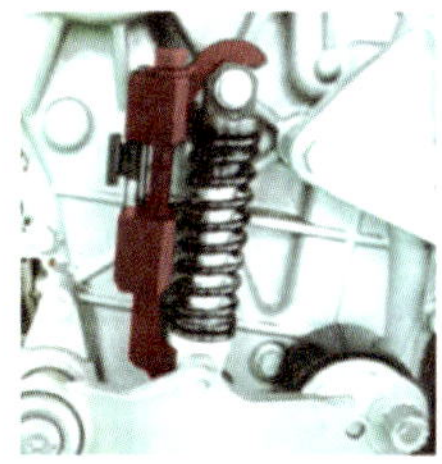

겉벨트 장력 조절기 사용 예

[그림 1-95] **타이밍 겉벨트 장력 조절기**

[6] 엔진 홀더(Engine Support)

엔진룸의 팬더를 지지하여 엔진만을 탈거하고 고정할 수 있는 리프팅 공구이다.

[그림 1-96] **엔진 홀더**

[7] 냉각수 보충 깔때기(Coolant Filling Tool)

냉각수를 교환 또는 보충할 때 사용한다.

냉각수 보충 깔때기 사용 예

[그림 1-97] **냉각수 보충 깔때기**

[8] 오일필터캡(Oil Filter Cap)

엔진오일을 교환할 때 오일필터 탈거 및 조립 시 사용한다.

[9] 오일팬 세퍼레이터(Oil Fan Separator)

실린더 블록의 오일팬은 실리콘으로 마감되어 있어 무리한 작업으로 오일팬을 분리 시에는 오일팬 및 실린더 블록의 변형 및 훼손을 가져오므로, 오일팬 세퍼레이터는 오일팬 분리작업을 쉽게 할 수 있게 한다.

[그림 1-98] **오일 필터캡**

[그림 1-99] **오일팬 세퍼레이터**

[10] 커먼레일 인젝터 탈거기(Common Rail Injector Puller)

CRDI 차량의 인젝터가 고착되어 쉽게 빠지지 않을 때 엔진에 장착하여 인젝터를 탈거하는 공구이다.

[그림 1-100] **인젝터 탈거기**

[11] 고압파이프 탈거 소켓(Pipe Spreader Socket)

커먼레일 고압파이프 분해 및 조립 시 또는 구부러진 브레이크 파이프라인 볼트와 너트작업 시 사용한다.

[그림 1-101] **고압파이프 탈거 소켓**

[12] 커먼레일 인젝터 홀 동와셔 탈거기 & 호닝기(Common Rail Injector Hole Washer Puller & Honing)

동와셔 탈거기는 CRDI차량의 인젝터 탈거 후 홀 안쪽에 고착된 동와셔를 탈거할 때 사용하고, 호닝기는 홀 안쪽에 오일가스로 고착된 카본을 제거하는데 사용한다.

[그림 1-102] **커먼레일 인젝터 홀 동와셔 탈거기 & 호닝기**

[13] 고압 연료펌프 탈거기(Fuel Pump Replacement)

CRDI차량의 고압 연료펌프 탈거 시 사용하며 고압펌프 반대편에 설치하여 축을 밀어내어 사용한다.

(a) 디젤 승용차용　　(b) 델파이용　　(c) 보쉬용

[그림 1-103] 고압 연료펌프 탈거기

[14] 오일 깔때기(Oil Funnel)

엔진오일, 트랜스미션 오일교환 및 보충 시 사용한다.

[15] 오일 드레인(Oil Drain)

오일교환 시 배출 오일을 받는 통으로 높이 조절이 가능하다.

[16] 부동액 교환기(Coolant Exchanger)

라디에이터 상부호스에 연결하여 엔진시동을 걸지 않아도 폐부동액을 배출 및 교환이 동시에 이루어지고 에어빼기 작업도 할 필요가 없다.

[그림 1-104] 오일 깔때기

[그림 1-105] 오일 드레인

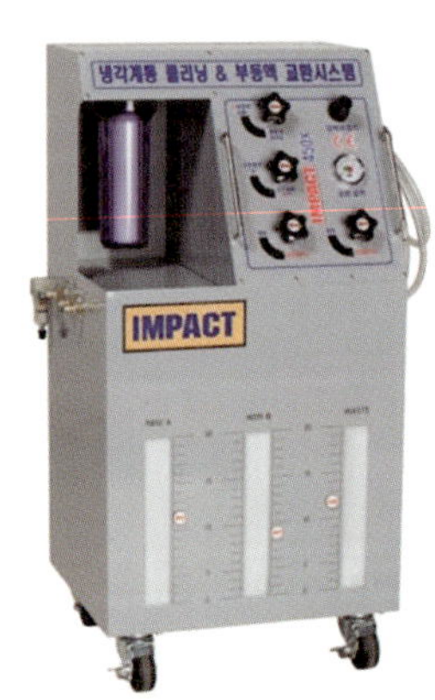

[그림 1-106] 부동액 교환기

02 엔진 관련 측정공구

2.1 다이얼 게이지(Dial Gauge)

다이얼게이지는 다이얼 인디케이터(dial indicator)라고도 부르며, 측정하려고 하는 부분에 측정자를 대어 스핀들의 미소한 움직임을 기어장치로 확대하여 눈금판 위에 지시되는 치수를 읽는 측정기구이다. 백래시, 런아웃, 축방향 유격, 휨, 평면검사, 양정 등을 측정할 수 있다.

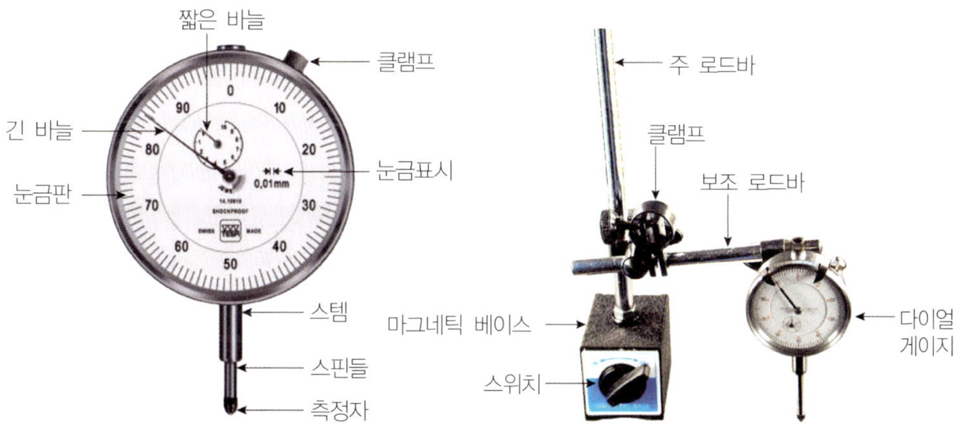

(a) 다이얼 게이지 각부 명칭 (b) 스탠드의 각부 명칭

[그림 1-107] **다이얼 게이지**

2.2 외측 마이크로미터(Outside Micrometer)

피치가 정확한 나사를 이용하여 외경 치수를 측정하는 데 사용하는 측정구이다. 프레임의 한쪽 끝에 앤빌이 고정되어 있고, 다른 쪽 끝에는 슬리브가 있다. 보통 나사의 피치는 0.5mm이고, 스핀들에 고정되어 있는 심블(thimble)의 한쪽 끝 원뿔면의 눈금은

50등분되어 0.01mm를 나타낸다.

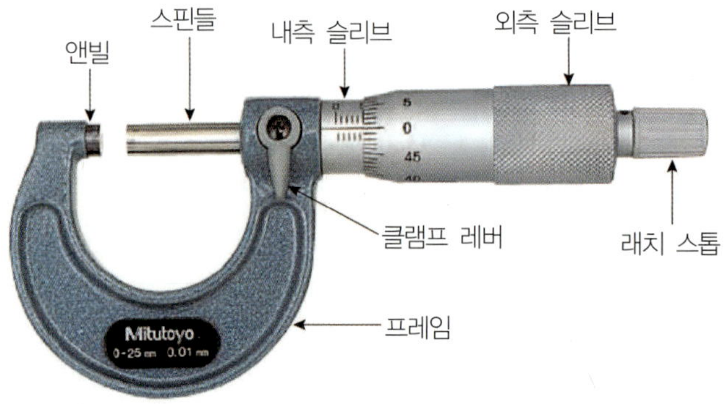

(a)

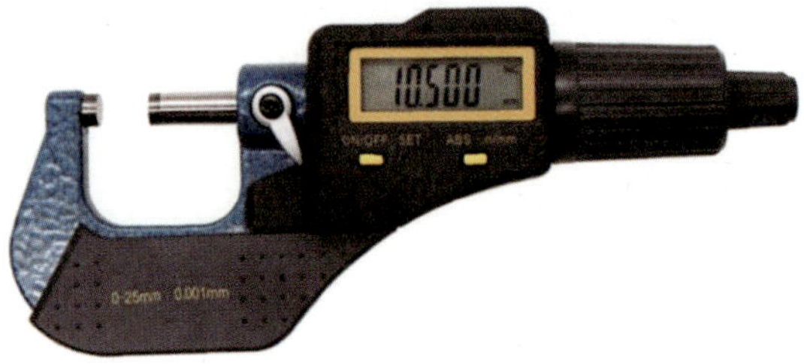

(b)

[그림 1-108] 외측 마이크로미터

2.3 버니어캘리퍼스

버니어캘리퍼스는 곧은 자와 캘리퍼스를 일체로 조합한 것과 같은 것으로, 공작물의 길이, 바깥지름, 안지름 및 깊이 등을 측정할 수 있는 측정기구이다.

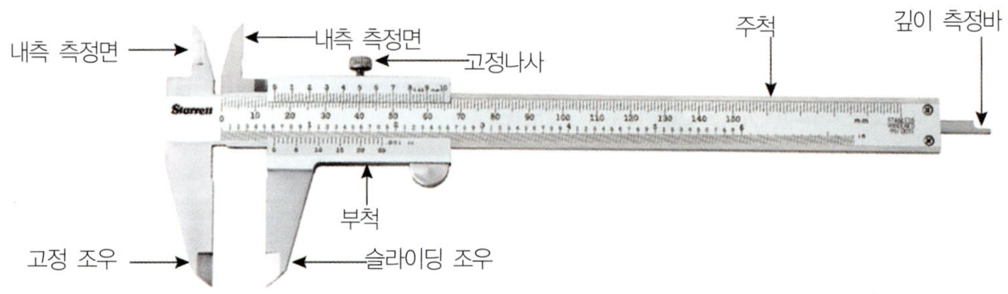

[그림 1-109] 스케일형 버니어캘리퍼스

2.4 실린더 게이지(Cylinder Bore Gauge)

다이얼 게이지와 같은 원리를 이용한 안지름 측정기로 측정자의 움직임을 링크장치를 통해서 게이지에 전달하도록 되어 있다. 접촉자가 눌러지면 그 움직임은 미끄럼 자에 의하여 직각으로 변경된 후 푸시로드를 통하여 다이얼 게이지를 움직여 미끄럼 자가 움직인 치수를 읽을 수 있다.

교체로드가 50, 55, 60, 65, 70, 75, 80, 85, 90, 95, 100mm의 11개로 되어 있고, 스페이서는 0.5mm, 1mm, 2mm, 3mm의 4개로 되어 있어 측정범위는 50mm 이상 150mm까지 측정할 수 있으며, 주로 엔진의 실린더 안지름의 정밀 측정에 쓰인다.

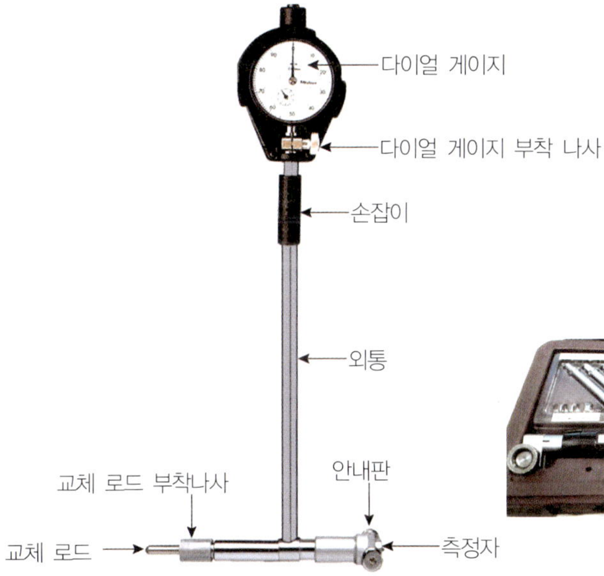

(a)

(b)

[그림 1-110] 칼마형 실린더 게이지

2.5 디크니스 게이지(Thickness Gauge)

여러 가지 두께를 가진 강제의 판을 조합한 게이지로 보통 0.02~1.0mm까지의 두께를 가진 9~26장이 한 조로 되어 나사로 고정하고, 강판에는 각각 두께가 표시되어 있다. 필러 게이지(feeler gauge, 길이가 길다), 간극 게이지라고도 하며 틈새간극을 측정한다.

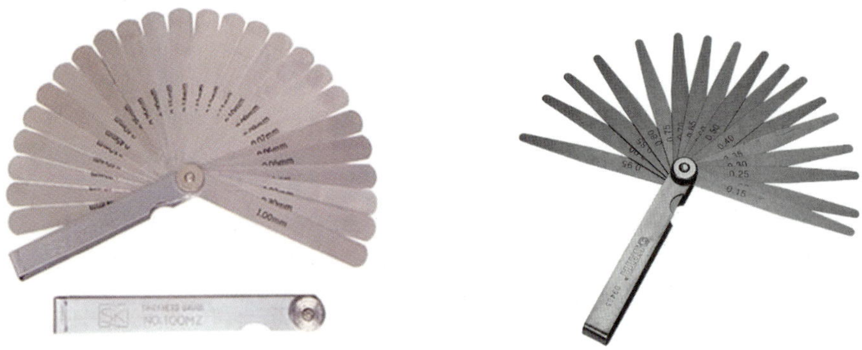

(a) 디크니스 게이지　　　　　　　　(b) 필러 게이지

[그림 1-111] 디크니스 게이지

2.6 플라스틱 게이지(Plastic Gauge)

플라스틱 실을 사용하여 오일간극을 측정하는 게이지이다. 플라스틱 실을 저널의 길이만큼 잘라서 축방향으로 놓은 다음, 베어링 캡을 규정토크로 조이고 분해하여 찌그러진 부분 중 너비가 넓은 쪽 또는 좁은 쪽 케이스에 만들어진 게이지를 대어 치수를 읽는다.

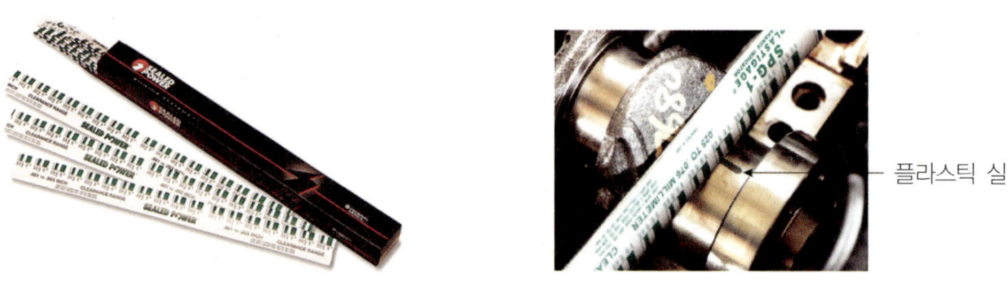

(a) 플라스틱 게이지　　　　　　　　(b) 오일간극 측정

[그림 1-112] 플라스틱 게이지

2.7 스프링 저울(Spring Balance)

스프링 저울은 피측정물을 훅에 매달아서 스프링에 가해진 힘과 스프링이 늘어난 정

도의 눈금을 읽는 저울이다. 자동차에서는 피스톤간극측정, 조향핸들의 프리로드, 조향핸들의 유격, 종감속장치의 구동 피니언의 프리로드 측정 등에 사용된다.

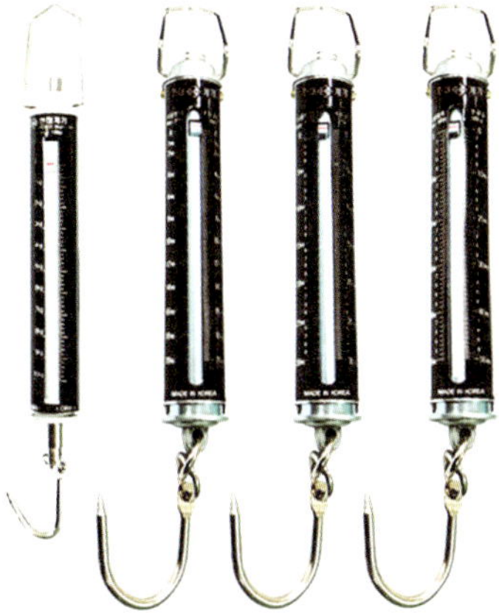

[그림 1-113] **스프링 저울**

03 엔진 관련 테스터기

3.1 진공 게이지(Vacuum Gauge)

차량을 주행하면서 간헐 부조, 출력 저하, 브레이크 밀림 등의 현상 발생 시 엔진의 진공을 측정한다.

(a) (b)

[그림 1-114] 진공 게이지

3.2 진공펌프(Vacuum Pump)

엔진 또는 기기의 작동에 관계없이 임의로 펌핑시스템을 이용하여 진공상태를 만들어 측정이 가능하도록 한 것이다.

[그림 1-115] 진공펌프

3.3 진공 커먼레일 연료부압 측정 게이지(Vacuum Common Rail Fuel Negative Pressure Gauge)

커먼레일 차종 중 연료라인압력을 연료필터 전·후의 부압을 측정하여 연료필터 교환주기 측정이 가능하고, 일반 진공게이지로 활용이 가능하다.

[그림 1-116] 진공 커먼레일 연료부압 측정 게이지

3.4 압력 게이지(Pressure Gauge)

[1] LPG 압력 게이지(LPG Compression Pressure Gauge)

LPG 차량의 기화기 1차실 압력을 측정하며, 2차실 압력 측정도 가능하다.

[2] 가솔린 압축 압력 게이지(Gasoline Engine Compression Tester)

가솔린엔진 실린더의 피스톤 압축압력을 측정하는 테스터기이다.

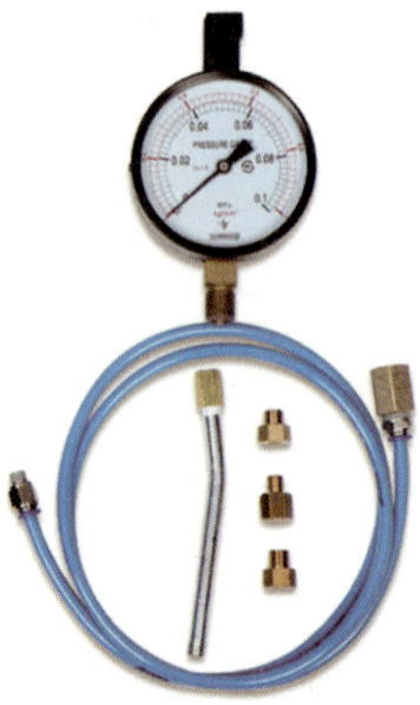

[그림 1-117] LPG 압력 게이지

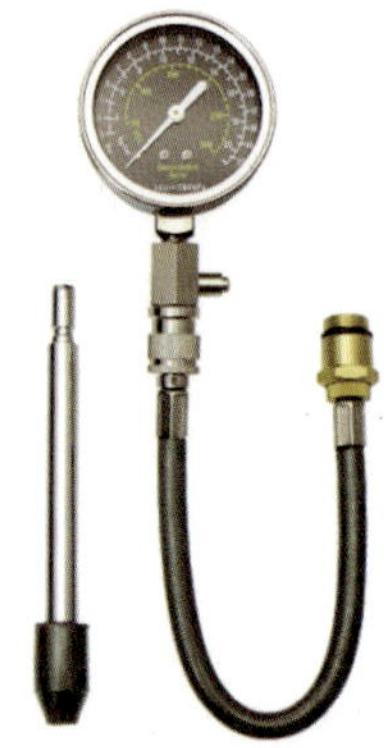

[그림 1-118] 가솔린 압축압력 게이지

[3] 디젤 압축압력 게이지(Diesel Engine Compression Tester)

디젤엔진의 실린더 피스톤 압축압력 측정을 위한 테스터기이다.

[4] 연료압력 게이지(Fuel Pressure Gauge)

자동차의 정확한 연료압력을 측정하는 게이지로 주행 중 연료압력 변화 측정도 가능하다.

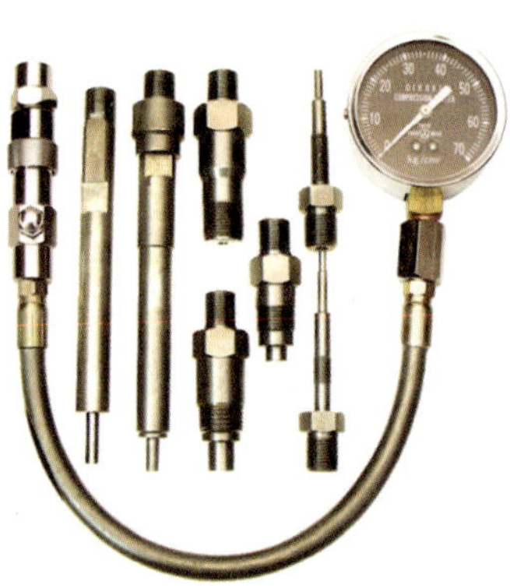

[그림 1-119] 디젤 압축압력 게이지

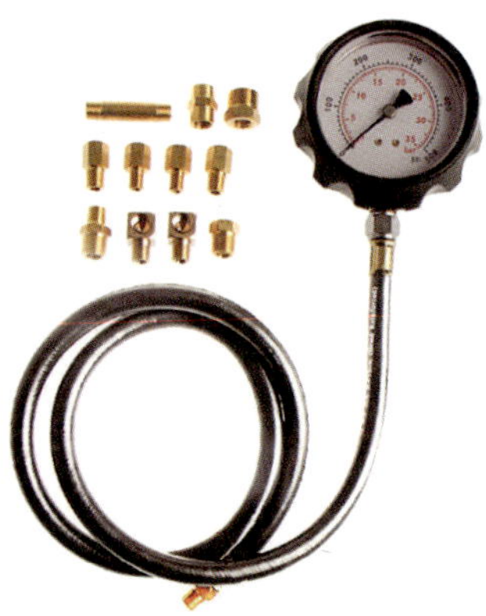

[그림 1-120] 연료압력 게이지

3.5 인젝터 백 리크 테스터(Injector Back Leak Tester)

커먼레일 차종의 시동 지연, 흑연, 백연, 매연 과다, 엔진부조, 주행 중 시동 꺼짐, 출력부족 현상이 발생 시 연료장치인 연료펌프, 압력 레귤레이터, 압력센서, 연료점검 후 이상이 없을 시 인젝터 연료 리턴량을 측정 테스트한다.

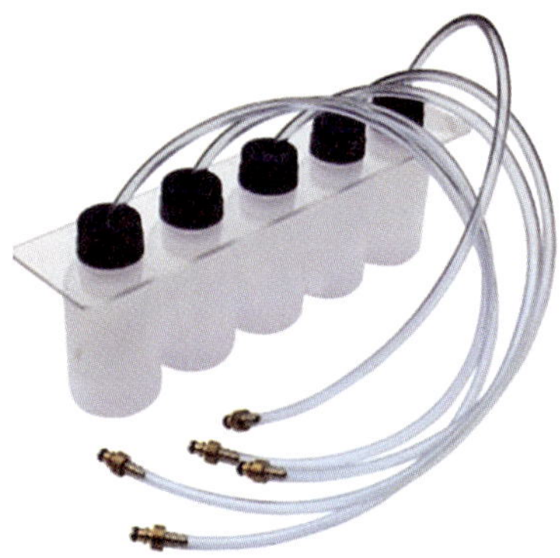

[그림 1-121] 커먼레일 인젝터 백 리크 테스터

3.6 라디에이터 누출 테스터(Radiator Cooling System Tester)

자동차 라디에이터의 냉각수 누출 점검 및 라디에이터 캡의 상태, 워터펌프 및 냉각수 호스의 누출상태를 점검할 수 있다.

[그림 1-122] 라디에이터 누출 테스터

3.7 밸브 스프링 테스터(Valve Spring Tester)

자동차 및 일반장비의 헤드에 부착된 밸브 스프링의 장력 및 직각도, 자유고를 정밀하게 측정하는 기기이다.

[그림 1-123] 밸브 스프링 테스터

3.8 배출가스 테스터기

[1] 가솔린 매연 테스터기

가솔린 및 LPI차량의 CO, HC, CO2, O2, AFR, λ, NOx, 디젤 매연을 측정할 때 사용한다.

[2] 디젤 매연 테스터기

디젤자동차의 매연을 측정할 때 사용한다.

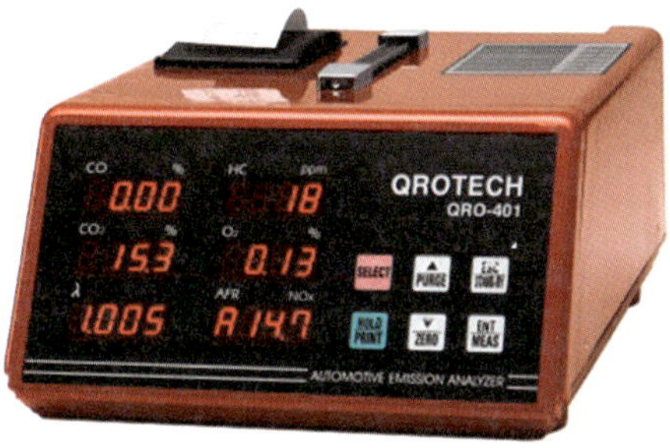

[그림 1-124] 가솔린 매연 테스터기

[그림 1-125] 디젤 매연 테스터기

3.9 분사노즐 테스터(Injector Nozzle Tester)

기계식 디젤자동차의 분사노즐의 분사압력, 분사각도, 분사상태, 후적을 점검한다.

[그림 1-126] 분사노즐 테스터

3.10 분사펌프 테스터기

기계식 디젤엔진의 분사펌프의 분사량을 점검하고 분사펌프 분사량을 조정할 때 사용된다.

[그림 1-127] 디젤연료 분사펌프 시험기

3.11 커먼레일 테스터기

커먼레일 인젝터 테스터 및 연료분사펌프를 테스트할 수 있다.

[그림 1-128] 커먼레일 테스터기

3.12 타이밍 라이트

가솔린 차량 또는 디젤 차량의 점화시기를 점검하는 데 사용되는 장치로, 축전지 전원을 사용하며 1번 실린더의 점화시기를 측정한다.

(a) 가솔린 타이밍 라이트　　　(b) 디젤 타이밍 라이트

[그림 1-129] **타이밍 라이트**

3.13. 멀티미터(Multimeter)

멀티미터는 전압, 전류, 전기저항을 측정하는 테스터기이며, 장치에 따라 기타 측정 기능이 추가되기도 한다. 아날로그 멀티미터와 디지털 멀티미터 두 분류가 있다.

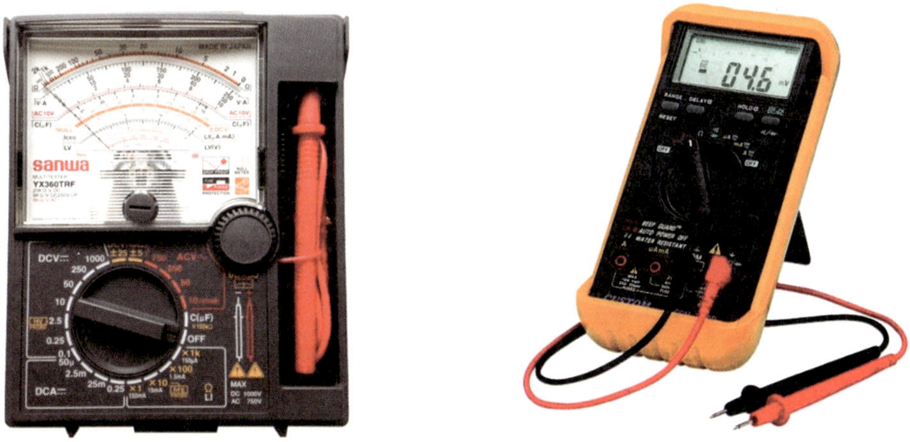

(a) 아나로그 멀티미터　　　(b) 디지털 멀티미터

[그림 1-130] **멀티미터**

3.14 자기진단기

차량에 다양한 IT 기술의 융합과 전자화 적용으로 인하여 각종 시스템(엔진, 자동변

속기, 차량 자세제어, 에어백, 에어컨, 전장부품 등)을 측정하는 컴퓨터 진단장비로, 각 종 센서의 작동유무와 성능 등을 측정 및 확인, 시뮬레이션이 가능하다.

[그림 1-131] 자기진단기

3.15 엔진 종합 테스터기

자동차 정비를 위해 반드시 필요한 스캐너와 오실로스코프, 멀티미터, 튠업기 등의 통합형 계측기능을 모두 갖추고 있다. 이밖에도 고장 진단을 위한 준비부터 측정 및 분석 등의 전 과정을 자세히 안내하는 진단가이드 기능, 방대한 정비정보 데이터베이스 기능 등을 첨가해 원스톱으로 모든 고장 진단을 할 수 있도록 한 종합시스템 테스터기이다.

[그림 1-132] 엔진 종합 테스터기

Chapter

2

기본 엔진정비

01 엔진오일팬 개스킷 교환

02 헤드커버 개스킷 교환

03 팬벨트(외부 벨트, 겉 벨트) 교환

01 엔진오일팬 개스킷 교환

오일팬에서 오일이 누유되면 오일을 보충하며 타야 하고 언더커버에 누유된 오일이 고이거나 묻어있어 이물질이 묻기 때문에 미관상에도 안 좋다. 그리고 오일팬을 탈거하려면 오일을 모두 배출해야 하기 때문에 동반되는 작업은 엔진오일 교환이다.

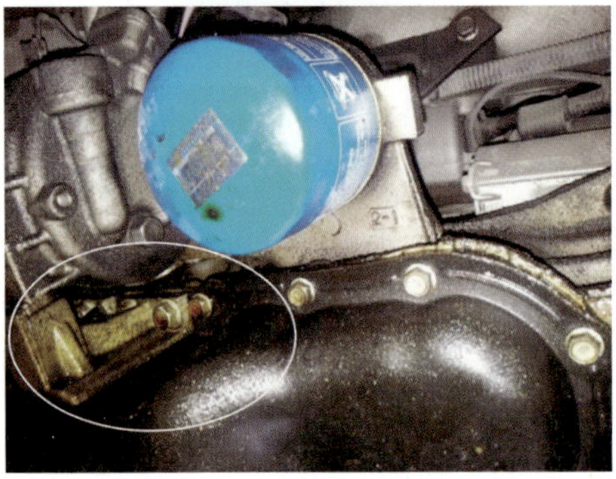

[그림 2-1] **엔진오일팬 오일 누유**

① 리프트로 차량을 진입한 후 시동을 정지시키고, 리프트로 차량을 들어 올린다.
② 리프트로 들어 올린 상태에서 언더커버를 탈거한다.
③ 폐오일을 담을 수 있는 오일드레인(오일 회수통)을 준비한다.
④ 오일팬 드레인 플러그를 탈거하여 엔진오일을 배출한다.
⑤ 오일팬 둘레의 볼트를 모두 풀어낸다. 오일팬 탈거 시 머플러가 간섭되면 머플러를 탈거한다.

[그림 2-2] **언더커버 탈거**

[그림 2-3] **오일팬 고정 볼트 탈거**

⑥ 개스킷용 실리콘이 발라져 있기 때문에 볼트를 다 풀어도 오일팬이 분리가 잘 안 되면, 고무망치를 이용하여 오일팬을 툭툭 쳐본다. 그래도 탈거가 안 되면 오일팬과 엔진 블록 사이를 스크레이퍼를 망치로 흠집이 나지 않도록 쳐서 집어넣어 틈을 벌린 다음, 스크레이퍼 뒤를 망치로 쳐가면서 계속 진행해주면 된다. 한 번 벌어지면 그 다음부터는 수월하다.

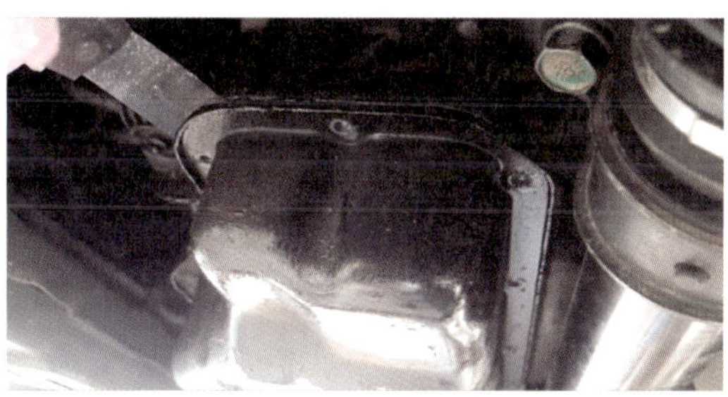

[그림 2-4] **오일팬 탈거**

⑦ 탈거된 오일팬은 기존 실리콘 개스킷을 제거하고 세척기에서 오일 및 이물질(슬러지)을 세척하여 제거한다. 새 오일팬을 사용할 때는 세척할 필요가 없다.

[그림 2-5] **탈거된 오일팬**

[그림 2-6] **세척된 오일팬**

⑧ 오일 스트레이너에 이물질이 있나 확인하여 이물질이 있으면 이물질을 제거한다.
⑨ 오일팬과 맞닿는 엔진 블록 부분도 실리콘 개스킷을 제거한다.

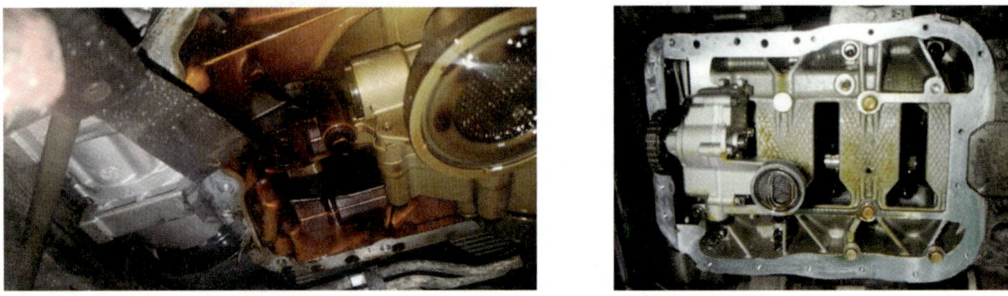

[그림 2-7] 엔진 부분 실리콘 제거 및 청소

⑩ 오일팬 드레인 플러그를 조립하고 개스킷 전용 실리콘을 고르게 발라준다(실링 작업).
⑪ 오일팬을 장착할 때 볼트는 한 번에 조이지 말고 조금씩 나눠서 균일하게 조인 후 규정토크로 조인다. 볼트를 조인 후 실리콘이 굳을 때까지 최소 30분 정도 기다린다.

[그림 2-8] 실링 작업

[그림 2-9] 오일팬 볼트 조이기

⑫ 오일 드레인(오일 회수통)을 리프트 하강 시 리프트와 접촉되지 않게 다른 곳으로 이동 시키고 리프트를 내려서 자동차를 지면 가까이 내려놓는다.
⑬ 자동차 보닛(bonnet)을 열고 오일 필러 캡을 탈거한다.
⑭ 오일 깔때기를 오일이 밖으로 흐르지 않도록 잘 꽂아준다.
⑮ 새 엔진오일을 엔진오일 레벨 게이지의 F-L 중간(F 위치에서 3~4mm 정도 약간 내려와 있는 수준)에 올 때까지 엔진오일을 넣는다.
⑯ 시동을 걸고 약 3~5분 후에 시동을 끄고 엔진오일 양을 다시 점검한다.
⑰ 차량을 다시 들어 올려 오일팬에서 오일 누유가 있는지 체크한다. 오일 누유가 없으면 언더커버를 장착한다.

[그림 2-10] **언더커버 장착**

⑱ 리프트를 내려서 자동차를 지면 가까이 내려놓는다.

02 헤드커버 개스킷 교환

로커암을 덮고 있는 헤드커버는 엔진 실린더 헤드 상부와 결합되는데, 이 헤드커버와 헤드와의 틈새에 고무로 된 개스킷을 끼워 넣는다. 이 부분은 고무재질로 되어있는데 오래되면 고무가 경화되어 엔진오일이 이 틈새로 새어나오게 된다. 오일이 누유되면 엔진에 누유된 오일에 의해 먼지 등 이물질이 쌓여 미관상 좋지 않고, 배기다기관에 오일이 묻으면 화재의 위험도 따른다. 따라서 엔진 상부에 기름때가 흥건히 묻어있다면 기름때를 닦아내고 헤드커버 개스킷을 신품으로 교환해준다.

① 엔진커버를 탈거한다.
② 점화플러그 케이블을 탈거한다. 탈거하기 전에 순서를 혼동하지 않도록 번호를 적어놓으면 조립 시 혼동하지 않는다.

[그림 2-11] 엔진 커버 탈거

[그림 2-12] 점화플러[그 케이블 탈거

③ PCV밸브를 탈거한다.
④ 블로바이 호스를 탈거한다.

[그림 2-13] **PCV밸브 탈거**

[그림 2-14] **블로바이 호스 탈거**

⑤ 헤드커버 볼트를 탈거한다.

[그림 2-15] **헤드커버 고정 볼트 탈거**

⑥ 볼트를 모두 제거하였다면 헤드커버의 체결 부위에 (−)드라이버를 살짝 넣어 들어올리면서 헤드커버를 탈거한다.

[그림 2-16] **헤드커버 탈거**

⑦ 신품 개스킷을 장착하기 위해 실린더 헤드의 개스킷이 닿는 부분과 헤드커버의 기름때 및 실리콘 찌꺼기를 깨끗이 닦아 준다. 실린더 헤드 청소 시 이물질이 실린더 헤드 안으로 들어가지 않도록 주의하고, 배기다기관에 오일이 묻어 있으면 오일을 닦아 준다.

[그림 2-17] 헤드커버 청소

[그림 2-18] 실린더 헤드 청소

⑧ 헤드커버에 신품 고무 개스킷을 홈에 잘 끼워 넣는다.

[그림 2-19] 신품 고무 개스킷 설치

⑨ 분해한 순서의 역순으로 다시 조립하면 모든 작업이 완료된다. 조립 시 주의할 점은 헤드커버를 헤드 위에 얹은 후 볼트 체결 시 대각선 방향으로 손가락 힘으로 더 이상 볼트를 조일 수 없을 때까지 조여 주고, 복스를 사용하여 더 조인 다음

토크렌치로 규정토크로 조여주어야 볼트의 부러짐을 막을 수 있다. 생각보다 볼트는 쉽게 잘 부러진다.

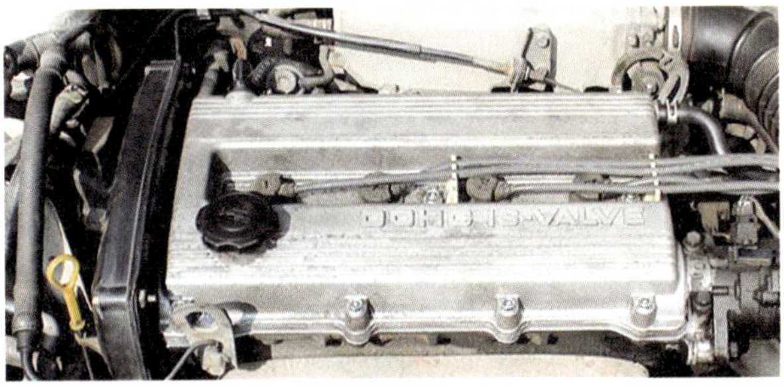

[그림 2-20] **헤드커버 개스킷 조립 완료**

03 팬벨트(외부 벨트, 겉 벨트) 교환

팬벨트는 원래 라디에이터를 냉각하기 위한 팬을 돌리는 벨트였기 때문에 팬벨트라고 부르고 있다. 현재의 엔진은 전동팬들이 주류를 이루고 있지만 엔진 구동에 필요한 전기와 차량 편의시설 등의 전원을 생산하는 발전기와 엔진에 냉각수가 원활하게 순환하게 하여 엔진 과열을 막아주는 워터펌프, 에어컨, 파워스티어링펌프 등을 구동하고 있다. 벨트가 끊어지면 엔진에 전기 공급이 안 되어 자동차가 주행 중에 갑자기 멈추게 되고, EPS(전자식 파워스티어링 시스템)가 없는 차량은 팬벨트가 탈거됨과 동시에 핸들이 무거워지게 되고, 발전기에 진공펌프가 달린 디젤 차량은 브레이크가 무거워지며, 브레이크가 밀려 큰 사고로 이어지는 경우도 있다.

벨트의 장력이 느슨해지면 아침에 시동을 걸었을 때 또는 급가속 시 고무가 미끄러지는 다소 날카로운 소음이 발생한다. 이때는 벨트 장력을 조정해야 한다. 육안으로 팬벨트 점검 시 안쪽 홈이 가로로 갈라지거나 균열이 보이면 팬벨트를 교체해야 한다. 벨트 소리 점검은 간단하게 시동이 걸린 상태에서 물이 담긴 분무기로 벨트(안쪽 면)에 물을 뿌려서 소리가 사라지면 벨트가 문제인 것이다.

이상음이 발생하지 않았어도 일정한 주행거리나 사용 연수가 지나면 팬벨트 고무가 경화되기 때문에 팬벨트를 교환해야 한다. 차종에 따라 다르지만 주행거리는 5~10만 km마다, 사용기간 3~5년마다 교체하는 것이 좋다.

(a) 변색된 벨트

(b) 크랙이 발생한 벨트

[그림 2-21] 손상된 벨트

예전에는 벨트가 2~3개였으나, 요즘은 하나의 벨트(1-BELT 타입)로 전 장치를 작동시키고 있는 차량이 많기 때문에 벨트 교환 시 지침서가 없으면 사진을 찍어 놓던가 아니면 그림을 그려놓아야 작업이 수월하다. 벨트는 조수석 바퀴 쪽에서 글씨가 바로 보이도록 설치하거나 화살표가 있는 것은 엔진회전 방향으로 설치한다.

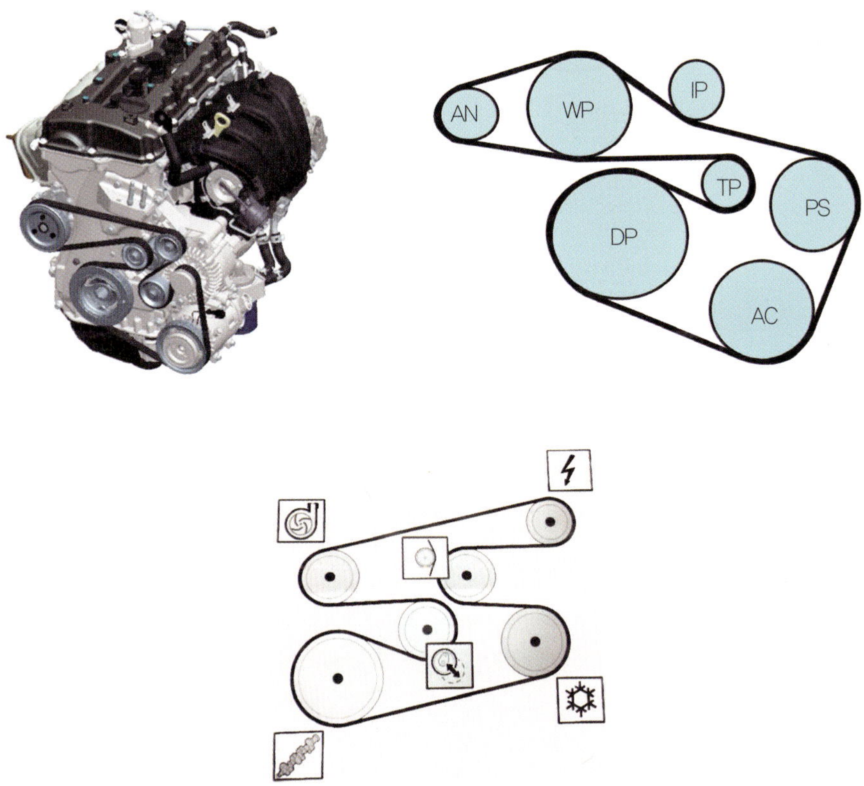

[그림 2-22] 1-BELT 타입의 벨트 설치상태 예

3.1 스포티지 팬벨트 교환

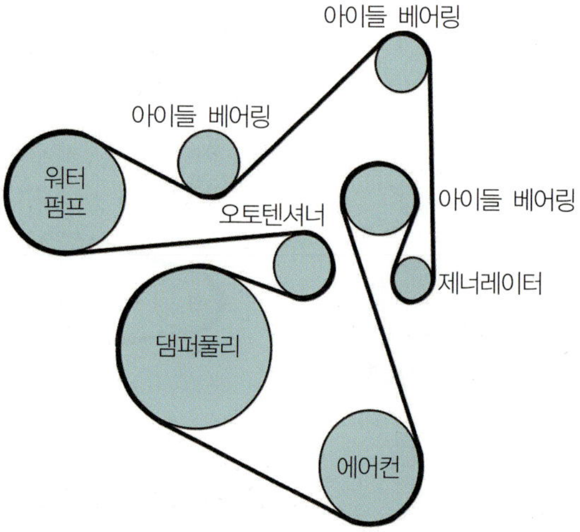

[그림 2-23] **스포티지 팬벨트 설치도**

① 엔진커버를 탈거한다.

[그림 2-24] **엔진커버 탈거**

② 타이어를 탈거하고 조수석 물받이(휠가드) 고정 플라스틱 클램프를 제거한다.

[그림 2-25] **물받이 쪽 커버 분리**

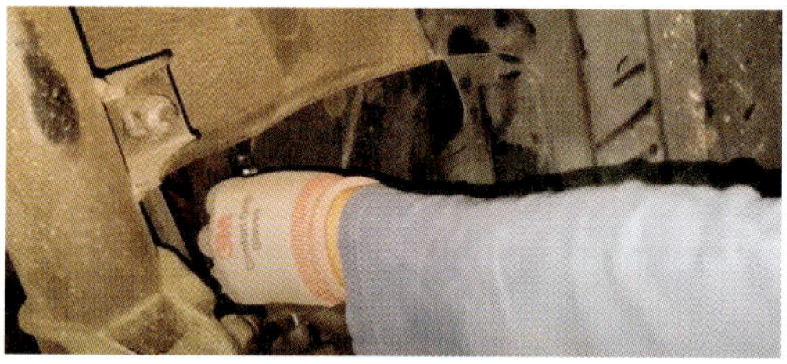

[그림 2-26] **엔진 쪽 측면 커버 분리**

③ 물받이 쪽 커버를 분리하고 안쪽 엔진 쪽 측면 커버를 분리한다.

④ 17mm 스패너나 복스 공구를 사용하여 오토텐셔너를 시계 반대방향으로 당긴 상태에서 오토텐셔너에 고정 핀을 설치하여 고정시킨다. 시계방향으로 하면 볼트가 풀린다. 고정 핀이 없으면 4mm 드릴날 등을 이용해도 된다.

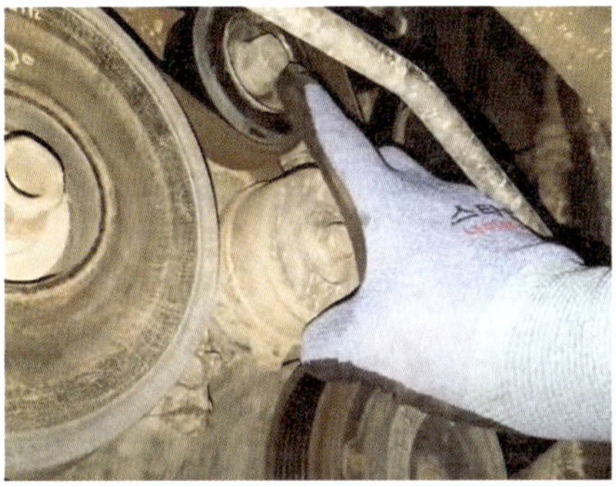

(a) 오토텐셔너

(b) 복스공구 설치

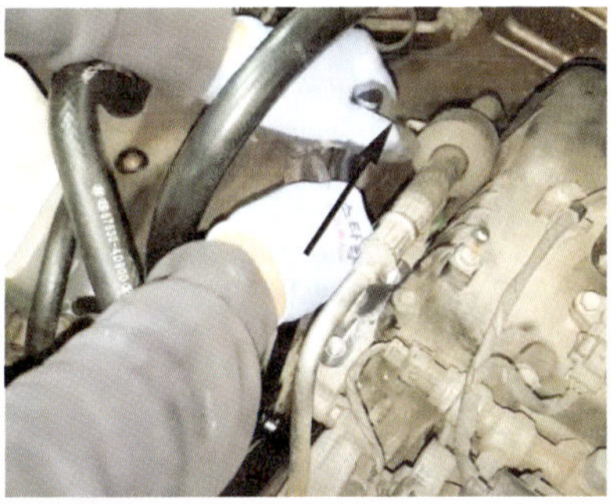

(c) 시계 반대방향으로 당김

(d) 오토텐셔너 핀 고정 위치

(e) 고정 핀 설치

[그림 2-27] **벨트 장력 제거**

⑤ 벨트를 탈거한다.

[그림 2-28] 벨트 탈거

⑥ 오토텐셔너, 아이들베어링, 풀리 등이 불량하면 교환한다.
⑦ 팬벨트 설치 방향에 주의하여 팬벨트를 장착한다.
⑧ 17mm 스패너나 복스공구를 사용하여 오토텐셔너를 시계 반대방향으로 당긴 상태에서 오토텐셔너에서 고정 핀을 탈거한다.
⑨ 팬벨트 설치상태를 확인한 후 시동을 걸어 확인한다.
⑩ 엔진 및 물받이 커버를 장착한다.
⑪ 타이어를 조립한다.

[그림 2-29] 엔진 및 물받이 커버 장착

[그림 2-30] 타이어 조립

3.2 렉스턴 팬벨트, 텐셔너, 아이들 베어링 교환

[그림 2-31] **렉스턴 벨트 설치 상태**

① 벨트 제거를 한다. 복스렌치(19mm)를 텐셔너의 육각 조정 볼트에 걸고 왼쪽(시계 반대방향)으로 돌린다. 그러면 벨트 전체가 느슨해지면서 쉽게 탈거가 된다.

[그림 2-32] **벨트 장력 제거**

② 풀리 커버를 탈거한다. 아이들 풀리(아이들 베어링) 커버와 그루브드 아이들 풀리 커버를 송곳으로 제거한다. 풀리 커버는 재사용한다.

[그림 2-33] **풀리 커버 탈거**

③ T50 별소켓(복스)를 이용해 볼트를 풀어 그루브드 아이들 풀리를 탈거한다. 그루브드 풀리에는 홈이 있다.

④ 복스(17mm)를 이용해 볼트를 풀어 아이들 풀리를 탈거한다. 아이들 풀리에는 홈이 없다.

[그림 2-34] **그루브드 아이들 풀리 탈거**

[그림 2-35] **아이들 풀리 탈거**

⑤ 벨트 텐셔너를 탈거한다. 텐셔너는 상, 하 2개의 볼트를 풀어야 제거가 된다.

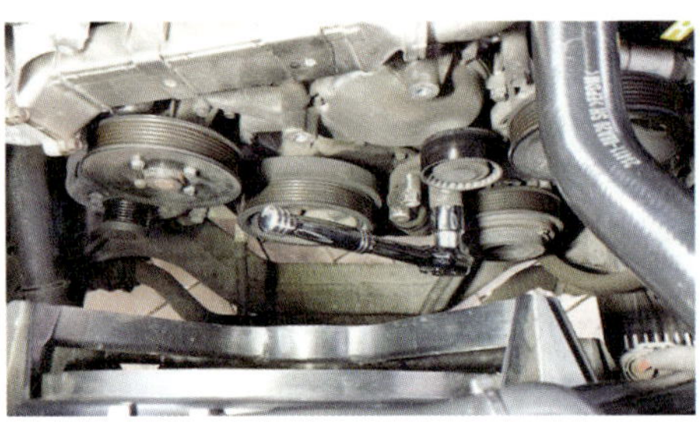

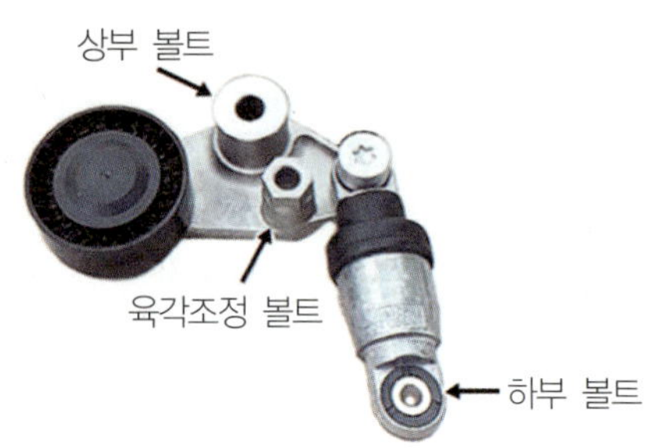

[그림 2-36] **벨트 텐셔너 탈거**

⑥ 신품 벨트 텐셔너를 조립한다. 벨트 텐셔너는 보관할 때 오일 누유 때문에 반드시 세워서 보관해야 한다.

⑦ 신품 그루브드 아이들 풀리를 조립한다.

⑧ 신품 아이들 풀리를 조립한다.

⑨ 풀리 커버 2개를 끼운다.

⑩ 복스렌치를 텐셔서 육각 조정 볼트(19mm)에 꽂아 왼쪽으로 제친 후 신품 벨트를 각각의 풀리에 잘 맞추어 벨트를 걸어준다.

3.3 YF 쏘나타 팬벨트 교환

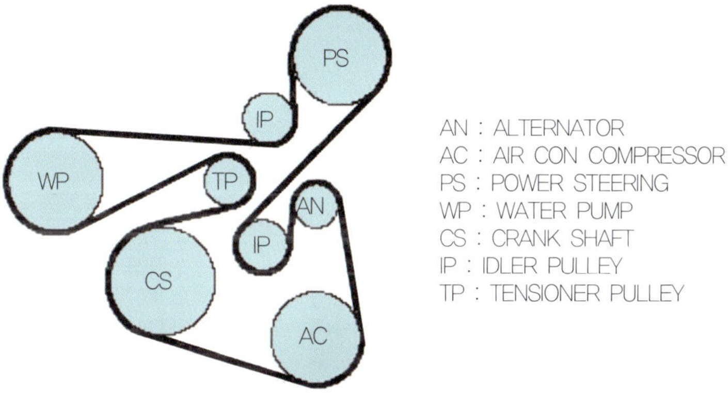

[그림 2-37] YF 쏘나타 벨트 설치 상태

① 작업 공간을 확보하기 위해 부동액 리저버 탈거 후 앞쪽에 놓고 엔진을 지지하고 엔진마운트 브래킷을 탈거한다.

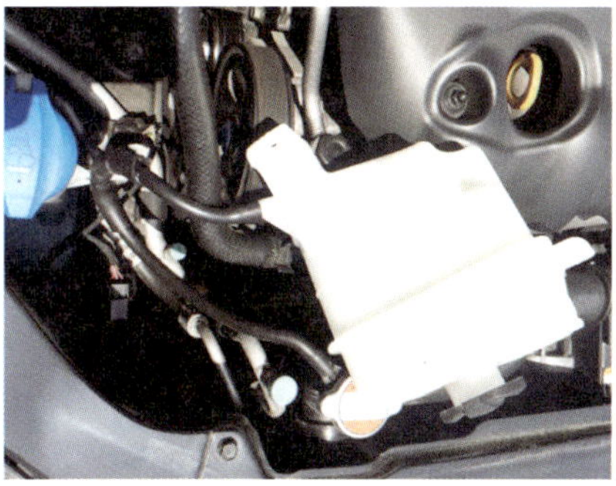

(a) 부동액 리저버 탈거

(b) 브래킷 볼트 및 너트 탈거

(c) 마운트 볼트 탈거

[그림 2-38] **엔진마운트 브래킷 탈거**

② 오토텐션 베어링 볼트가 롤러 안쪽으로 약간 들어가 있기 때문에 17mm 옵셋렌치로 오토텐셔너 텐션 베어링의 롤러 부분에 걸고, 조수석 방향(시계 반대방향)으로 밀어 올려 벨트 장력을 해제시킨다.

(a) 오토 텐셔너

(b) 옵셋렌치로 텐션 조정

[그림 2-39] **벨트 탈거**

③ 벨트를 탈거한다.

④ 텐셔너 부분으로 신품 벨트를 삽입하고 워터펌프 - 텐셔너 - 크랭크 풀리 - 에어컨 풀리 - 알터네이터 - 아이들 풀리 순으로 가설치한다.

⑤ 옵셋렌치로 텐셔너 장력을 해제한 상태에서 파워스티어링 풀리에 최종적으로 설치한 후 텐셔너 장력을 주면 체결된다.

⑥ 시동을 걸어 벨트가 정확히 조립되었나 확인한다.

⑦ 엔진마운트 브래킷을 조립한다. 볼트나 너트는 우선 손으로 최대한 돌려 체결한 후 수공구를 사용하고 토크렌치를 이용하여 규정토크로 조여준다.

⑧ 엔진을 받히고 있던 지지대를 제거한다.

3.4 SM5 차량 팬벨트 교환

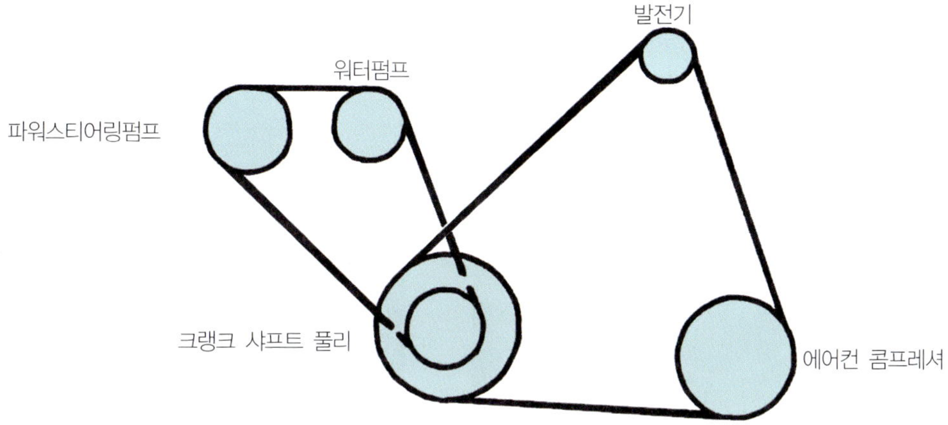

[그림 2-40] SM5차량 벨트 설치 상태

[1] 발전기 벨트 탈거

① 장력해제 볼트(아래 화살표)로 3~4바퀴 풀어준다.

② 장력조절 볼트(위에 화살표)로 거의 바닥까지 풀어준다.

[그림 2-41] 발전기 벨트 장력 해제

③ 발전기 몸체를 힘주어 손으로 누르면 쑥 내려간다. 벨트가 헐거워서 잘 빠질 수 있는 상태가 된다.

④ 손을 넣어 벨트를 당기면 빠진다. 벨트는 크랭크 풀리 – 에어컨 컴프레서 풀리 – 발전기 풀리로 연결되어 있다.

[2] 파워스티어링 벨트 탈거

① 파워스티어링 장력 해제 볼트를 12mm 렌치로 3~4바퀴 풀면 장력이 해제된다.

② 장력조절 볼트를 다 풀어 앞쪽에서 벨트를 당겨주면 파워펌프가 이동하며 벨트에 여유가 생긴다. 벨트를 빗겨 빼면 빠진다.

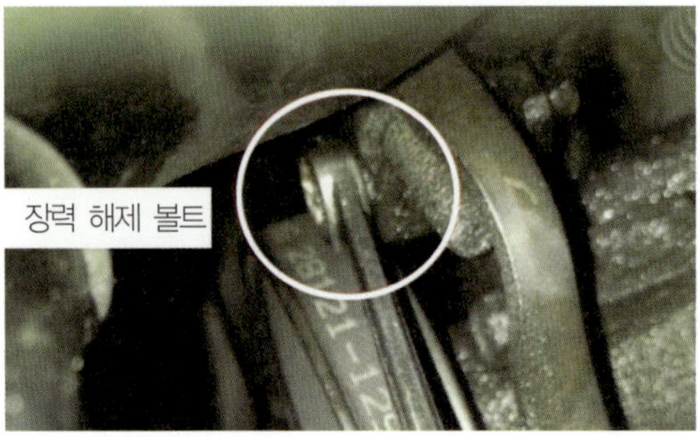

[그림 2-42] **파워스티어링 장력 해제 볼트**

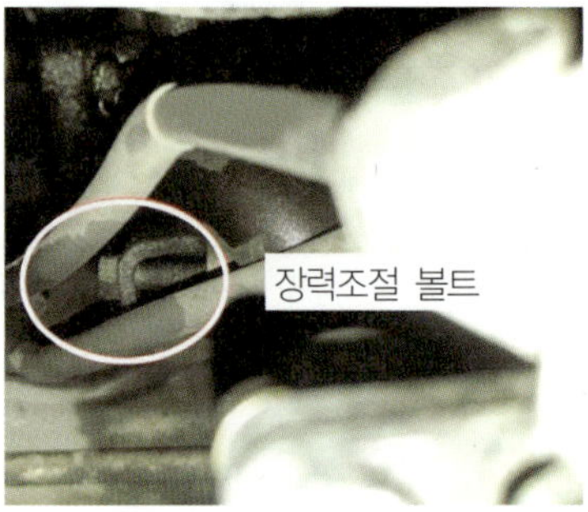

[그림 2-43] **파워스티어링 장력 조절 볼트**

[3] 파워스티어링 신품 벨트 조립

① 신품 소 벨트를 크랭크 풀리(1)에 먼저 건다.

② 벨트를 파워스티어링펌프(2)에 건다.

③ 벨트를 워터펌프(3)에 걸어준다. 워터펌프에 걸때 여유가 없다면 크랭크 풀리나 파워스티어링 풀리 홈에 정확히 걸리지 않은거니 살살 흔들어 주거나 좌우로 움직여 정확하게 설치되면 여유가 생긴다.

④ 장력 조절 볼트로 장력을 조정하고 장력 해제 볼트를 조인다.

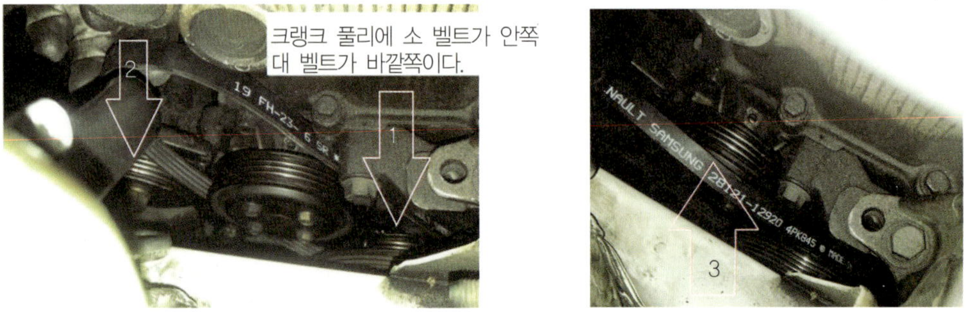

[그림 2-44] **파워스티어링 벨트 설치**

[4] 발전기 신품 벨트 조립

① 신품 대 벨트 넣을 때 엔진 밑에서부터 걸어준다. 공간이 좁아 벨트를 비틀면 잘 들어간다. 크랭크 풀리, 에어컨 컴프레서 풀리, 발전기 풀리 순으로 걸어준다.

[그림 2-45] **벨트 조립**

[그림 2-46] **장력 조정**

② 나사를 조일 때 위에 나사 절반만 감아준 상태에서 벨트를 움직여서 잘 결속됐는지 확인한다. 이상이 없으면 위에 나사로 장력을 조정한 후 아래나사를 조인다.
③ 시동을 걸고 이상 없는지 확인한다.

Chapter

3

엔진 분해 및 조립과 타이밍벨트 교환

01 DOHC엔진 분해 · 조립 및 타이밍벨트 교환(아반떼)

1.1 엔진 부속장치 분해 작업

① 오일 및 오일필터를 탈거한다.

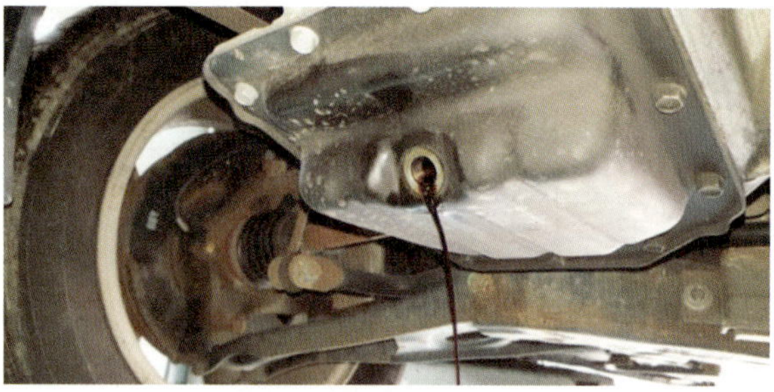

(a) 오일 배출

(b) 오일필터 탈거

[그림 3-1] 오일 배출 및 오일필터 탈거

② 커넥터 및 센서, 고압케이블, 점화코일, 점화플러그, 시동전동기, 팬벨트, AC발전기, 에어컨 컴프레서, 연료파이프, 연료리턴파이프 등 엔진 부속장치를 탈거한다.

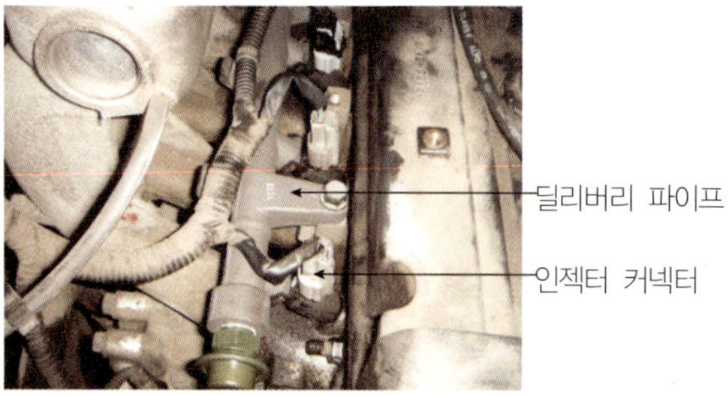

[그림 3-2] 인젝터 커넥터 탈거

[그림 3-3] AFS 커넥터 및 AFS 탈거

[그림 3-4] **점화코일 및 고압 케이블 탈거**

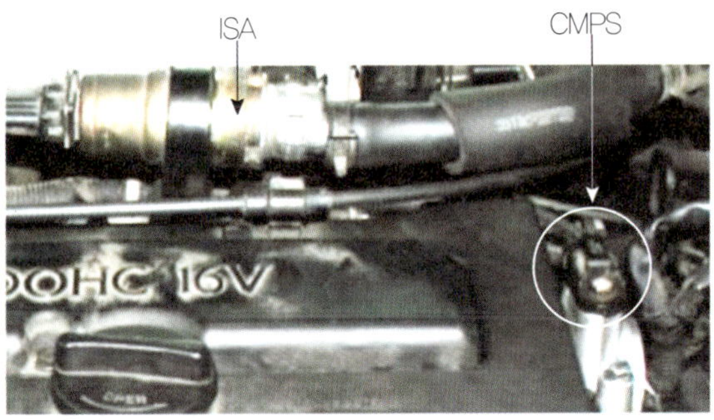

[그림 3-5] CMPS 및 ISA 탈거

[그림 3-6] **크랭크 각센서 및 오일압력 스위치 탈거**

[그림 3-7] **파워스티어링펌프 및 오일 게이지 탈거**

[그림 3-8] **벨트 탈거**

③ 딜리버리파이프와 인젝터를 탈거한다.

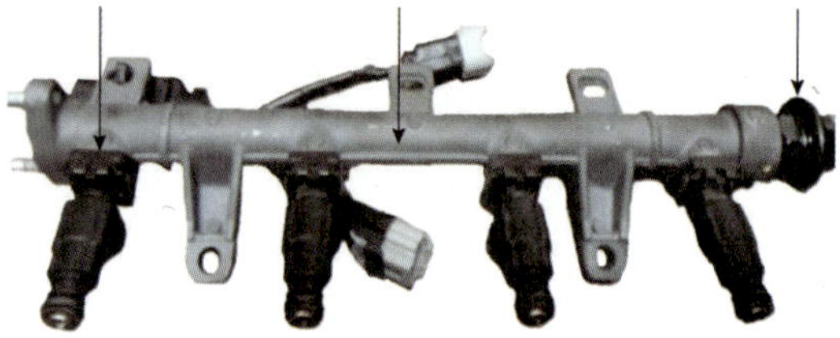

[그림 3-9] **딜리버리파이프와 인젝터 탈거**

④ 흡기다기관 및 배기다기관을 탈거한다.

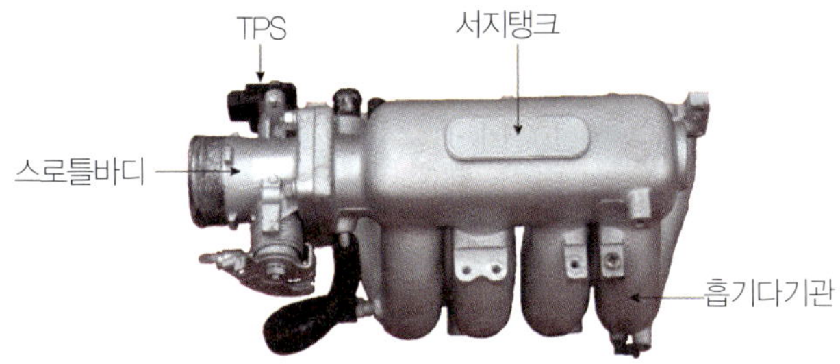

(a) 흡기다기관 탈거

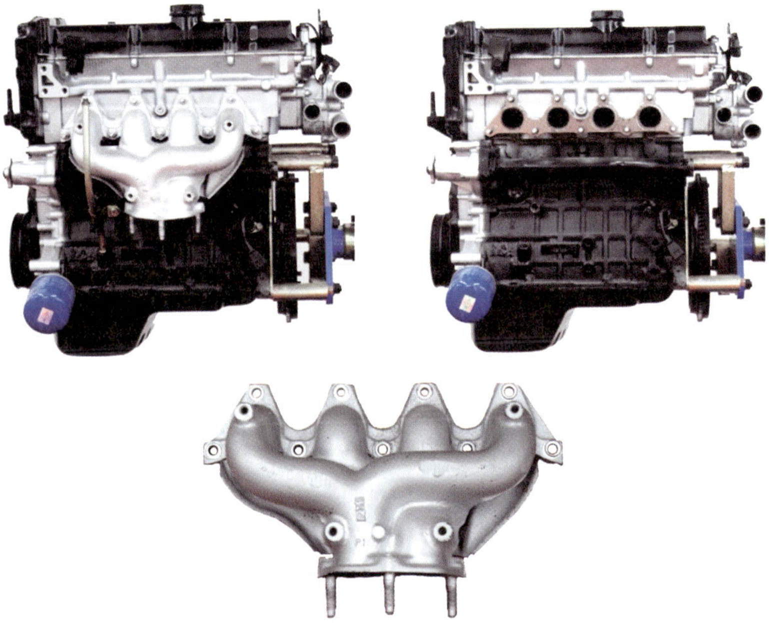

(b) 배기다기관 탈거

[그림 3-10] **흡·배기다기관 탈거**

⑤ 물펌프 풀리는 벨트를 탈착하기 전에 볼트를 이완시킨 후 벨트 탈거 후 탈거한다.

⑥ 크랭크축 풀리를 탈거한다.

[그림 3-11] **물펌프 풀리 탈거**

[그림 3-12] **크랭크축 스프로킷 탈거**

⑦ 타이밍벨트 커버(상부커버, 하부커버)를 탈거한다.

(a) 상부커버　　(b) 하부커버

[그림 3-13] **타이밍 커버 탈거**

1.2 엔진 주요부 분해

[그림 3-14] **엔진 주요부**

① 크랭크축을 시계방향으로 돌려 1번 실린더의 피스톤을 압축행정의 상사점에 있도록 캠축과 크랭크축 타이밍 마크를 맞춘다.

(a) 캠축 타이밍 마크 정렬

(b) 크랭크축 타이밍 마크 정렬

[그림 3-15] **타이밍 마크 정렬**

② 타이밍벨트 텐셔너 장력을 해제시킨 후 워터펌프 반대쪽으로 이동시켜 임시로 고정시킨다.

③ 타이밍벨트를 탈거한다. 타이밍벨트를 재사용할 때는 회전방향에 화살표를 표시하여 둔다.

④ 크랭크 샤프트 스프로킷 볼트를 탈거하고, 크랭크 샤프트 스프로킷과 플랜지를 탈거한다.

[그림 3-16] **크랭크 샤프트 스프로킷과 플랜지 탈거**

⑤ 아이들러 베어링을 탈거한다.

⑥ 타이밍벨트 텐셔너를 탈거한다.

⑦ 물펌프를 탈거한다.

[그림 3-17] **아이들러 베어링 탈거**

[그림 3-18] **텐셔너 탈거**

[그림 3-19] **물펌프 탈거**

⑧ 브리더 호스와 P.C.V밸브, 에어호스를 탈거하고 로커암 커버를 탈거한다.

[그림 3-20] **로커암 커버 탈거**

⑨ 캠 샤프트 베어링 캡을 탈거한다.

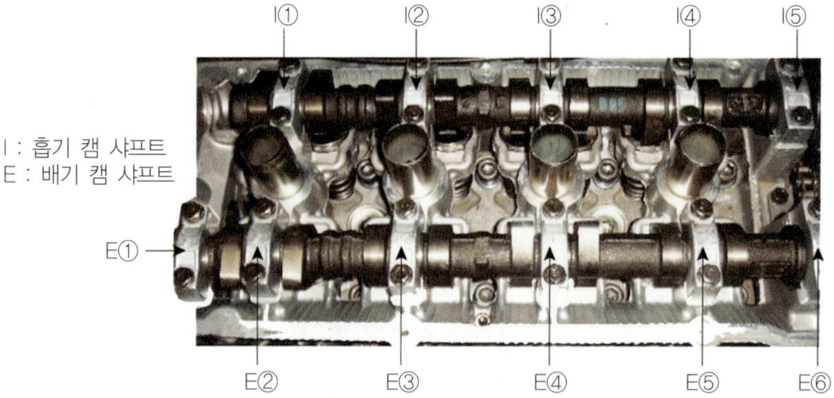

(a) 캠 샤프트 베어링 캡 탈거 순서

(b) 흡기 베어링 캡

(c) 배기 베어링 캡

[그림 3-21] **캠 샤프트 베어링 캡 탈거 순서**

⑩ 타이밍 체인과 흡・배기 캠 샤프트를 탈거한다.

[그림 3-22] **타이밍 체인과 캠 샤프트 탈거**

⑪ HLA(하이드로릭 래시 어저스터)를 탈거한다.

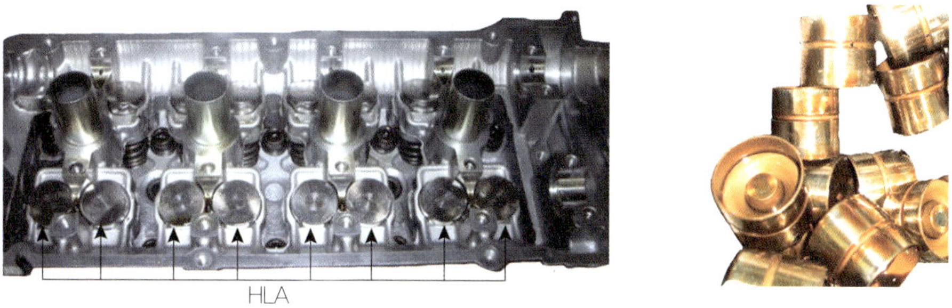

[그림 3-23] HLA 탈거

⑫ 실린더 헤드를 탈거한다.

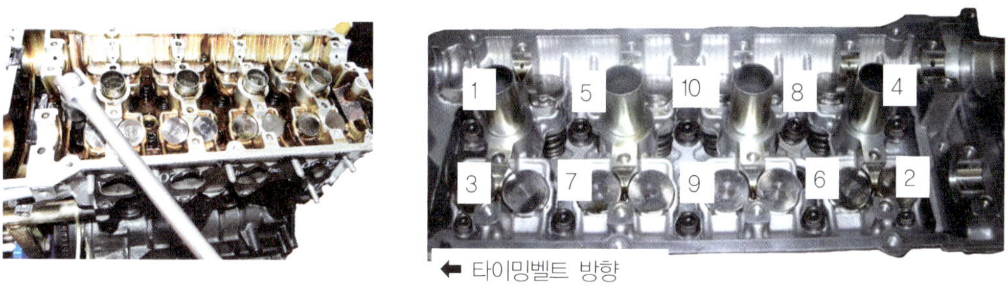

[그림 3-24] 실린더 헤드 볼트 탈거순서

⑬ 실린더 블록을 옆으로 눕힌 다음 오일팬을 탈거한 후 오일 스트레이너를 탈거한다.

[그림 3-25] 오일팬 탈거

[그림 3-26] 오일 스트레이너 탈거

⑭ 1·4번 커넥팅 로드를 12시 방향으로 돌린 후 1·4번 피스톤 베어링 캡을 탈거하고, 1·4번 피스톤을 탈거한다.

⑮ 2·3번 커넥팅 로드를 12시 방향으로 돌린 후 2·3번 피스톤 베어링 캡을 탈거하고, 2·3번 피스톤을 탈거한다.

(a) 피스톤 베어링 캡

(b) 1・4번 피스톤 탈거

(c) 2・3번 피스톤 탈거

(d) 탈거된 피스톤 정렬

[그림 3-27] **피스톤 탈거**

⑯ 프런트 커버(오일펌프 하우징) 및 크랭크축 오일 실을 탈거한다.

[그림 3-28] **프런트 커버 탈거**

[그림 3-29] **크랭크축 오일 실 탈거**

⑰ 메인 베어링 캡을 1→5→2→4→3 순서로 탈거한다.

⑱ 크랭크축을 탈거한다.

[그림 3-30] **메인 베어링 캡 탈거 순서**

[그림 3-31] **크랭크축 탈거**

1.3 엔진 주요부 조립

① 실린더 블록에 어퍼 메인 베어링을 장착한다.

② 크랭크샤프트를 장착하고 엔진오일을 저널과 핀에 도포한다.

③ 베어링 캡을 3→2→4→1→5 순서로 조립하고, 중앙에서부터 3→2→4→1→5 순서로 캡 볼트를 2~3단계에 걸쳐 균일하게 조인 후 규정토크(5.5~6.0kgf·m)로 체결한다.

[그림 3-32] **메인저널 베어링 캡 조립순서**

④ 프런트 커버(오일펌프 하우징) 및 크랭크축 오일 실을 조립한다.

⑤ 피스톤 링을 피스톤에 120° 방향으로 그림 3-33~34와 같이 조립한다.

⑥ 피스톤 링 컴프레서로 피스톤 링을 압축한 상태에서 피스톤을 실린더 내부로 고무 망치의 고무 부분이나 나무 자루로 톡톡 쳐주면서 밀어 넣는다.

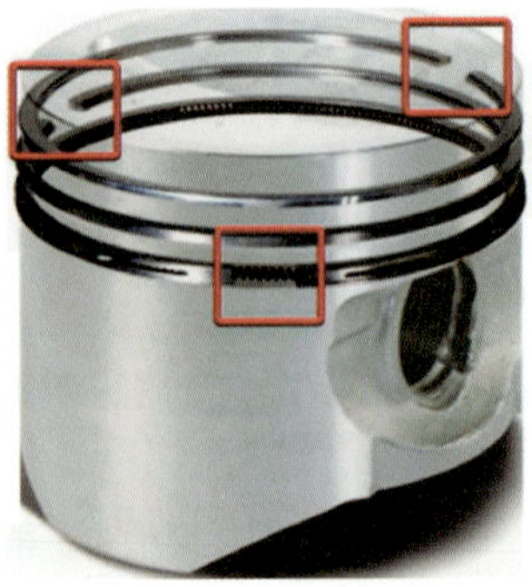

[그림 3-33] 피스톤링 절개구 방향

[그림 3-34] 피스톤 조립

⑦ 커넥팅 로드가 크랭크샤프트에 제대로 안착된 것을 확인한 후, 피스톤 베어링 캡의 홈과 베어링 돌출부를 일치시킨다.

[그림 3-35] 베어링 홈과 베어링 돌출부 일치

⑧ 커넥팅 로드 상부 베어링 캡 돌출부(홈)와 피스톤 베어링 캡 돌출부(홈)가 같은 쪽에 있도록 해서 피스톤 베어링 캡을 조립하고, 1→4→2→3 순서로 피스톤 베어링 캡을 균일하게 조인 후 규정토크(3.5kgf・m)로 체결한다.

[그림 3-36] 피스톤 커넥팅 로드와 피스톤 베어링 캡 조립

⑨ 오일 스트레이너를 조립하고 오일팬을 조립한다.

[그림 3-37] 오일 스트레이너 조립

[그림 3-38] 오일팬 조립

⑩ 실린더 블록과 실린더 헤드의 면을 깨끗이 청소한다.

⑪ 실린더 개스킷에 실런트를 바르지 말고 실린더 블록에 새로운 실린더 개스킷을 좌·우, 상·하가 바뀌지 않도록 주의하고, 식별 기호가 위로 향하도록 올려놓는다.

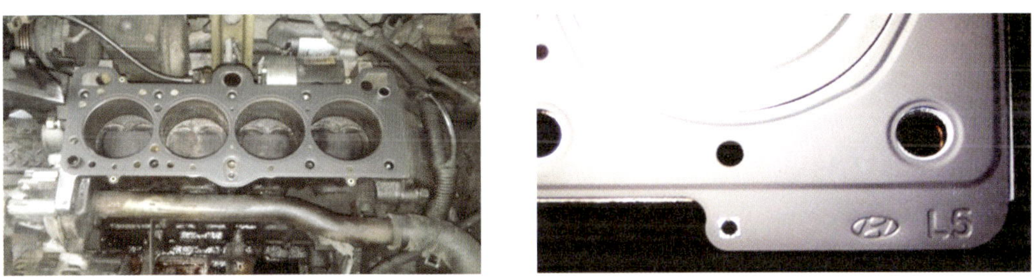

[그림 3-39] 헤드 개스킷 설치 및 식별 기호

⑫ 실린더 헤드를 실린더 블록에 올려놓고 볼트에 와셔를 삽입하여 실린더 헤드에 삽입한 후 2~3단계에 걸쳐 균일하게 조인 후, 토크렌치를 이용하여 규정토크(7~7.5kgf·m)로 체결한다.

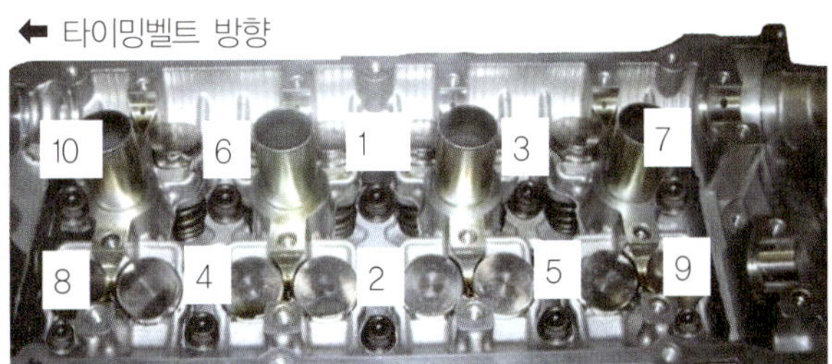

[그림 3-40] 실린더 헤드 조임 순서

⑬ HLA(하이드로릭 래시 어져스터)를 에어빼기를 한 후 조립한다.

[그림 3-41] **HLA(하이드로릭 래시 어져스터) 조립**

⑭ 흡·배기 캠 샤프트와 타이밍 체인의 타이밍 마크를 맞추고 조립한 후 실린더 헤드에 장착하고 캠축 캡을 조립한다.

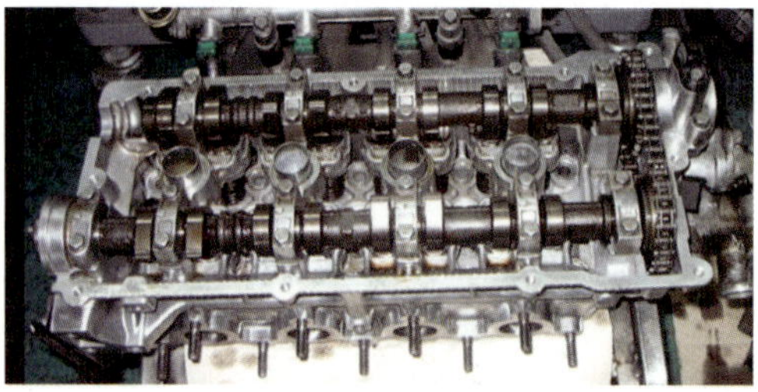

[그림 3-42] **캠축, 타이밍 체인 조립**

⑮ 캠 샤프트 스프로킷을 설치하고 캠 샤프트 스프로킷 볼트를 규정토크(8~10kgf·m)로 체결한다.

⑯ 로커암 커버를 조립하고 브리더 호스와 PCV밸브, 에어호스를 조립한다.

⑰ 물펌프 개스킷 및 물펌프를 조립한다.

⑱ 아이들러 베어링을 장착하고 규정토크(4.3~5.5kgf·m)로 체결한다.

[그림 3-43] **아이들 베어링 조립**

⑲ 텐셔너, 스프링 및 스페이서를 장착하고 볼트를 일시적으로 조인 후 텐셔너의 긴 구멍축 와셔와 볼트를 임시로 조인다.

⑳ 플랜지와 크랭크 샤프트 스프로킷을 설치하고 볼트를 일시적으로 조인다.

[그림 3-44] **크랭크 샤프트 스프로킷 조립**

㉑ 프런트 케이스에 텐셔너 스프링의 위쪽을 거치 후 아래쪽을 드라이버를 이용하여 밀어 넣어 장착한다.

(a) 드라이버를 이용하여 스프링 설치

(b) 설치상태

[그림 3-45] **텐셔너 스프링 설치**

㉒ 캠 샤프트 스프로킷을 돌려서 노크핀 Φ4.5 구멍에 CAMCAP의 빨간색 타이밍 마크가 중앙에 위치하도록 맞춘다.

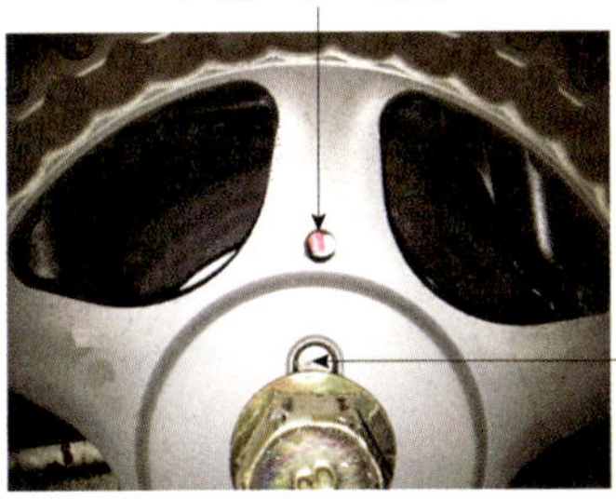

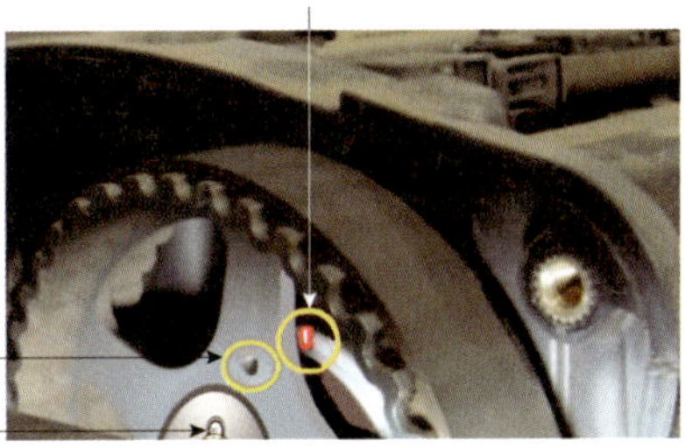

[그림 3-46] **캠 샤프트 스프로킷 타이밍 마크 정렬**

㉓ 크랭크 샤프트 스프로킷을 돌려 스프로킷 타이밍 마크와 프런트 케이스의 타이밍 마크를 일치시킨다.

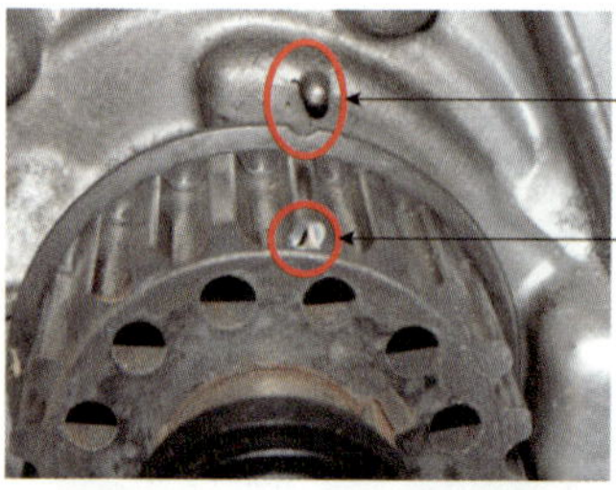

[그림 3-47] **크랭크 샤프트 타이밍 마크 정렬**

㉔ 타이밍 마크가 정렬된 상태에서 벨트를 인장측부터 장착한 다음 텐셔너를 밀면서 벨트를 장착한다.

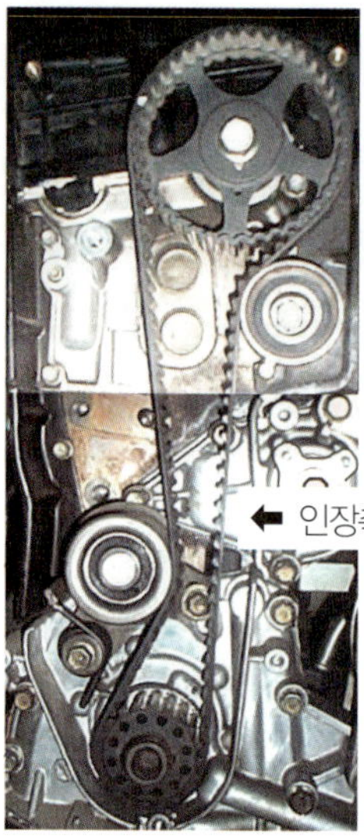

[그림 3-48] **타이밍벨트 장착**

㉕ 텐션 베어링 장력 조정 볼트를 좌측으로 1회전한다(스프링 장력에 의해 벨트 텐션이 오른쪽으로 작동하는지 확인한다).

㉖ 타이밍벨트에 장력을 주기 위해 크랭크축을 오른쪽으로 45° 회전시킨다.

[그림 3-49] 크랭크축 회전

㉗ 텐셔너 장력 조정 볼트를 규정토크(2.0~2.7kgf·m)로 체결하고, 고정 볼트를 규정토크(2.0~2.7kgf·m)로 체결한다.

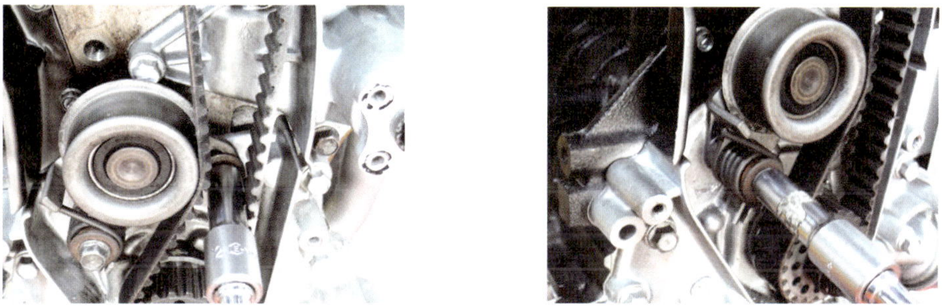

(a) 장력 조정 볼트 (b) 고정 볼트

[그림 3-50] 텐셔너 장력 조정 볼트 및 고정 볼트 조립

㉘ 벨트의 장력은 텐셔너측을 밀었을 때 타이밍벨트의 이빨 끝이 텐셔너 장력 조정 볼트 중앙에서 볼트 직경의 1/4만큼 위치해야 한다.

[그림 3-51] 타이밍벨트 장력의 조절

㉙ 로커암 커버를 조립하고 브리더호스와 P.C.V밸브, 에어호스를 조립한다.
㉚ 타이밍벨트 커버(상부커버, 하부커버)를 조립한다.
㉛ 크랭크축 풀리를 조립하고 볼트를 규정토크(14~15kgf·m)로 체결한다.
㉜ 물펌프 풀리를 조립한다.
㉝ 흡기다기관, 배기다기관을 조립한다.
㉞ 오일필터를 조립한다.
㉟ 딜리버리파이프 및 인젝터를 조립한다.
㊱ 각종 센서 및 배선을 조립한다.
㊲ 고압케이블, 점화코일, 점화플러그, 기동전동기, AC발전기, 에어컨 컴프레서, 연료파이프, 연료리턴파이프, 팬벨트 등 엔진 부속장치를 조립한다.

02 DOHC엔진 분해 · 조립 및 타이밍벨트 교환(EF 소나타)

2.1 엔진 부속장치 분해

① 점화코일 고정 볼트를 탈거하고, 점화코일과 하이텐션 코드를 탈거한다.

[그림 3-52] **점화코일, 하이텐션 코드 탈거**

② 인젝터 커넥터를 탈거하고 딜리버리파이프와 인젝터 어셈블리를 탈거한다.

(a)

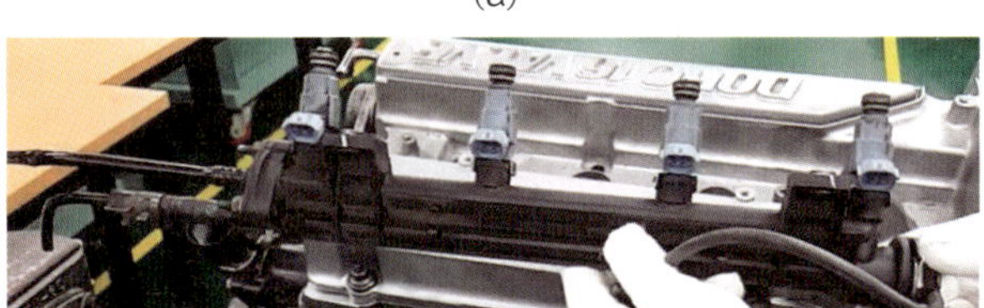

(b)

[그림 3-53] **딜리버리파이프, 인젝터 어셈블리 탈거**

③ 스로틀바디 주위의 호스와 TPS 커넥터를 탈거하고 스로틀바디 고정 볼트를 풀고 스로틀바디를 탈거한다.

[그림 3-54] **스로틀바디 탈거**

④ 흡기다기관 고정 볼트를 탈거하고 흡기다기관과 서지탱크를 탈거한다.

[그림 3-55] **흡기다기관, 서지탱크 탈거**

⑤ 배기다기관 고정 볼트를 탈거하고, 배기다기관을 탈거한 후 배기다기관 개스킷을 탈거한다.

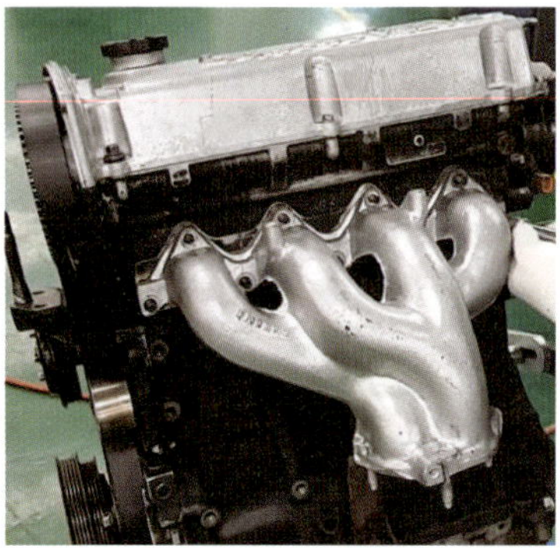

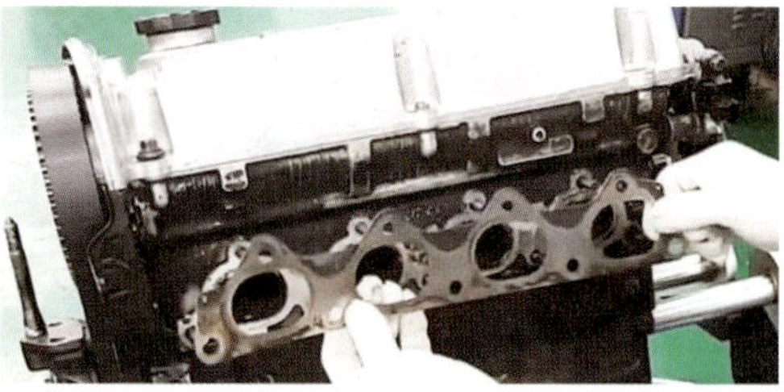

[그림 3-56] **배기다기관, 배기다기관 개스킷 탈거**

⑥ 수온조절기 캡 고정 볼트를 탈거하고 수온조절기 캡과 수온조절기를 탈거한다.

[그림 3-57] **수온조절기 탈거**

⑦ 냉각수파이프 고정 볼트를 탈거하고 냉각수파이프를 탈거한다.
⑧ 캠각센서(CMP) 커넥터와 고정 볼트를 탈거한 후 캠각센서를 탈거한다.

[그림 3-58] **냉각수파이프를 탈거**

[그림 3-59] **캠각센서 탈거**

⑨ 로커암 커버 고정 볼트를 탈거하고 로커암 커버를 탈거한다.

[그림 3-60] **로커암 커버 탈거**

⑩ 크랭크축 풀리 고정 볼트를 탈거하고 크랭크축 풀리를 탈거한다.

[그림 3-61] **크랭크축 풀리 탈거**

⑪ 물펌프 고정 볼트를 탈거하고 물펌프 풀리를 탈거한다.

[그림 3-62] **물펌프 풀리 탈거**

2.2 타이밍벨트 탈거

① 타이밍 어퍼 커버 고정 볼트를 탈거한 후 어퍼 커버를 탈거한다.

[그림 3-63] **타이밍 어퍼 커버 탈거**

② 크랭크축을 시계방향으로 돌려 1번 실린더의 피스톤을 압축행정 상사점에 올 수 있도록 타이밍 마크를 일치시킨다. 이때 캠축(흡기, 배기) 스프로켓의 타이밍 마크와 실린더 헤드의 윗면이 일치해야 하며, 캠축 스프로켓의 다웰핀은 위쪽에 있어야 한다.

③ 타이밍벨트를 재사용하고자 할 때는 벨트 상단에 회전방향으로 화살표를 표시해 재장착 때 본래 장착방향과 동일하게 장착할 수 있도록 한다.

[그림 3-64] **크랭크축 타이밍 마크 일치**

[그림 3-65] **캠축(흡기, 배기) 타이밍 마크 일치**

④ 오토 텐셔너 고정 볼트를 탈거하여 오토 텐셔너를 탈거한다.

⑤ 타이밍벨트를 탈거한다.

[그림 3-66] **오토 텐셔너 탈거**

[그림 3-67] **타이밍벨트 탈거**

⑥ 타이밍벨트 텐셔너 및 아이들러 풀리를 탈거한다.

[그림 3-68] **텐셔너 및 아이들러 풀리 탈거**

2.3 타이밍벨트 검사

① 캠축 스프로켓, 크랭크축 스프로켓 및 텐셔너의 마모, 균열, 손상 등을 점검해 필요시 교환해야 한다.

[그림 3-69] **타이밍벨트 점검**

② 타이밍벨트 텐셔너 및 아이들러 풀리가 부드럽게 회전하는가를 검사하고 유격 및 소음을 점검해 필요시 교환한다.
③ 타이밍벨트에 오일이나 먼지가 누적되어 있는가를 점검하고 필요시 교환한다.
④ 오토 텐셔너의 오일 누유 유무 및 로드 끝의 마모 손상을 점검하고 필요시 교환한다.
⑤ 오토 텐셔너의 로드 길이를 측정해 기준값에서 벗어나면 오토 텐셔너를 교환한다.
⑥ 부드러운 금속으로 오토 텐셔너를 바이스에 물려 밀어 넣는다. 만약 로드가 저항 없이 수축되면 오토 텐셔너를 교환한다. 로드를 밀어 넣을 때 적당량의 저항을 느껴야 한다. 오토 텐셔너에 구멍이 일치하면 고정핀을 삽입해 로드를 고정시킨다.

[그림 3-70] **오토 텐셔너 고정핀 삽입**

⑦ 크랭크축과 캠축 오일 실에서 오일 누유 및 물펌프에서의 누수 여부를 점검한다.

2.4 엔진 본체 분해

① 물펌프 고정 볼트를 탈거하고 물펌프를 탈거한다.

② 크랭크포지 센서 및 외측 크랭크축 스프로켓과 플랜지를 탈거한다.

[그림 3-71] **물펌프 탈거**

[그림 3-72] **크랭크축 외측 스프로켓 탈거**

③ 내측 텐셔너 풀리와 내측 타이밍벨트를 분리한다. 타이밍벨트를 분리한 상태에서 내측 스프로켓을 탈거하고 크랭크축 및 캠축을 절대로 회전시켜서는 안 된다.

(a) 텐셔너 탈거

(b) 밸런스 샤프트 타이밍벨트 탈거

(c) 내측 스프로켓 탈거

[그림 3-73] **텐셔너, 밸런스 샤프트 타이밍벨트 및 내측 스프로켓 탈거**

④ 타이밍벨트 아이들러를 탈거한다.

[그림 3-74] **타이밍벨트 아이들러 탈거**

⑤ 캠축 베어링 캡 고정 볼트를 탈거하고 캠축 베어링 캡을 탈거한다.

[그림 3-75] **캠축 베어링 캡 탈거**

⑥ 캠축 흡·배기를 탈거한다.

[그림 3-76] **캠축 흡·배기 탈거**

⑦ 스윙암을 탈거한다.

⑧ HLA(Hydraulic Lash Adjuster)를 탈거한다.

[그림 3-77] **스윙암 탈거**

[그림 3-78] **HLA 탈거**

⑨ 실린더 헤드를 바깥쪽에서 안쪽으로 대각선 순서로 풀고 개스킷을 탈거한다. 실린더 헤드 조임 순서는 안쪽에서 바깥쪽으로 토크렌치를 이용하여 대각선 순서로 조인다.

[그림 3-79] 실린더 헤드 탈거

[그림 3-80] 실린더 헤드 개스킷 탈거

⑩ 오일팬 고정 볼트를 탈거하고 오일팬을 탈거한다.
⑪ 크랭크축 케이스 고정 볼트를 탈거하고 크랭크축 케이스를 탈거한다.

[그림 3-81] 오일팬 탈거

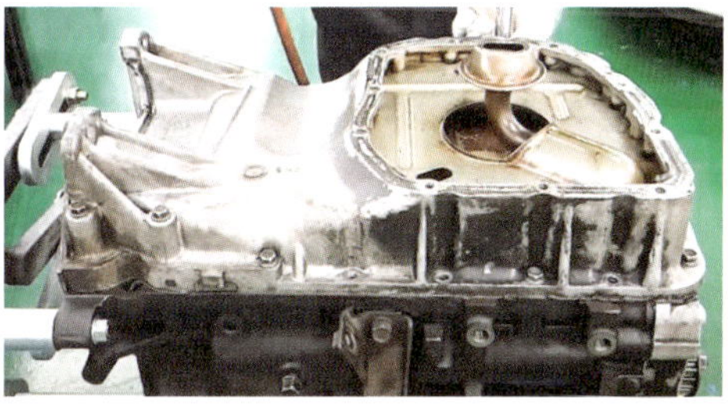

[그림 3-82] 크랭크축 케이스 탈거

⑫ 오일 스트레이너 고정 볼트를 탈거하고 오일 스트레이너를 탈거한다.

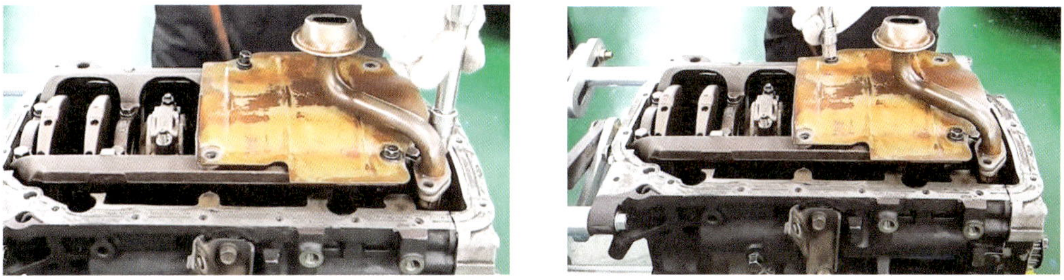

[그림 3-83] 오일 스트레이너 탈거

⑬ 크랭크축 베드 플레이트 고정 볼트를 탈거하고 크랭크축 베드 플레이트를 탈거한다.

[그림 3-84] **크랭크축 베드 플레이트 탈거**

⑭ 커넥팅로드 베어링 캡을 탈거하고 피스톤을 탈거한다.

[그림 3-85] **커넥팅로드 베어링 캡 탈거**

[그림 3-86] **피스톤 탈거**

⑮ 리어케이스 고정 볼트를 탈거하고 리어케이스를 탈거한다.

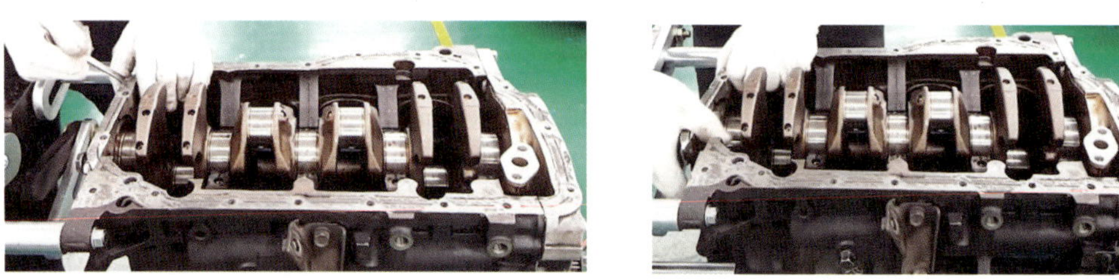

[그림 3-87] **리어케이스 탈거**

⑯ 밸런스축의 스프로켓을 탈거하고 프런트 케이스와 밸런스 샤프트를 탈거한다.

[그림 3-88] **프런트 케이스 와 밸런스 샤프트 탈거**

⑰ 크랭크축을 탈거한다.

[그림 3-89] **크랭크축 탈거**

⑱ 조립은 탈거의 역순으로 하며, 타이밍벨트 조립 시 타이밍벨트 조립방법에 의하여 조립 한다.

2.5 타이밍벨트 조립

① 내측 텐셔너 풀리를 장착하고 볼트는 손으로 조인다.
② 카운터 밸런스 축 스프로켓 타이밍 마크를 프런트 케이스의 타이밍 마크에 일치시킨다.

③ 내측 타이밍벨트를 장착하고 벨트의 장력이 팽팽해지도록 텐셔너를 조정한 다음, 볼트를 고정시킨다. 볼트를 조일 때 축이 함께 돌아가면 벨트가 너무 팽팽해지므로 함께 회전되지 않도록 작업한다.

④ 내측 타이밍벨트의 장력은 텐셔너 반대편 측의 벨트 중심을 집게손가락으로 눌렀을 때 벨트의 처짐량이 5～7mm 이내이어야 한다.

⑤ 외측 크랭크축 스프로켓, 아이들러 풀리, 텐셔너 풀리, 크랭크 각센서를 장착한다.

⑥ 오토 텐셔너를 장착하고 로드 고정 핀은 그대로 둔다.

⑦ 1번 실린더의 피스톤을 압축행정의 상사점 위치에서 캠축 스프로켓의 타이밍 표시와 크랭크축 스프로켓 및 오일펌프 스프로켓의 타이밍 표시를 일치시킨다.

⑧ 타이밍벨트를 장착하고 왼손으로 텐셔너 풀리 위에 있는 타이밍벨트를 꽉 잡는다.

⑨ 오른손으로 벨트를 당겨서 오일펌프 스프로켓에 벨트를 장착한다.

⑩ 아이들러 풀리에 벨트를 장착한다.

⑪ 흡기 캠축 스프로켓에 벨트를 장착한다.

⑫ 실린더 헤드 윗면과 타이밍 마크를 정렬시키기 위해 배기 및 흡기 캠축 스프로켓을 시계방향, 시계 반대방향으로 돌려 타이밍 마크를 일치시킨다.

⑬ 텐셔너 풀리에 벨트를 걸고 난 후 오토 텐셔너의 고정 핀을 분리한다.

⑭ 크랭크축을 시계방향으로 2번 회전시키고 15분 동안 그대로 둔다. 왜냐하면 오토 텐셔너의 정상 작동상태와 텐셔너 암과의 간극을 측정하기 위함이며 간극은 6～8mm이다.

⑮ 타이밍벨트 커버를 장착하고 풀리 및 각종 벨트를 분해의 역순으로 장착한다.

⑯ 엔진 시동을 걸고 정지시킨 후 타이밍 마크의 일치 여부를 재확인토록 한다.

2.6 타이밍벨트 정렬이 잘못되었을 때 수정하는 방법

① 타이밍 어퍼(상부)커버를 분리한다.

② 캠축 스프로켓과 타이밍벨트 사이에 8mm 소켓을 끼우고 캠축 스프로켓을 시계방향, 시계 반대방향으로 회전시키다.

③ 배기측의 타이밍 마크가 맞지 않을 경우 8mm 소켓을 배기 캠 스프로켓에 끼우고 회전시키고, 흡기측이 맞지 않을 경우는 흡기 스프로켓에 8mm 소켓을 키운 후 회전시킨다.

④ 타이밍 마크의 일치 여부를 확인한다.

03 디젤엔진 분해 · 조립 및 타이밍벨트 교환(포터)

(a)

(b)

(c)

[그림 3-90] **디젤엔진 구조**

3.1 디젤엔진 분해 조립

① 흡기다기관 고정 볼트를 탈거하고 흡기다기관을 탈거한다.
② 배기다기관 고정 볼트를 탈거하고 배기다기관을 탈거한다.

[그림 3-91] 흡기다기관 탈거

[그림 3-92] 배기다기관 탈거

③ 오일필터 렌치를 이용하여 오일필터를 탈거한다.
④ 오일압력 조절기 고정 볼트를 탈거하고 오일압력 조절기를 탈거한다.

[그림 3-93] 오일필터 탈거

[그림 3-94] 오일압력 조절기 탈거

⑤ 연료파이프를 탈거한다.
⑥ 연료리턴파이프를 탈거한다.

[그림 3-95] 연료파이프 탈거

(a)

(b)

[그림 3-96] 연료리턴파이프 탈거

⑦ 분사노즐을 탈거한다.

⑧ 로커암 커버 고정 볼트를 탈거하고 로커암 커버를 탈거한다.

[그림 3-97] 분사노즐 탈거

[그림 3-98] 로커암 커버 탈거

⑨ 로커암 어셈블리 고정 볼트를 탈거하고 로커암 어셈블리를 탈거한다.

[그림 3-99] **로커암 어셈블리 탈거**

⑩ 물펌프 풀리 고정 볼트를 탈거하고 물펌프 풀리를 탈거한다.
⑪ 크랭크축 풀리 고정 볼트를 탈거하고 크랭크축 풀리를 탈거한다.

[그림 3-100] **물펌프 풀리 탈거**

[그림 3-101] **크랭크축 풀리 탈거**

⑫ 수온조절기 고정 볼트를 탈거하고 수온조절기를 탈거한다.
⑬ 물펌프 고정 볼트를 탈거하고 물펌프를 탈거한다.

[그림 3-102] **수온조절기 탈거**

[그림 3-103] **물펌프 탈거**

⑭ 타이밍벨트 텐셔너 고정 볼트를 탈거하고 타이밍벨트 텐셔너를 탈거한다.

⑮ 타이밍벨트를 탈거한다.

[그림 3-104] **타이밍벨트 텐셔너 탈거**

[그림 3-105] **타이밍벨트 탈거**

⑯ 크랭크축 스프로켓을 탈거한다.

⑰ 밸런스 웨이트 텐셔너 고정 볼트를 탈거하고, 밸런스 웨이트 텐셔너와 스프링을 탈거한다.

[그림 3-106] 크랭크축 스프로켓 탈거

[그림 3-107] 밸런스 웨이트 텐셔너 탈거

⑱ 밸런스 웨이트 타이밍벨트 및 스프로켓을 탈거한다.

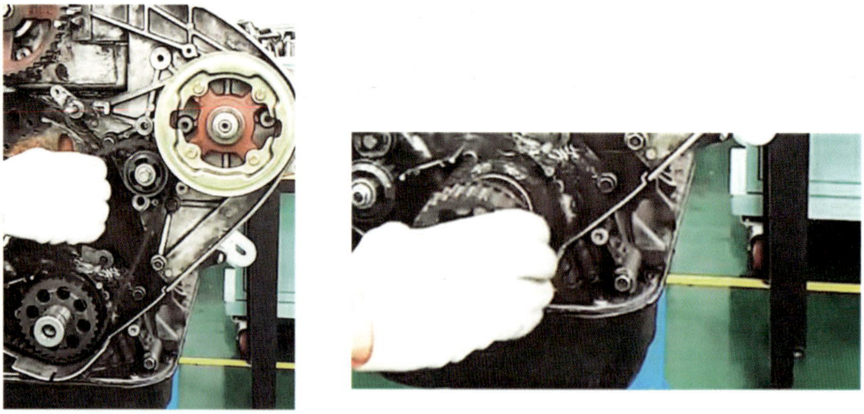

[그림 3-108] 밸런스 웨이트 타이밍벨트 및 스프로켓 탈거

⑲ 분사펌프 스프로켓 고정 볼트를 탈거하고, 분사펌프 스프로켓을 탈거한다.

⑳ 분사펌프 고정 볼트를 탈거하고 분사펌프를 탈거한다.

[그림 3-109] **분사펌프 스프로켓 탈거**

[그림 3-110] **분사펌프 탈거**

㉑ 캠축 베어링 캡 고정 볼트를 탈거하고 캠축 베어링 캡과 캠축을 탈거한다.

(a) 캠축 베어링 캡 탈거

(b) 캠축 탈거

[그림 3-111] **캠축 베어링 캡 및 캠축 탈거**

㉒ 실린더 헤드를 바깥쪽에서 안쪽으로 대각선 순서로 풀고, 실린더 헤드 개스킷을 탈거한다. 실린더 헤드 조임 순서는 안쪽에서 바깥쪽으로 대각선 순서로 조인다.

[그림 3-112] **실린더 헤드 탈거**

[그림 3-113] **실린더 헤드 개스킷 탈거**

㉓ 밸런스 웨이트 스프로켓, 분사펌프 플레이트 고정 볼트를 탈거하고 밸런스 웨이트 스프로켓 및 분사펌프 플레이트를 탈거하고 밸런스 웨이트 샤프트를 탈거한다.

[그림 3-114] **밸런스 웨이트 스프로켓 및 분사펌프 플레이트 탈거**

[그림 3-115] **밸런스 웨이트 샤프트 탈거**

㉔ 오일팬 고정 볼트를 탈거하고 오일팬을 탈거한다.

㉕ 오일 스트레이너 고정 볼트를 탈거하고 오일 스트레이너를 탈거한다.

[그림 3-116] **오일팬 탈거**

[그림 3-117] **오일 스트레이너 탈거**

㉖ 프런트 케이스 고정 볼트를 탈거하고 프런트 케이스를 탈거한다.

(a)

(b)

[그림 3-118] **프런트 케이스 탈거**

㉗ 피스톤 베어링 캡 고정 볼트를 탈거하고 피스톤 베어링 캡과 피스톤을 탈거한다.

[그림 3-119] **피스톤 베어링 캡 탈거**

㉘ 리어 케이스 고정 볼트를 탈거하고 리어 케이스를 탈거한다.

[그림 3-120] **리어 케이스 탈거**

㉙ 크랭크축 메인저널 베어링 캡 고정 볼트를 탈거하고 크랭크축 메인저널 베어링 캡을 탈거하고 크랭크축을 탈거한다.

(a) 크랭크축 메인저널 베어링 캡 탈거

(b) 크랭크축 탈거

[그림 3-121] **크랭크축 메인저널 베어링 캡 및 크랭크축 탈거**

㉚ 조립은 분해의 역순으로 한다.

3.2 타이밍벨트 교환

[1] 타이밍벨트 탈거

① 냉각팬, 물펌프, 크랭크축 풀리 및 타이밍벨트 커버를 탈거한다.

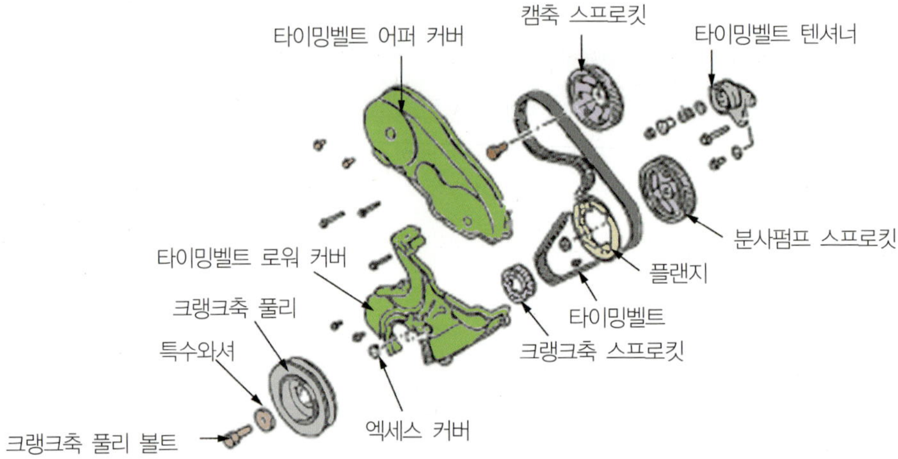

[그림 3-122] **타이밍벨트 구성 부품**

② 크랭크축을 돌려 1번 피스톤이 압축 상사점에 오도록 한다. 이때 크랭크축 및 캠축의 스프로킷의 타이밍 마크가 정렬되었을 경우 1번 피스톤은 압축 상사점 위치에 온 것이다.

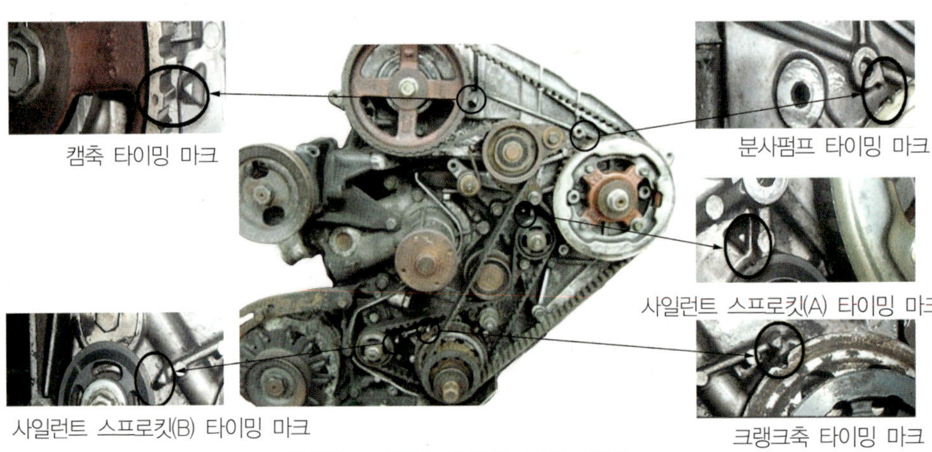

[그림 3-123] **타이밍 마크 정렬**

③ 2개의 텐셔너 고정 볼트를 풀고 텐셔너를 물펌프 쪽으로 이동시켜 텐셔너 볼트를 임시로 조인 후 타이밍벨트를 탈거한다.

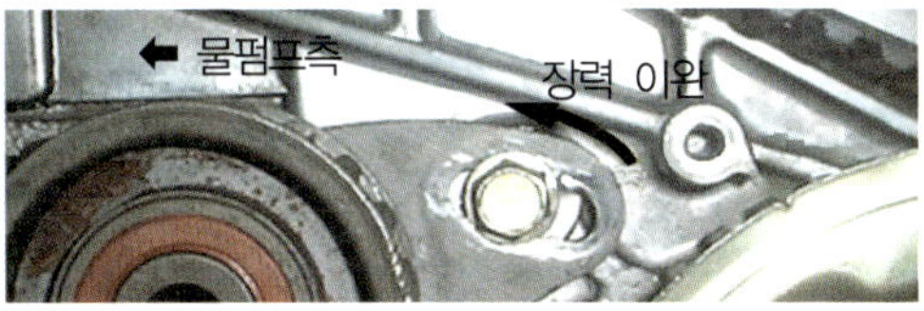

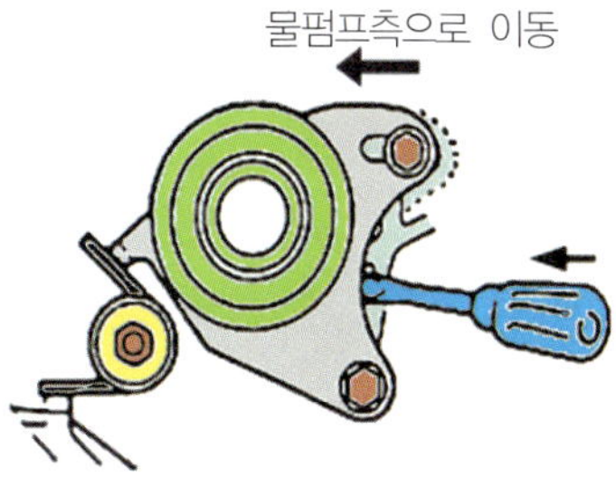

[그림 3-124] **텐셔너 이동**

[2] 타이밍벨트 장착

① 크랭크축 스프로킷을 스프로킷 방향에 주의하면서 크랭크축에 장착하고, 크랭크축 스프로킷을 조립한 후 플랜지 볼트를 조인다. 다음에 텐셔너, 텐셔너 스프링 및 스페이서를 조립한 후 텐셔너를 물펌프 쪽으로 최대한 잡아당겨 볼트를 살짝 조인다. 이때 텐셔너 스프링은 끝이 짧은 쪽을 물펌프 쪽으로 하여 조립하고, 3개의 스프로킷의 타이밍 마크를 정확히 맞춘다.

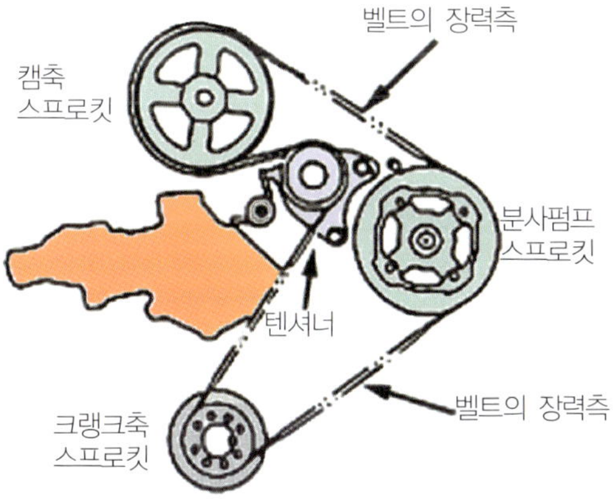

[그림 3-125] **타이밍 마크 맞추기**

② 타이밍벨트의 장력 쪽이 처지지 않도록 주의하면서 크랭크축 스프로킷 → 분사펌프 스프로킷 → 텐셔너 및 캠축 스프로킷의 순서로 벨트를 조립한다. 이때 분사펌프 스프로킷은 펌프 내의 스프링 장력으로 회전하려는 경향이 있으므로 움직이지 않도록 고정하고 벨트를 걸어야 한다.

③ 위쪽의 텐셔너 볼트를 물펌프 반대쪽으로 민 다음 벨트에 장력을 주기 위하여 1~2바퀴 조인다.

④ 타이밍벨트가 스프로킷에 정확히 조립되었는지 점검한다.

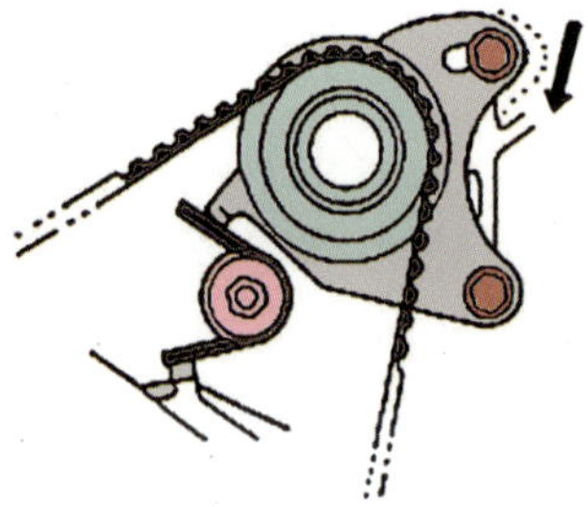

[그림 3-126] **텐셔너 설치하기**

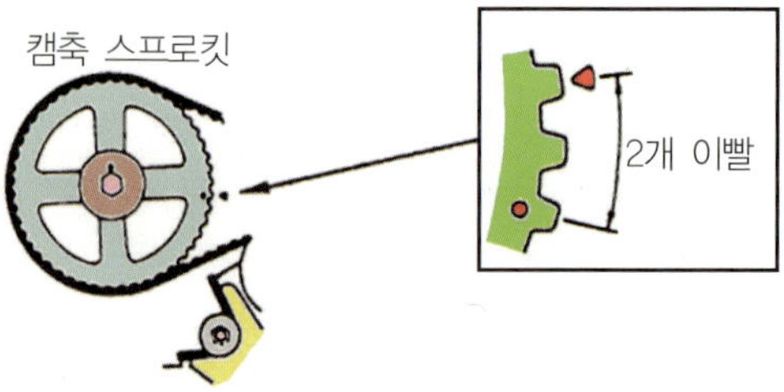

[그림 3-127] **캠축 스프로킷 마크 맞추기**

⑤ 크랭크축을 시계방향으로 돌려 캠축 스프로킷의 마크가 그림 3-127과 같이 되도록 한다. 이때 크랭크축은 반드시 시계방향으로 돌리도록 한다.

⑥ 텐셔너 고정 볼트 A와 B를 조인다. 이때 볼트 B를 먼저 조이면 텐셔너가 함께 돌아 장력이 맞지 않게 된다.

⑦ 크랭크축을 역회전시켜 타이밍 마크를 맞춘다. 이때 모든 스프로킷의 타이밍 마크가 일치되어 있는지를 점검한다.

⑧ 벨트 가운데를 손가락으로 눌러 처짐량(4~5mm 정도)을 점검한다.

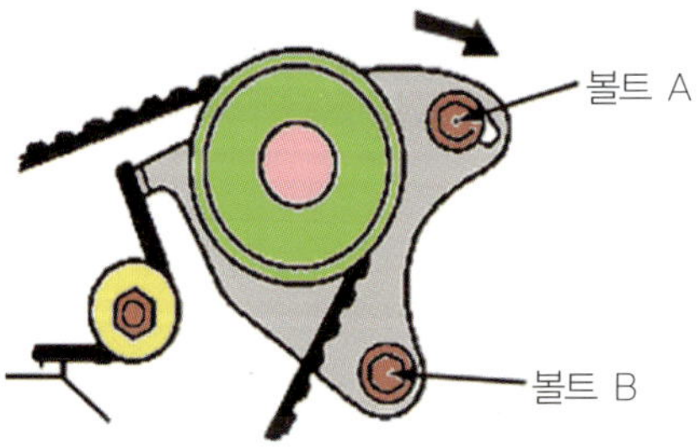

[그림 3-128] **텐셔너 조정 볼트**

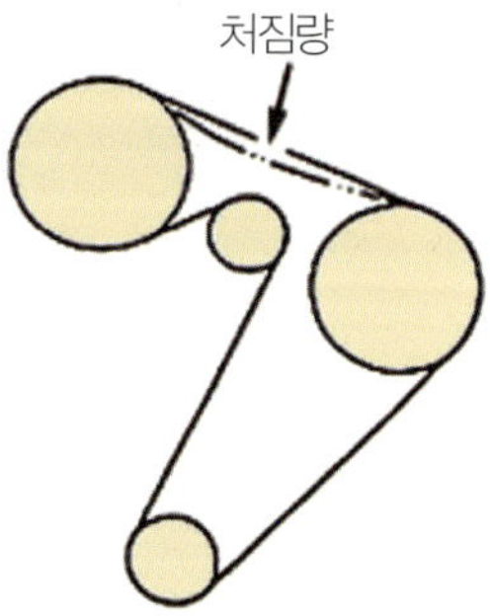

[그림 3-129] **벨트 처짐량 점검하기**

⑨ 플랜지 볼트의 구멍과 분사펌프 스프로킷의 볼트 구멍을 한 위치에서 오프셋시키며 조립하는 경우 플랜지와 스프로킷이 그림 3-130과 같이 되게 한다.

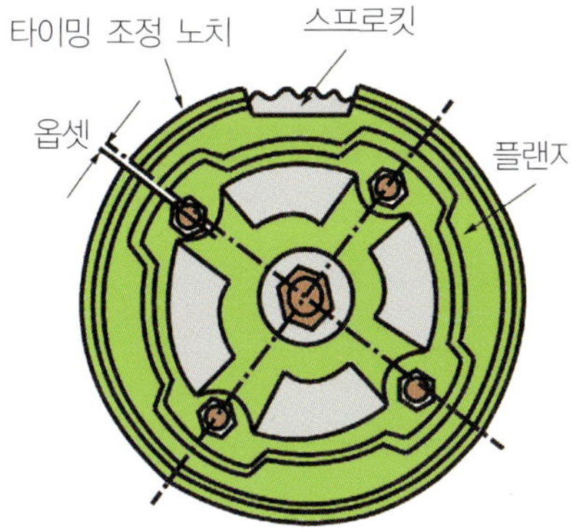

[그림 3-130] **플랜지 조립**

04 커먼레인 디젤엔진 타이밍벨트 교환(투싼 TL)

4.1 탈거

① 크랭크 샤프트 댐퍼 풀리를 시계방향으로 회전시켜 타이밍벨트 커버의 타이밍 마크 "T"에 풀리의 홈을 일치시킨다. 이때가 1번 실린더 압축 상사점 위치이다.

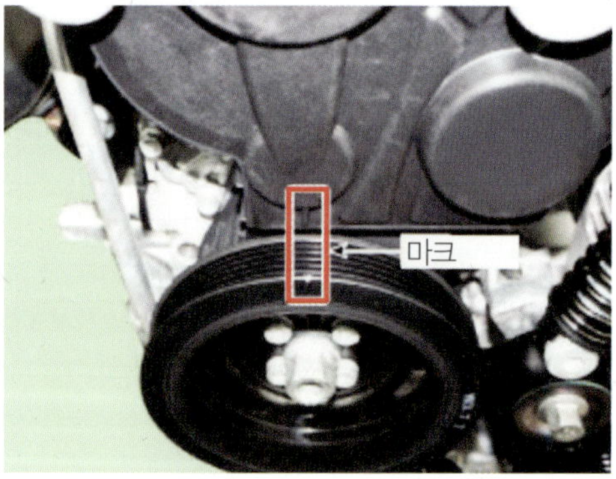

[그림 3-131] 타이밍벨트 커버 타이밍 마크 일치

② 타이밍벨트 상부커버를 탈거한다(체결 토크 : 0.9~1.1kgf · m).

[그림 3-132] 상부커버 탈거

③ 크랭크 샤프트 댐퍼 풀리를 탈거한다.

④ 타이밍벨트 하부 커버를 탈거한다(체결 토크 : 0.9~1.1kgf·m).

[그림 3-133] **하부커버 탈거**

⑤ 크랭크 샤프트 스프로킷의 타이밍 마크를 맞춘 후 특수공구를 장착하여 크랭크 샤프트 스프로킷을 고정시킨다. 특수공구 장착 시 크랭크 샤프트 댐퍼 풀리 볼트를 사용한다.

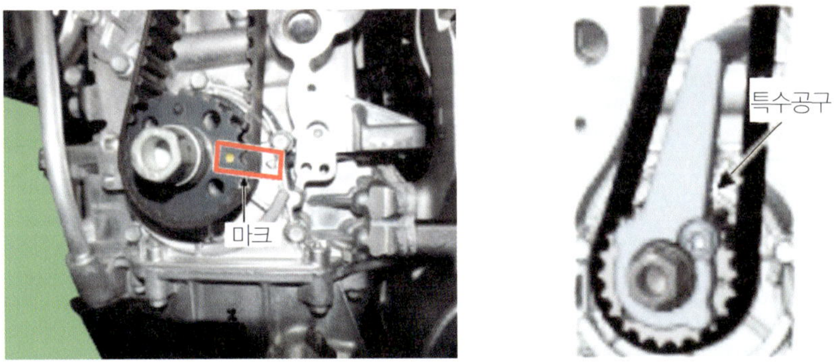

(a) 마크 정렬 (b) 특수공구 설치

[그림 3-134] **크랭크 샤프트 스프로킷 고정**

⑥ 타이밍벨트 텐셔너 마운팅 볼트를 느슨하게 풀어 텐셔너를 가체결 상태로 만든다.

[그림 3-135] **텐셔너 마운팅 볼트 가체결**

⑦ 캠 샤프트 스프로킷의 마운팅 볼트(3개소)를 느슨하게 풀어 스프로킷을 가체결 상태로 만든다.

[그림 3-136] **캠 샤프트 스프로킷 볼트 가체결**

⑧ 캠 샤프트 스프로킷의 타이밍 마크를 맞춘 후 특수공구를 장착하여 캠 샤프트 스프로킷을 고정시킨다.

[그림 3-137] **특수공구 캠 샤프트 스프로킷 고정**

⑨ 타이밍벨트 텐셔너에 특수공구를 장착하여 텐셔너를 시계 반대방향으로 돌린 후 고정 핀으로 텐셔너를 고정한다. 텐셔너 고정 후에는 특수공구를 탈거한다.

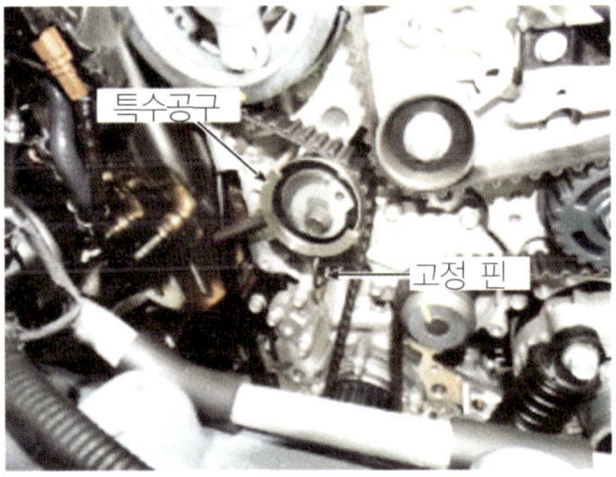

[그림 3-138] **텐셔너 고정**

⑩ 타이밍벨트를 탈거한다.

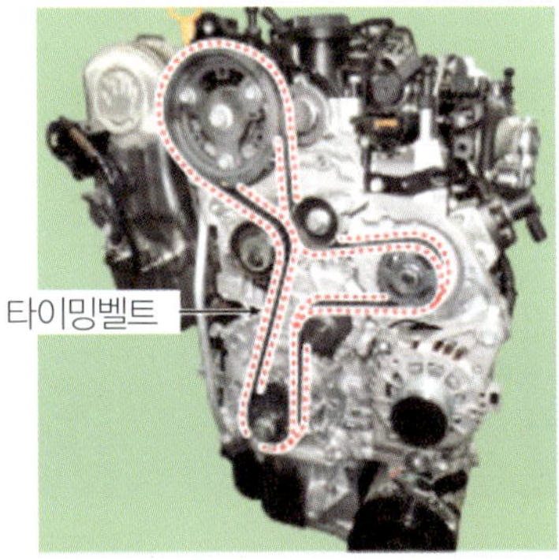

[그림 3-139] **타이밍벨트 탈거**

⑪ 벨트 치고 중 아무 곳을 선정하여 시작 지점(캠)에 마킹하고 화살표 등으로 시작 지점을 표시한다. 캠에서 고압연료펌프까지 36.5치, 고압연료펌프에서 크랭크샤프트까지 39.5치에 마킹한다. 치를 셀 때 벨트 치고에서 시작(캠)하며 시작점은 세지 않는다. 벨트 전/후면 구분이 되어 있으니 타이밍 마크가 지워진 상태라면 벨트 탈거 전 벨트 전/후면 구분을 가능하게 표시한다.

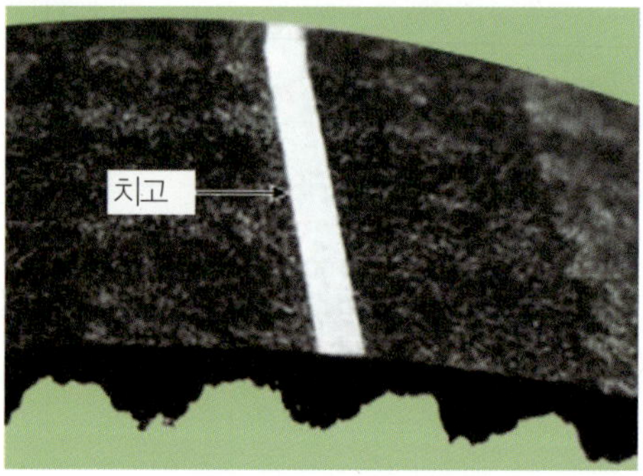

[그림 3-140] **벨트 치고**

4.2 장착

① 타이밍벨트를 장착한다. 타이밍벨트 장착 시에는 캠 스프로킷, 크랭크 샤프트 스프로킷, 고압연료펌프 스프로킷의 타이밍 마크(칼라 링크)를 타이밍 마크에 일치시켜 장착한다.

(a) 캠 스프로킷

(b) 크랭크 샤프트 스프로킷

(c) 고압연료펌프 스프로킷

[그림 3-141] **타이밍 마크 일치**

② 고정 핀을 탈거한다.

[그림 3-142] **고정 핀 탈거**

③ 캠 샤프트 스프로킷에 장착된 특수공구를 시계 반대방향으로 회전시켜 캠 샤프트 스프로킷을 시계 반대방향으로 회전시킨다(회전(시계 반대) 토크 : 3.5~4.5kgf · m).

④ 캠 샤프트 스프로킷 규정토크 지속 인가 상태에서 캠 샤프트 스프로킷의 마운팅 볼트(3개소)를 규정토크로 체결한다(체결 토크 : 2.0~2.5kgf · m).

⑤ 캠 샤프트 스프로킷에 장착된 특수공구를 탈거한다.

⑥ 육각 렌치를 사용하여 텐셔너를 시계 방향으로 회전시키고 베이스 홈 사이에 인디게이터를 일치시킨다.

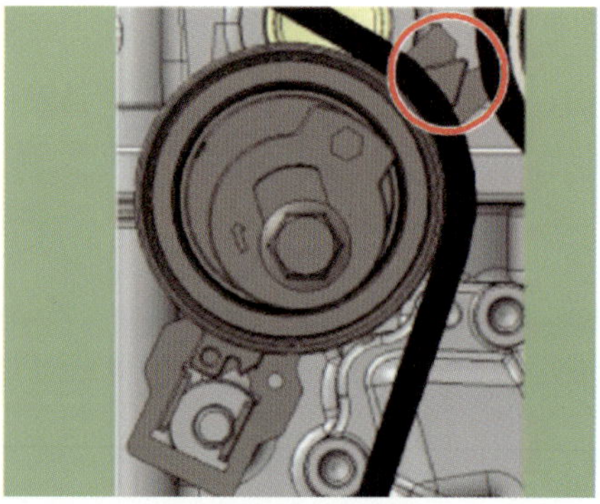

[그림 3-143] **베이스 홈 사이에 인디게이터 일치**

⑦ 육각 렌치를 사용하여 텐셔너 베이스 홈 사이와 인디게이터 위치가 벗어나지 않도록 육각 렌치로 텐셔너를 고정하고, 타이밍벨트 텐셔너 마운팅 볼트를 규정토크로 체결한다(체결 토크 : 2.5~3.5kgf·m).

[그림 3-144] **타이밍벨트 텐셔너 마운팅 볼트 규정토크로 체결**

⑧ 캠 샤프트 스프로킷에 장착된 특수공구를 탈거한다.

⑨ 타이밍 마크를 확인한다.

⑩ 크랭크 샤프트 스프로킷에 장착된 특수공구를 탈거한다.

⑪ 크랭크샤프트를 시계 방향으로 2회전시킨 후 텐셔너 고정 핀 홀 및 텐셔너 인디게이터가 베이스 홈 사이에 위치하는지 확인한다. 만약 텐셔너 인디게이터가 홈 안에 위치하지 않으면, 텐셔너 볼트 토크 해제 후 hex key를 이용하여 텐셔너 인디게이터를 홈 안에 위치시킨 후 텐셔너 볼트를 규정토크로 체결하고, 크랭크를 2회전하여 재확인한다. 텐셔너 인디게이터가 홈 안에 위치할 때까지 위의 내용을 반복한다.

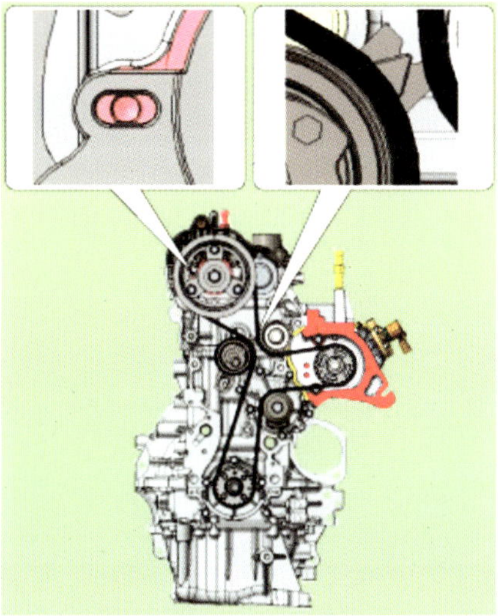

[그림 3-145] 텐셔너 고정 핀 홀 및 텐셔너 인디게이터 베이스 홈 사이에 위치 확인

⑫ 타이밍벨트 상부커버 및 타이밍벨트 하부커버를 장착한다.

Chapter

4

엔진본체 정비

01 실린더 헤드 점검 · 정비

1.1. 실린더 헤드의 균열 원인 및 증상

균열은 구조가 복잡하고 간극이 좁은 부분에 발생하기 쉬우며, 대체로 실린더 헤드는 밸브와 밸브 사이에, 블록은 실린더의 양단부에서 많이 생긴다. 균열이 생긴 실린더 헤드나 블록은 크랙의 대소에 따라서 달라지지만 부품을 교환하는 것이 좋으며, 실린더 헤드에 균열이 생기거나 파손이 되면 연소실에 냉각수가 유입이 되며 심한 경우에는 소음기로 부동액이 나오기도 하고, 냉각수가 오일팬으로 유입되어 엔진오일에 냉각수가 섞이게 된다.

공회전상태가 불량하거나 가속이 안 되며, 심하면 시동이 꺼진다. 또한 라디에이터에 기포가 올라온다(오버히트). 실린더에 금이 가거나 마모 및 파손이 되면 소음이 발생하고, 공회전 상태가 불량하거나 가속이 안 되고, 심하면 시동이 꺼지며 연료가 오일팬으로 유입되어 오일이 묽어지면서 오일량이 많아진다. 블로바이 가스도 많아진다. 심한 경우에는 블록을 교환하거나 보링을 해야 하며, 실린더가 삽입식인 라이너인 경우에는 라이너만 교환하면 된다. 균열의 원인으로는 폭발 연소에 의한 고온, 고압, 실린더와 피스톤과의 불균일한 열팽창이나 외부로부터의 충격 등이 있다.

1.2 실린더 헤드의 균열 점검방법

[1] 자기 탐상법

이산화 철분과 자력선을 이용하여 실린더 헤드의 균열을 점검하는 방법이다. 석유와 산화 철분을 혼합하여 실린더 헤드 접합면에 바르고 반대쪽에서 강력한 전자석을 이용하여 자력선을 통과시키면 균열 부분으로 산화 철분이 부착되는 원리를 이용한 것이다.

[2] 염색 탐상법

실린더 헤드를 경유 속에 담갔다가 꺼내어 마른 헝겊으로 닦은 다음 석회분을 실린더 헤드에 바르면 균열 부분에 고여 있던 경유가 석회분에 의해서 흡수되어 석회분의 색깔이 변화하는 것으로 균열을 점검하는 것이다.

[3] 레드 체크

붉은색의 액체에 실린더 헤드를 담갔다가 꺼내어 마른 헝겊으로 닦은 다음 균열 부분에 고여 있는 붉은 색깔의 액체를 찾아내는 것이다.

[4] 형광 탐상법

형광 물질에 실린더 헤드를 담갔다가 꺼내어 마른 헝겊으로 닦은 다음 자외선을 투과시키면 균열 부분에 고여 있던 형광 물질이 빛을 발산하는 것으로 균열부를 점검한다.

1.3 실린더 헤드 변형 측정방법

실린더 헤드 변형은 필러 게이지(간극 게이지)와 곧은자를 이용하여 다음 순서로 측정한다.

① 실린더 헤드면의 개스킷 조각 등을 깨끗이 제거한 후 깨끗이 닦는다.
② 필러 게이지는 변형이 없는 것을 사용한다.
③ 곧은자를 실린더 헤드면에 설치한 후 필러 게이지를 곧은자와 실린더 헤드면 사이에 끼워 측정한다. 이때 무리한 힘을 가하지 말고 필러 게이지의 얇은 두께부터 끼워 측정하도록 한다.
④ 실린더 헤드 위에 곧은자를 이동시키면서 6~7개소를 위와 같은 방법으로 측정하면서 필러 게이지의 수치가 가장 큰 값(간극이 가장 큰 곳)이 변형값이다.

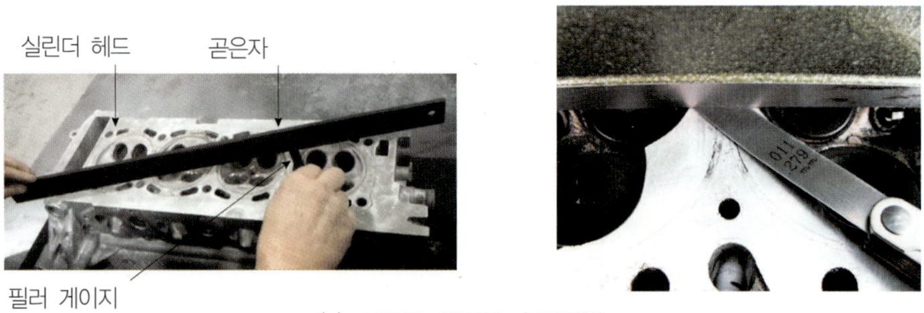

(a) 실린더 헤드의 측정방법

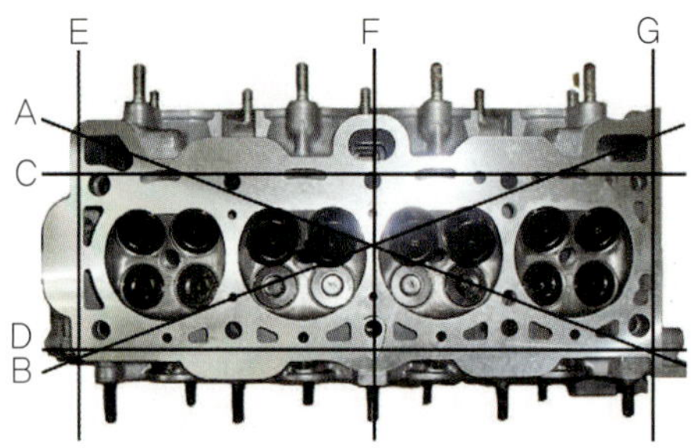

(b) 실린더 헤드 변형 측정부위

[그림 4-1] **실린더 헤드 변형측정**

[표 4-1] **차종별 실린더 헤드 변형도 규정값 및 한계값**

차종	규정값	한계값	차종	규정값	한계값
아반떼	0.05mm이하	0.1mm	라노스	0.05mm이하	0.05mm
소나타 Ⅱ,Ⅲ,	0.05mm이하	0.2mm	레간자	0.01mm이하	0.025mm
EF소나타	0.03mm이하	0.03mm	SM5	0.03mm이하	0.1mm

[1] 답안지 작성

① 측정(또는 점검)

㉠ 측정값 : 측정값(예 : 0.19mm)을 답안지에 기입한다.

㉡ 규정값(한계)값 : 규정값 또는 한계값(예 : 0.05mm 이하)을 답안지에 기입한다.

② 판정 및 정비 조치할 사항

㉠ 측정값이 규정값(한계값) 범위를 벗어나면 판정의 불량에 ☑ 표시한 후 정비 및 조치할 사항에 "실린더 헤드 교환 후 재점검"으로 답안지를 작성한다.

㉡ 측정값이 규정값(한계값) 범위 내에 들어오면 판정의 양호에 ☑ 표시한 후 정비 및 조치할 사항에 "정비 및 조치할 사항 없음"또는 "없음"으로 답안지를 작성한다.

측정항목	① 측정(또는 점검)		② 판정 및 정비(또는 조치)사항		득점
	측정값	규정(한계)값	판정(□에 "✔" 표)	정비 및 조치할 사항	
실린더 헤드 변형도	0.19mm	0.05mm 이하	□ 양호 ☑ 불량	실린더 헤드 교환 후 재점검	

1.4 실린더 헤드 변형 수정방법

실린더 헤드의 변형이 경미한 경우에는 정반에 광명단을 바르고 헤드면을 문지른 후 광명단이 묻은 곳을 스크레이퍼로 깎아내도록 한다. 한계값 이상인 경우에는 실린더 헤드를 교환한다.

02 실린더 블록 점검 · 정비

2.1 실린더 벽의 마모

[1] 실린더 벽의 마모 경향

실린더 벽의 마모 경향은 피스톤 상사점 부근의 피스톤 링과 접촉하는 부분의 마멸이 가장 크고, 하사점 부근에서도 마모가 현저하며 그 원인은 다음과 같다.

① 크랭크축의 어떤 회전속도에서도 피스톤이 상사점과 하사점에서 운동방향을 바꿀 때 일단 정지하기 때문에 유막이 끊어지기 쉽기 때문이다.

② 피스톤 링의 호흡 작용(piston ring aspiration)과 동력행정의 상사점에서 더해지는 폭발 압력으로 링이 실린더 벽에 더욱 강력하게 밀착되기 때문이다. 그리고 측압을 받는 쪽의 마모가 더욱 심하다.

③ 크랭크축의 회전방향, 즉 실린더 벽의 좌우면이 측압에 의해 마모된다. 측압은 동력행정과 압축행정에서 크며, 이때 측압을 받는 면이 더욱 마모된다.

④ 실린더의 맨 윗부분 몇 mm는 피스톤 링과 미끄럼 접촉을 하지 않으므로 마모되지 않으므로 리지(ridge)가 생기게 된다.

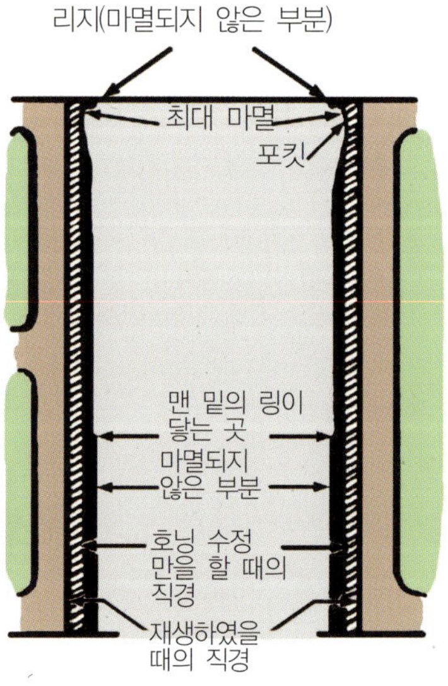

[그림 4-2] 실린더 벽 마모 경향

[2] 실린더의 마모원인

① 실린더 벽과 피스톤 및 피스톤 링의 접촉에 의해서
② 연소 생성물에 의해서
③ 농후한 혼합기 유입으로 인하여 실린더 벽의 오일막이 끊어지므로
④ 흡입공기 중의 먼지와 이물질 등에 의해서
⑤ 연료나 수분이 실린더 벽에 응결되어 부식 작용을 일으키므로
⑥ 실린더와 피스톤간극의 불량으로 인하여
⑦ 피스톤 링 이음간극 불량으로 인하여
⑧ 피스톤 링의 장력 과대로 인하여
⑨ 커넥팅로드의 휨으로 인하여

[3] 실린더 벽이 마모되었을 때의 영향

① 블로바이(blow by)에 의한 출력 감소
② 연료 및 엔진오일 소비량 증가
③ 정상운전 불가능
④ 엔진의 시동 성능 저하
⑤ 엔진오일에 연료의 희석

2.2 실린더 블록 변형(평면도) 점검

[1] 실린더 블록 변형(평면도) 점검방법

① 실린더 블록 상부면을 청소한 후 실린더 헤드와 같은 방법으로 변형을 점검하도록 한다.
② 상부면의 평면도를 점검하여 규정값 이상일 경우에는 최소 한계값으로 연삭하거나 교환한다. 연삭할 때에는 실린더 헤드 개스킷면과 맞추어 실린더 블록 개스킷면을 0.2mm 이내까지 연삭하여야 한다.

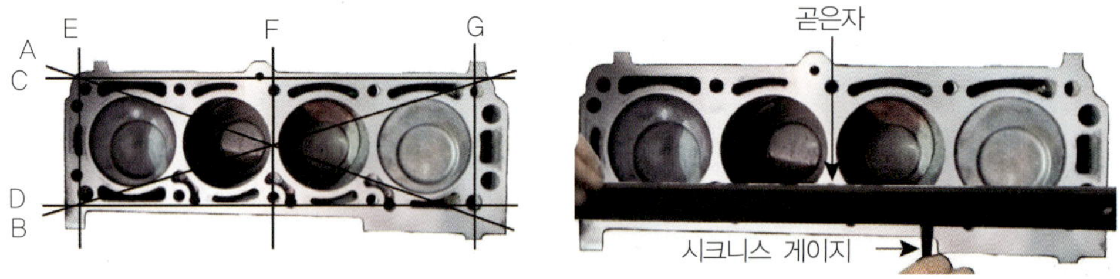

[그림 4-3] 실린더 블록 변형 점검

[표 4-2] 실린더 블록 변형도 제원

차종	규정값	한계값
현대 승용차 모두	0.05mm 이하	0.1mm
레간자	0.01mm 이하	0.025mm
라노스	0.05mm 이하	0.05mm
기아 승용차 모두	0.15mm 이하	0.15mm
SM5	0.03mm 이하	0.1mm

[2] 답안지 작성

① 측정(또는 점검)

㉠ 측정값 : 실린더 블록 변형(평면도) 측정값(예 : 0.04mm)을 답안지에 기입한다.

㉡ 규정(한계)값 : 커넥팅로드 휨과 커넥팅로드 비틀림 규정값 또는 한계값(예 : 0.05mm 이하(0.1mm))을 답안지에 기입한다.

② 판정 및 정비 조치사항

㉠ 측정값이 규정값 범위를 벗어나면 판정의 불량에 ☑ 표시한 후 정비 및 조치할 사항에 "실린더 블록 연삭 또는 교환 후 재점검"으로 답안지를 작성한다.

㉡ 측정값이 규정값 범위 내에 들어오면 판정의 양호에 ☑ 표시한 후 정비 및 조치할 사항에 "정비 및 조치할 사항 없음" 또는 "없음"으로 답안지를 작성한다.

측정항목	① 측정(또는 점검)		② 판정 및 정비(또는 조치)사항		득점
	측정값	규정(한계)값	판정(□에 "✔" 표)	정비 및 조치할 사항	
실린더 블록 평면도	0.04mm	0.05mm 이하 (0.1mm)	☑ 양호 □ 불량	양호	

2.3 실린더 점검 · 정비

실린더 마모량 측정방법 준비물 및 측정기구로는 마른 헝겊, 실린더 게이지, 외측 마이크로미터 등이며, 실린더 벽의 마모량을 측정할 수 있는 측정기에는 실린더 게이지를 비롯하여 내측 마이크로미터, 텔레스코핑 게이지와 외측 마이크로미터 등이 있다.

[1] 마모량 측정

(1) 실린더 마모량 측정방법

① 칼마형 실린더게이지 사용방법

실린더 벽 마모량 측정은 실린더의 상 · 중 · 하부 3개소에서 각각 크랭크축 방향과 축의 직각방향으로 합계 6개소를 측정하며, 최소 치수는 실린더 하부에서 알 수 있다. 마모량값은 최대 마멸 부분과 최소 마멸 부분의 안지름 차이로 한다.

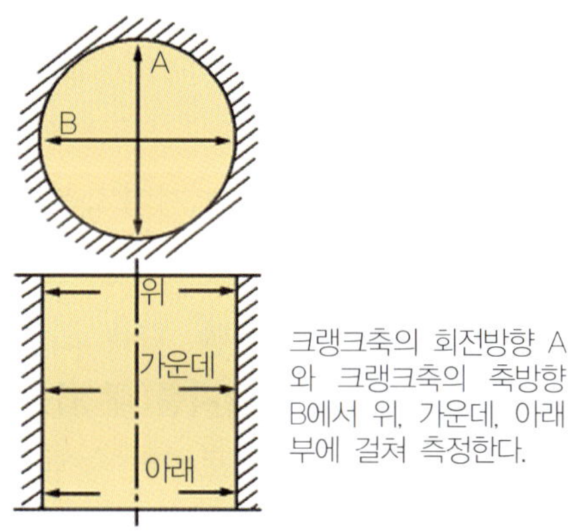

[그림 4-4] 실린더 마모량 측정 부위

㉠ 감독위원이 지정한 실린더 벽을 마른 헝겊으로 깨끗이 닦아낸다.

㉡ 실린더 안지름보다 약간 큰 측정로드를 조립한다. 이때 측정하려는 측정로드가 알맞은 것이 없을 때에는 와셔(스페이서)를 측정로드와 함께 조립한다.

㉢ 바에 다이얼 게이지를 조립하고 접촉자를 손가락으로 가볍게 눌러 다이얼 게이지 바늘이 움직이는가를 확인하고, 움직이지 않으면 좀 더 밀어 넣은 후 고정나사를 조인다.

㉣ 다이얼 게이지 바늘을 0점에 조정한 후 바를 약간 기울여 실린더에 넣는다.

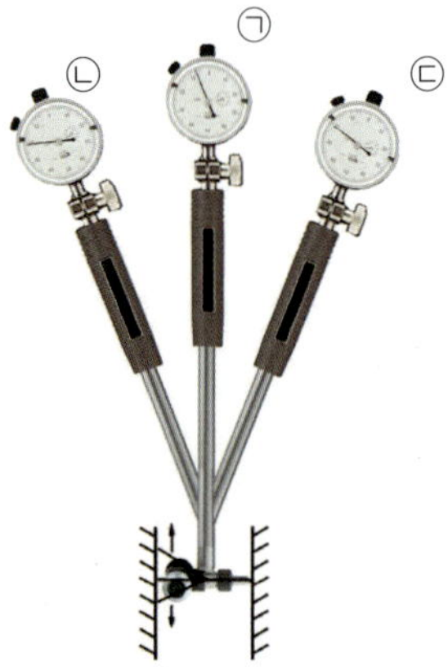

[그림 4-5] 실린더 게이지 사용방법

㉤ 그림 4-5처럼 바 손잡이를 가볍게 잡고 ㉡쪽에서 ㉢쪽으로 기울이면 다이얼 게이지의 바늘이 회전을 하다가 잠시 멈춘 후 반대쪽으로 회전하는데, 이때 바늘이 잠시 멈추었던 부분(그림의 ㉠)의 치수가 측정값이다. ㉡과 ㉢은 실제의 치수보다 큰 치수가 된다.

㉥ 측정한 다이얼 게이지의 눈금과 게이지를 실린더에서 빼낼 때의 바늘 회전수를 기록한다. 축방향 상, 중, 하, 직각방향 상, 중, 하 중 가장 큰 값이 측정값이다.

㉦ 게이지 접촉자와 측정로드사이에 외측 마이크로미터를 설치한 후 마이크로미터 딤블을 천천히 돌려 실린더 안지름(내경)을 측정하였을 때의 다이얼 게이지 바늘이 가리키도록 한 후 마이크로미터 눈금을 읽는다. 이 값이 실린더 안지름(내경)값이므로 실린더 내경 측정값 - STD 실린더 내경값 = 측정값(마모량)이다.

[그림 4-6] 실린더 게이지로 내경 측정

[그림 4-7] 실린더 게이지 길이 측정

② 텔레스코핑 게이지(telescoping gage)에 의한 내경측정

㉠ 감독위원이 지정한 실린더 벽면을 깨끗이 닦아낸다.

㉡ 실린더 지름에 알맞은 텔레스코핑 게이지를 실린더에 가만히 밀어 넣는다.

㉢ 바른 자세에서 게이지의 측정자를 고정시킨 후 조용히 꺼낸다.

㉣ 외측 마이크로미터 또는 버니어캘리퍼스로 측정자의 길이를 측정하여 기록표에 기록한다.

[그림 4-8] **텔레스코핑 게이지로 내경 측정**

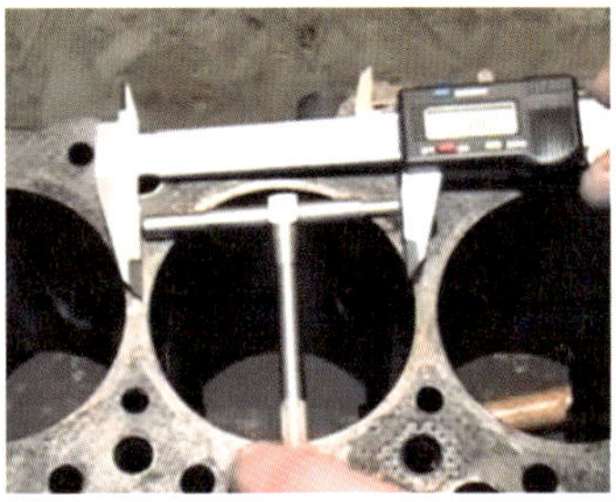

[그림 4-9] **텔레스코핑 게이지 길이 측정**

㉤ 측정은 실린더의 상 중 하의 위치에서 크랭크축 방향과 스러스트 방향의 6개소에서 측정한다.

[표 4-3] **실린더 안지름 기준값 및 O/S 한계값**

차종	보어×스트로크	수정 한계값	차종	보어×스트로크	수정 한계값
아반떼	75.5×83.5mm 82.0×85.0mm	1.0mm	레간자	81.6×86.0mm 86.0×86.0mm	0.5mm
소나타	80.6×88mm 85.0×88mm	1.0mm	라노스	76.5×73.4mm 76.5×81.5mm	0.5mm
EF소나타	81.5×88mm 85.0×88mm	1.0mm	누비라	76.5×81.5mm 81.6×86.0mm	0.5mm
그랜져	86.5×100mm 91.1×76.0mm	1.0mm	SM5	82.510×82.5000mm 86.010×86.0mm	0.1mm

(2) 실린더 보링(boring)작업과 피스톤 오버 사이즈(O/S) 선정하기

실린더의 수정을 필요로 하는 치수는 각 엔진마다 정해져 있으며, 이것을 마멸 한계(수정한계)라고 한다. 실린더의 마모량(최대 마멸 부분과 최소 마멸 부분의 안지름 측정값의 차이)이 정해진 마멸 한계를 넘었을 때에는 보링(boring)을 한다.

실린더 마모량 = 실린더 최대 치수 - 실린더의 최소 치수

또한 실린더를 여러 번 보링하면 안지름이 커지는 만큼 실린더 벽의 두께가 얇아지므로 확대할 수 있는 치수도 정해져 있다. 일반적으로 안지름이 70mm 이하인 경우에는 1.25mm, 70mm 이상인 경우에는 1.50mm까지 확대할 수 있다.

[표 4-4] 피스톤 오버 사이즈

KS규격	SAE규격
0.25mm	
0.50mm	0.020"
0.75mm	
1.00mm	0.040"
1.25mm	
1.50mm	0.06"

(3) 실린더 보링값 계산방법

실린더 마모는 윗부분이 가장 크고 하사점(BDC) 아랫부분은 거의 마모되지 않는다. 또한 크랭크축 방향보다 이의 직각 방향에 해당하는 실린더 측압을 받는 부분의 마모가 더욱 크다. 이를 진원으로 절삭하기 위하여 최대 마모 부분을 기준으로 진원 절삭값 0.2mm를 더 절삭하여야 한다. 그리고 정비 제원에서 실린더 지름이 70mm 이상일 때에는 0.2mm 이상, 70mm 이하일 때에는 0.15mm 이상 마모되면 보링하여야 한다. 피스톤 오버 사이즈 한계는 실린더 지름이 70mm 이상일 때에는 1.50mm, 70mmm 이하는 1.25mm이다.

(4) 실린더 수정값과 O/S값 계산방법의 예

어떤 엔진의 실린더 안지름 표준값이 75.00mm이다. 이 엔진을 분해하여 실린더 안지름을 측정하였더니 제1번이 75.21mm, 제2번이 75.23mm, 제3번이 75.42mm, 제4번이 75.19mm가 마모되었다. 이 실린더의 수정값과 오버 사이즈값은 각각 얼마인가?

【계산방법】

최대 마모가 제3번 실린더의 75.42mm이므로 75.42mm + 0.2mm(진원 절삭값) = 75.62mm. 그러나 피스톤 오버 사이즈 규격에 0.62mm가 없으므로 가장 크면서 가까운

값인 0.75mm를 선택하여 보링한다. 따라서 실린더 수정값은 75.75mm이며, 피스톤 오버 사이즈는 0.75mm가 된다.

[2] 답안지 작성

① 측정(또는 점검)

㉠ 측정값 : 실린더 내경 측정값(75.22mm) - STD 실린더 내경값(75.00mm) = 측정값(0.22mm)이다. 측정값 란에 실린더 마모량(예 : 0.22mm)을 답안지에 기록한다.

㉡ 규정(한계)값 : 규정값(예 : 0.20mm 이하(75.00mm))을 답안지에 기록한다.

② 판정 및 정비 조치사항

㉠ 측정값이 75.22mm인 경우 측정값 75.22 + 0.2(진원 절삭값) = 75.42mm이므로 75.42mm보다 큰 값(75.50mm)으로 보링해야 한다. 측정값이 규정값 범위를 벗어났으므로, 판정의 불량에 ☑ 표시한 후 정비 및 조치할 사항에 "75.50mm로 보링 후 재점검"으로 답안지를 작성한다.

㉡ 측정값이 규정값 범위 내에 들어오면 판정의 양호에 ☑ 표시한 후 정비 및 조치할 사항에 "정비 및 조치할 사항 없음"또는 "없음"으로 답안지를 작성한다.

㉢ O/S값 : 0.25mm, 0.50mm, 0.75mm, 1.00mm, 1.25mm, 1.50mm

측정항목	① 측정(또는 점검)		② 판정 및 정비(또는 조치)사항		득점
	측정값	규정(한계)값	판정(□에 "✔" 표)	정비 및 조치할 사항	
실린더 마모량	0.22mm	0.20mm 이하 (75.00mm)	□ 양호 ☑ 불량	75.50mm로 보링 후 재점검	

2.4 크랭크축 메인저널 오일간극 측정

[1] 크랭크축 메인저널 오일간극 측정방법

(1) 텔레스코핑 게이지와 외측마이크로미터에 의한 방법

① 감독위원이 지정한 크랭크축 메인저널 및 저널 캡에 베어링을 설치하고 규정토크로 조인다.

② 블록의 메인저널 베어링 내경(크랭크축 베어링 내경)을 텔레스코핑 게이지를 이용하여 측정한다.

③ 측정한 텔레스코핑 게이지의 외경을 외측 마이크로미터로 측정값을 판독한다.
④ 외측 마이크로미터로 해당 크랭크축 메인저널 외경값을 측정한다.
⑤ 크랭크축 베어링 내경값에서 크랭크축 메인저널 외경값을 뺀 값이 오일간극이다.

(a) 크랭크축 베어링 내경 측정

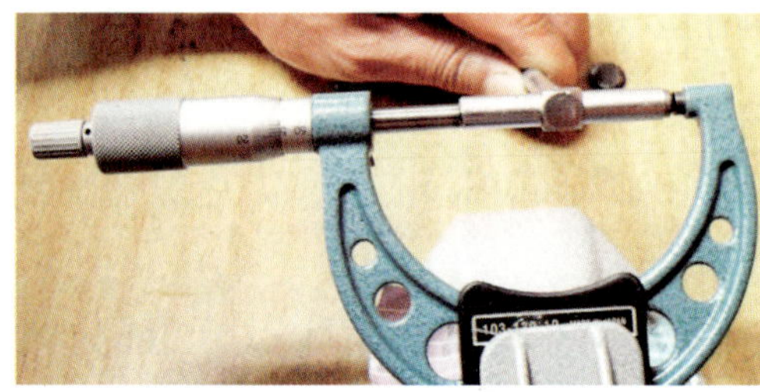

(b) 텔레스코핑 게이지 외경 측정

(c) 크랭크축 외경 측정

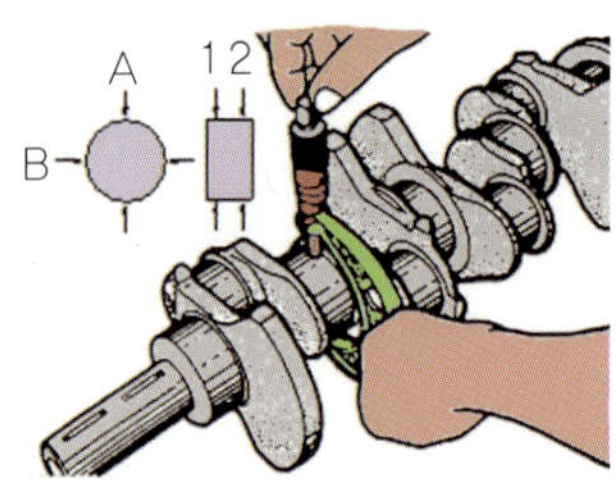

(d) 외경 측정방법

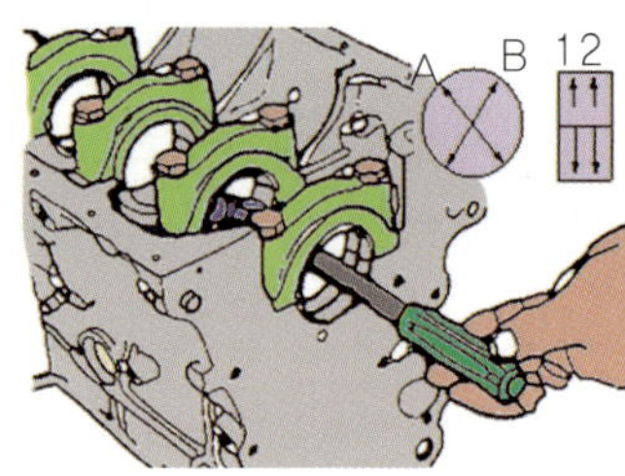

(e) 내경 측정방법

[그림 4-10] 텔레스코핑 게이지와 외측 마이크로미터에 의한 방법

(2) 플라스틱 게이지에 의한 방법

① 감독위원이 지정한 크랭크축 메인저널의 외부 및 베어링 캡 안쪽을 깨끗이 닦는다.
② 플라스틱 게이지를 베어링 폭만큼 플라스틱 게이지 측정자 한 칸을 자른다.
③ 크랭크축 메인저널에 플라스틱 게이지를 크랭크축 방향과 평행이 되게 놓는다. 이때 반드시 오일 구멍을 피해 설치한다.
④ 베어링 캡을 설치하여 규정토크로 조인다.
⑤ 베어링 캡을 분리한 후 플라스틱 게이지의 가장 넓게 퍼진 쪽과 커버에 인쇄되어 있는 측정자 눈금과 비교하여 읽는다.
⑥ 측정 시 오일구멍에 플라스틱 게이지를 올려놓아도 안 되고, 측정 중 크랭크축을 돌려도 안 된다.

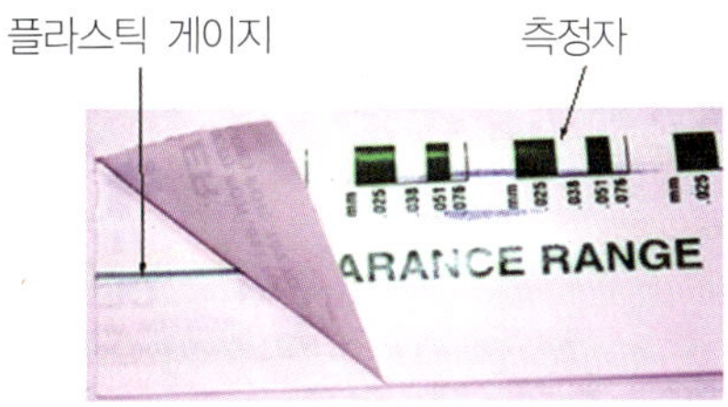

(a) 플라스틱 게이지

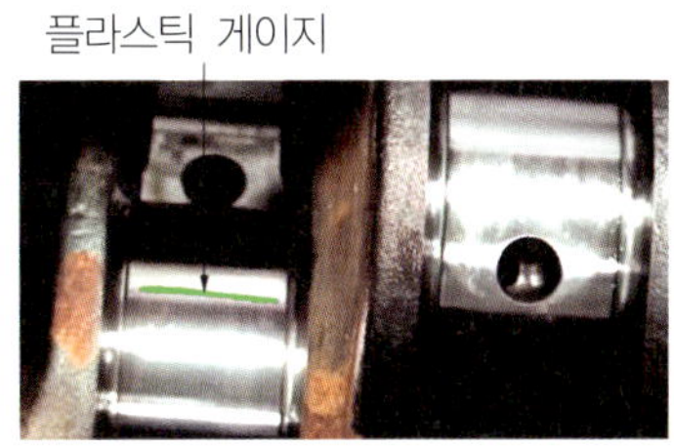

(b) 플라스틱 게이지 설치

(c) 규정토크로 조임

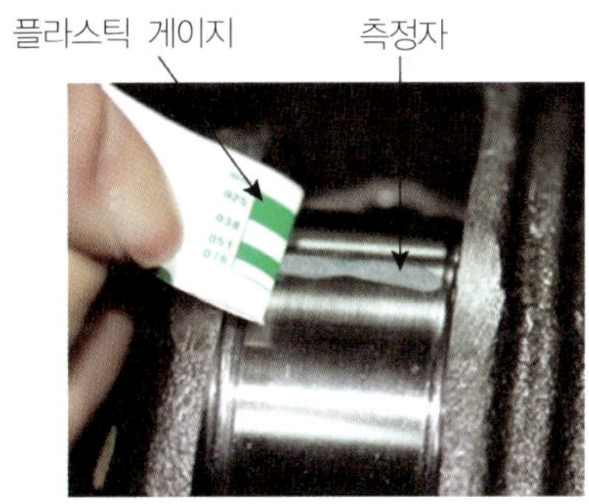

(d) 측정자로 측정

[그림 4-11] 플라스틱 게이지에 의한 오일간극 측정

(3) 실납에 의한 방법

플라스틱 게이지 측정방법과 같으나 플라스틱 게이지 대신 실납을 설치하며, 실납의 납작해진 두께를 외측 마이크로미터나 버니어캘리퍼스로 측정한다.

[표 4-5] 메인 베어링 캡 볼트 조임 토크(단위 : kgf-m)

차종	조임 토크	차종	조임 토크
소나타Ⅱ	5.0~5.5	프라이드	5.5~6.0
아반떼	5.5~6.0	레간자, 라노스	5.0

[표 4-6] 크랭크축 오일간극(단위 : mm)

<table>
<tr><th colspan="2">차종
항목</th><th>아반떼</th><th>소나타 II, 그랜져</th><th>EF소나타</th><th>프라이드</th></tr>
<tr><td rowspan="2">오일
간극</td><td>메인저널</td><td>0.02~0.04(0.1)</td><td>0.02~0.05(0.1)</td><td>0.018~0.036/
0.024~0.042</td><td>0.024~
0.066</td></tr>
<tr><td>핀저널</td><td>0.024~0.042</td><td>0.014~0.05(0.1)</td><td>0.015~0.048</td><td>0.028~
0.068</td></tr>
</table>

[2] 답안지 작성

① 측정(또는 점검)

㉠ 측정값 : 크랭크축 메인저널 오일간극 측정값(예 : 0.038mm)을 답안지에 기록한다.

㉡ 규정(한계)값 : 규정값(한계값)(예 : 0.02~0.05mm(0.1mm))을 답안지에 기록한다.

② 판정 및 정비 조치사항

㉠ 측정값이 한계값 범위를 벗어나면 판정의 불량에 ☑ 표시한 후 정비 및 조치할 사항에 "크랭크축 메인 베어링 교환 후 재점검"으로 답안지를 작성한다.

㉡ 측정값이 규정값 또는 한계값 범위 내에 들어오면 판정의 양호에 ☑ 표시한 후 정비 및 조치할 사항에 "정비 및 조치할 사항 없음"또는 "없음"으로 답안지를 작성한다.

측정항목	① 측정(또는 점검)		② 판정 및 정비(또는 조치)사항		득 점
	측정값	규정(한계)값	판정(□에 "✔" 표)	정비 및 조치할 사항	
크랭크축 메인저널 오일간극	0.038mm	0.02~0.05mm (0.1mm)	☑ 양호 □ 불량	없음	

2.5 크랭크축 핀저널 오일간극 측정

[1] 크랭크축 핀저널 오일간극 측정방법

(1) 텔레스코핑 게이지와 마이크로미터로 측정

① 피스톤에 핀저널 베어링을 장착 후 규정 토크로 조립한다.

② 크랭크축 핀저널에 텔레스코핑 게이지를 설치한다.

③ 텔레스코핑 게이지 길이를 측정한다.

④ 감독위원이 지정한 크랭크축 핀저널을 측정한다.

⑤ 측정값은 피스톤 핀저널 내경 - 크랭크축 핀저널 외경이다.

[그림 4-12] 핀저널 베어링 조립

[그림 4-13] 핀저널 내경 측정

[그림 4-14] 텔레스코핑 게이지 길이 측정

[그림 4-15] 크랭크축 핀저널 측정

(2) 플라스틱 게이지에 의한 방법

① 감독위원이 지정한 핀저널 고정 볼트를 탈거한다.

② 플라스틱 게이지를 설치한다.

③ 베어링 캡을 규정토크로 다시 체결한다.

④ 체결한 베어링 캡을 다시 탈거한다.

⑤ 오일간극을 측정한다.

[그림 4-16] 핀저널 고정 볼트 탈거

[그림 4-17] 플라스틱 게이지 설치

[그림 4-18] **베어링 캡 체결**

[그림 4-19] **베어링 캡 탈거**

[그림 4-20] **오일간극 측정**

[2] 답안지 작성

① 측정(또는 점검)

㉠ 측정값 : 크랭크축 핀저널 오일간극 측정값(예 : 0.076mm)을 답안지에 기록한다.

㉡ 규정(한계)값 : 규정값(한계값)(예 : 0.02~0.06mm(0.1mm))을 답안지에 기록한다.

② 판정 및 정비 조치사항

㉠ 측정값이 한계값 범위를 벗어나면 판정의 불량에 ☑ 표시한 후 정비 및 조치할 사항에 "핀저널 베어링 교환 후 재점검"으로 답안지를 작성한다.

㉡ 측정값이 규정값 또는 한계값 범위 내에 들어오면 판정의 양호에 ☑ 표시한 후 정비 및 조치할 사항에 "정비 및 조치할 사항 없음"또는 "없음"으로 답안지를 작성한다.

측정항목	① 측정(또는 점검)		② 판정 및 정비(또는 조치)사항		득점
	측정값	규정(한계)값	판정(□에 "✔" 표)	정비 및 조치할 사항	
핀저널 오일간극	0.076mm	0.02~0.06mm (0.1mm)	☑ 양호 ☐ 불량	양호	

2.6 피스톤간극 점검 · 정비

피스톤간극이란 실린더 안지름과 피스톤 최대 바깥지름과의 차이를 말한다. 피스톤간극이 크면 블로바이 발생, 압축 압력저하, 연소실에 엔진오일 상승, 피스톤 슬랩(piston slap) 발생, 엔진오일에 연료가 희석되어 점도 저하, 엔진의 시동 성능 저하, 엔진의 출력저하, 연료 소비율 증가 등이 발생한다. 반대로 피스톤간극이 적으면 실린더 벽과 피스톤의 마찰력이 증가하며 심한 경우에는 고착이 발생한다. 피스톤간극은 알루미늄 합금 피스톤의 경우 실린더 안지름의 0.05%를 둔다.

[1] 피스톤간극 점검방법

① 분해된 피스톤의 헤드 및 링 홈 부의 카본이나 퇴적물 등 이물질을 제거하여 깨끗이 한다.

② 피스톤의 긁힘, 마모, 균열, 피스톤 링의 파손, 손상, 마모상태 등을 점검한다.

③ 피스톤의 헤드부와 스커트부를 피스톤의 핀방향과 그 직각방향에 대해 외경(스커트부 최 하단에서 10mm 위 부위)을 측정한다.

④ 실린더 게이지를 이용하여 실린더 내경을 상·중·하의 축방향과 그 직각방향(6군데)에 대해 측정한다.

⑤ 실린더 최대 내경과 피스톤 스커트 부분의 외경의 차이가 실린더간극(피스톤간극)이다.

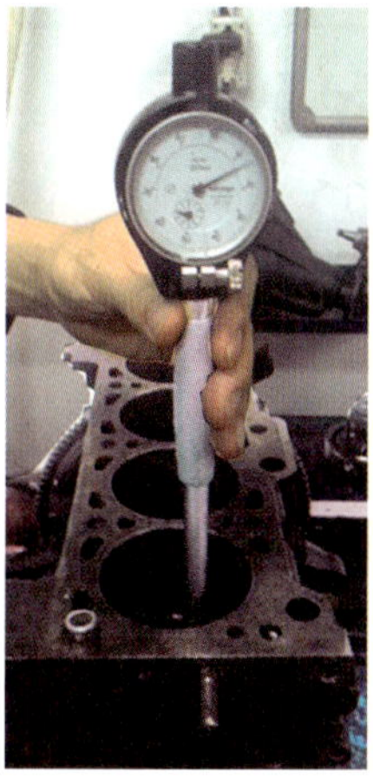

[그림 4-21] 실린더 내경 측정

[그림 4-22] 피스톤 외경 측정

⑥ 실린더간극은 스프링 저울과 필러 게이지(시그니스 게이지)를 이용하여 측정할 수 있다. 피스톤을 실린더에 필러 게이지와 함께 그림 4-23과 같이 삽입한다. 이때 스프링 저울로 1.3~2kgf 약간 저항을 느끼며 빠지는 필러 게이지 치수가 실린더 간극이다.

⑦ 한계값 이상이면 피스톤을 교환한다.

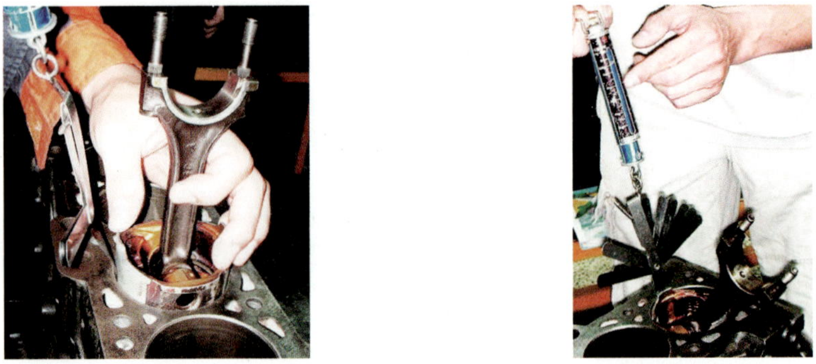

(a) (b)

[그림 4-23] **스프링 저울과 필러 게이지를 이용한 피스톤과 실린더간극 측정**

[표 4-7] **피스톤 외경 및 피스톤간극 규정값**

차종 / 항목	아반떼	EF소나타	SM5	비 고 (한계치)
피스톤 외경(mm)	75.465~74.495	81.47~81.50 84.97~85.00	82.48~82.49 85.98~85.99	
피스톤간극(mm)	0.025~0.045	0.02~0.04	0.01~0.03	모두 0.15

[2] 답안지 작성

① 측정(또는 점검)

㉠ 측정값 : 피스톤간극 측정값(예 : 0.17mm)을 답안지에 기록한다.

㉡ 규정(한계)값 : 규정값(한계값)(예 : 0.02~0.04mm(0.15mm))을 답안지에 기록한다.

② 판정 및 정비 조치사항

㉠ 측정값이 한계값 범위를 벗어나면 판정의 불량에 ☑ 표시한 후 정비 및 조치할 사항에 "피스톤 교환 후 재점검"으로 답안지를 작성한다.

㉡ 측정값이 규정값 또는 한계값 범위 내에 들어오면 판정의 양호에 ☑ 표시한 후

정비 및 조치할 사항에 “정비 및 조치할 사항 없음” 또는 “없음”으로 답안지를 작성한다.

측정항목	① 측정(또는 점검)		② 판정 및 정비(또는 조치)사항		득 점
	측정값	규정(한계)값	판정(□에 “✔” 표)	정비 및 조치할 사항	
실린더 피스톤간극	0.17mm	0.02~0.04mm (0.15mm)	□ 양호 ☑ 불량	피스톤 교환 후 재점검	

03 피스톤 점검 · 정비

3.1 피스톤 링 엔드 갭(이음간극) 측정

[1] 피스톤 링 엔드 갭 측정방법

① 감독위원이 지정한 실린더에 피스톤 링을 실린더에 넣는다.

② 피스톤을 거꾸로 피스톤 링이 스커트까지(하사점 부근) 밀어 넣어 피스톤 링이 수평이 되도록 한다.

③ 피스톤을 제거하고 실린더 최소 마모 부분(하사점 부근)에서 필러 게이지를 이용하여 피스톤 링 엔드 갭을 측정한다.

(a) 피스톤 링 설치

(b) 피스톤으로 피스톤 링 밀어 넣기

(c)엔드 갭 측정

[그림 4-24] 피스톤 링 엔드 갭 측정

[표 4-8] **차종별 압축 링 엔드 갭 규정값 및 한계값(단위 : mm)**

차종	규정값	한계값	차종	규정값	한계값
아반떼	1번 링 : 0.15~0.3 2번 링 : 0.25~0.4	0.8	레간자	0.3~0.5	1.5
소나타Ⅱ	1번 링 : 0.25~0.4 2번 링 : 0.35~0.5	0.8	프라이드	0.15~0.3	1.0
EF 소나타	1번 링 : 0.25~0.35 2번 링 : 0.40~0.55	1.0	SM5	0.2~0.4	1.0
라노스	0.3	1.0			

[2] 답안지 작성

① 측정(또는 점검)

㉠ 측정값 : 측정한 엔드 갭(예 : 0.279mm)을 답안지에 기입한다.

㉡ 규정(한계)값 : 엔드 갭 규정값 또는 한계값(예 : 0.25~0.35mm)을 답안지에 기입한다.

② 판정 및 정비 조치사항

㉠ 측정값이 규정값 범위를 벗어나면 판정의 불량에 ☑ 표시한 후 정비 및 조치할 사항에 "피스톤 링 교환 후 재점검"으로 답안지를 작성한다.

㉡ 측정값이 규정값 범위 내에 들어오면 판정의 양호에 ☑ 표시한 후 정비 및 조치할 사항에 "정비 및 조치할 사항 없음"또는 "없음"으로 답안지를 작성한다.

측정항목	① 측정(또는 점검)		② 판정 및 정비(또는 조치)사항		득점
	측정값	규정(한계)값	판정(□에 "✔" 표)	정비 및 조치할 사항	
피스톤링 엔드 갭 (이음간극)	0.279mm	0.25~0.35mm	☑ 양호 □ 불량	없음	

3.2 피스톤 링 사이드간극 측정

[1] 피스톤 링 사이드간극 측정방법

피스톤 링 홈에 알맞은 링을 선정한 후 그림 4-25와 같이 링을 끼운 후 3~4개소를 측정한다. 시크니스 게이지는 피스톤 링 홈에 닿을 때까지 밀어 넣어야 한다. 이때 규정값보다 링의 간극이 적으면 컴파운드를 정반이나 유리판 위에 바른 후 링을 골고루 연마하도록 한다. 한계값을 벗어나는 경우에는 피스톤 링을 교환한다.

[그림 4-25] **피스톤 링 사이드간극 점검**

[표 4-9] **피스톤 사이드간극의 제원(단위 : mm)**

차종	규정값	한계값	차종	규정값	한계값
아반떼	0.04~0.08		누비라, 라노스	0.02	0.1
쏘나타Ⅱ	1번링 : 0.03~0.07 2번링 : 0.02~0.07	0.1	프라이드, 콩코드	0.03~0.065	0.15
EF 소나타	0.02~0.06	0.1	SM5	0.04~0.08	0.2

[2] 답안지 작성

① 측정(또는 점검)

㉠ 측정값 : 측정한 사이드간극(예 : 0.12mm)을 답안지에 기입한다.

㉡ 규정(한계)값 : 사이드간극 규정값 또는 한계값(예 : 0.03~0.07(0.1mm))을 답안지에 기입한다.

② 판정 및 정비 조치사항

㉠ 측정값이 규정값 범위를 벗어나면 판정의 불량에 ☑ 표시한 후 정비 및 조치할 사항에 "피스톤 링 교환 후 재점검"으로 답안지를 작성한다.

㉡ 측정값이 규정값 범위 내에 들어오면 판정의 양호에 ☑ 표시한 후 정비 및 조치할 사항에 "정비 및 조치할 사항 없음"또는 "없음"으로 답안지를 작성한다.

측정항목	① 측정(또는 점검)		② 판정 및 정비(또는 조치)사항		득점
	측정값	규정(한계)값	판정(□에 "✔" 표)	정비 및 조치할 사항	
피스톤링 사이드간극	0.12mm	0.03~0.07mm (0.1)mm	□ 양호 ☑ 불량	피스톤 링 교환 후 재점검	

3.3 피스톤 링 조립

[1] 피스톤 링을 조립할 때 주의사항

① 피스톤 링의 순서가 바뀌지 않도록 한다.

② 피스톤 링면이 바뀌지 않도록 주의한다(사이즈 표시 및 제작회사 마크 표시가 위쪽으로 향하도록 한다).

③ 블로바이를 방지하기 위하여 링 엔드 갭이 크랭크축 방향(피스톤 핀 방향)과 축 직각 방향(측압 쪽)을 피하여 120~180°의 각도를 두고 순차적으로 링 플라이어를 사용하거나 손으로 조립한다.

[2] 피스톤 링 조립순서

① 오일 링 홈에 스페이서를 설치한다.

② 상부 사이드 레일을 설치한다. 이때 사이드 레일을 설치하기 위하여 피스톤 링 홈 스페이서 사이에 사이드 레일의 한 끝을 먼저 넣고 사이드 레일을 단단히 붙잡은 후 손으로 홈에 끼워지는 부분을 누른다. 사이드 레일 및 스페이서를 설치할 때에는 피스톤 링 플라이어를 사용하지 않고 손으로 한다.

(a) 스페이서 설치

(b) 상부 사이드 레일 설치

(c) 하부 사이드 레일 설치

[그림 4-26] 사이드 레일 및 스페이서 장착방법

③ 상부 레일의 조립과 같은 방법으로 하부 사이드 레일을 설치한다.
④ 피스톤 링 플라이어를 사용하여 제2번 압축 링을 설치한다.
⑤ 제1번 압축 링을 설치한다.
⑥ 피스톤과 피스톤 링 주위에 엔진오일을 바른다.
⑦ 각 피스톤 링 엔드 갭을 120~180°로 조립한다.
⑧ 피스톤 링들을 실린더에 끼워 넣을 때에는 링들을 링 압축기로 압착시킨 후 밀어 넣어야 하며, 피스톤 앞쪽 마크 및 커넥팅로드 앞쪽 마크가 엔진의 앞쪽으로 향했는지를 확인한다.

(a) 익스펜더로 링 확장

(b) 2번 압축 링 장착

(c) 1번 압축 링 장착

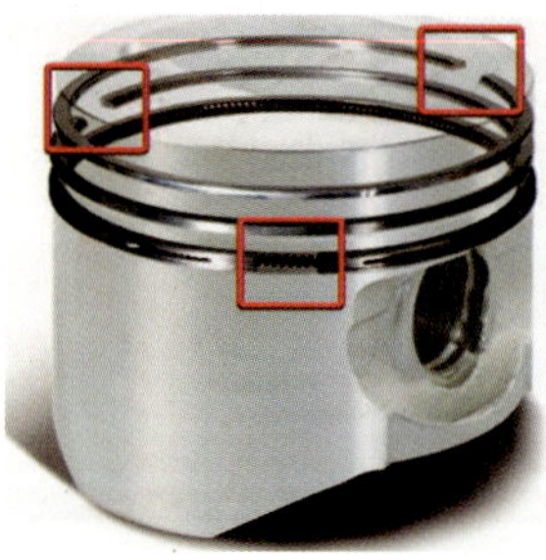

(d) 피스톤 링 절개구 방향

(e) 피스톤 링 식별 마크 각인

[그림 4-27] **피스톤 링 조립**

04 커넥팅로드 점검 · 정비

커넥팅로드의 변형, 즉 휨과 비틀림 점검은 커넥팅로드 얼라이너와 시크니스 게이지로 하며, 커넥팅로드가 변형되면 실린더 벽, 피스톤, 피스톤 링 등의 편마멸 발생, 피스톤의 측압 증가, 압축압력 저하, 크랭크축 저널의 편마멸, 크랭크축 베어링 손상 등이 발생한다. 휨 한계값은 약 0.04~0.075mm, 비틀림값은 0.04~0.18mm 정도이다.

4.1 커넥팅로드 휨 점검

① 커넥팅로드 소단부에 피스톤 핀을 끼우고, 대단부에는 커넥팅로드 얼라이너를 설치한다.
② 피스톤 핀 위에 V블록의 핀이 상하방향으로 향하도록 얼라이너를 정반에 접촉하도록 하고, 간극이 생겼으면 간극이 생긴 부분을 시크니스 게이지로 점검한다.

4.2 커넥팅로드 비틀림 점검

V블록의 핀이 좌우로 향하도록 얼라이너를 정반에 접촉하도록 하고, 간극이 생긴 경우에는 간극이 생긴 부분을 시크니스 게이지로 점검한다.

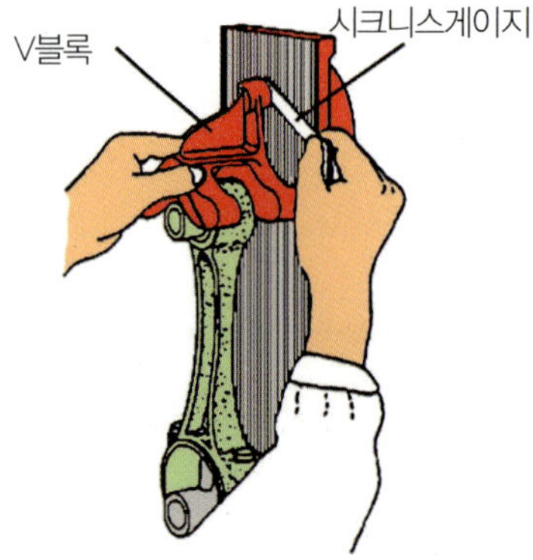

(a) 휨

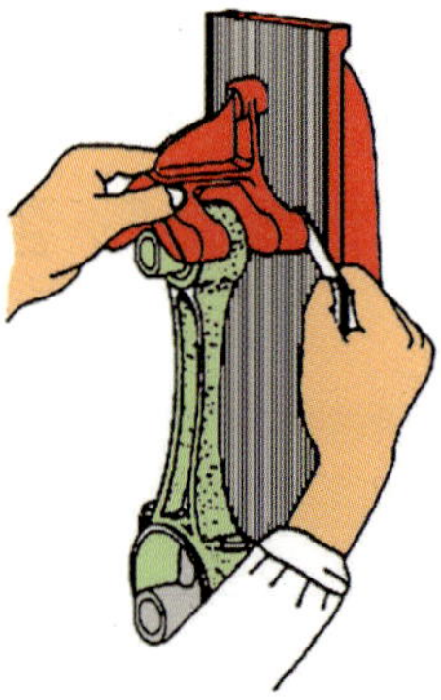

(b) 비틀림

[그림 4-28] 커넥팅로드 휨과 비틀림 점검

[1] 답안지 작성

① 측정(또는 점검)

㉠ 측정값 : 커넥팅로드 휨과 커넥팅로드 비틀림 측정값(예 : 휨 0.05mm, 비틀림 0.2mm)을 답안지에 기입한다.

㉡ 규정(한계)값 : 커넥팅로드 휨과 커넥팅로드 비틀림 규정값 또는 한계값(예 : 휨은 0.04~0.075mm, 비틀림은 0.04~0.18mm)을 답안지에 기입한다.

② 판정 및 정비 조치사항

㉠ 측정값이 규정값 범위를 벗어나면 판정의 불량에 ☑ 표시한 후 정비 및 조치할 사항에 "커넥팅로드 교환 후 재점검"으로 답안지를 작성한다.

㉡ 측정값이 규정값 범위 내에 들어오면 판정의 양호에 ☑ 표시한 후 정비 및 조치할 사항에 "정비 및 조치할 사항 없음"또는 "없음"으로 답안지를 작성한다.

측정항목	① 측정(또는 점검)		② 판정 및 정비(또는 조치)사항		득점
	측정값	규정(한계)값	판정(□에 "✔" 표)	정비 및 조치할 사항	
커넥팅로드 휨	0.05mm	0.04~0.075mm	□ 양호 ☑ 불량	커넥팅로드 교환 후 재점검	
커넥팅로드 비틀림	0.2mm	0.04~0.18mm			

05 크랭크축 점검 · 정비

5.1 크랭크축 축방향 유격 측정

[1] 크랭크축 축방향 유격 측정방법

① 크랭크축을 기관 베어링과 함께 실린더 블록에 조립한다.

② 실린더 블록에 다이얼 게이지를 설치한다.

[그림 4-29] 다이얼 게이지 설치

③ 다이얼 게이지 스핀들을 크랭크축 앞끝이나 뒤끝에 직각으로 설치하고, 크랭크축을 앞쪽이나 뒤쪽으로 플라이 바 또는 스크루드라이버 등으로 한쪽으로 밀고 0점 조정을 한 다음, 반대 방향으로 플라이 바로 밀었을 때 다이얼 게이지 바늘이 지시하는 값이 축방향 유격이다.

(a) 스크루드라이버로 한쪽으로 민다.

(b) 0점 조정

(c) 스크루드라이버로 반대쪽으로 민다.

(d) 측정값 판독

[그림 4-30] **크랭크축 엔드플레이 측정(다이얼 게이지 사용 시)**

④ 필러 게이지를 사용할 때에는 스러스트 베어링과 크랭크축 옆면 사이에 넣어 측정한다.

[그림 4-31] **크랭크축 엔드플레이 측정(필러 게이지 사용 시)**

[표 4-10] **크랭크축 축방향 유격 규정값(단위 : mm, ( )는 한계값)**

차종 / 항목	레간자	아반떼	소나타 II, 그랜져	EF소나타	프라이드	SM5
엔드플레이	0.07~0.30	0.05~0.175	0.05~ 0.18(0.25)	0.05~0.25	0.08~ 0.282	0.10 ~ 0.26 (0.30)

[2] 답안지 작성

① 측정(또는 점검)

㉠ 측정값 : 크랭크축 축방향 유격 측정값(예 : 0.08mm)을 답안지에 기록한다.

㉡ 규정(한계)값 : 규정값(예 : 0.05~0.25mm)을 답안지에 기록한다.

② 판정 및 정비 조치사항

㉠ 측정값이 규정값 범위를 벗어나면 판정의 불량에 ☑ 표시한 후 정비 및 조치할 사항에 "스러스트 베어링 교환 후 재점검"으로 답안지를 작성한다.

㉡ 측정값이 규정값 범위 내에 들어오면 판정의 양호에 ☑ 표시한 후 정비 및 조치할 사항에 "정비 및 조치할 사항 없음"또는 "없음"으로 답안지를 작성한다.

측정항목	① 측정(또는 점검)		② 판정 및 정비(또는 조치)사항		득점
	측정값	규정(한계)값	판정(□에 "✔" 표)	정비 및 조치할 사항	
크랭크축 축방향 유격	0.08mm	0.05~0.25mm	☑ 양호 □ 불량	정비 및 조치할 사항 없음	

5.2 크랭크축 메인저널 마모량 측정

[1] 크랭크축 메인저널 마모량 측정방법

① 감독위원이 지정한 크랭크축 메인저널을 깨끗한 헝겊으로 닦는다.

② 외측 마이크로미터로 각 저널의 상·하와 좌·우 부분 2군데씩 모두 4군데를 측정하여 최소 측정값을 찾아낸다.

③ 측정값은 규정값 - 측정값이다.

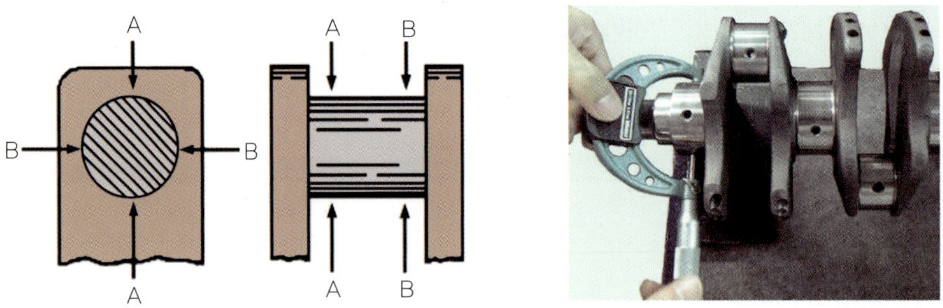

(a) 측정 부위　　　　(b) 메인저널 측정

[그림 4-32] **크랭크축 메인저널 측정**

[표 4-11] **차종별 저널의 외경(단위 : mm)**

항목 \ 차종	레간자	아반떼	소나타	EF소나타	SM5
메인저널 외경	57.9	50	56.98~57.00	56.982~57.000	54.974~54.980
핀저널 외경	48.9	45	44.98~45.00	44.980~45.000	47.968~47.974
U/S한계	0.50	0.75	0.75	0.75	0.75

[표 4-12] **크랭크핀과 메인저널 및 편마멸 (단위 : mm 이하)**

차 종	테이퍼마멸	편마멸	차 종	테이퍼마멸	편마멸
아반떼	0.01mm 이하	0.01mm 이하	라노스	0.005mm 이하	0.004mm 이하
쏘나타Ⅱ	0.015mm 이하	0.005mm 이하	기아 승용차 모두	0.05mm 이하	0.05mm 이하
EF 소나타	0.005mm 이하	0.015mm 이하	SM5	0.004mm 이하	0.003mm 이하
레간자	0.004mm 이하	0.004mm 이하			

[2] 저널 마모량 수정방법

(1) 수정값 정하기

최대 마멸량이 수정 한계값 이상일 경우에는 연삭 수정하여야 하며, 수정 한계값 이하인 경우에는 다시 사용한다. 크랭크핀이나 메인저널을 연삭 수정을 하면 지름이 작아지므로 표준값에서 진원 절삭값(0.2mm)을 빼어야 한다.

따라서 그 치수가 작아지므로 언더 사이즈(under size)라고 부르며 US 또는 U/S로 표시한다. 크랭크핀과 메인저널은 표면 경화한 것이므로 언더 사이즈로 할수록 마멸이 빨라지며, 크랭크축 베어링의 두께가 두껍게 되어 피로 현상이 쉽게 발생하고, 베어링 면적이 작아져 과열되기 쉽다. 크랭크축의 수정 한계값과 언더사이즈 한계는 다음과 같다.

[표 4-13] **수정 한계값**

항목	저널 지름	수정 한계값
진원마멸	50mm 이상	0.20mm
	50mm 이하	0.15mm
테이퍼마멸		0.025mm
편마멸		0.04mm

언더 사이즈 한계

저널 지름	언더 사이즈 한계
50mm 이상	1.5mm
50mm 이하	1.0mm

(2) 수정방법

> 수정값 = 최소 측정값 − 0.2mm(진원 절삭값)
> ⇒ 언더 사이즈 치수에 알맞은 작은 치수

KS규격	SAE규격
0.25mm	
0.50mm	0.020"
0.75mm	
1.00mm	0.040"
1.25mm	
1.50mm	0.060"

(3) 크랭크축 언더 사이즈 계산방법의 예

어느 엔진의 크랭크축 메인저널의 지름이 57.00mm이다. 이 엔진을 분해하여 크랭크축 메인저널을 측정하였더니 56.72mm이였다. 이 크랭크축 메인저널의 수정값과 언더 사이즈값을 구하시오.

【계산 방법】

56.72mm(최소 측정값) - 0.2mm(진원 절삭값) = 56.52mm, 그러나 언더 사이즈 치수에는 0.52mm가 없으므로 이 값보다 작으면서 가장 가까운 값인 0.50mm로 수정한다. 따라서 수정값은 56.50mm이고, 언더 사이즈 기준값은 57.00mm(표준값) - 56.50mm(수정값) = 0.50mm이다. 이에 따라 크랭크축의 메인 저널지름은 0.50mm 가 늘어지고, 크랭크축 베어링은 0.50mm가 두꺼워진다.

[3] 답안지 작성

① 측정(또는 점검)

㉠ 측정값 : 크랭크축 메인저널 마모량 측정값(예 : 57.00mm(규정값) - 56.55mm (측정값) = 0.45mm)을 답안지에 기록한다.

㉡ 규정(한계)값 : 규정값(예 : 0.05mm 이하(57.50mm))을 답안지에 기록한다.

② 판정 및 정비 조치사항

㉠ 측정값이 규정값 범위를 벗어나면 판정의 불량에 ☑ 표시한 후 정비 및 조치할 사항에(예 : 측정값이 56.55mm인 경우 측정값 56.55mm - 0.2mm(진원 절삭량) = 56.35mm보다 작은 56.25mm로 절삭해야 하므로), "56.25mm로 절삭, u/s 베어링을 장착한 후 재점검"으로 답안지를 작성한다.

㉡ 측정값이 규정값 범위 내에 들어오면 판정의 양호에 ☑ 표시한 후 정비 및 조치할 사항에 "정비 및 조치할 사항 없음"또는 "없음"으로 답안지를 작성한다.

㉢ U/S값 : 0.25mm, 0.50mm, 0.75mm, 1.00mm, 1.25mm, 1.50mm

측정항목	① 측정(또는 점검)		② 판정 및 정비(또는 조치)사항		득점
	측정값	규정(한계)값	판정(□에 "✔" 표)	정비 및 조치할 사항	
크랭크축 메인저널 마모량	0.45mm	0.05mm 이하 (57.50mm)	□ 양호 ☑ 불량	56.25mm로 절삭 후 u/s 베어링을 장착한 후 재점검	

5.3 크랭크축 휨 점검

크랭크축에 휨(bending)이 생기면 회전할 때 무리가 생겨서 진동이 심해지며, 베어링 메탈이 과열하게 되어 어느 한도 이상 구부려지면 메탈의 교환도 매우 곤란하게 되므로 이것을 수정하게 된다. 점검은 정반 위에 V-블록을 설치하고 V-블록에 크랭크축을 설치한 후 다이얼 게이지로 점검한다.

[1] 휨 점검하기

① 크랭크축의 앞·뒤 메인저널(제1번과 제5번)을 V-블록 위에 올려놓는다.

② 크랭크축 제3번 메인저널에 다이얼 게이지 스핀들을 직각으로 0.1mm 정도 바늘이 움직이도록 하면서 가볍게 댄다.

③ 다이얼 게이지를 "0"점 조정한 후 천천히 크랭크축을 회전시키면서 다이얼 게이지 눈금을 읽는다. 이때 바늘의 움직임의 1/2이 휨값이다.

[그림 4-33] **크랭크축 휨 점검**

[표 4-14] **차종별 크랭크축 휨 정비 제원**(단위 : mm)

차종	규정값	한계값	차종	규정값	한계값
현대 승용차 모두	0.03 이내	0.03	베르나	0.03 이내	
에스페로, 레란자, 라노스	0.03 이내	0.03	SM5	0.05 이내	

[2] 답안지 작성

① 측정(또는 점검)

㉠ 측정값 : 크랭크축 휨 측정값(예 : 0.02mm)을 답안지에 기록한다.

㉡ 규정(한계)값 : 규정값(예 : 0.03mm 이하)을 답안지에 기록한다.

② 판정 및 정비 조치사항

㉠ 측정값이 규정값 범위를 벗어나면 판정의 불량에 ☑ 표시한 후 정비 및 조치할 사항에 "크랭크축 교환 후 재점검"으로 답안지를 작성한다.

㉡ 측정값이 규정값 범위 내에 들어오면 판정의 양호에 ☑ 표시한 후 정비 및 조치할 사항에 "정비 및 조치할 사항 없음"또는 "없음"으로 답안지를 작성한다.

측정항목	① 측정(또는 점검)		② 판정 및 정비(또는 조치)사항		득점
	측정값	규정(한계)값	판정(□에 "✔" 표)	정비 및 조치할 사항	
크랭크축 휨	0.02mm	0.03mm 이하	☑ 양호 □ 불량	양호	

5.4 플라이휠 점검 · 정비

[1] 런아웃 점검방법

① 크랭크축을 실린더 블록에 설치하고 메인저널 베어링 캡을 규정토크로 조인다.

② 크랭크축에 플라이휠을 부착하고 볼트를 규정토크로 조인다.

③ 다이얼 게이지 스핀들을 플라이휠의 중심으로부터 127mm의 위치에서 플라이휠면에 직각이 되게 설치한 후, 0점 조정한 후 플라이휠을 한쪽으로 돌리면서 천천히 크랭크축을 1회전시켜 다이얼 게이지 눈금을 읽는다. 0점을 기준으로 좌·우로 움직였을 때는 좌·우로 움직인 값을 더한다.

(a) 다이얼 게이지를 직각으로 설치

(b) 0점 조정

(c) 게이지 눈금 판독

[그림 4-34] 플라이휠 런아웃 점검

[표 4-15] **차종별 플라이휠 런아웃 제원**

항목 \ 차종	아반떼	소나타 II, 그랜져	EF소나타	SM5
플라이휠 런아웃 한계값	0.13mm 이하	0.10mm 이하	0.13mm 이하	0.15mm 이하

차종별 플라이휠 조임 토크

차 종	조임 토크
소나타Ⅱ	13.0~14.0kgf·m
아반떼	12.0~13.0kgf·m
레간자	6.5kgf·m
라노스	3.5kgf·m
기아 승용차 전 차종	9.8~10.5kgf·m

[2] 답안지 작성

① 측정(또는 점검)

㉠ 측정값 : 플라이휠 런아웃 측정값(예 : 0.15mm)을 답안지에 기록한다.

㉡ 규정(한계)값 : 규정값(예 : 0.13mm이하)을 답안지에 기록한다.

② 판정 및 정비 조치사항

㉠ 측정값이 규정값 범위를 벗어나면 판정의 불량에 ☑ 표시한 후 정비 및 조치할 사항에 "플라이휠 교환 후 재점검"으로 답안지를 작성한다.

㉡ 측정값이 규정값 범위 내에 들어오면 판정의 양호에 ☑ 표시한 후 정비 및 조치할 사항에 "정비 및 조치할 사항 없음"또는 "없음"으로 답안지를 작성한다.

측정항목	① 측정(또는 점검)		② 판정 및 정비(또는 조치)사항		득점
	측정값	규정(한계)값	판정(□에 "✔" 표)	정비 및 조치할 사항	
플라이휠 런아웃	0.15mm	0.13mm 이하	□ 양호 ☑ 불량	플라이휠 교환 후 재점검	

[3] 플라이휠 링기어 점검

(1) 링기어의 마모상태 결손, 균열의 점검

① 육안으로 링기어의 손상 및 마멸을 점검한다.

② 링기어의 마멸 개소는 4실린더 엔진은 2개소, 6실린더 엔진은 3개소이다.

(2) 수정방법

링기어가 일부만 마멸된 경우에는 다음의 순서로 설치위치를 변경하여 다시 사용한다.

① 플라이휠과 링기어에 표시를 한다.
② 링기어를 120~150℃가 되게 골고루 가열하여 가볍게 두들겨 빼낸다.
③ 링기어 설치면을 깨끗이 닦는다.
④ 링기어를 약 200℃가 되게 가열한 후 플라이휠에 표시한 위치로부터 90° 방향으로 회전시켜 가볍게 두들겨 끼운다.

06 캠축 점검 · 정비

6.1 다이얼 게이지 사용법

다이얼 게이지는 다이얼 인디케이터(dial indicator)라고도 하며 측정하려고 하는 부분에 측정자를 대어 스핀들의 미소한 움직임을 기어장치로 확대하여 눈금판 위에 지시되는 치수를 읽는 측정기구이다. 백래시, 런아웃, 축방향 유격, 휨, 평면검사, 양정 등을 측정할 수 있다.

스핀들이 1mm 움직이는데 대해 지침이 1회전하는 것을 주로 사용하며, 눈금판은 1눈금이 0.01mm인 것과 0.001mm인 것이 있다. 다이얼 게이지는 스핀들에 주유를 하거나 그리스를 발라서는 절대로 안 되며 건조한 상태로 사용한다. 분해 및 청소 등을 하지 않아야 되고 다이얼 게이지에 충격을 가해서는 안 된다.

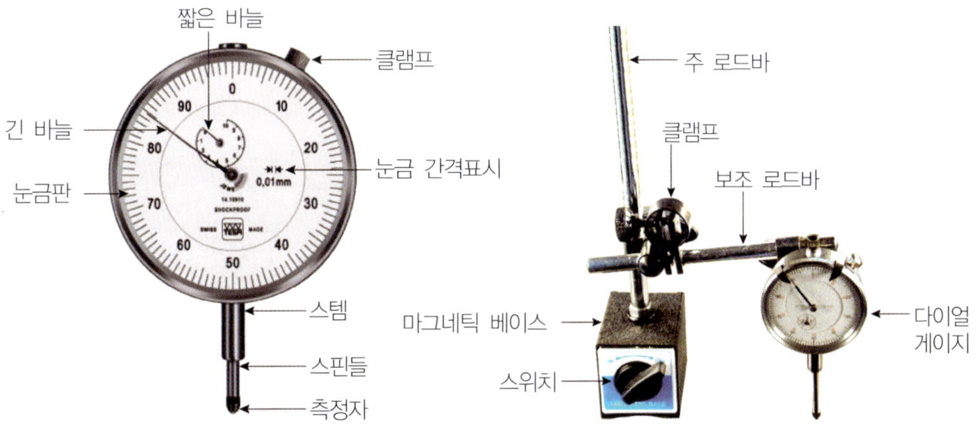

(a) 다이얼 게이지 각부 명칭 (b) 스탠드의 각부 명칭

(c) 다이얼 게이지의 눈금 읽는 방법

[그림 4-35] **다이얼 게이지**

측정값이 그림 4-35(c)와 같은 경우 다음의 순서로 읽는다.

① 짧은바늘의 위치를 읽는다. 일반적으로 1과 2 사이에 있다.
② 긴바늘의 눈금을 읽는다. 36의 위치에 있다.
③ 눈금읽기의 값은 눈금판에 0.01mm라고 표시되어 있으므로 긴바늘의 한 눈금이 0.01mm이다. 따라서 긴 바늘의 값은 0.36mm이다. 긴바늘이 1회전하는데 대해 짧은바늘은 1눈금 전진하므로 짧은바늘의 눈금은 0.01 × 100 = 1mm이다. 따라서 이 경우의 측정값은 1.0 + 0.36 = 1.36mm이다.

6.2 캠축 휨 측정

[1] 캠축 휨 측정방법

① 캠축 제1번과 제5번 메인저널을 V블록 위에 올려놓고, 제3번 메인저널에 다이얼 게이지 스핀들을 직각으로 설치한 후 다이얼 게이지 눈금판의 바늘을 0점 조정한다.
② 캠축을 천천히 1회전시킨 후 다이얼 게이지의 바늘이 움직인 최댓값과 최솟값의 지싯값을 읽는다.
③ 캠축 휨값은 다이얼 게이지의 바늘이 움직인 최댓값과 + 최솟값의 1/2값이다.

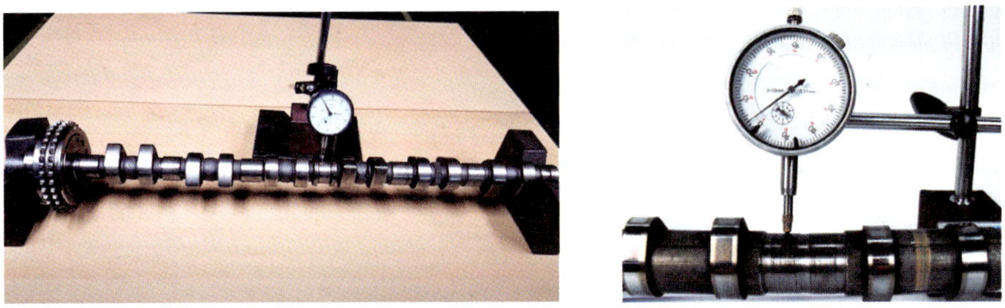

[그림 4-36] 캠축 휨 측정

[표 4-16] 캠축의 휨 규정값

차종	규정값
현대 승용차 모두(신형은 제외)	0.02mm 이하
대우 승용차 모두(신형은 제외)	0.03mm 이하
기아 승용차 모두(신형은 제외)	0.03mm 이하
SM5	0.02mm 이하

[2] 답안지 작성

① 측정(또는 점검)

㉠ 측정값 : 다이얼 게이지 바늘이 움직인 측정값(예 : 최댓값 + 최솟값이 0.03mm일 때 캠축 휨은 $\frac{\text{측정값}}{2}=\frac{0.03}{2}$이므로 0.015mm)을 답안지에 기입한다.

㉡ 규정값(한계)값 : 규정값(예 : 0.02mm 이하)을 답안지에 기입한다.

② 판정 및 정비 조치사항

㉠ 측정값이 규정값 범위를 벗어나면 판정의 불량에 ☑ 표시한 후 정비 및 조치할 사항에 "캠축 교환 후 재점검"으로 답안지를 작성한다.

㉡ 측정값이 규정값 범위 내에 들어오면 판정의 양호에 ☑ 표시한 후 정비 및 조치할 사항에 "정비 및 조치할 사항 없음"또는 "없음"으로 답안지를 작성한다.

측정항목	① 측정(또는 점검)		② 판정 및 정비(또는 조치)사항		득점
	측정값	규정(한계)값	판정(□에 "✔" 표)	정비 및 조치할 사항	
캠축 휨	0.015mm	0.02mm이하	☑ 양호 □ 불량	정비 및 조치할 사항 없음	

6.3 캠축 양정

[1] 외측 마이크로미터 사용방법

(1) 측정 시 주의사항

① 사용 전에 0점을 측정하고 오차가 있을 경우에는 측정치에서 가감을 하거나 표준 게이지를 사용하여 수정한다.

② 측정부 및 마이크로미터에 오일이나 먼지를 잘 닦고 청결하게 한다.

③ 측정면에 앤빌을 가볍게 대어 라쳇 슬리브를 회전시켜서 스핀들을 조인다. 이때 딤블을 직접 회전시켜서는 안 된다.

④ 측정 중에는 될 수 있는 한 프레임의 중앙부를 잡고 앤빌의 부분은 잡지 않도록 한다.

⑤ 스핀들이 측정물에 닿아서 정지하게 되면 래칫 스톱을 1회전 반 내지 2회전 돌린 후 정지시키도록 한다.

⑥ 눈금을 읽는 위치는 시차에 의한 오차를 방지하기 위해서 눈은 슬리브의 기준선의 점선에 직각이 되는 방향에서 본다.

(2) 외측 마이크로미터 사용방법

① 구조 및 측정원리

마이크로미터는 길이의 변위를 나사의 회전각과 지름에 의해 확대하여 그 확대된 길이에 눈금을 새겨 작은 길이의 변위를 읽도록 한 측정기이다. 슬리브에는 1mm 간격의 눈금이 새겨져 있고, 딤블(thimble)의 원주면은 50등분 그리고 나사의 피치는 0.5mm이므로 딤블의 1눈금은 0.01mm를 나타낸다.

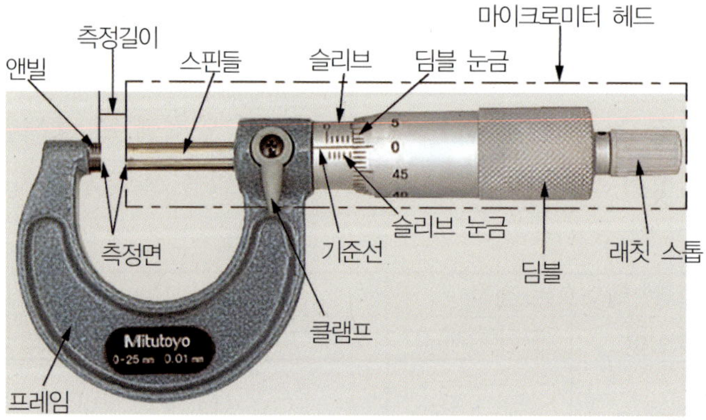

[그림 4-37] 마이크로미터의 구조

② 마이크로미터의 0점 조정

㉠ 양측 정면을 깨끗이 닦고 세팅바(setting bar)를 접촉시켜 "0"점을 확인한다.

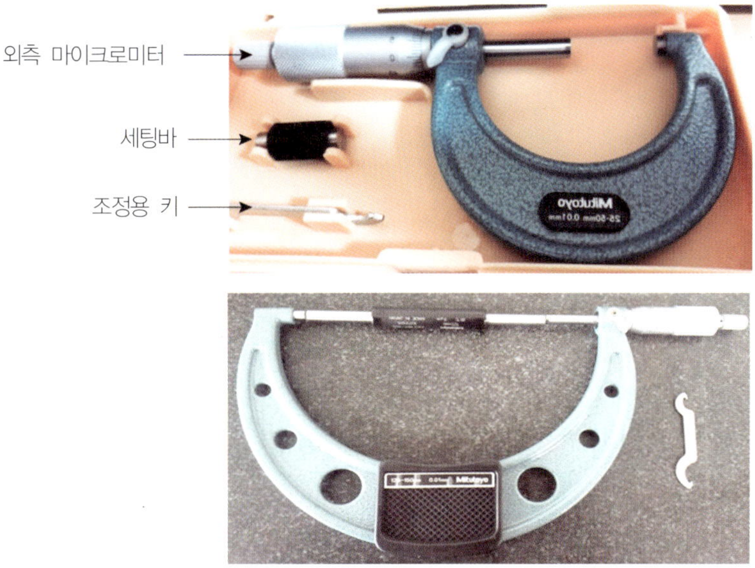

[그림 4-38] **세팅바 접촉 후 0점 확인**

㉡ 래칫 스톱의 스패너 홈에 고정용 키를 걸어 시계 반대방향으로 힘을 주어 래칫 스톱을 푼 후 래칫 스톱을 딤블이 스핀들이 움직이지 않고 슬리브에서 자유롭게 움직일 정도로 느슨하게 풀거나 탈거한다.

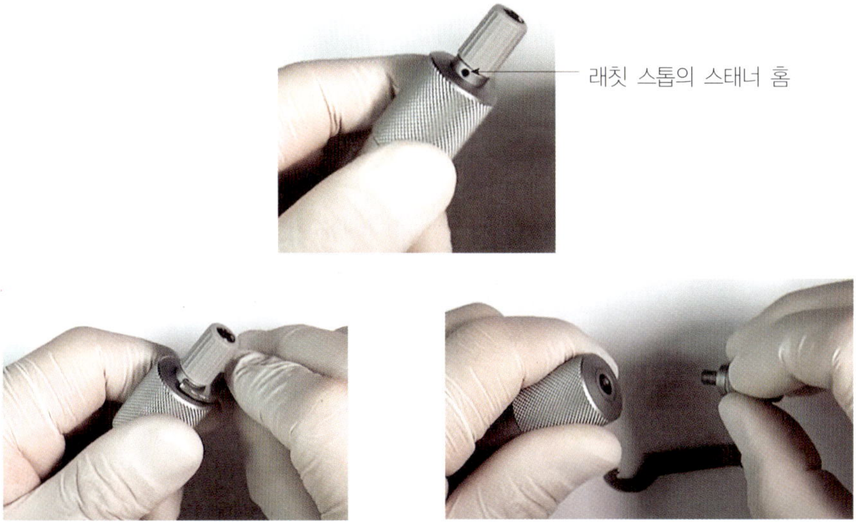

[그림 4-39] **래칫 스톱 탈거**

ⓒ 딤블을 돌려 슬리브 기선에 “0”점을 맞춘다.

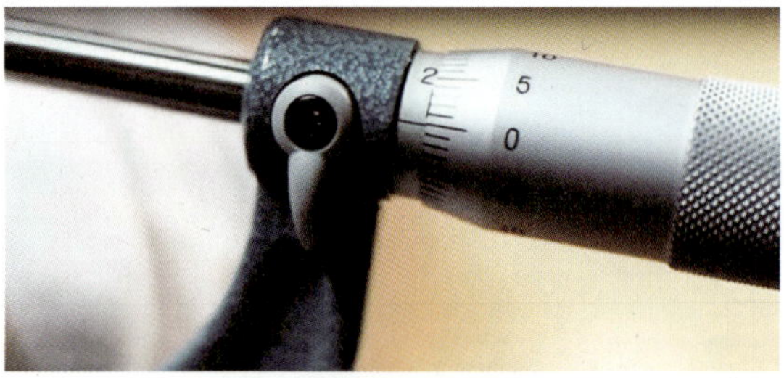

[그림 4-40] **마이크로미터의 “0”점 조정**

ⓓ 래칫 스톱을 손으로 살살 돌려서 조립한다. 이때 딤블을 꽉 잡고 래칫 스톱을 조립해야 딤블의 눈금이 밀리지 않는다. 손으로 어느 정도 래칫 스톱이 조립되면 고정용 키를 걸어 시계 방향으로 힘을 주어 래칫 스톱을 조인다.

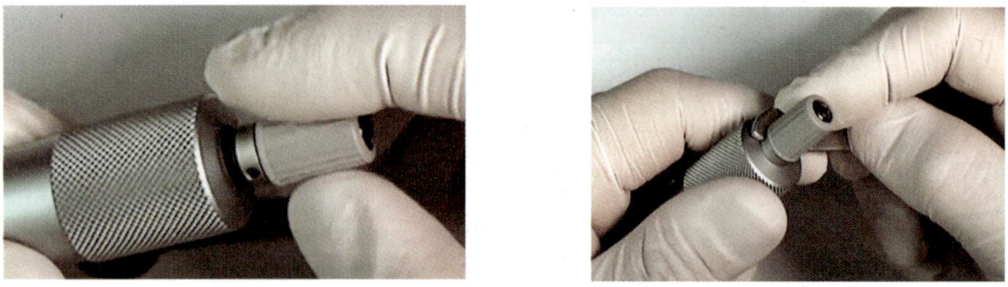

[그림 4-41] **래칫 스톱 조립**

ⓔ 세팅바를 다시 조립하여 “0”점 조정 확인을 한다.

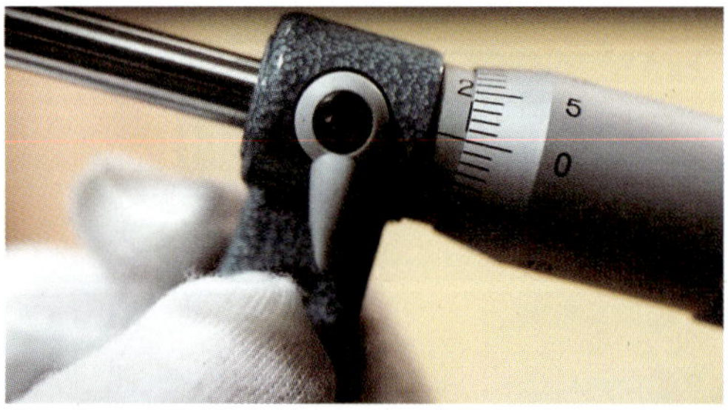

[그림 4-42] **마이크로미터의 “0”점 확인**

③ 측정 시 주의사항

㉠ 측정 시 왼손으로 프레임을 잡고 오른손으로 딤블을 이용하여 살살 돌려서 측정물 근처에 오면 래칫 스톱을 살살 돌려서 양쪽 측정면이 완전히 닿아 “따르륵” 소리가 2~3회 나고, 래칫 스톱은 1~2회전하는 정도의 힘만을 가한다.

㉡ 눈금을 읽을 때 눈금면에 수직이 되는 위치에서 읽어 시차가 생기지 않도록 한다.

㉢ 측정면과 측정물은 바르고 완전히 접촉하도록 한다.

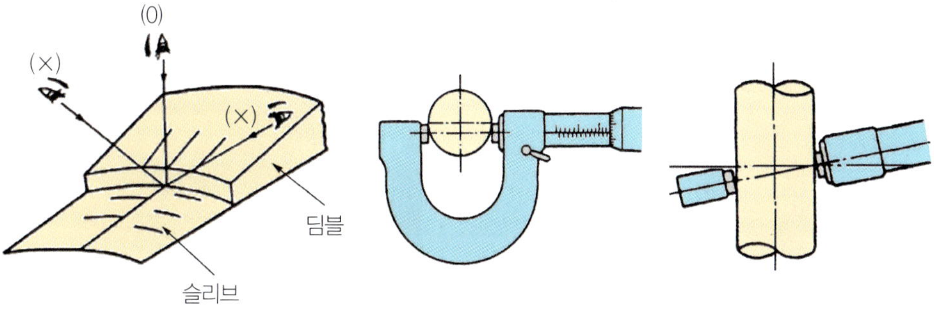

(a) 시차　　(b) 잘못된 측정

[그림 4-43] **마이크로미터 측정 시 유의사항**

(3) 눈금 읽는 방법(mm식)

그림 4-44는 0~25mm용 외측 마이크로미터의 눈금 읽기를 나타낸 것이다.

① 슬리브의 0 기선상(基線上)의 1mm 단위의 눈금을 읽는다. 이 경우 5이다.

② 슬리브의 0 기선하(基線下)의 0.5mm 단위의 눈금을 읽는다. 이 경우 0.5이다.

③ 슬리브 0 기선상에 있는 딤블의 눈금을 읽는다. 이 경우 43이다. 따라서 실제값은 0.43mm이다.

④ 측정값은 5mm + 0.5mm + 0.43mm = 5.93mm이다.

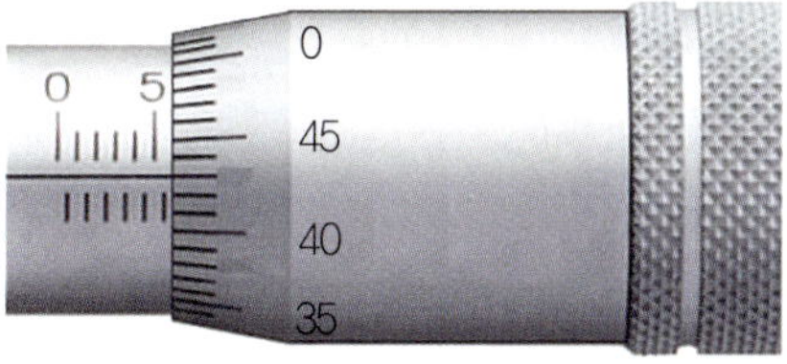

[그림 4-44] **외측 마이크로미터 눈금 읽기**

[2] 캠축 양정 측정방법

① 감독위원이 지정한 실린더의 캠 높이(캠고)를 측정한다(예 : 3번 실린더 흡기 캠 35.30mm).

② 감독위원이 지정한 실린더의 캠의 기초원 높이를 측정한다(예 : 28.22mm).

③ 측정값은 캠 높이에서 기초원을 뺀다(예 : 35.30mm - 28.22mm = 7.08mm).

(a) 캠 높이(캠고) 측정

(b) 기초원 측정

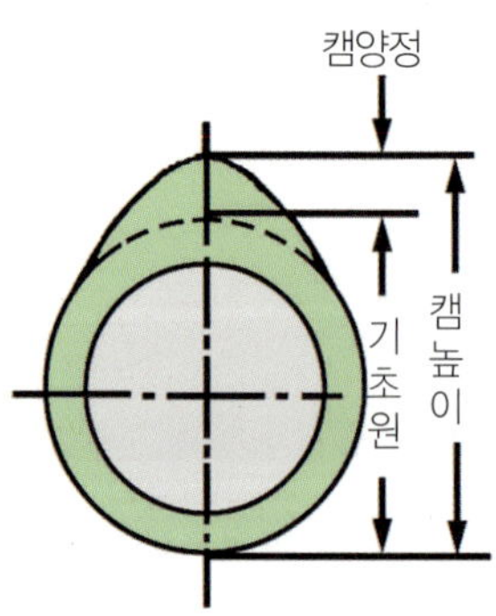

(c) 양정

[그림 4-45] 캠축 양정 측정

[3] 답안지 작성

① 측정(또는 점검)

㉠ 측정값 : 캠축 양정 측정값(예 : 7.08mm)을 답안지에 기록한다.

㉡ 규정(한계)값 : 규정값(예 : 7.10~7.25mm)을 답안지에 기록한다.

② 판정 및 정비 조치사항

㉠ 측정값이 규정값 범위를 벗어나면 판정의 불량에 ☑ 표시한 후 정비 및 조치할 사항에 "캠축 교환 후 재점검"으로 답안지를 작성한다.

㉡ 측정값이 규정값 범위 내에 들어오면 판정의 양호에 ☑ 표시한 후 정비 및 조치할 사항에 "정비 및 조치할 사항 없음"또는 "없음"으로 답안지를 작성한다.

측정항목	① 측정(또는 점검)		② 판정 및 정비(또는 조치)사항		득점
	측정값	규정(한계)값	판정(□에 "✔" 표)	정비 및 조치할 사항	
캠축 양정	7.08mm	7.10~7.25mm	□ 양호 ☑ 불량	캠축 교환 후 재점검	

6.4. 캠축 엔드플레이 점검

[1] 측정기기

캠축의 엔드플레이 점검도 다이얼 게이지 또는 시크니스 게이지와 플라이 바나 스크루드라이버가 필요하다.

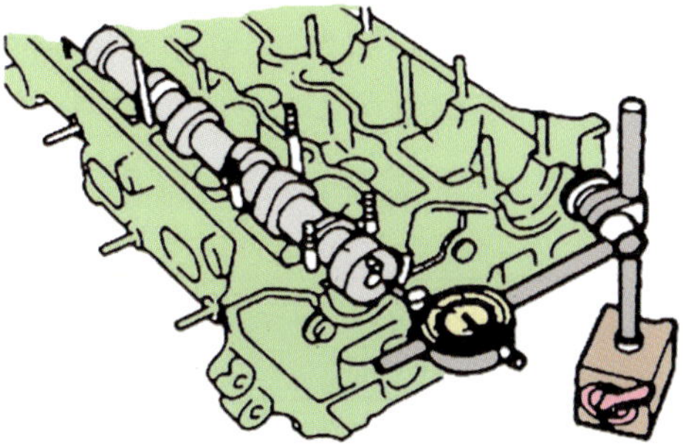

[그림 4-46] 캠축 엔드플레이 점점

[2] 측정방법

(1) 시크니스 게이지 방법

① 캠축을 실린더 헤드 위에 설치한 후 스크루드라이버 등을 사용하여 앞쪽으로 민다.

② 시크니스 게이지를 실린더 헤드와 캠축 스러스트면 사이에 끼어 넣어 측정한다.

(2) 다이얼 게이지 방법

① 캠축을 실린더 헤드에 설치한다.

② 다이얼 게이지를 캠축방향으로 앞쪽에 설치한 다음 스크루드라이버 등으로 캠축을 앞쪽으로 밀고 다이얼 게이지 0점 조정을 한다.

③ 스크루드라이버로 캠축을 뒤쪽으로 밀었을 때 다이얼 게이지 바늘이 움직인 값이 측정값이다.

[표 4-17] **차종별 캠축 엔드플레이 제원(단위 : mm)**

차종	규정값	한계값	차종	규정값	한계값
소나타Ⅱ	0.1~0.2	0.4	베르나	0.1~0.2	
레간자, 라노스	0.09~0.21		SM5	0.07~0.148	0.2이하

[3] 답안지 작성

① 측정(또는 점검)

㉠ 측정값 : 캠축 엔드플레이 측정값(예 : 0.2mm)을 답안지에 기록한다.

㉡ 규정(한계)값 : 규정값 또는 한계값(예 : 0.1~0.2mm(0.4)mm)을 답안지에 기록한다.

② 판정 및 정비 조치사항

㉠ 측정값이 규정값 범위를 벗어나면 판정의 불량에 ☑ 표시한 후 정비 및 조치할 사항에 "실린더 헤드 교환 후 재점검"으로 답안지를 작성한다.

㉡ 측정값이 규정값 범위 내에 들어오면 판정의 양호에 ☑ 표시한 후 정비 및 조치할 사항에 "정비 및 조치할 사항 없음" 또는 "없음"으로 답안지를 작성한다.

측정항목	① 측정(또는 점검)		② 판정 및 정비(또는 조치)사항		득점
	측정값	규정(한계)값	판정(□에 "✔" 표)	정비 및 조치할 사항	
캠축 엔드플레이	0.2mm	0.1~0.2mm (0.4)mm	☑ 양호 ☐ 불량	없음	

07 밸브 점검 · 정비

7.1 밸브와 스템 실(stem seal) 탈거 및 조립

[1] 탈거

① 밸브 스프링 높이에 맞춰 스프링 압축기를 조정한다.

[그림 4-47] 작키 조정

② 밸브 스프링 압축기를 밸브 스프링 리테이너와 밸브헤드에 맞추고 스프링 압축기를 설치한다.

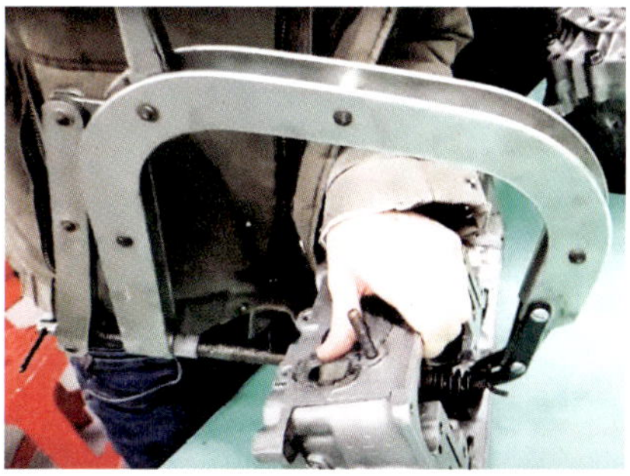

[그림 4-48] **밸브 스프링 압축기 설치**

③ 밸브 스프링 압축기를 이용하여 밸브 스템 방향으로 스프링을 압축시킨다.

④ 밸브 스프링 리테이너 록을 자석 등을 이용하여 제거하고, 압축기를 천천히 압축을 해제시킨다. 이때 스프링이 튀지 않도록 주의한다.

[그림 4-49] **밸브 스프링 압축**

[그림 4-50] **리테이너 록 탈거**

⑤ 밸브 스프링 리테이너를 탈거하고 밸브 스프링 및 밸브 시트를 탈거한다. 실린더와 밸브 부품이 바뀌지 않도록 표시하여 보관한다.

(a) 리테이너 탈거 (b) 밸브 스프링 탈거

(c) 밸브 시트 탈거

[그림 4-51] **밸브 리테이너, 스프링, 시트 탈거**

⑥ 밸브가이드 고무(오일실)를 플라이어 또는 전용공구를 사용하여 탈거한다.

(a) 플라이어 사용 시

(b) 전용공구 사용 시

[그림 4-52] **밸브가이드 고무 탈거**

⑦ 밸브를 탈거한다.

[그림 4-53] **밸브 탈거**

[2] 조립

① 특수공구를 사용하여 가이드 고무를 제위치에 끼운다.

[그림 4-54] **밸브가이드 고무의 장착**

② 엔진오일을 밸브 스템에 바른 후 밸브를 가이드에 끼운다.

③ 밸브 스프링은 에나멜을 바른 부분을 스프링 리테이너 쪽으로 향하도록 하고 장착한다.

④ 밸브 스프링 압축기로 스프링을 압축한 후 리테이너 로크를 설치한다. 밸브를 장착한 후 리테이너 로크가 정확하게 장착되었는지 연질 해머로 가볍게 두들겨 본다.

[3] 실린더 헤드를 탈착하지 않고 밸브잭을 이용하는 방법

① 흡·배기밸브 로커암 어셈블리를 탈거한다.

[그림 4-55] **흡·배기밸브 로커암 어셈블리 탈거**

② 밸브잭 지지대를 실린더 헤드에 설치한다.

[그림 4-56] **밸브잭 지지대 설치**

③ 양쪽의 밸브잭 지지대 구멍으로 파이프를 삽입하고 밸브잭을 파이프에 설치한다.

[그림 4-57] **파이프 삽입 및 밸브잭 설치**

④ 밸브 스프링 압착지그를 탈거할 밸브에 장착한다.

[그림 4-58] **압착지[그 장착**

⑤ 탈거할 밸브의 점화플러그를 탈거하고, 에어공급 파이프를 장착한 후 에어호스를 연결한다.

(a) 점화플러그 탈거

(b) 에어공급 파이프 장착

(c) 에어호스 연결

(d) DOHC엔진 설치 상태

[그림 4-59] **점화플러[그 탈거, 에어공급 파이프 장착, 에어호스 연결**

⑥ 밸브잭을 눌러 밸브 스프링 리테이너 록을 탈거한다.

⑦ 눌렀던 밸브잭을 해제시키고 밸브 스프링 리테이너를 탈거하고 밸브 스프링 및 밸브 시트를 탈거한다.

⑧ 공구를 사용하여 밸브가이드 고무를 탈거한다.

[그림 4-60] **밸브가이드 고무 탈거**

⑨ 조립은 탈거의 역순으로 한다.

7.2 밸브 스프링 점검

[1] 버니어캘리퍼스 사용방법

버니어캘리퍼스(vernier calipers)는 아날로그 방식과 디지털 방식이 있으며, 아날로그 방식은 측정한 숫자를 있는 그대로 읽으면 된다. 그러나 디지털 방식은 측정을 하기 전에 0점 조정을 한 후에 LCD에 표시되는 숫자를 읽으면 된다.

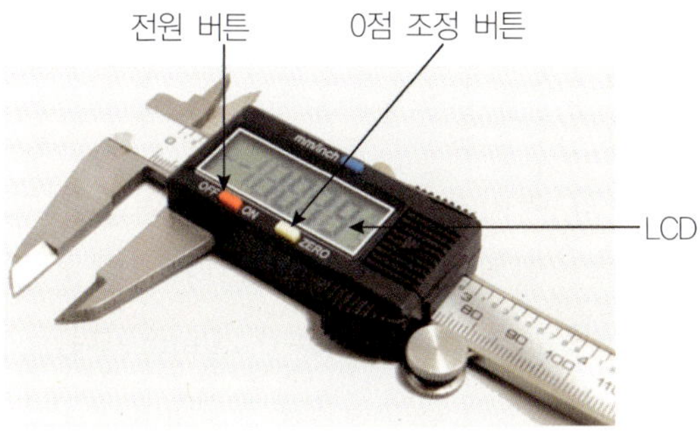

[그림 4-61] **디지털 버니어캘리퍼스**

아날로그 버니어캘리퍼스의 종류에는 M형과 CM형이 있으며, M형은 M1과 M2로 분류된다. 미세조정장치가 있는 타입이 M2형이다. CM형은 외측 측정부에 내측 측정부가 있으며, 미세조정장치가 부착되어 있고 최소눈금이 0.02mm이다.

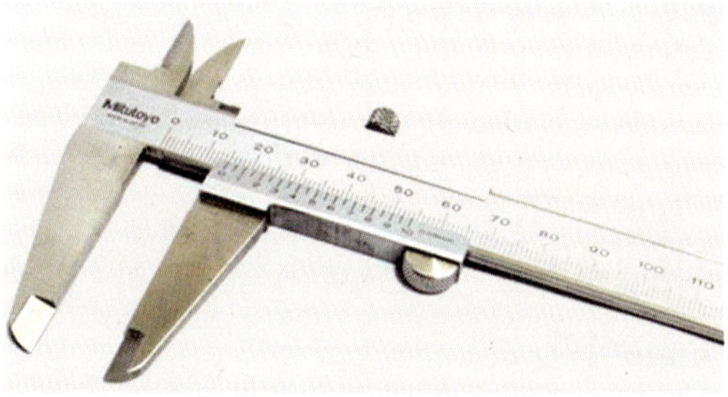

(a) M1형

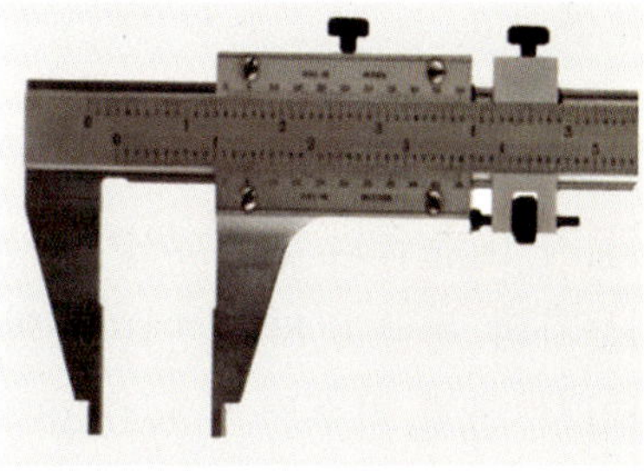

(b) CM형

[그림 4-62] **아날로[그 버니어캘리퍼스**

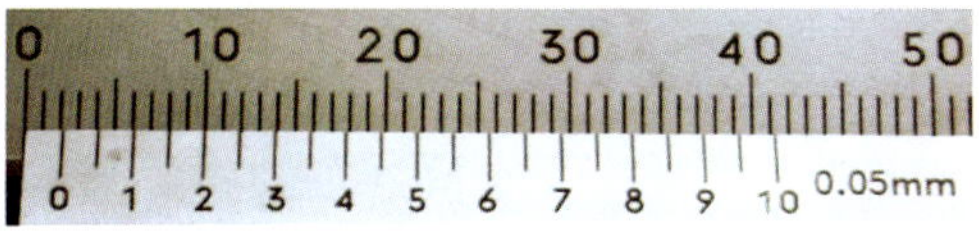

(a) 0.05mm 눈금

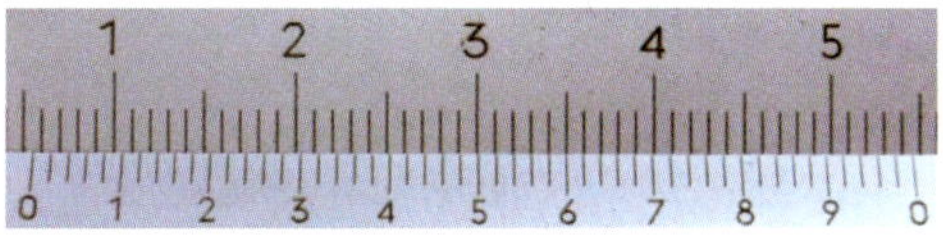

(b) 0.02mm 눈금

[그림 4-63] **버니어캘리퍼스의 눈금**

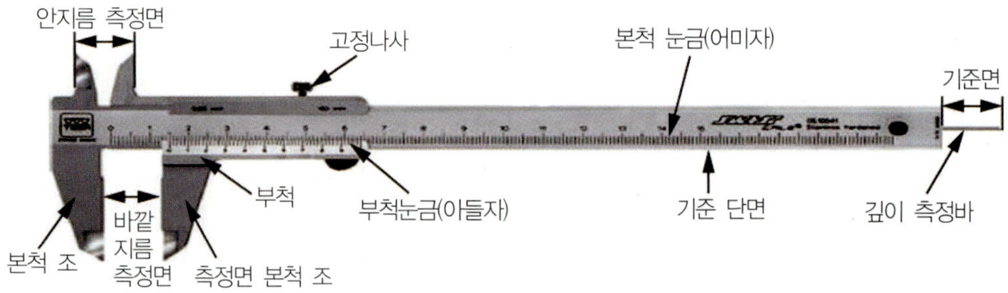

[그림 4-64] **버니어캘리퍼스의 구조**

(1) 최소눈금 0.05mm인 경우

① 아들자 0 눈금의 왼쪽의 어미자 눈금을 정수로 읽는다(그림 4-65에서 7mm).

② 다음 어미자와 아들자가 일치하는 곳을 찾는다(그림 4-65의 경우 2이고, 4칸이므로 한 칸이 0.05mm이므로 4 × 0.05 = 0.20mm이다).

③ 따라서 전체 치수는 7mm + 0.20mm으로 7.20mm이다.

아들자 0눈금이 어미자 눈금 7mm를 지나있다.

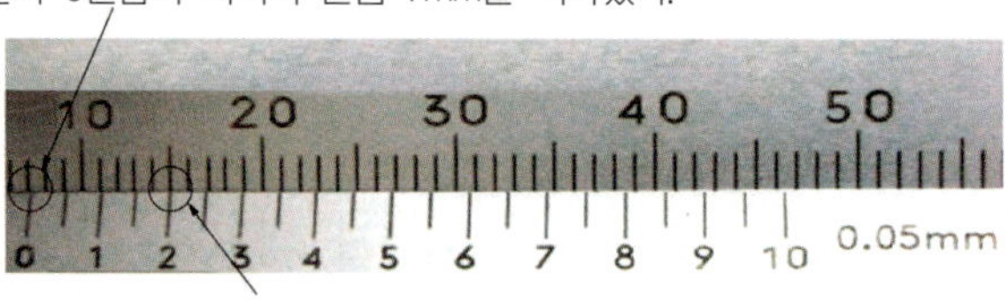

아들자의 눈금 4번째 눈금인 0.20mm가 어미자 눈금과 일치되어 있다.

[그림 4-65] **최소눈금 0.05mm인 경우**

(2) 최소눈금 0.02mm인 경우

① 아들자 0 눈금의 왼쪽 어미자 눈금은 7mm이다.

② 아들자의 눈금 0.86이 어미자의 눈금과 일치하고 있으므로 0.86mm라 읽는다.

③ 따라서 전체 치수는 7 + 0.86 = 7.86mm이다.

아들자 0눈금이 어미자 눈금 7mm를 지나있다.

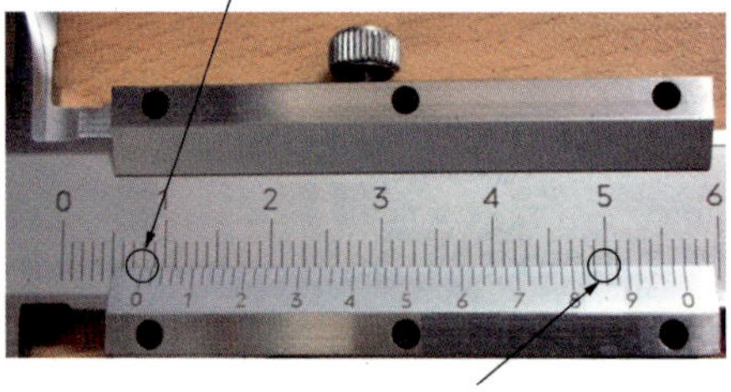

아들자의 눈금 0.86이 어미자 눈금과 일치되어 있다.

[그림 4-66] **최소눈금 0.02mm인 경우**

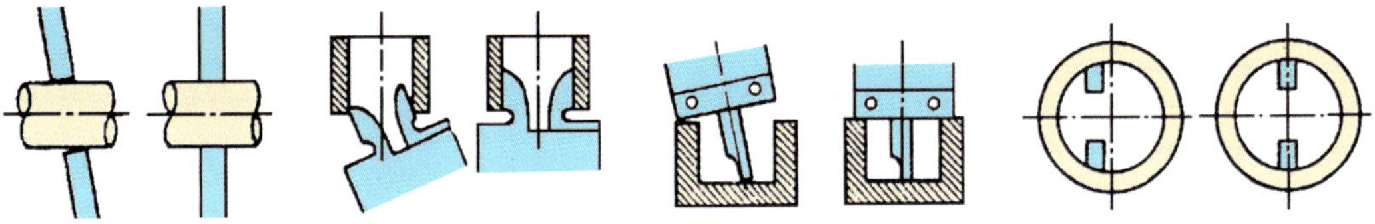

(×) (○) (×) (○) (×) (○) (×) (○)

(a) 지름 측정 (b) 내측 너비 측정 (c) 깊이 측정 (d) 안지름 측정

[그림 4-67] **버니어캘리퍼스 측정 예**

[2] 밸브 스프링 점검방법

(1) 밸브 스프링 점검항목

① 자유길이 : 규정 길이에서 3% 이상 감소하면 교환한다.

② 직각도 : 자유길이 100mm당 3mm 이상 기울어지면 교환한다.

③ 장력 : 규정 장력의 15% 이상이 감소하면 교환한다.

④ 스프링 시트 부분의 코일은 전체 둘레의 2/3 이상 접촉하여야 하며, 수평상태여야 한다.

(2) 자유길이(자유고) 측정방법

① 밸브 스프링 테스터로 점검할 때에는 스프링 테스터 위에 스프링을 올려놓고 레버를 눌러 스프링을 몇 번 신축시킨 후 측정한다.

② 스프링 테스터 길이 측정용 눈금자의 0점을 확인한다.

③ 레버를 눌러 스핀들이 스프링에 가볍게 닿도록 하고 자유길이를 측정한다.

④ 버니어캘리퍼스를 이용할 때에는 그림 4-68과 같이 측정한다.

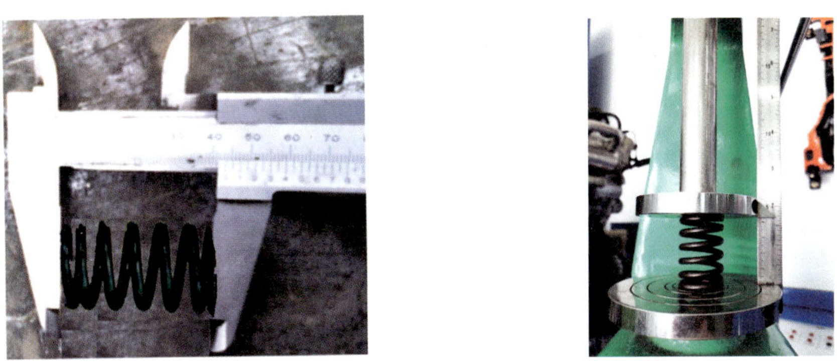

(a) 버니어캘리퍼스 이용 (b) 스프링 테스터기 이용

[그림 4-68] **밸브 스프링 자유길이 측정**

(3) 장력 점검

① 스프링 테스터 위에 스프링을 올려놓고 장력계의 눈금을 0으로 조정한다.
② 레버를 눌러 눈금자를 보면서 규정값만큼 스프링을 압축한다.
③ 장력계의 눈금을 읽는다.
④ 밸브 스프링 장력 산출 공식은 다음과 같다.

$$\text{밸브 스프링 장력} = \frac{\text{표준 장력} - \text{측정 장력}}{\text{표준 장력}} \times 100(\%)$$

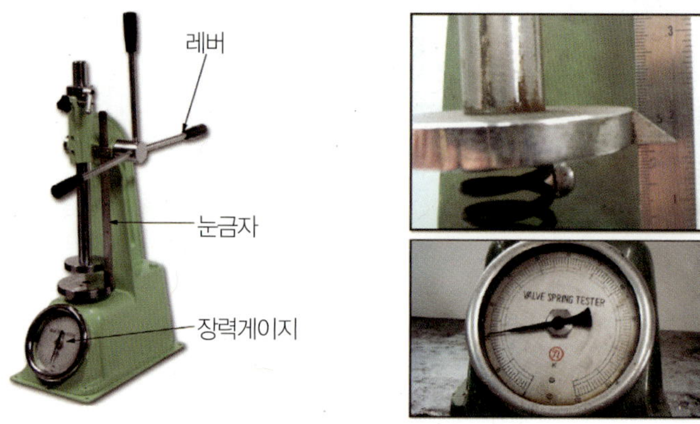

[그림 4-69] 밸브 스프링 장력 측정

(4) 직각도 점검

① 정반 위에 직각자를 세우고 스프링을 직각자에 밀착시킨 다음 천천히 한 바퀴를 돌려가며 측정한다. 또는 스프링 테스터기 눈금자에 스프링을 밀착시킨 다음 천천히 한 바퀴를 돌려가며 측정한다. 반대로 돌려서 한 번 더 측정한다.
② 윗부분에서 가장 큰 틈새가 생긴 부분을 시크니스 게이지로 측정한다.

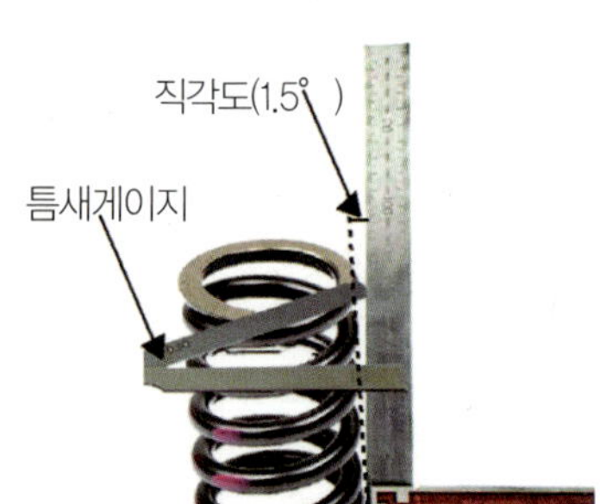

[그림 4-70] 밸브 스프링 직각도 점검

[표 4-18] 밸브 스프링의 규정값

적용 차종	자유높이(mm)	장력(kgf/mm)	직각도(°)
아반떼	44.0	21.6kgf/35mm	1.5° 이하
EF소나타	45.82	25.3kgf/40mm	1.5° 이하
그랜저2.4	49.8(48.8)	32.9/40.4(32.9/41.4)	2° 이하(4° 이하)
레간자 라노스	40.95	27.5/31.5	
SM5	47.53	52.9-58.2에서 27.0 (50.291에서 27.0)	2.1° 이하

[3] 답안지 작성

(1) 밸브 스프링 자유고 점검

① 측정(또는 점검)

㉠ 측정값 : 밸브 스프링 자유고 측정값(예 : 41mm)을 답안지에 기록한다.

㉡ 규정(한계)값 : 규정값(예 : 42.68~44mm)을 답안지에 기록한다.

② 판정 및 정비 조치사항

㉠ 측정값이 규정값 범위를 벗어나면 판정의 불량에 ☑ 표시한 후 정비 및 조치할 사항에 "밸브 교환 후 재점검"으로 답안지를 작성한다.

㉡ 측정값이 규정값 범위 내에 들어오면 판정의 양호에 ☑ 표시한 후 정비 및 조치할 사항에 "정비 및 조치할 사항 없음"또는 "없음"으로 답안지를 작성한다.

측정항목	① 측정(또는 점검)		② 판정 및 정비(또는 조치)사항		득점
	측정값	규정(한계)값	판정(□에 "✔" 표)	정비 및 조치할 사항	
밸브 스프링 자유고	41mm	42.68~44mm	□ 양호 ☑ 불량	밸브 스프링 교환 후 재점검	

(2) 밸브 스프링 장력 점검

① 측정(또는 점검)

㉠ 측정값 : 밸브 스프링 장력 측정값(예 : 19.5kgf/35mm)을 답안지에 기록한다.

㉡ 규정(한계)값 : 규정값(예 : 18.36~21.6kgf/35mm)을 답안지에 기록한다.

② 판정 및 정비 조치사항

㉠ 측정값이 규정값 범위를 벗어나면 판정의 불량에 ☑ 표시한 후 정비 및 조치할

사항에 “크랭크축 교환 후 재점검”으로 답안지를 작성한다.

㉡ 측정값이 규정값 범위 내에 들어오면 판정의 양호에 ☑ 표시한 후 정비 및 조치할 사항에 “정비 및 조치할 사항 없음”또는 “없음”으로 답안지를 작성한다.

측정항목	① 측정(또는 점검)		② 판정 및 정비(또는 조치)사항		득점
	측정값	규정(한계)값	판정(□에 “✔” 표)	정비 및 조치할 사항	
밸브 스프링 장력	19.5kgf/35mm	18.36~21.6kg f/35mm	☑ 양호 ☐ 불량	양호	

(3) 밸브 스프링 직각도 점검

① 측정(또는 점검)

㉠ 측정값 : 밸브 스프링 직각도 측정값(예 : 0.9°)을 답안지에 기록한다.

㉡ 규정(한계)값 : 규정값(예 : 1.32° 이하)을 답안지에 기록한다.

② 판정 및 정비 조치사항

㉠ 측정값이 규정값 범위를 벗어나면 판정의 불량에 ☑ 표시한 후 정비 및 조치할 사항에 “크랭크축 교환 후 재점검”으로 답안지를 작성한다.

㉡ 측정값이 규정값 범위 내에 들어오면 판정의 양호에 ☑ 표시한 후 정비 및 조치할 사항에 “정비 및 조치할 사항 없음”또는 “없음”으로 답안지를 작성한다.

측정항목	① 측정(또는 점검)		② 판정 및 정비(또는 조치)사항		득점
	측정값	규정(한계)값	판정(□에 “✔” 표)	정비 및 조치할 사항	
밸브 스프링 장력	0.9°	1.32° 이하	☑ 양호 ☐ 불량	정비 및 조치사항 없음	

7.3 밸브간극 점검 및 조정

① 엔진을 냉각수 온도가 80~95℃가 되도록 워밍업시킨 상태에서 시동을 정지시키고 밸브간극을 조정한다.

② 타이밍벨트 어퍼커버 볼트를 풀고 어퍼커버를 탈거한다.

③ 실린더 헤드 커버 장착 볼트를 푼 후 커버와 개스킷을 탈거한다.

④ 크랭크 샤프트 풀리를 시계방향으로 회전시켜 타이밍벨트 커버의 타이밍 마크 “T”

와 풀리의 홈을 일치시킨다.

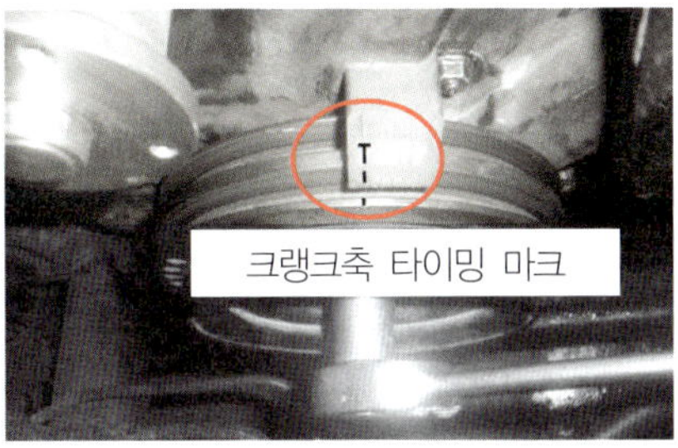

[그림 4-71] **크랭크축 타이밍 마크 "T"에 정렬 예**

[그림 4-72] **캠축 타이밍 마크 정렬 예**

⑤ 캠 샤프트 스프로킷의 타이밍 마크와 실린더 헤드의 타이밍 마크가 일치하는지 확인한다. 일치하지 않으면 크랭크샤프트를 다시 1회전시켜 크랭크샤프트와 캠 샤프트 타이밍 마크를 일치시킨다.

⑥ 타이밍 마크 일치 후 "□"표기밸브의 간극을 규정값으로 조정한다.

(a) 포터

(b) 엑셀, 엘란트라

[그림 4-73] **밸브간극 조정 순서**

⑦ 밸브간극이 기준값 내에 벗어나면 조정 스크루의 로크 너트를 풀고 조정 스크루를 돌려 밸브간극을 넓힌다.

[표 4-19] **차종별 밸브간극(단위: mm)**

밸브		포터	그레이스	스타렉스	리베로	소나타	엑셀	아토스
온간 시	흡기	0.25	0.25	0.25	0.25	0.22~0.28	0.15	0.20
	배기	0.25	0.25	0.25	0.25	0.27~0.32	0.25	0.25
냉간 시	흡기	0.15	0.15	0.15	0.15	0.15~0.21	0.07	0.13
	배기	0.15	0.15	0.15	0.15	0.15~0.25	0.17	0.17

⑧ 로커암 조정 스크루와 밸브 끝단과의 사이에 간극 게이지를 넣어 조정 스크루로 밸브간극을 조정한다.

(a) 밸브간극 점검

(b) 밸브간극 조정

[그림 4-74] **밸브간극 조정**

⑨ 밸브간극 조정이 완료되면 조정 스크루가 돌아가지 않도록 로크너트를 체결한다.

⑩ 크랭크 샤프트 풀리를 시계방향으로 1회전(360°)시켜 타이밍벨트 커버의 타이밍 마크 "T"와 풀리의 홈을 일치시킨다. 캠축 스프로켓 반바퀴 회전 후 "○"표기 밸브 간극을 규정값으로 조정한다.

7.4 HLA(hydraulic lash adjuster) 점검

[1] 밸브소음이 발생할 때 소음 제거방법

① 엔진을 난기운전하기 전에 오일량을 점검한다.

② 엔진을 난기운전한다.

③ 엔진 난기운전 중에 밸브에서 소음이 발생하면 공기빼기 작업을 한다.

④ 공기빼기 작업

㉠ 3,000rpm으로 10분 동안 유지시킨 후 공회전상태로 5분 이상 유지시켜 밸브소음 발생 유무를 확인한다.

㉡ 위 ㉠를 1회 또는 2회만 실시한다.

⑤ 공기빼기 작업 후 계속하여 밸브소음이 발생할 때에는 소음이 발생하는 HLA을 찾아 교환한다.

⑥ 단품 교환한 후 밸브소음이 발생하면 공기빼기 작업을 다시 실시한다.

⑦ 공기빼기 작업 및 단품 교환 작업 후 밸브소음이 제거된 상태에서 2~3일 후 재발생하는 경우에는 HLA가 고장일 경우가 있으므로 고장 난 HLA만 찾아서 교환한다.

⑧ HLA가 설치된 차량에서는 초기 시동을 할 때 밸브소음이 잠시 발생되었다가 없어지는 것은 정상이다.

[2] HLA를 다룰 때 주의사항

① HLA는 정교한 부품이므로 먼지와 같은 이물질이 외부로부터 들어가지 않도록 주의한다.

② HLA를 분해하지 말 것

③ HLA를 세척할 때에는 경유를 사용한다.

④ HLA의 바깥 표면에 흠이나 날카로운 모서리 등이 발생하지 않도록 주의한다.

⑤ HLA의 소음발생 여부는 캠축이 설치된 상태에서 HLA를 눌러 보아 HLA가 눌려지면 이상 소음을 유발시킨 것으로 볼 수 있으므로 교환한다.

⑥ HLA 내 고압실에 공기가 유입되어 손으로 누르면 HLA가 눌리는 현상을 스펀지현상이라 한다.

[3] HLA의 고장진단

<table>
<tr><td>①</td><td>엔진을 시동할 때 수 초 동안 소음발생</td><td>정상상태이다</td><td>엔진 정지상태에서는 오일이 HLA에서 유출된 상태이므로 유압이 정상에 도달하면 소음이 없어진다.</td></tr>
<tr><td>②</td><td>48시간 이상 방치 후 엔진을 시동할 때 지속적인 소음발생</td><td>HLA 고압실에 공기 유입</td><td>2,000~3,000rpm으로 엔진을 운전할 때 소음은 15분 내에 소멸된다.</td></tr>
<tr><td>③</td><td>실린더 헤드 분해 조립 직후 엔진을 시동할 때 지속적인 소음발생</td><td>실린더 헤드 오일 통로 내의 오일 부족</td><td rowspan="2">·소멸되지 않으면 7번 항목을 참조한다.
(주의) HLA에 손상을 줄 수 있으므로 3,000rpm 이상으로는 엔진을 운전하지 말 것</td></tr>
<tr><td>④</td><td>과도한 엔진 크랭킹 후 시동할 때 지속적인 소음발생</td><td>HLA 고압실에 공기가 들어있거나 HLA에 오일 부족</td></tr>
<tr><td>⑤</td><td>HLA 교환 후 엔진을 시동할 때 지속적인 소음발생</td><td></td><td></td></tr>
<tr><td rowspan="3">⑥</td><td rowspan="3">고속주행 직후 공전상태에서 지속적인 소음발생</td><td>오일량 부적당</td><td>오일을 보충하거나 뺀다.</td></tr>
<tr><td>오일에 공기과다 유입</td><td>오일 공급계통을 점검한다.</td></tr>
<tr><td>오일의 열화 발생</td><td>오일을 교환한다.</td></tr>
<tr><td rowspan="2">⑦</td><td rowspan="2">5분 이상 지속적으로 소음발생</td><td>유압이 낮다.</td><td>유압 및 엔진 각 부분의 오일 공급계통을 점검한다.</td></tr>
<tr><td>HLA 결함</td><td>실린더 헤드 커버를 떼어낸 후 HLA을 점검하여 스펀지현상이 있는 HLA는 교환한다.
(주의) HAL를 점검할 때 뜨거우니 조심한다.</td></tr>
</table>

Chapter

5

냉각장치 정비

01 냉각장치 교환

1.1. 냉각수 교환

냉각수는 물, 부동액, 부식 방지막(에틸렌글리콜)의 혼합액이다. 냉각수는 냉각시스템에서 부식 방지, 동결 방지, 비등점 높임 등의 기능이 있어 4계절용을 사용한다. 부동액 교환은 현대기아차의 경우 초록색 부동액을 사용하고, 교환주기 2년/40,000km, GM 차종은 붉은색 부동액을 사용하고, 교환주기 5년/20,000km, 유럽에서 제조하는 차종은 노란색 부동액을 사용하고, 교환주기 5년/20,000km이지만, 차종별로 차이가 있으므로 정확한 기간 및 냉각수 교환방법은 매뉴얼을 참고로 한다.

냉각수 색깔이 짙은 갈색이나 검은색으로 변했다면 성분이 변질된 것이고, 냉각수 보조탱크에 냉각수의 양이 많이 줄어들었다면 냉각수를 보충하면 되지만 냉각수는 특별한 고장이 아닌 이상 줄어드는 양이 미미하기 때문에 짧은 시간에 꽤 많은 양의 냉각수가 없어졌다고 판단되면 반드시 냉각수 계통의 누수를 점검해야 한다. 히터 작동 시 또는 차 실내에서 부동액 냄새(단내가 난다)가 나면 히터 부분에 누수를 점검해야 한다. 부동액 교환은 라디에이터 코크 배출 작업과 교환기 작업 두 가지가 있다.

[1] 라디에이터 코크 배출방법

라디에이터 코크 배출 작업의 경우 라디에이터에 나와 있는 코크를 통해 배출하여 배출된 만큼 보충을 하는 방식이다. 예를 들어, 100% 오염 부동액에서 40% 정도를 배출하고 나머지 60%는 새 부동액과 섞어서 중화시킨다.

① 리프트로 차량을 진입한 후 시동을 정지시키고, 보닛(bonnet)을 연다.
② 라디에이터 캡(냉각수탱크 캡)을 개방한다. 주행 후 바로 라디에이터 캡을 열면 뜨거운 부동액이나 증기가 튀어나와 화상을 입을 수 있다. 냉각수가 충분하게 식은 뒤에 캡을 개방해야 화상을 입는 피해를 예방할 수 있지만, 냉각수가 뜨거울 때는

수건 같은 것으로 몇 겹으로 캡을 감싼 후 캡을 천천히 한 번 돌리면 압력에 의해 뜨거운 부동액이나 증기가 서서히 빠지게 된다. 뜨거운 부동액이나 증기가 빠진 다음 살짝 누르면서 돌리면 캡이 완전히 빠진다. 캡은 한 번 돌리면 빠지지 않게 안전장치가 되어 있다.

(a) 보조물탱크에 캡이 있는 경우

(b) 라디에이터에 캡이 있는 경우

[그림 5-1] **라디에이터 캡 개방**

③ 리프트를 상승시켜 차량을 들어올린다.

[그림 5-2] **리프트 상승**

④ 리프트로 들어 올린 상태에서 언더커버를 탈거해야 냉각수 교환이 가능한 차량은 언더커버를 탈거한다.

⑤ 냉각수 받을 통을 준비한다.

⑥ 드레인 플러그에 호스를 꼽는다.

⑦ 냉각수 드레인 플러그(배출코크)를 천천히 연다. 밸브를 왼쪽으로 대략 3~4회 정도 돌리면 냉각수가 나오기 시작한다. 드레인 플러그를 탈거하지 않은 상태에서 냉각수가 다 배출될 때까지 기다린다. 냉각수가 뜨거우면 장갑을 끼고 조심히 풀어낸다. 드레인 플러그가 없는 차량은 하부호스를 탈거하여 냉각수를 배출한다.

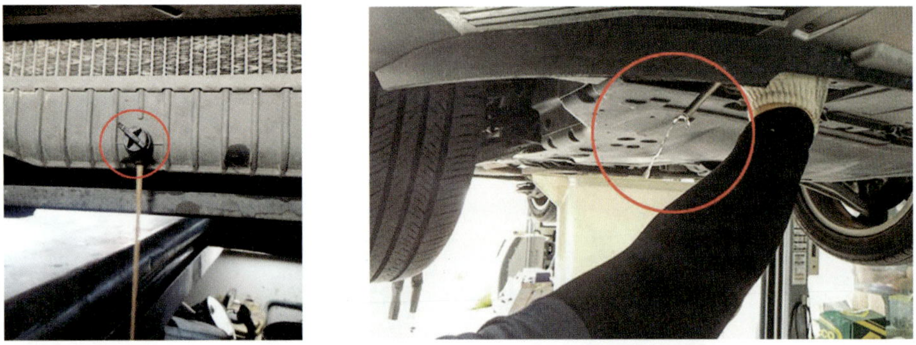

[그림 5-3] **드레인 플러[그에서 냉각수 배출**

⑧ 냉각수가 완전히 배출되었으면 드레인 플러그를 잠근다.

⑨ 폐냉각수 받은 통을 안전한 곳에 두고 리프트를 하강시키고 보조물통에 있는 냉각수도 배출시킨다.

⑩ 부동액과 증류수의 비율은 여름에는 3:7, 겨울에는 5:5 사이로 맞추나 비중계를 이용해서 통상 우리나라 기온의 경우 부동액 비중을 영하 20도 수준에 맞춰 놓는다. 부동액 비중(비중계 눈금에서 화살표 있는 어두운 곳과 환한 곳의 경계선), 즉 부동액이 어는 점을 측정하여 그 이하일 경우에는 부동액 보충 또는 부동액을 교환해 주어야 한다. 만약 서로 다른 성분의 제품을 혼합할 경우 침전물이 생길 가능성이 있기 때문에 같은 제품을 사용해야 한다.

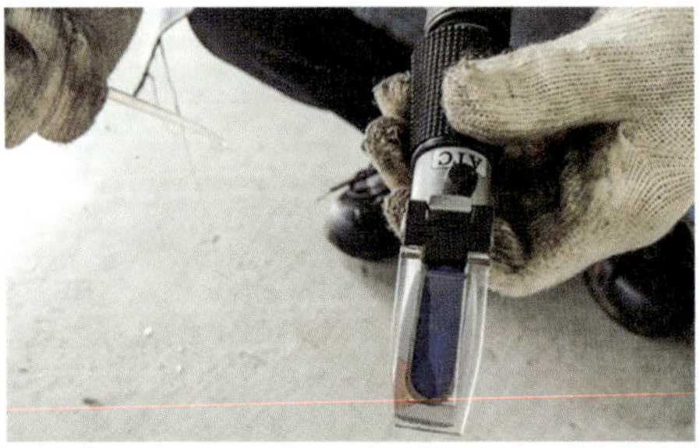

(a) 비중계

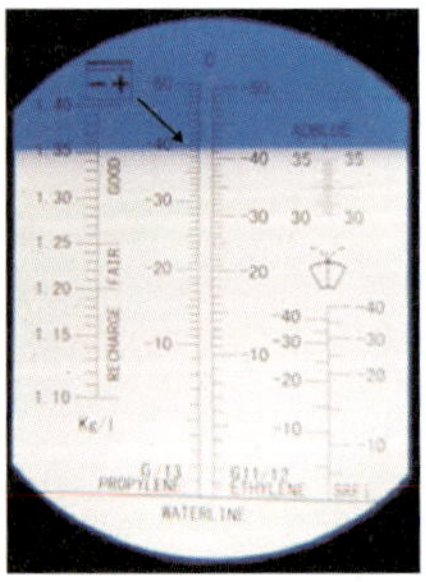

(b) 부동액 비중

[그림 5-4] **비중계와 부동액 비중**

⑪ 냉각수 탱크(라디에이터와 보조탱크)에 새 부동액를 서서히 부어준다. 냉각수 탱크(라디에이터)에 냉각수가 냉각라인으로 흘러 들어가면서 수위가 낮아짐에 따라 냉각수를 추가 보충하고, 냉각수의 수위가 어느 정도 안정되었다 싶으면 시동을 걸어 냉각수를 순환시킨다.

㉠ 냉각수 입구방식 같은 경우 냉각수 에어빼기밸브(볼트)가 장착된 차량은 냉각수 에어빼기밸브를 열어 에어가 빠지고, 냉각수가 흘러나올 때까지 냉각수를 부어 준 다음 밸브를 잠근다.

㉡ 쉐보레 같은 차량은 냉각수 캡을 열어 놓으면 에러가 떠서 기계를 사용할 수 없기 때문에, 냉각수의 수위가 어느 정도 안정되면 냉각수 캡을 닫고 시동을 걸고 냉각수를 순환시키다 냉각수 캡을 조심스럽게 살짝 열어 에어를 빼주고 냉각수 수위가 낮아지면 냉각수를 다시 보충하고, 다시 캡을 닫고 시동을 건 상태에서 기다렸다 다시 보충하는 과정을 반복해야 한다.

(a) 보조 물탱크에 캡이 있는 경우

(b) 라디에이터에 캡이 있는 경우

[그림 5-5] **냉각수 주입**

⑫ 서모스탯이 열릴 때까지 5~10분 동안 엔진 속도를 1,200rpm으로 증가시킨다. 기포가 거의 안 올라오고 냉각팬이 돌기시작하면 엔진 공회전 상태에서 냉각팬이 멈춘 후 냉각수를 채우고 캡을 닫는다(보조 물탱크에도 냉각수를 적정량 보충한다).

⑬ 리프트로 차량을 들어 올려 드레인 코크 및 엔진에 냉각수 누출이 있는지 확인한다.

⑭ 언더커버를 탈거한 차량은 언더커버를 장착한다.
⑮ 리프트를 하강시킨다.

[2] 부동액 교환기 작업

부동액 교환기 작업은 냉각라인에 있는 100% 부동액을 밀어내는 방식이다. 부동액 교환 방식이 복잡하고 교환기(제작회사마다 사용법이 다를 수 있다)가 필요하며, 시간이 오래 걸려 가격이 비싼 것이 단점이다.

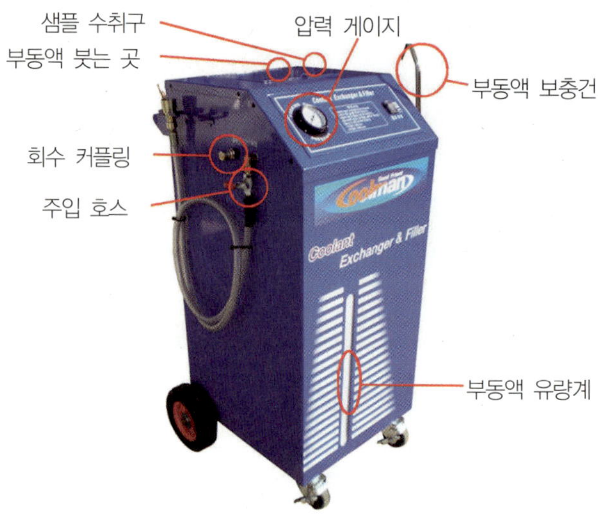

[그림 5-6] **부동액 회수기**

(1) 작업 전 준비사항

① 기기 내에 부동액과 물을 혼합하여 붓는다.
② AC 220V 전원을 연결한다.

(2) 작업 전 주의사항

① 제동장치를 확인하고 버팀목을 꼭 고인다.
② 필요시 보안경 및 보호구를 착용한다.

(3) 부동액 교환

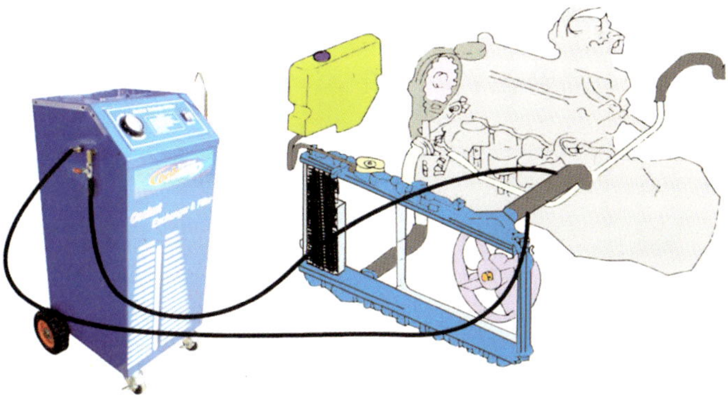

[그림 5-7] **부동액 교환기 설치상태**

① 자동차 시동을 끄고 라디에이터 상부호스를 분리한다.
② 기기의 주입호스를 엔진 쪽에, 회수호스를 라디에이터 쪽에 연결한다.
③ 전원 S/W를 ON한다.
④ 주입호스와 회수호스의 부동액 색상이 같으면 교환 작업을 끝낸다.
⑤ 전원 S/W OFF한다.

[3] 코나 전기차(OS EV) 냉각수 교환

전기자동차도 모터, MCU, LDC, OBC 등에서 열이 발생하며, 발생된 열을 냉각시켜 일정한 온도를 유지해 주는 냉각시스템이 있다. 가급적 전기자동차 정비는 작업자 안전을 위하여 절연 바닥으로 시공된 전용 스톨에서 진행한다. 전용 스톨에서 작업 진행이 어려울 때는 이동용 절연 바닥재를 설치 후 작업을 진행한다. 아울러 절연 작업화 착용 후 정비를 진행한다. 고전압 관련 정비를 진행한다면 무조건 고전압 차단 후, 일정 시간이 지난 후에 작업을 진행하여야 한다.

① 리프트로 차량을 진입한 후 시동을 정지시키고, 보닛(bonnet)을 열고 라디에이터 캡을 탈거하고 리프트로 차량을 들어 올린다. 라디에이터 캡을 열 때 화상을 입을 수 있으니 주의한다.

② 라디에이터 냉각수 드레인 플러그(배출 코크)를 천천히 연후 냉각수를 충분히 배출한다.

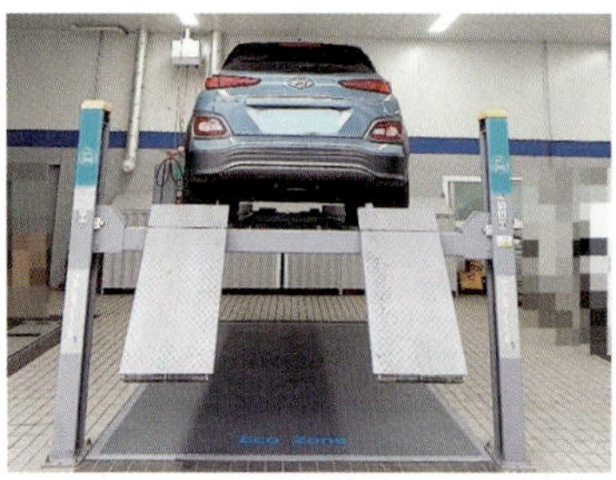

[그림 5-8] **리프트 상승**

[그림 5-9] **드레인 플러그에서 냉각수 배출**

③ 고전압을 차단한다.

④ 고전압 배터리에 연결되어 있는 냉각호스 IN, OUT 호스를 제거한다. 호스 분리 과정에서 다량의 냉각수가 쏟아지므로 주의한다.

[그림 5-10] **고전압 배터리에 냉각호스 제거**

⑤ 호스 분리 후 압축 공기 주입 및 냉각수 배출을 위한 어댑터를 장착하고 압축공기 주입호스와 냉각수 배출호스를 어댑터에 연결한다.

[그림 5-11] **어댑터 장착**

[그림 5-12] **어댑터에 호스 연결**

⑥ 공기압력조절밸브를 이용하여 약 2bar로 조정하여 주입밸브를 서서히 열어 압축공기를 고전압 배터리 냉각라인에 주입하여 잔류 냉각수를 배출한다. 규정 압력 이상의 압축공기를 사용 시 고전압 배터리 냉각라인이 손상될 수 있다.

[그림 5-13] **압축공기 규정 압력으로 조정**

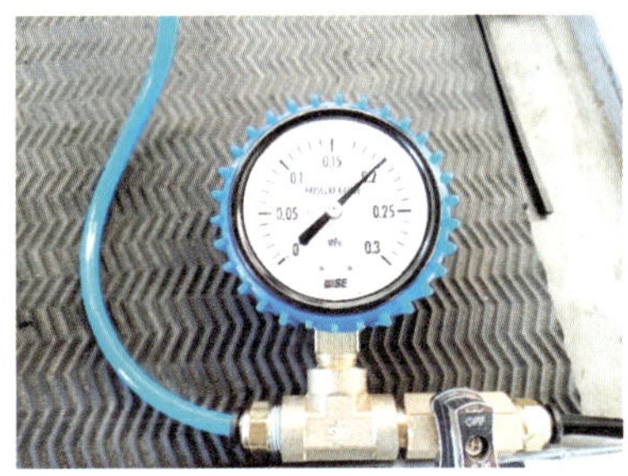

[그림 5-14] **압축공기 주입**

[그림 5-15] **냉각수 배출**

⑦ 배출호스로 냉각수가 아닌 압축공기가 배출되면 탈착했던 호스와 모든 부품을 원상태로 장착하고, 차단했던 고전압도 연결한다.

⑧ 리프트를 하강시킨다.

⑨ 냉각수를 주입한다. 절대로 일반 냉각수 차량에는 일반 냉각수로 교환하여야 하며, 저전도 냉각수 차량에는 저전도 냉각수로 교환해야 한다. 혼용하여 절대로 사

용하면 안 된다.

⑩ 전기자동차의 워터펌프는 엔진 팬벨트에 의해 구동되는 것이 아니라 전기모터로 구동되기 때문에 진단기를 이용하여 완전하게 냉각수 순환 작업을 진행한다.

⑪ 냉각수 순환 작업이 마무리되었으면 냉각수 수위를 조정 후 라디에이터 캡을 닫고 마무리 한다.

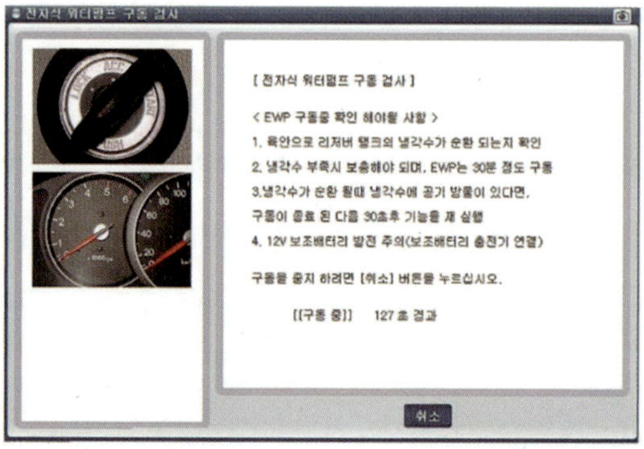

[그림 5-16] **진단기를 이용한 냉각수 순환 작업**

[그림 5-17] **냉각수 수위 조정**

1.2 라디에이터 교환

라디에이터는 냉각수의 열을 엔진 밖으로 방출하는 열 교환기이다. 라디에이터, 라디에이터호스 등 냉각 라인의 균열이나 파손으로 손상을 입었을 경우 냉각수가 누수되어 냉각수가 자주 줄어든다. 누수 현상 확인은 육안으로 확인할 수 있으며 냉각수가 엔진 열로 인해 증발하면서 흰색 연기(증기)가 발생하고, 차량 실내에서 누수 시 냉각수(부동액) 본연의 냄새인 달콤한 향기가 나게 된다. 녹물이나 이물질 등에 의해 미세 튜브가 막혀 냉각수 순환을 막거나 냉각핀의 손상으로 인한 열전도를 방해하여 열 교환기로서의 기능을 제대로 못하면 오버히트 현상(엔진룸에서 김이 모락모락 올라온다)이 발생하기도 한다.

라디에이터의 자동변속기 오일 쿨러가 병행 장착된 차량의 경우 때로는 라디에이터 손상으로 라디에이터 캡을 열면 자동변속기 오일이 부동액과 섞여있기도 하며, 또한 누수된 냉각수(부동액)와 오토 미션오일이 혼합되어 미션 내부로 흘러들어 갈 수 있는데, 이때 유입된 수분으로 인해 오토미션 내부의 부품 파손과 심각한 문제를 일으킬 수 있다.

① 차량을 리프트에 진입시키고 차를 들어 올려 라디에이터의 드레인 플러그(드레인 콕)를 열어서 냉각수를 배출(냉각수 교환 참조)한다. 언더커버를 탈거해야 하는 차량은 언더커버를 탈거한다.

[그림 5-18] **언더커버 탈거**

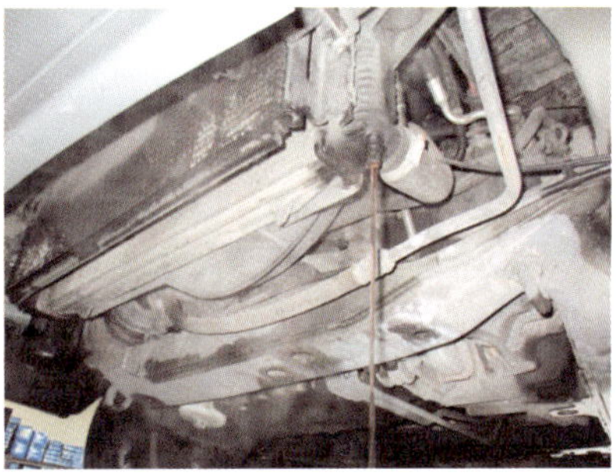

[그림 5-19] **냉각수 배출**

② 라디에이터 하부호스를 탈거한다. 자동변속기 쿨러가 병행 장착된 차량인 경우 라디에이터에 있는 자동변속기 쿨러호스도 탈거한다.

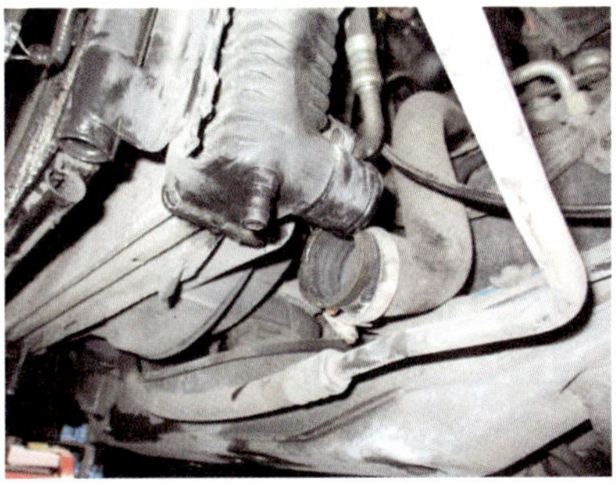

[그림 5-20] **하부호스 탈거**

[그림 5-21] **자동변속기 쿨러호스 탈거**

③ 리프트를 하강시킨다.

④ 라디에이터 보조 물탱크와 연결된 리턴호스를 탈거한다.

⑤ 라디에이터 상부호스를 탈거한다.

[그림 5-22] **보조물탱크 리턴호스 탈거**

[그림 5-23] **상부호스 탈거**

⑥ 냉각팬과 연결된 커넥터를 탈거한다.

[그림 5-24] **냉각팬 커넥터 탈거**

⑦ 라디에이터 좌·우에 있는 라디에이터를 고정하고 있는 볼트를 탈거한다. 콘덴서와 연결된 볼트가 있으면 탈거한다.

[그림 5-25] **라디에이터 탈거**

⑧ 라디에이터를 아래서 위 방향으로 당기면 쉽게 탈거된다. 냉각팬을 탈거한다.

⑨ 신품 라디에이터에 냉각팬을 장착하고 탈거의 역순으로 조립하고, 냉각팬 커넥터와 호스 등을 다시 연결한다.

⑩ 라디에이터 캡을 열고 냉각수를 부어준다.

[그림 5-26] **라디에이터 캡 탈거**

[그림 5-27] **냉각수 주입**

⑪ 작업이 완료되면 누수가 있나 확인하고 라디에이터 보조 물탱크에 냉각수를 보충하고, 트랜스미션 쿨러호스를 탈거한 차량은 자동변속기 오일을 점검하여 오일이 부족하면 자동변속기 오일도 보충한다.

1.3 서모스탯 교환

서모스탯(수온조절기)은 엔진 온도조절기로 냉각수의 수온이 76~83℃ 정도가 되면 열팽창에 의해 밸브가 열리고, 95℃ 정도에 이르면 밸브가 완전히 개방되어 라디에이터를 통해 냉각수가 순환되며, 온도를 낮추기 위해 냉각팬이 작동한다. 반면 냉각수의 온도가 낮을 경우 밸브가 닫히는데 이 모든 과정이 외부 장치의 도움 없이 서모스탯 자체에서 자동으로 이루어진다. 서모스탯 고장으로 인해 정비를 하기도 하지만 하우징 개스킷에서 누수로 인해 정비를 하기도 한다.

[1] 서모스탯 고장 시 증상

① 서모스탯이 열린 채 고장 시 냉각수온이 안 올라간다.

② 서모스탯이 열린 채 고장 시 고속으로 달리면 오히려 수온계가 떨어진다.

③ 서모스탯이 열린채 고장 시 시내 정체구간 또는 정차 중에 수온계가 올라가지만,

곧 주행 중에 올라가다 떨어진다.

④ 서모스탯이 열린 채 고장 시 히터를 켜면 미지근한 바람만 나온다.

⑤ 서모스탯이 적정 온도에서 열리지 않는 고장이면 엔진의 오버히트로 큰 고장으로 이어질 수 있다.

[2] 서모스탯 교환 방법

보통 차종은 서모스탯 고장 시 서모스탯과 개스킷만 바꾸면 되는데, 하우징 어셈블리와 개스킷을 교환해야 하는 차종도 있다(예 : EF 쏘나타 시리우스 엔진 등).

① 시동을 정지시키고, 보닛(bonnet)을 연다.

② 서모스탯 및 호스를 교환하는 아래에 냉각수를 받을 통을 준비한다.

③ 라디에이터 상부호스 클램프를 분리하고 상부호스를 탈거한다. 냉각수가 일부 배출된다.

[그림 5-28] **상부호스 탈거**

④ 서모스탯 쪽 호스 클램프를 분리하고 호스를 탈거한다. 대부분의 서모스탯은 상부 라디에이터호스가 엔진이 결합하는 곳에 위치하고 있지만, 서모스탯이 라디에이터 하부호스 라인에 있는 차종도 있다.

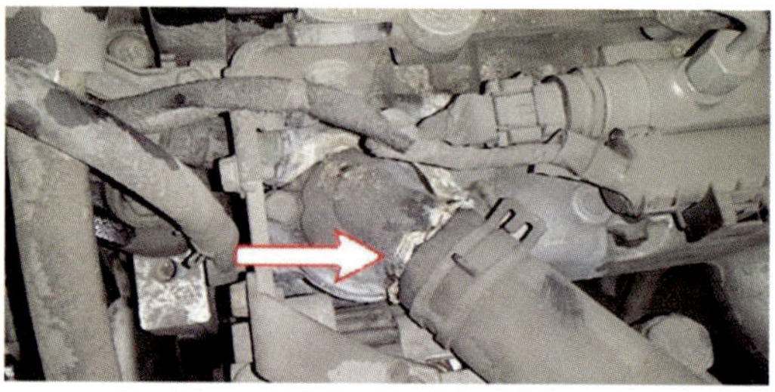

[그림 5-29] **서모스탯 쪽 호스 탈거**

⑤ 서모스탯 하우징을 고정하고 있는 볼트를 탈거하고 서모스탯을 탈거한다.

[그림 5-30] **서모스탯 탈거**

⑥ 서모스탯 케이스 주변에 개스킷 제거 시 서모스탯이 있던 곳으로 들어가지 않도록 주의 하면서 개스킷을 제거한다. 작업 시 이물질이 유입 방지를 위해 서모스탯 자리에 헝겊 등을 넣고 작업하거나 이물질이 들어가면 이물질을 제거해야 한다.

[그림 5-31] **케이스 개스킷 제거**

⑦ 서모스탯 하우징의 개스킷 또는 스케일 같은 이물질도 제거한다.

[그림 5-32] **하우징 이물질 제거**

⑧ 신품 개스킷과 신품 서모스탯을 스프링면이 아래로 오도록 제위치에 설치한다.

⑨ 서모스탯 하우징을 설치하고 고정 볼트를 규정토크로 조인다.

[그림 5-33] **개스킷 및 서모스탯 설치**

[그림 5-34] **하우징 설치**

⑩ 신품 상부호스를 서모스탯 하우징에 조립하고 클램프를 호스에 설치한다. 호스 클램프 대신 나사를 사용하는 경우 호스를 단단히 조인다.

⑪ 라디에이터 상부 파이프에 상부호스를 조립하고 클램프를 호스에 설치한다.

⑫ 신품 부동액을 주입한다.

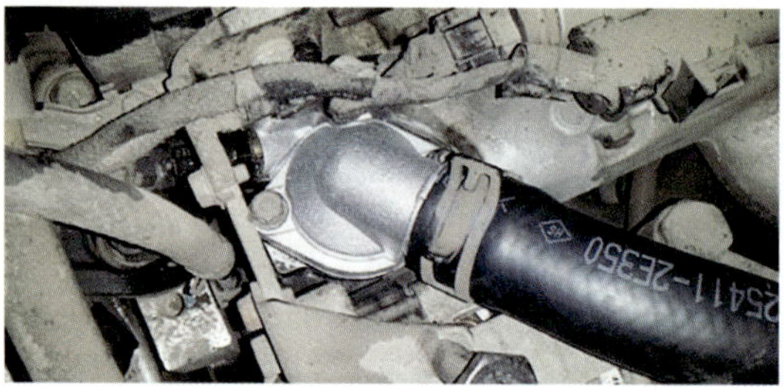

[그림 5-35] **호스 조립 및 클램프 설치**

02 냉각장치 점검

2.1 냉각수 누출 점검

[1] 냉각수 누출시험을 할 때 주의사항

① 라디에이터의 냉각수는 매우 뜨거우므로 계통이 뜨거울 때 캡을 열면 뜨거운 물이 분출되어 상해를 입을 위험성이 있으니 주의한다.

② 점검한 부분의 물기를 완전히 닦아낸다.

③ 테스터를 탈·부착할 때 또는 시험을 진행할 때 라디에이터의 필러 넥이 변형되지 않도록 주의한다.

④ 테스터를 분리할 때 냉각수가 뿌려지지 않도록 주의한다.

⑤ 누출이 있는 부위는 교환 및 수리한다.

[2] 냉각수 누출 측정방법

① 냉각수 온도가 38℃ 미만으로 냉각된 후 라디에이터 캡을 연다.

② 냉각수 양이 필러 넥(feeler neck)까지 차 있는지를 점검하고 부족하면 냉각수를 보충한다.

③ 라디에이터 캡 테스터를 라디에이터 필러 넥에 설치하고, 게이지의 바늘이 멈출 때까지 압력을 가한다. 이 상태에서 2분 동안 그 상태를 유지하면서 라디에이터, 호스 연결부등 냉각장치 각 부위에서의 냉각수 누출 여부를 점검한다.

[표 5-1] **차종별 라디에이터 압력**

차종	규정값	차종	규정값
소나타Ⅱ, 아반떼	1.53kgf/cm^2	베르나, 아벨라	1.05kgf/cm^2
레간자, 라노스	0.95~1.25kgf/cm^2	콩코드	0.9kgf/cm^2

[그림 5-36] **라디에이터 냉각수 누출 점검**

2.2 라디에이터 캡 압력시험

[1] 라디에이터 캡 압력시험 방법

① 캡 실(cap seal) 내에 녹이나 이물질이 있으면 부정확한 압력을 나타내므로 시험 전에 깨끗이 닦아낸다.

② 어댑터를 사용하여 테스터를 캡에 설치한다.

③ 게이지의 바늘이 멈출 때까지 압력을 증가시킨다. 이때 바늘이 10초 동안 일정하게 유지하여야 한다.

④ 측정 압력이 규정값을 벗어나면 라디에이터 캡을 교환한다.

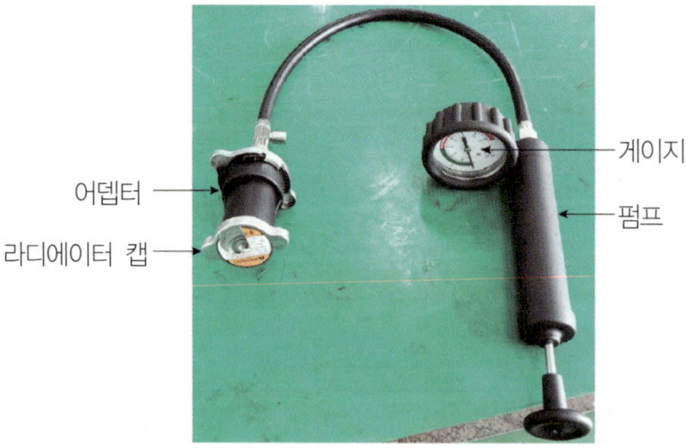

(a) 라디에이터 캡 설치

(b) 압력을 가한다.

(c) 압력 유지 확인

[그림 5-37] **라디에이터 캡 시험**

[표 5-2] **차종별 라디에이터 캡 압력**

적용 차종	고압밸브 개방압력	진공밸브 개방압력
아반떼, 소나타II	0.83~1.1kgf/cm^2	0.07kgf/cm^2
EF소나타, NF소나타	0.95~1.25kgf/cm^2	0.07kgf/cm^2
에스페로, 레간자, 라노스, 아카디아	0.95~1.25kgf/cm^2	
프라이드, 포텐샤	1.05kgf/cm^2	

[2] 답안지 작성

① 측정(또는 점검)

㉠ 측정값 : 라디에이터 캡 압력 측정값(예 : 0.8kgf/cm^2)을 답안지에 기록한다.

㉡ 규정(한계)값 : 규정값(예 : 0.83~1.1kgf/cm^2)을 답안지에 기록한다.

② 판정 및 정비 조치사항

㉠ 측정값이 규정값 범위를 벗어나면 판정의 불량에 ☑ 표시한 후 정비 및 조치할 사항에 "라디에이터 캡 교환 후 재점검"으로 답안지를 작성한다.

㉡ 측정값이 규정값 범위 내에 들어오면 판정의 양호에 ☑ 표시한 후 정비 및 조치할 사항에 "정비 및 조치할 사항 없음" 또는 "없음"으로 답안지를 작성한다.

측정항목	① 측정(또는 점검)		② 판정 및 정비(또는 조치)사항		득점
	측정값	규정(한계)값	판정(□에 "✔" 표)	정비 및 조치할 사항	
라디에이터 캡 압력	0.8kgf/cm^2	0.83~1.1kgf/cm^2	□ 양호 ☑ 불량	라디에이터 캡 교환 후 재점검	

2.3 냉각팬 모터 점검

냉각팬 모터에 축전지 전압을 단자와 접속하였을 때 팬의 회전상태를 점검한다. 모터가 회전할 때 비정상적인 소음이 없어야 한다.

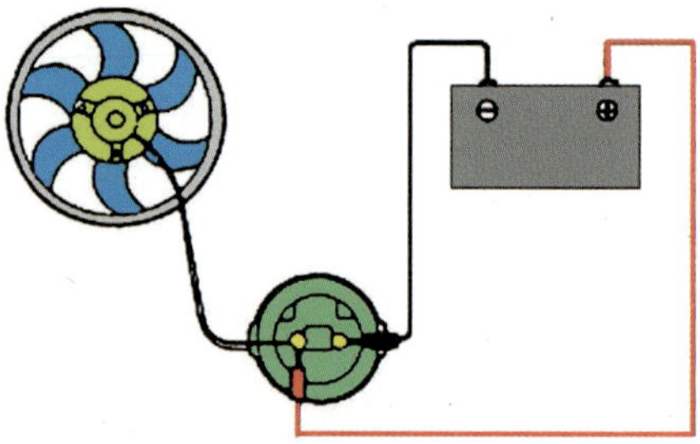

[그림 5-38] **냉각팬 모터 점검**

2.4 수온조절기 점검

수온조절기를 떼어낸 후 그림 5-39와 같이 수온조절기를 가열하여 밸브가 열리기 시작할 때의 온도와 밸브가 완전히 열렸을 때의 온도를 측정한다.

[표 5-3] **차종별 수온조절기 작동 온도**

적용 차종		밸브 개방 온도(℃)	밸브 전개 온도(℃)
아반떼, NF소나타		82	95
소나타Ⅱ		88	100
EF소나타	1.8, 2.0 D	86.5~89.5	100
	2.5 D	80.0~84.0	95
프라이드		80.5~83.5	95

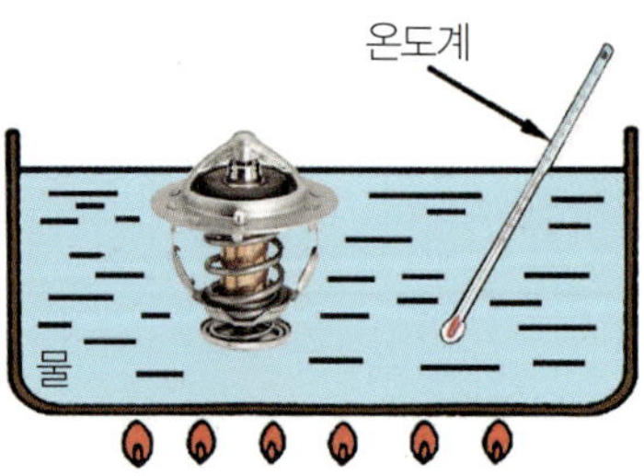

[그림 5-39] **수온조절기 점검**

2.5. 수온계 유닛 점검

수온계 유닛을 빼낸 후 냉각수 온도를 높이면서 저항값을 측정한다.

[그림 5-40] **수온계 유닛의 위치**

표준 저항값	90.5～117.5Ω(70℃에서)
	21.3～26.3Ω(115℃에서)

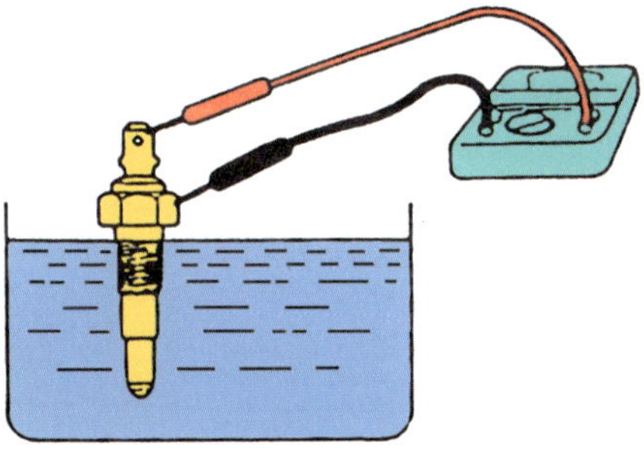

[그림 5-41] **수온계 유닛 저항 점검**

Chapter

6

윤활장치 정비

01 윤활장치 교환

02 윤활장치 점검·정비

01 엔진오일 교환

1.1 엔진오일 교환

오랫동안 엔진오일 교환을 하지 않으면 청정 효과가 감소하게 되는데, 윤활과 기밀성 유지에 필요한 엔진 점도 유지는 오랫동안 유지가 되지만, 산화된 엔진오일은 청정 상태 유지를 기대하기 어렵고, 엔진 손상의 원인이 될 수도 있다. 엔진오일만 바꾸어도 엔진 소음과 차량 주행 시 훨씬 부드러워진 것을 느낄 수 있다.

요즘 자동차들은 기술의 발달과 엔진 성능이 좋아져서 흔히 엔진오일 교환주기를 5,000km라고 얘기하는 경우가 많지만, 엔진오일은 정상적으로 주행 시 1만~1만 5,000km 혹은 1년마다 교환하면 된다. 가혹한 조건인 차량은 7,500km 또는 6개월마다 교환하면 된다.

① 리프트로 차량을 진입한 후 시동을 정지시키고, 보닛(bonnet)을 열고 오일필러 캡을 시계 반대방향으로 돌려 열어 놓는다. 리프트로 차량을 들어 올린다. 엔진오일을 교환하기 전에 적어도 3분간은 차의 엔진이 작동해야 한다. 그래야 엔진오일이 내부 찌꺼기와 함께 빠져나오기 좋아진다.

② 리프트로 들어 올린 상태에서 언더커버를 탈거해야 오일교환이 가능한 차량은 언더커버를 탈거한다.

[그림 6-1] 리프트로 차량 올리기

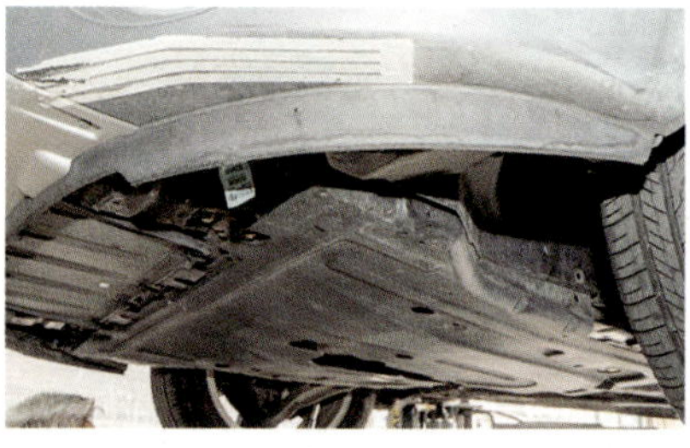

[그림 6-2] 언더커버 탈거

③ 폐오일을 담을 수 있는 오일드레인(오일 회수통) 을 준비한다.

[그림 6-3] **오일 회수통 준비**

④ 엔진오일팬의 드레인 플러그를 풀어준다.

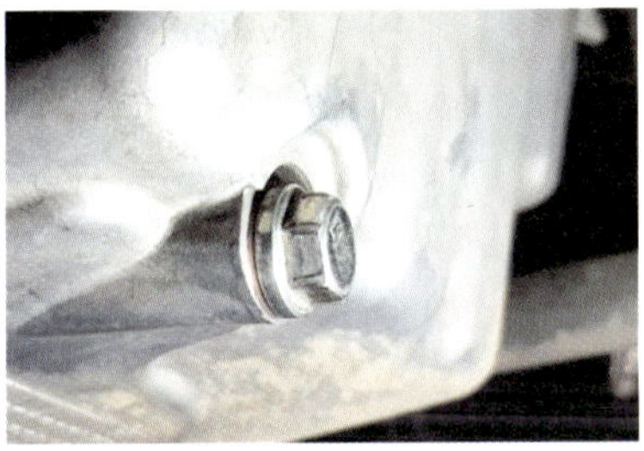

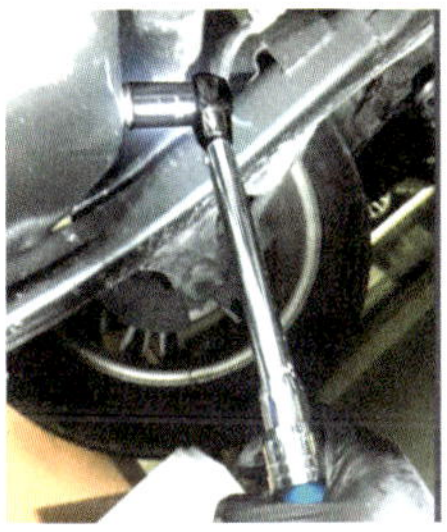

[그림 6-4] **드레인 플러그 탈거**

⑤ 드레인 플러그를 빼내면 폐오일이 배출된다. 이때 오일이 뜨거울 수 있기 때문에 화상에 주의해야 된다. 엔진오일이 다 배출될 때까지 기다려준다.

[그림 6-5] **오일 배출**

⑥ 엔진오일이 거의 다 배출됐다면 드레인 플러그를 새것으로 교환하고 드레인 플러그를 규정토크로 체결한다(드레인 플러그 와셔만 교환하는 차량은 드레인 플러그 와셔만 교환한다).

(a) 드레인 플러그 체결

(b) 드레인 플러그와 와셔

[그림 6-6] 드레인 플러그 체결

⑦ 오일필터 렌치를 이용해서 오일필터를 처음에는 살짝만 돌려주고 어느 정도 오일이 빠지면 필터를 완전히 탈거한다. 필터를 탈거하고 필터 삽입구를 깨끗하게 닦아준다(카트리지식 오일필터 차량은 보통 리프트를 내려서 오일필터 하우징 캡을 탈거하고 엘리먼트와 하우징 O링을 교환한다). 새 오일필터 O링 부분에 엔진오일을 발라준 후 규정토크로 조립한다.

(a) 오일필터 교환

(b) 필터 삽입구 청소

(c) 카트리지식 하우징 캡 탈거

(d) 카트리지식 하우징 O링 교환

(e) 카트리지식 오일필터 교환

[그림 6-7] **오일필터 교환**

⑧ 오일 드레인(오일 회수통)을 리프트 하강 시 리프트와 접촉되지 않게 다른 곳으로 이동시키고, 리프트를 내려서 자동차를 지면 가까이 내려놓는다.

⑨ 자동차 보닛(bonnet)을 열고 오일 필러 캡을 탈거한다.

[그림 6-8] **오일 필러 캡 탈거**

⑩ 오일 깔때기를 오일이 밖으로 흐르지 않도록 잘 꽂아준다.

⑪ 새 엔진오일을 천천히 정비 매뉴얼에 있는 정량만큼 주입한다. 엔진오일을 한 번에 다 부어서 넣기보다는 오일 레벨 게이지(엔진오일 레벨 게이지는 보통 노란색이다)를 마른 걸레나 휴지로 깨끗하게 닦아 가며 오일 양을 점검해 가면서 규정량만큼 엔진오일을 넣는 것이 좋다.

(a) 오일 주입　　　　(b) 오일 자동 주입기로 주입 시

[그림 6-9] **오일 주입**

(a) 오일 레벨 게이지 탈거　　　　(b) 오일량 점검

[그림 6-10] **엔진오일량 점검**

⑫ 규정량으로 오일을 넣었으면 깔때기를 탈거하고 오일 필러 캡을 다시 닫아준다.

⑬ 에어필터(에어 크리너) 케이스 커버 고정클립 또는 고정 볼트를 풀어준다.

⑭ 에어필터 케이스 커버를 탈거한 후 오염된 에어필터를 제거하고, 에어필터를 제거한 아래쪽에 이물질을 제거한다.

⑮ 새 에어필터로 교환한다.

⑯ 교환 후에는 다시 에어필터 케이스 커버를 닫고 고정 클립 또는 고정 볼트를 조여준다.

(a) 고정 클립 탈거　　　　(b) 에어필터 케이스 커버 탈거

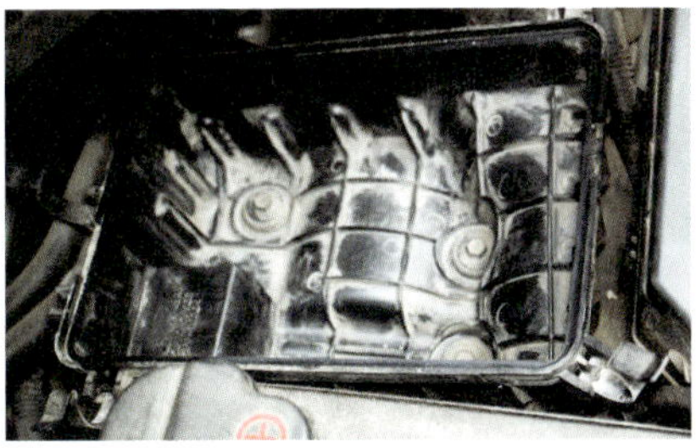

(c) 에어필터 아래 부분 청소

(d) 에어필터 교환

[그림 6-11] **에어필터**

⑰ 시동을 걸고 약 3~5분 후에 시동을 끄고 엔진오일 양을 다시 점검한다. 처음보다 엔진오일량이 약간 줄어있으면 엔진오일 레벨 게이지의 F-L 중간(F 위치에서 3~4mm 정도 약간 내려와 있는 수준)에 올 때까지 엔진오일을 조금씩 보충해준다.

⑱ 차량을 다시 들어 올려 드레인 플러그 또는 오일필터에서 오일 누유가 있는지 점검한다. 오일 누유가 없으면 언더커버를 탈거한 차량은 언더커버를 장착한다.

⑲ 리프트를 내려서 자동차를 지면 가까이 내려놓는다.

1.2 오일압력 스위치 교환

엔진오일량은 정상인데 시동을 걸어도 엔진오일 경고등이 들어올 때는 오일압력 스위치 또는 오일펌프의 결함이다. 이때 엔진시동을 걸고 엔진오일 주입구 캡을 열어 엔진오일이 튀어 나오는지 점검한다. 엔진오일이 튀어나오면 오일펌프는 정상이고, 엔진오일이 튀어나오지 않으면 오일펌프 고장이다. 오일압력 스위치가 불량일 경우에는 key on에 놓고 엔진오일 경고등이 들어온 상태에서 오일압력 스위치 커넥터를 탈거하면 경고등이 소등이 된다(커넥터가 1선일 경우). 그래도 경고등이 들어오면 계기판 고장 아니면 배선의 간섭이 있는 경우이므로 계기판 또는 배선을 점검한다. 오일압력 스위치 설치 위치는 차량마다 다르므로 탈거하는 방법이 약간씩 차이가 있다. 여기에서는 작업이 조금 까다로운 현대 제네시스 DH 3.3 GDI 차량 오일압력 스위치를 교환하는 방법을 기술하였다.

[그림 6-12] **엔진오일 경고등**

① 작업을 위해 먼저 엔진 후드를 오픈한다.

[그림 6-13] **엔진 후드 오픈**

② 고정너트 커버를 탈거한다. 와이퍼암 고정너트가 고정너트 커버에 덮여있기 때문에 고정너트 캡을 보면 작은 홈이 하나 있다. 그 분분을 일자 드라이버를 이용하여 집어넣고 지렛대식으로 재껴 커버를 탈거한다.

③ 커버를 탈거하고 고정너트를 탈거하고 와이퍼암을 탈거한다.

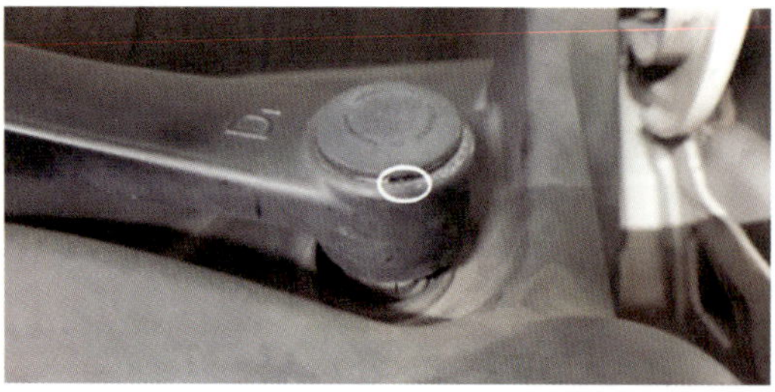

[그림 6-14] **고정너트 커버**

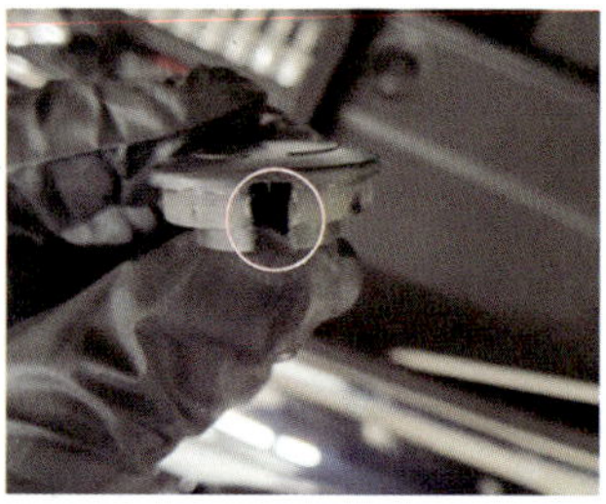

[그림 6-15] **고정너트 커버 탈거**

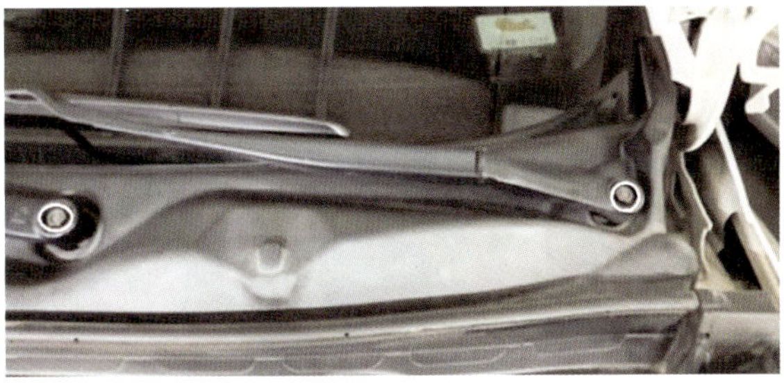

[그림 6-16] **와이퍼암 고정 볼트**

④ 고정 클립을 탈거하고 카울커버(와이퍼커버)를 탈착한다. 와셔 같이 생긴 부분을 손으로 잡고 십자드라이버로 돌리면 고정 클립이 빠지게 된다.

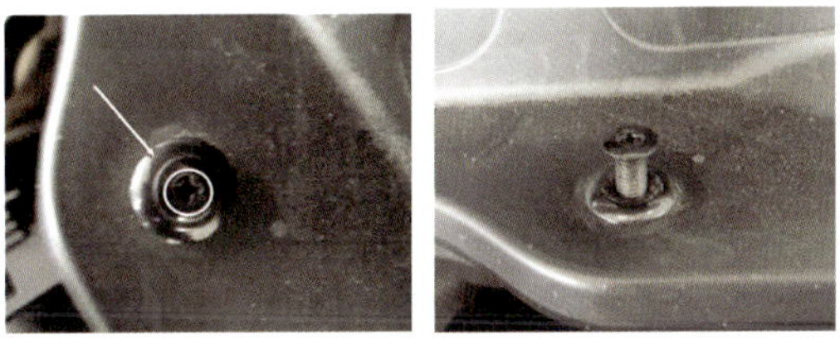

[그림 6-17] **고정 클립 탈거**

[그림 6-18] **카울커버 탈거**

⑤ 좌측에 있는 후드 웨더 스트립부터 탈착한다. 탈착방법은 그냥 손으로 위로 잡아 당겨 주면 된다. 좌측이 끝났으면 우측도 동일하게 탈거하면 된다.

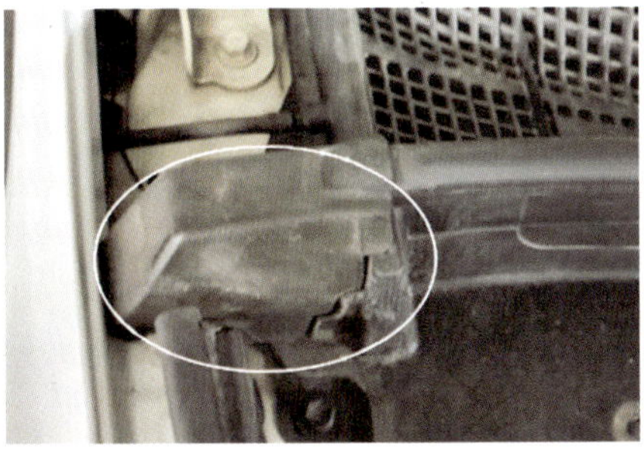

[그림 6-19] **좌측 후드 웨더 스트립 탈거**

[그림 6-20] **우측 후드 웨더 스트립 탈거**

⑥ 측면에 연결되어 있는 워셔액 호스 라인을 탈거한다.
⑦ 카울커버를 탈거한다.

[그림 6-21] 워셔액호스 탈거

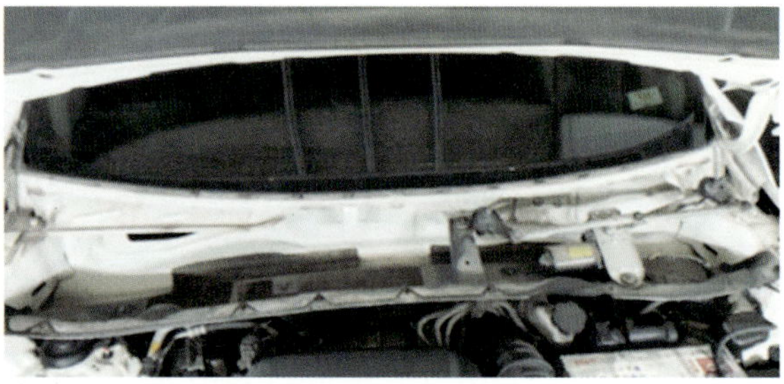

[그림 6-22] 카울커버 탈거

⑧ 엔진커버를 탈거한다.

[그림 6-23] 엔진커버 탈거

⑨ 흡기 인테이크 및 스로틀바디부터 풀어준다. 스로틀바디는 볼트만 풀고 옆으로 재껴두고 주변 볼트와 커넥터와 작업에 지장을 주는 부분을 다 풀어준다.

[그림 6-24] 스로틀바디 탈거

[그림 6-25] 주변 볼트와 커넥터 탈거

⑩ 흡기매니폴드를 탈거한다.

⑪ 중앙에 흡기라인을 탈거하고 인젝터까지 탈거한다.

[그림 6-26] **흡기매니폴드 탈거**

[그림 6-27] **인젝터 탈거**

⑫ 오일압력 스위치 커넥터를 탈거한다. 엔진오일이 묻어 있으면 엔진오일을 제거하고 커넥터에 손상이 있으면 커넥터를 수리한다.

[그림 6-28] **커넥터 탈거**

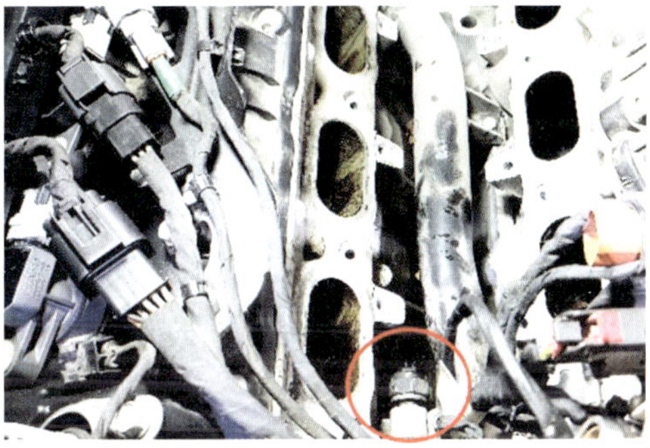

[그림 6-29] **오일압력 스위치 설치위치**

⑬ 오일압력 스위치 탈거는 24mm 스패너를 탈거하기 편하게 가공을 해서 풀어야 한다. 일반적인 공구를 사용하게 되면 탈부착이 불가능하다.

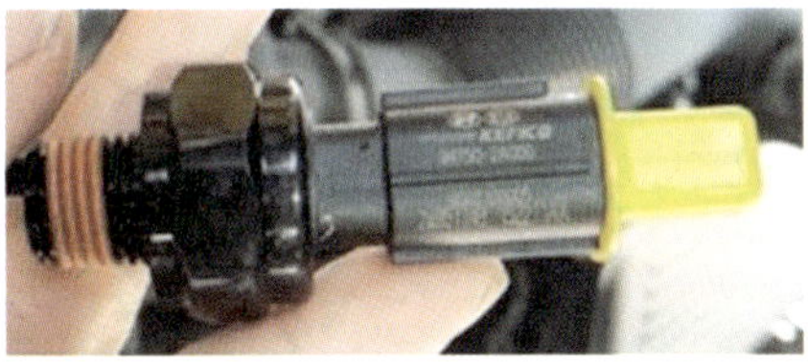

(a) 신품 오일압력 스위치 위치

(b) 작업에 맞게 스패너 가공

[그림 6-30] **신품 오일압력 스위치와 탈거공구**

⑭ 조립은 탈거의 역순으로 한다. 흡기 쪽 라인을 탈거하면 냉각수가 배출되므로 냉각수 보충 후 에어빼기 작업도 같이해준다.

[그림 6-31] 냉각수 보충

02 윤활장치 점검 · 정비

2.1 엔진오일 점검

① 차량이 평탄하게 주차된 상태에서 주차브레이크를 작동시킨 후 엔진시동을 끄고 오일팬으로 오일이 가라앉을 때까지 약 5분 이상 지난 후 유면표시기(오일 레벨 게이지, Dip stick)를 뽑아낸다.

② 마른 헝겊으로 게이지에 묻어 있는 오일을 닦아낸 후 다시 끼운다.

③ 오일 레벨 게이지를 다시 뽑아 F와 L(또는 Max와 Min) 사이에 있는지 확인하고 정상이면 다시 끼운다.

④ 오일이 부족하면 오일 주입구 캡을 열어 규정량으로 보충하고 오일 주입구 캡은 "따닥"소리가 2~3번 날 때까지 조인다.

⑤ 오일 질의 점검은 색깔이 처음 주입할 때의 오일 색과 어느 정도 다른지 비교한다. 심하게 오염이 되었거나, 주행거리가 오래되었으면 엔진오일을 교환한다.

⑥ 오일 점도의 점검은 손으로 만져보아 처음 주입한 것보다 너무 묽으면 교환한다.

(a) 게이지 탈거

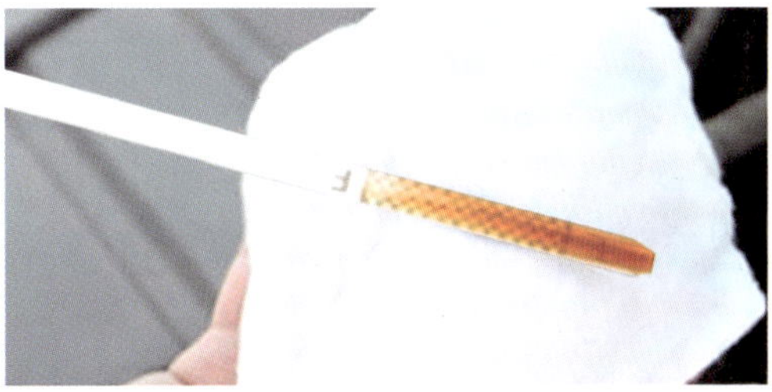

(b) 오일 레벨 게이지

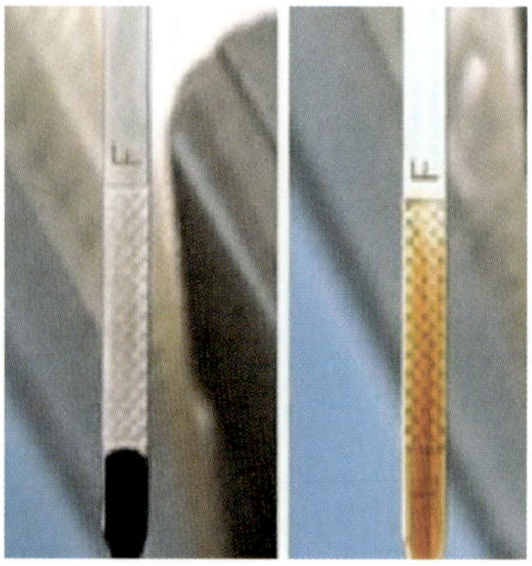

(×) (○)

(c) 오일 양 및 색깔 점검

[그림 6-32] **오일 점검**

2.2 오일펌프 점검 · 정비

[1] 오일펌프 점검방법

① 오일펌프를 펌프 케이스에 조립하고 펌프를 회전시켜 헐거움 없이 원활하게 회전하는가를 점검한다.

② 펌프 케이스와 커버의 기어면 사이 접촉면의 마멸을 점검한다.

③ 구동기어와 피동기어를 펌프 케이스에 설치한 후 기어의 팁 간극을 측정한다.

④ 오일펌프 바디 위에 평면자를 설치하고, 간극 게이지를 이용하여 사이드간극을 측정한다.

(a) 보디 간극 측정 (b) 기어 이 끝 간극 측정 (c) 사이드간극 측정

[그림 6-33] **내접 기어펌프 점검**

[표 6-1] **내접 기어펌프의 제원(단위 : mm)**

적용 차종	바디간극		사이드간극		기어 이 끝 간극		비고
	규정값	한계값	규정값	한계값	규정값	한계값	
EF소나타2.5	0.100~0.181		0.040~0.095				
라노스 누비라	0.1~0.18	0.2	0.02~0.07	0.12	0.04~0.16	2.0	

(a) 보디 간극 측정

(b) 사이드간극 측정

[그림 6-34] **외접 기어펌프 점검**

[표 6-2] **외접 기어펌프 각부의 규정값(단위 : mm)**

적용 차종	바디간극	한계값	사이드간극	한계값	비고
소나타Ⅱ	구동기어 : 0.16~0.21 피동기어 : 0.13~0.18	0.25	구동기어 : 0.08~0.14 피동기어 : 0.06~0.12	0.25	
EF소나타2.0	구동기어 : 0.16~0.21 피동기어 : 0.13~0.18	0.25	구동기어 : 0.08~0.14 피동기어 : 0.06~0.12	0.25	
마르샤 2.0	구동기어 : 0.28~0.33 피동기어 : 0.21~0.26		구동기어 : 0.08~0.14 피동기어 : 0.06~0.12		

(a) 바디간극 측정

(b) 로터간극 측정

(c) 사이드간극 측정

[그림 6-35] **로터리펌프 점검**

[표 6-3] 로터리펌프의 제원(단위 : mm)

차 종	보디 간극		로터 간극		사이드간극	
	규정값	한계값	규정값	한계값	규정값	한계값
마르샤 2.5	0.1~0.18				0.04~0.09	
라노스, 누비라	0.1~0.18	0.2	0.04~0.16	2.0	0.02~0.07	0.12

[2] 답안지 작성

(1) 사이드간극 점검

① 측정(또는 점검)

㉠ 측정값 : 오일펌프 사이드간극 측정값(예 : 0.05mm)을 답안지에 기록한다.

㉡ 규정(한계)값 : 규정값 또는 한계값(예 : 0.040~0.095mm)을 답안지에 기록한다.

② 판정 및 정비 조치사항

㉠ 측정값이 한계값 범위를 벗어나면 판정의 불량에 ☑ 표시한 후 정비 및 조치할 사항에 "오일펌프 교환 후 재점검"으로 답안지를 작성한다.

㉡ 측정값이 규정값 범위 내에 들어오면 판정의 양호에 ☑ 표시한 후 정비 및 조치할 사항에 "정비 및 조치할 사항 없음"또는 "없음"으로 답안지를 작성한다.

측정항목	① 측정(또는 점검)		② 판정 및 정비(또는 조치)사항		득점
	측정값	규정(한계)값	판정(□에 "✔" 표)	정비 및 조치할 사항	
오일펌프 사이드간극	0.05mm	0.040~0.095mm	☑ 양호 □ 불량	정비 및 조치할 사항 없음	

(2) 바디간극 점검

① 측정(또는 점검)

㉠ 측정값 : 오일펌프 바디간극 측정값(예 : 0.2mm)을 답안지에 기록한다.

㉡ 규정(한계)값 : 규정값 또는 한계값(예 : 0.100~0.181mm)을 답안지에 기록한다.

② 판정 및 정비 조치사항

㉠ 측정값이 한계값 범위를 벗어나면 판정의 불량에 ☑ 표시한 후 정비 및 조치할 사항에 "오일펌프 교환 후 재점검"으로 답안지를 작성한다.

㉡ 측정값이 규정값 범위 내에 들어오면 판정의 양호에 ☑ 표시한 후 정비 및 조치할 사항에 "정비 및 조치할 사항 없음"또는 "없음"으로 답안지를 작성한다.

측정항목	① 측정(또는 점검)		② 판정 및 정비(또는 조치)사항		득점
	측정값	규정(한계)값	판정(□에 "✔" 표)	정비 및 조치할 사항	
오일펌프 바디간극	0.2mm	0.100~0.181mm	□ 양호 ☑ 불량	오일펌프 교환 후 재점검	

(3) 기어 이 끝 간극 점검

① 측정(또는 점검)

㉠ 측정값 : 오일펌프 기어 이 끝 간극 측정값(예 : 0.08mm)을 답안지에 기록한다.

㉡ 규정(한계)값 : 규정값 또는 한계값(예 : 0.04~0.16mm)을 답안지에 기록한다.

② 판정 및 정비 조치사항

㉠ 측정값이 한계값 범위를 벗어나면 판정의 불량에 ☑ 표시한 후 정비 및 조치할 사항에 "오일펌프 교환 후 재점검"으로 답안지를 작성한다.

㉡ 측정값이 규정값 범위 내에 들어오면 판정의 양호에 ☑ 표시한 후 정비 및 조치할 사항에 "정비 및 조치할 사항 없음"또는 "없음"으로 답안지를 작성한다.

측정항목	① 측정(또는 점검)		② 판정 및 정비(또는 조치)사항		득 점
	측정값	규정(한계)값	판정(□에 "✔" 표)	정비 및 조치할 사항	
오일펌프 기어 이 끝 간극	0.08mm	0.04~0.16mm	☑ 양호 □ 불량	양호	

2.3 유압조절밸브(릴리프밸브) 및 스프링의 점검

① 프런트 케이스 유압회로 내의 릴리프밸브의 섭동상태를 점검한다.

② 릴리프 스프링의 변형 혹은 파손 등을 점검한다. 자유높이와 부하 시 높이 등을 점검한다.

③ 작동압력의 조정은 고정너트를 풀고 조정밸브를 돌려 유압을 가감한다.

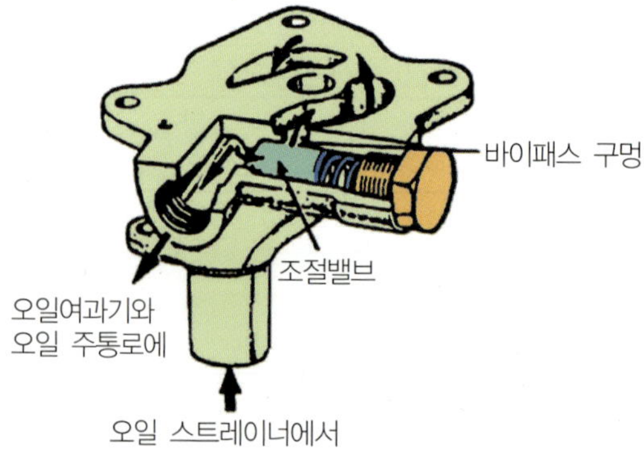

[그림 6-36] 유압조절밸브

2.4 오일압력 스위치 점검

① 멀티 테스터로 단자와 바디 사이의 통전을 점검하여 통전이 안 되면 오일압력 스위치를 교환한다.

② 가는 막대로 눌렀을 때 단자와 바디 사이가 통전되면 오일압력 스위치를 교환한다.

③ 오일구멍을 통하여 0.5kgf/cm^{2}의 압력을 가하였을 때 통전이 되지 않아야 한다. 스위치가 적절히 작동하지 않을 때에는 공기 누설을 점검한다. 공기가 누설되면 다이어프램이 파손된 상태이므로 엔진오일도 누설되므로 스위치를 교환한다.

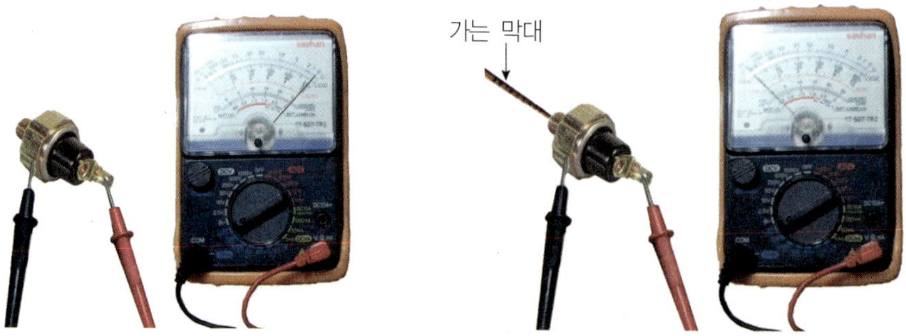

[그림 6-37] 오일압력 스위치 점검

2.5 오일압력 점검

[1] 오일압력 점검방법

① 오일압력 스위치를 실린더 블록에서 떼어낸다.

② 오일압력 스위치 설치구멍에 압력계를 설치한다.

③ 엔진을 시동하고 정상작동 온도로 난기운전을 시킨다.

[그림 6-38] 오일압력 점검

④ 엔진의 회전속도를 약 3,000rpm으로 유지하고 압력계 시침을 읽는다.

⑤ 압력이 규정값보다 낮으면 윤활장치 각부를 점검한다.

[표 6-4] 차종별 오일 순환 압력(단위 : kgf/cm^2)

차 종	유 압	차 종	유 압
현대 승용차 모두	공전할 때 : 0.8	아벨라	3,000rpm : 3.5~4.5
라노스, 레간자	공전할 때 : 0.7 4,000rpm : 4.8~6.2	프라이드	3,000rpm : 3.0~4.0

[2] 유압이 높아지는 원인과 낮아지는 원인

(1) 유압이 높아지는 원인

① 오일의 점도가 너무 높다.

② 윤활회로가 막혔다.

③ 유압조절밸브(릴리프밸브) 스프링 장력이 규정값 이상이다.

④ 유압조절밸브가 고착되었다.

(2) 유압이 낮아지는 원인

① 오일의 점도가 너무 낮다.

② 오일팬 내의 유량이 부족하다.

③ 오일펌프의 마멸이 과다하다.

④ 유압조절밸브의 스프링 장력이 규정값 이하이다.

⑤ 유압조절밸브의 접촉이 불량하다.

⑥ 윤활회로가 파손되어 오일이 누출된다.

[3] 답안지 작성

① 측정(또는 점검)

㉠ 측정값 : 오일 압력 측정값(예 : 0.5kgf/cm^2(공회전 시))을 답안지에 기록한다.

㉡ 규정(한계)값 : 규정값 또는 한계값(예 : 0.8kgf/cm^2(공회전 시))을 답안지에 기록한다.

② 판정 및 정비 조치사항

㉠ 측정값이 한계값 범위를 벗어나면 판정의 불량에 ☑ 표시한 후 정비 및 조치할 사항에 "유압조절밸브 교환 후 재점검"으로 답안지를 작성한다.

㉡ 측정값이 규정값 범위 내에 들어오면 판정의 양호에 ☑ 표시한 후 정비 및 조치할 사항에 "정비 및 조치할 사항 없음"또는 "없음"으로 답안지를 작성한다.

측정항목	① 측정(또는 점검)		② 판정 및 정비(또는 조치)사항		득 점
	측정값	규정(한계)값	판정(□에 "✔" 표)	정비 및 조치할 사항	
오일압력	0.5kgf/cm^2 (공회전 시)	0.8kgf/cm^2 (공회전 시)	□ 양호 ☑ 불량	유압조절밸브 교환 후 재점검	

Chapter

7

연료장치 정비

01 연료장치 교환

1.1 연료모터 교환

[1] 연료모터 및 연료필터 교환 시 주의사항

공기 중에 유증기가 날아다니기 때문에 다른 작업보다도 연료계통 수리 시에는 화재에 특별히 유의하여야 한다.

① 연료펌프와 연료필터 작업 전에 연료라인에 연료 잔압을 제거한다. 연료 잔압 제거 순서는 다음과 같다.

㉠ 연료펌프 릴레이를 탈거한다.

㉡ 차량을 시동시키고(공회전 상태), 연료라인 내의 연료가 모두 소진되어 엔진이 저절로 멈추면 점화 스위치를 OFF 한다.

㉢ 배터리 ⊖케이블을 분리하고, 연료펌프 릴레이를 장착한다.

㉣ 연료라인 작업을 시행한다.

㉤ 연료라인 작업이 완료되면 배터리 ⊖케이블을 연결한다.

㉥ 작업 완료 후에 경고등이 점등되면 스캐너를 이용하여 연료펌프 릴레이 관련 고장코드(DTC)를 소거한다.

② 차량과 사람이 많이 왕래하는 곳에서는 작업을 금지한다.

③ 배터리에서 ⊖케이블을 분리하여 전원을 차단한다.

④ 모든 작업은 수작업으로 한다.

⑤ LPG 차량 연료라인 정비 시 LPG를 배출해야 할 때에는 급하지 않게 조금씩 가스를 배출한다.

⑥ 주위를 환기시킨 다음(밀폐된 공간에서 작업불가) 주위에 인화물질(불꽃이나 화기 등)이 없도록 주의한다. 작업등은 백열등을 사용하지 말고 LED등이나 플레쉬를 사용한다.

⑦ 소화기를 비치한다.

[2] 연료모터 고장 시 증상

연료모터는 엔진에 연료를 공급하는 중요한 역할을 한다. 연료모터가 고장이 나면 자동차는 움직일 수 없다. 일반적으로 10만 km 정도면 고장 나는 경우가 많으나 그렇다고 꼭 그때 고장 나는 것은 아니다. 차량을 잘 관리하면 15만km~20만km도 사용할 수 있다. 그러나 자주 연료가 부족하여 연료 경고등이 들어온 후에도 주행을 하다가 연료를 주입하면 모터 냉각이 불량하여 연료모터 수명이 단축된다. 연료경고등이 들어오기 전에 주유를 해야 모터 수명도 길어진다. 연료모터 고장 시 증상은 다음과 같다.

① 한랭 시 시동이 지연되거나 시동이 걸리지 않는다.
② 주행 중 차의 가속성능이 불량해진다.
③ 주행 중 시동이 꺼진 후 바로 시동이 걸리지 않고 엔진이 식은 후에 다시 시동을 걸면 시동이 걸린다.
④ 연료탱크에서 연료모터 작동 소음이 발생한다.
⑤ 엔진 부조현상이 발생한다.

[3] 뒷좌석 탈부착 및 연료모터 교환

연료모터 위치는 뒷좌석 시트 밑부분에 주로 설치되어 있으나, 연료탱크를 탈거해야 하는 차량과 트렁크에 설치된 차량도 있다.

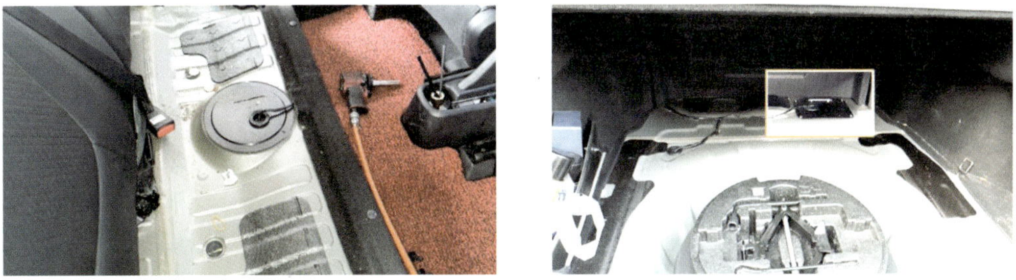

(a) 뒷좌석에 설치된 타입 (b) 트렁크에 설치된 타입

[그림 7-1] **연료모터 설치 위치**

(1) 뒷좌석 시트 탈거

① 버튼방식

㉠ 뒷좌석 시트에 조수석과 운전석 시트 양쪽에 하나씩 시트결속 버튼이 있다.

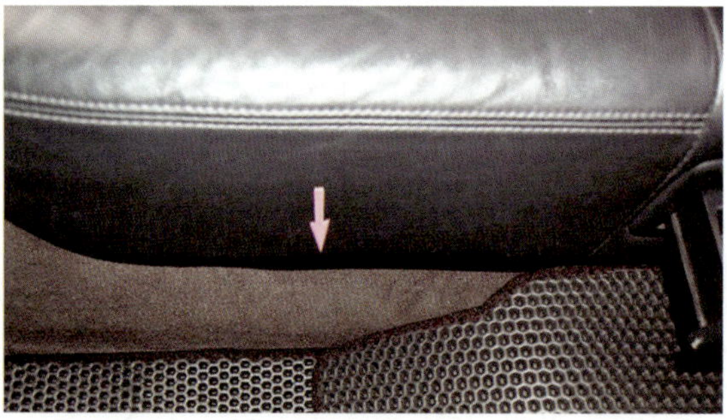

(a) 시트버튼 위치

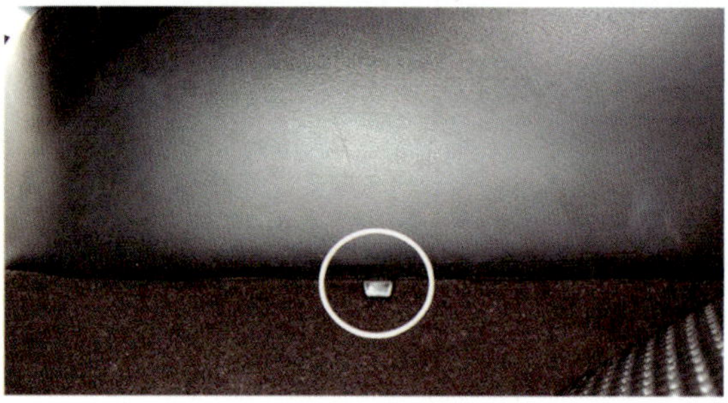

(b) 시트결속 버튼

[그림 7-2] **시트결속 버튼 위치**

㉡ 시트결속 버튼을 누르면서 시트를 들어 올린다. 한쪽이 완료되면 반대쪽에 있는 시트결속 버튼도 마찬가지로 누르면서 시트결속 버튼에 걸려 있던 결속이 풀려 시트를 들어 올리면 된다.

㉢ 등받이 부분과 결속되어 있는 부분을 해체해야 한다. 시트를 들어 올리면서 앞으로 빼내면 결속이 풀린다.

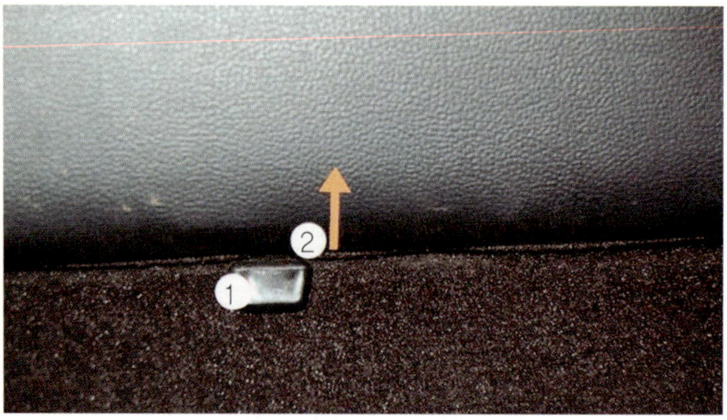

[그림 7-3] **시트 탈거**

[그림 7-4] 등받이 부분과 묶여있는 부분 해체

㉣ 뒷좌석에 설치된 열선 커넥터를 탈거한다.

㉤ 조립 시는 탈거한 커넥터를 연결하고 안전벨트를 정리한 후 깊숙이 시트를 끝까지 밀어 넣고 시트를 아래로 눌러주면 된다.

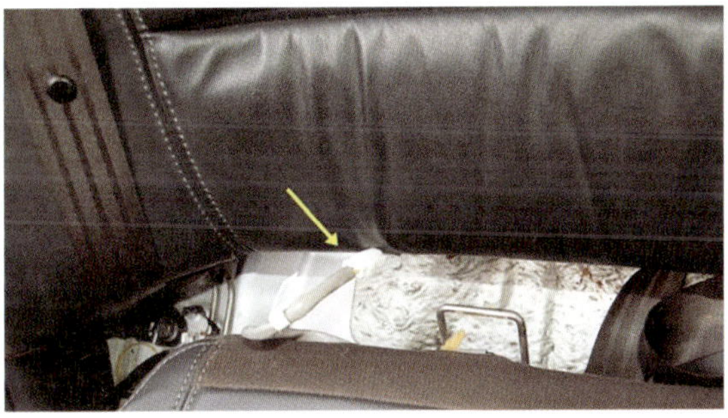

[그림 7-5] 열선 커넥터 탈거

② 위로 당겨 탈거하는 방식

뒷좌석 시트 탈거 시 시트 앞쪽(무릎 쪽)을 좌측(혹은 우측)을 위로 당겨 고정 핀을 제거한 후, 우측(혹은 좌측)을 위로 당겨 고정 핀을 제거하고 위로 들어 올리면 탈거된다. 시트 제거 시 열선 커넥터가 있는 차량은 고정 핀을 제거하고, 열선 커넥터를 탈거한 후 탈거한다. 조립 시는 탈거한 커넥터를 연결하고 안전벨트를 정리한 후 깊숙이 시트를 끝까지 밀어 넣고 시트를 아래로 눌러주면 된다.

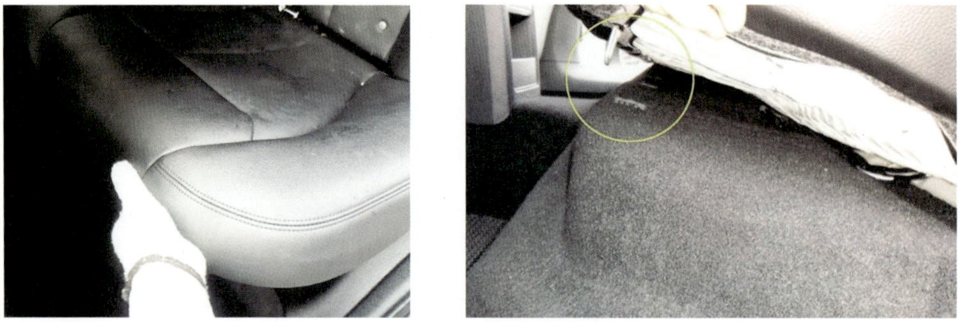

[그림 7-6] **의자를 들어 올린다**

③ 고정나사 타입

㉠ 뒷좌석 시트 아래에 고정 볼트가 설치되어 있다.

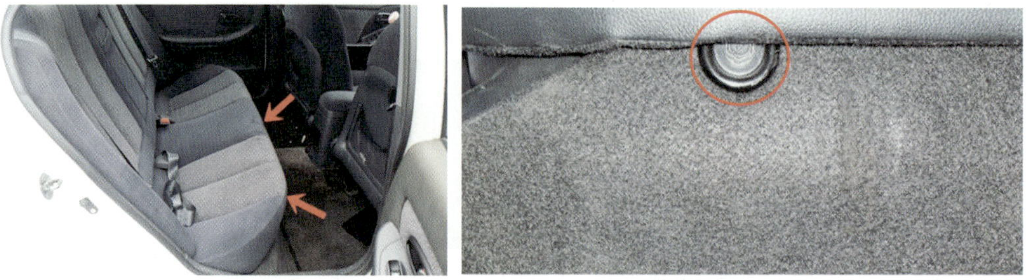

[그림 7-7] **앞쪽 고정 볼트**

㉡ 트렁크 쪽 바닥 마감재를 들어내면 뒤쪽에도 좌·우 고정 볼트를 탈거한다.

[그림 7-8] **뒤쪽 고정 볼트**

㉢ 조립은 탈거의 역순으로 한다.

(2) 연료펌프 탈거

① 연료모터는 연료탱크 속에 설치되어 있으므로 뒷좌석 시트 밑부분이므로 시트를 들어 올린다.

[그림 7-9] **뒷좌석 시트 탈거**

② 시트를 들어 올리게 되면 연료탱크 커버가 덮어져 있다. 커버를 들어올리기 위해 일자 드라이버를 활용해 조심스럽게 들어올린다. 나사로 고정된 것은 나사를 탈거한다.

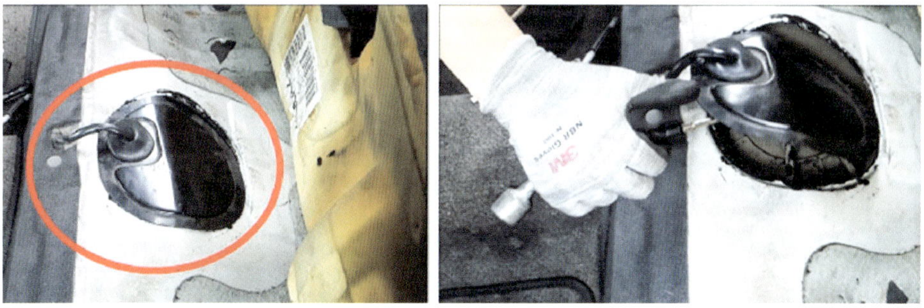

[그림 7-10] **연료탱크 커버 탈거**

③ 커버를 들어올리면 연료펌프가 있다. 연료펌프를 분리하기 전 연결된 커넥터를 탈거하고 연결 호스들을 분리한다. 연결호스를 분리하기 위해선 고정 클립을 플라이어로 풀어 분리시킨다.

[그림 7-11] 커넥터 탈거

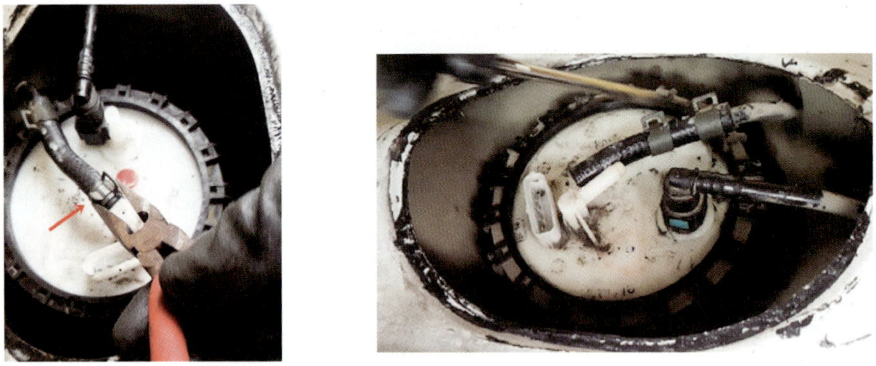

[그림 7-12] 고정 클립 및 호스 탈거

④ 양쪽에서 힘을 가해주며 잭을 누르며 들어올린다.

⑤ 연료펌프를 분리하기 전 연료탱크 안으로 이물질이 유입되지 않도록 먼지나 이물질을 닦아낸다.

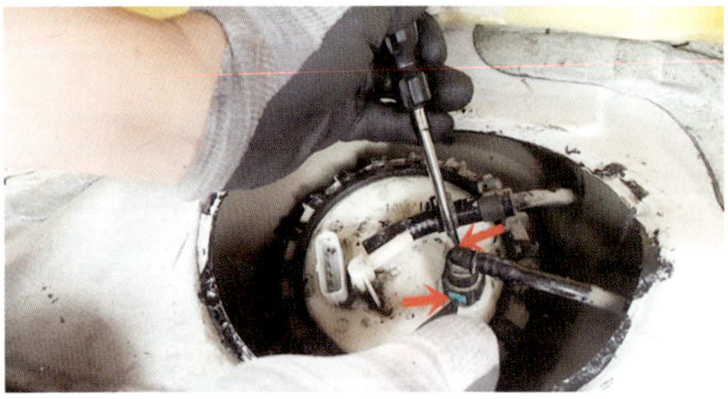

[그림 7-13] 잭 탈거

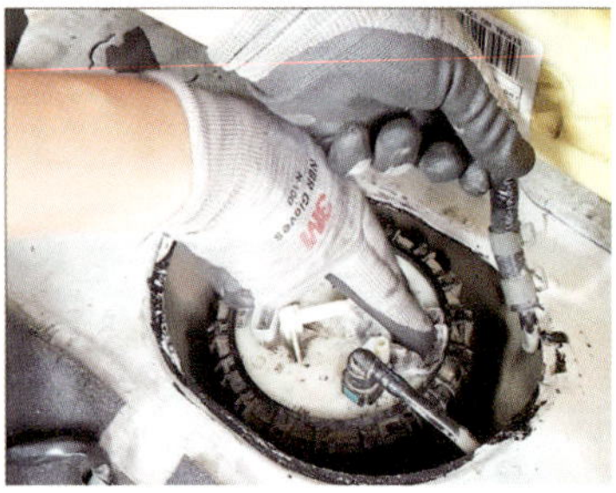

[그림 7-14] 이물질 청소

⑥ 연료펌프는 커버로 고정되어 있으므로 고정된 커브를 시계 반대방향으로 돌려 풀어준다. 장착 볼트로 고정된 연료펌프 플레이트 방식은 고정 볼트를 풀고 연료펌프 플레이트를 탈거한다.

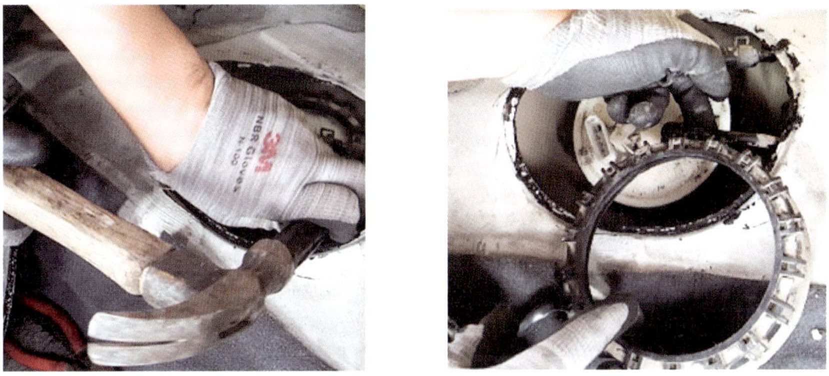

[그림 7-15] **연료펌프 커버 탈거**

⑦ 연료펌프 고정 커버를 탈거한 후 연료탱크 속에서 연료펌프를 탈거한다. 연료펌프 안에 기름이 들어있으므로 흘리지 않게 조심한다.

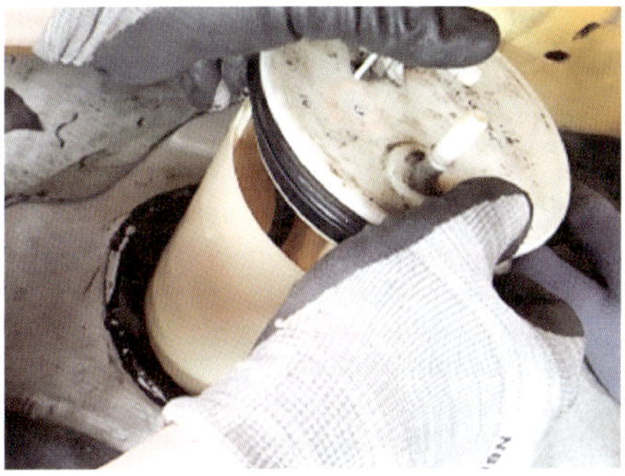

[그림 7-16] **연료펌프 탈거**

⑧ 연료펌프 장착방법은 탈거의 역순으로 진행한다. 연료탱크 안으로 연료펌프를 방향에 맞게 넣은 후 커버를 씌우고, 손힘으로 어느 정도 돌려준 후 일자드라이버와 망치를 활용해 풀리지 않게 고정한다.

(3) 연료모터만 교환 시

① 연료펌프를 탈거한다. 연료펌프를 탈거하고 연료탱크에 이물질이 들어가지 않도록 연료펌프가 설치되었던 곳을 종이나 헝겊 등을 이용하여 임시로 막아놓는다.

② 커넥터를 탈거한다.

③ 연료호스를 탈거한다. 얇은 일자드라이버로 안쪽의 작은 플라스틱을 위로 올리면서 들어주면 쉽게 탈거된다.

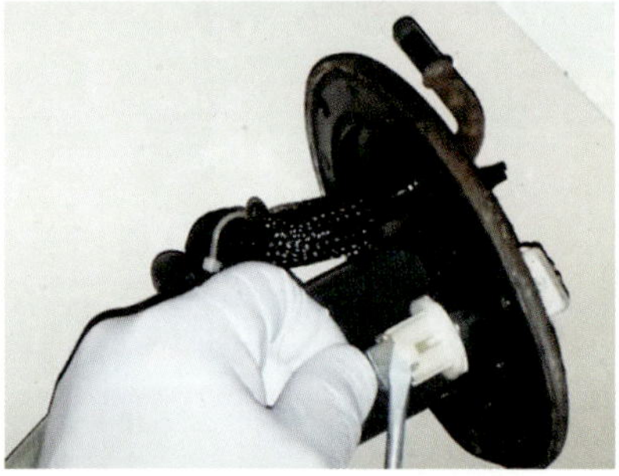

[그림 7-17] **커넥터 탈거**

[그림 7-18] **연료호스 탈거**

④ 연료압력 레귤레이터를 감싸고 있는 케이스를 드라이버로 탈거한다.

[그림 7-19] **연료압력 레귤레이터 케이스 탈거**

⑤ 연료압력 레귤레이터를 감싸고 있던 케이스가 빠졌으면, 레귤레이터를 위로 들어 탈거한다.

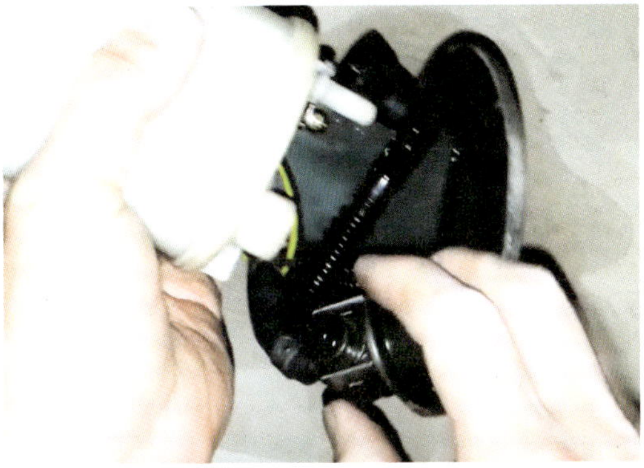

[그림 7-20] **연료압력 레귤레이터 탈거**

⑥ 연료필터가 고정된 나사를 탈거한다.

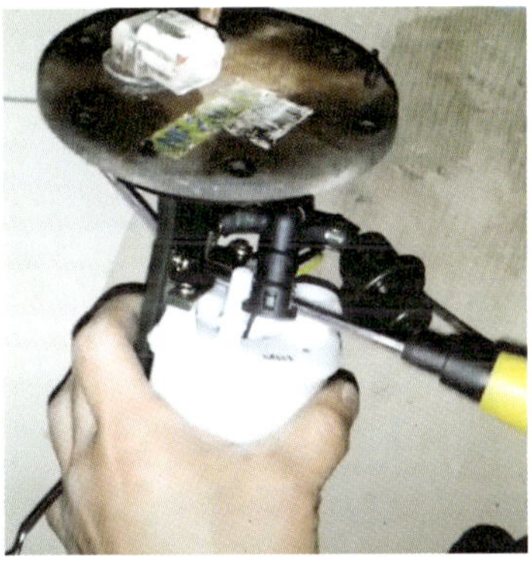

[그림 7-21] **연료필터가 고정된 나사 탈거**

⑦ 연료필터를 탈거한다. 나사를 풀었으면 연료필터를 위로 올려주면 고정쇠와 분리된다.

[그림 7-22] **연료필터 탈거**

[그림 7-23] **고정쇠 탈거**

⑧ 연료필터를 교환할 때는 구품 연료필터를 고정했던 고정쇠 2개를 풀어 신품 연료 필터에 장착해 준다.

⑨ 연료모터 고정 후크를 탈거한다. 이 작업은 주의를 기울여야 한다. 자칫 잘못하여 깨져버리면 연료펌프 어셈블리를 통째로 교환해야 한다.

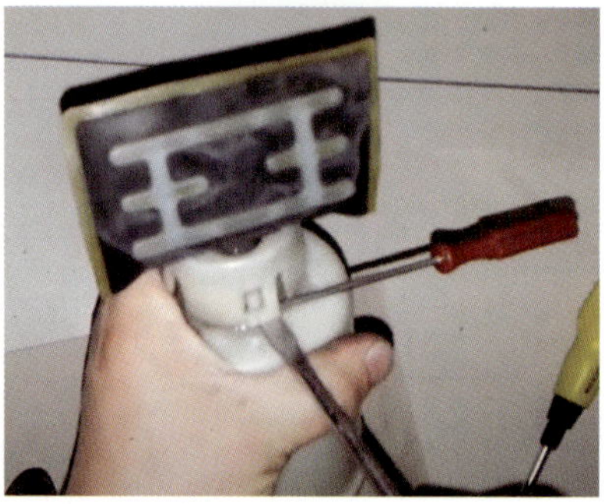

[그림 7-24] **연료모터 고정 후크 탈거**

⑩ 연료모터를 탈거한다.

⑪ 연료모터 커넥터를 탈거한다.

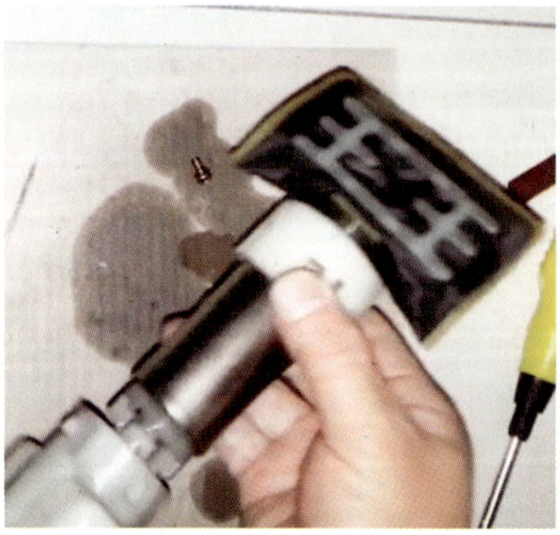

[그림 7-25] **연료모터 탈거**

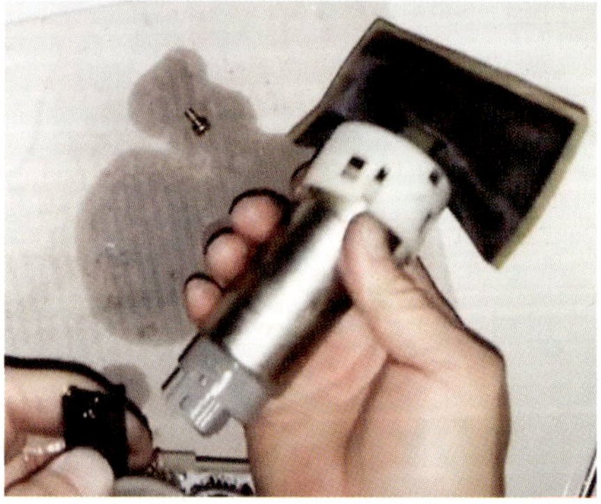

[그림 7-26] **연료모터 커넥터 탈거**

⑫ 연료필터 안에 남아있는 오링을 탈거한다. 오링은 끝부분에 돌기가 있는 6mm 육각렌치로 밀어 넣으면 걸려서 빠져나온다.

[그림 7-27] **오링 탈거**

⑬ 모터에 연결할 커넥터를 필터 사이에 넣어주고, 육각렌치로 뽑은 오링은 펌프에 꽂아서 연료필터와 결합시켜 준다.

(a) 커넥터 삽입　　(b) 모터에 커넥터 결합　　(c) 오링 결합

[그림 7-28] **커넥터 및 오링 결합**

⑭ 신품 연료모터와 필터를 조립한다.

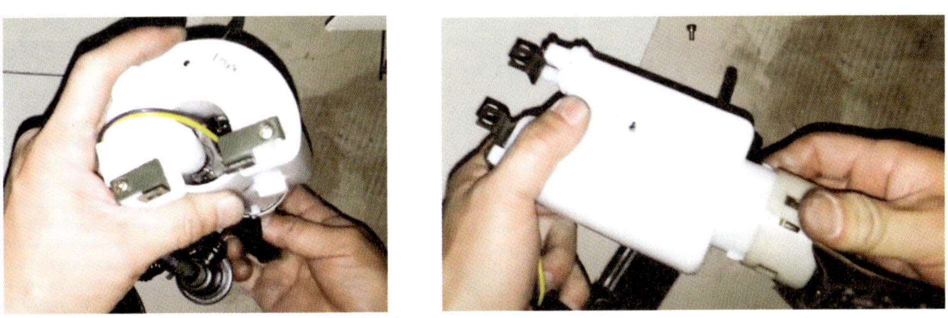

[그림 7-29] **연료모터와 필터 조립**

⑮ 연료필터를 받침쇠에 걸고 나사로 조인다.

⑯ 연료호스 조립

⑰ 연료압력조절기를 조립한다. 걸쇠는 방향이 있으므로 주의한다.

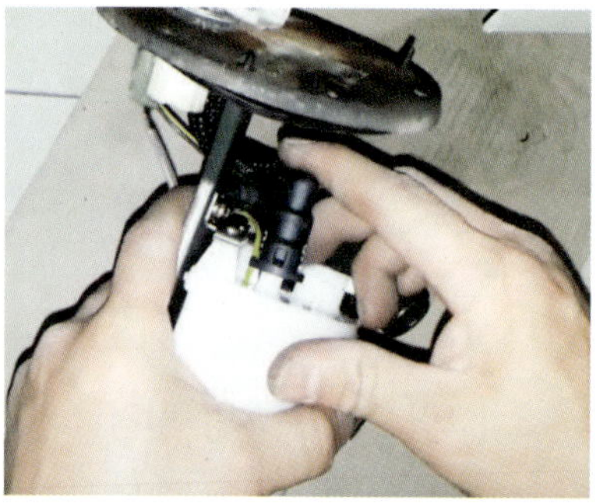

[그림 7-30] 연료호스 조립

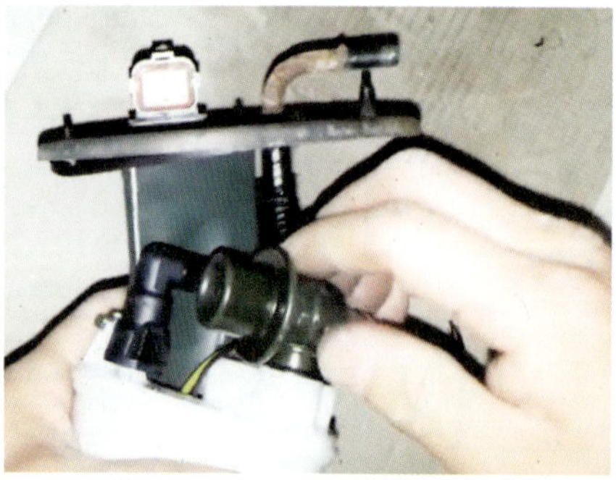

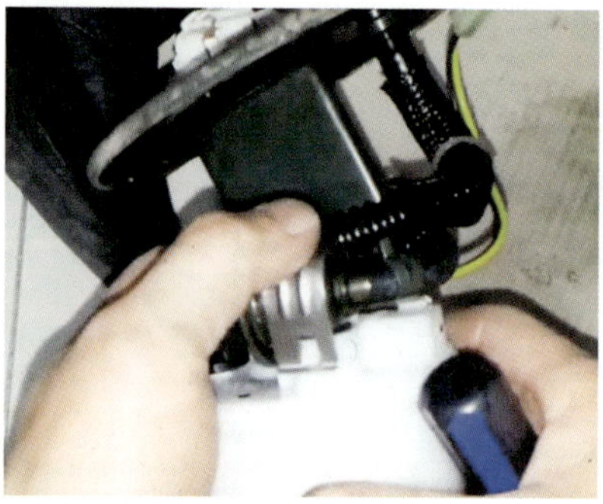

[그림 7-31] 연료압력조절기 조립

⑱ 커넥터를 결합한다.

⑲ 센서 모듈은 연료레벨 게이지가 이상이 있을 때 센서 모듈 부품만 교체한다.

[그림 7-32] 커넥터 결합

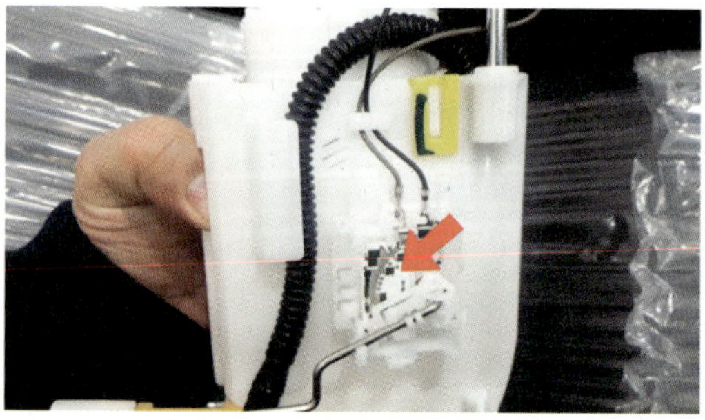

[그림 7-33] 센서 모듈

1.2 연료필터 교환

[1] 연료필터 고장 시 증상

자동차 연료필터 교환주기는 차종마다 약간씩 다르다. 일반적으로 가솔린과 LPG 차량은 60,000km, 디젤 차량은 30,000km으로 연료필터 교환주기를 권장하고 있다. 디젤 차량은 가솔린 차량보다 주기가 짧은 이유는 디젤 차량의 경우 초고압 분사 방식으로 수분을 흡수하는 성향이 강해 가솔린 차량보다 교체주기가 짧다. 연료필터 불량 시 나타나는 증상은 다음과 같다.

① 연료필터에 수분 센서가 있는 디젤 차량의 경우, 연료필터에 문제가 생기면 계기판 경고등을 통해 알 수 있다. 물이 차오른 경고등이 들어오면 연료필터에 수분이 감지되고 있다는 신호이다. 이러한 경우 연료탱크의 남아있는 기름을 추출하고 연료필터를 교체해야 한다.
② 차량 출발 시 또는 1~2단 정차 후 재출발 시 가속력이 현저히 약해진 경우
③ 계기판의 RPM은 올라가는데 출력이 떨어지는 경우
④ 엔진 시동 시 시동이 제때 걸리지 않고 두세 번 만에 시동을 거는 경우
⑤ 운행 중 갑자기 RPM이 떨어지면서 가속페달을 밟아도 반응이 없는 경우
⑥ 평상시와 다르게 연비가 현저히 떨어진 경우
⑦ 연료송출압력이 약하다고 고장코드가 발생할 경우

[2] 연료필터 교환방법

연료필터 및 연료호스 작업 시는 반드시 주위를 환기시킨 다음(밀폐된 공간에서 작업 불가)주위에 인화물질(불꽃이나 화기 등)이 없도록 주의한다.

① 차종마다 다르긴 하나 연료필터는 연료펌프와 함께 뒷좌석 시트 아래에 있기 때문에 뒷좌석 시트를 탈거한다.

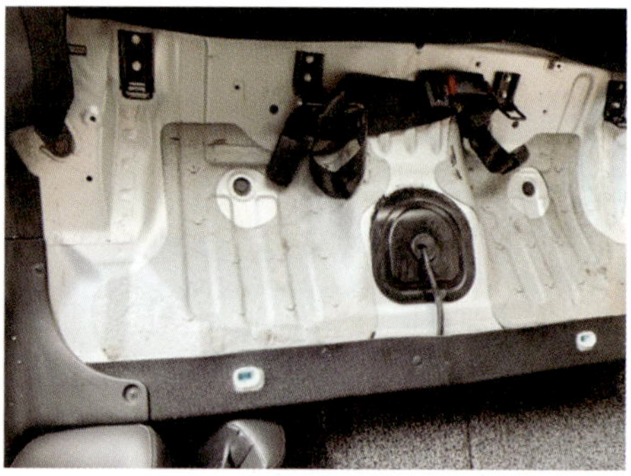

[그림 7-34] 뒷좌석 시트 탈거

② 연료펌프 커버를 탈거한다.

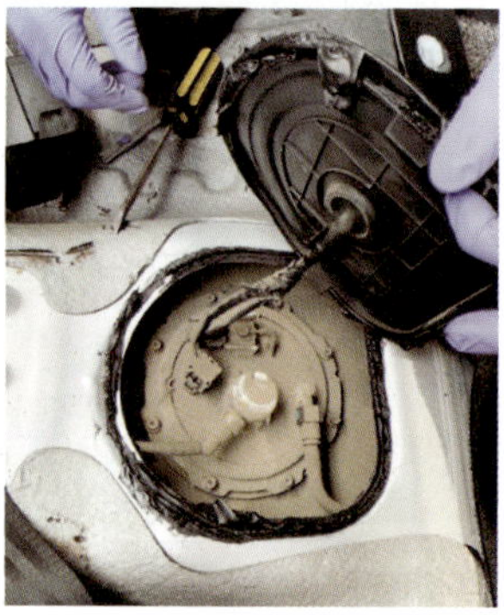

[그림 7-35] 연료펌프 커버 탈거

③ 이물질을 제거한 후 커넥터 및 연료라인을 탈거하고 고정 볼트를 탈거한다.

④ 연료펌프를 탈거한다. 연료탱크 안에 물이나 이물질이 있나 확인을 한다. 물이 있으면 시동이 안 걸릴 수 있고 이물질이 있으면 연료라인을 손상시킬 수 있으므로 물이나 이물질이 있으면 연료를 빼서 물과 이물질을 제거한 후 연료를 채운다. 연료펌프를 탈거한 곳에 임시로 헝겊이나 수건 등을 이용하여 이물질이 들어가지 않도록 막아놓는다.

[그림 7-36] 커넥터 및 연료라인 탈거

[그림 7-37] 연료펌프 탈거

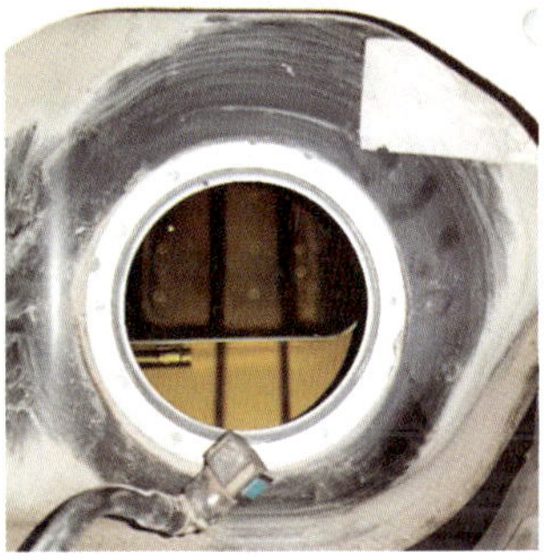
[그림 7-38] 연료탱크 속 이물질 검사

⑤ 연료펌프의 구품 연료필터를 신품 연료필터로 교환하고 아래쪽의 거름망 및 연료 모터 어셈블리 내 연료필터 하우스 안도 청소해 준다. 연료필터 교환 시 각종 홀 안에 고무오링을 잘보고 빼서 옮겨줘야 한다. 고무오링을 끼우지 않으면 시동이 안 걸릴 수도 있다.

⑥ 신품 연료필터 장착 후 조립은 탈거의 역순으로 한다.

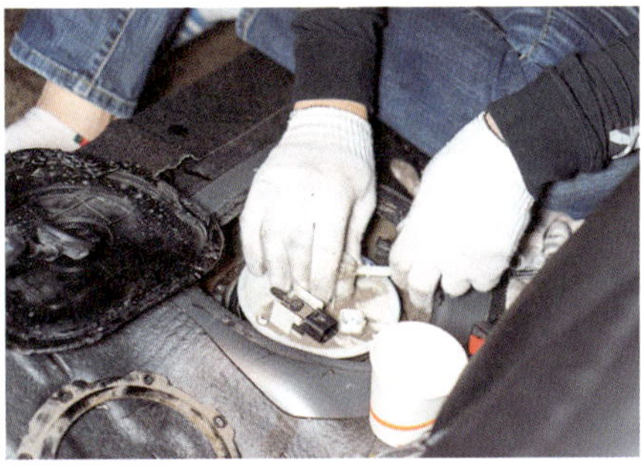
[그림 7-39] 연료펌프 조립

1.3 인젝터 교환

[1] 인젝터 고장 시 증상

인젝터란 연료 분사 노즐로서, 연료를 뿜어 줄 뿐 아니라 액체 연료를 분무화하여 엔진 실린더 가장 가까이서 연료가 공기와 잘 섞이도록 연료를 최종 공급하는 장치이다. 인젝터는 교체보다는 전용장비로 클리닝을 많이 한다. 보통 2~3년마다 하거나 또는 40,000km마다 전용장비로 인젝터 클리닝을 해주는 게 좋다. 인젝터의 수명을 10만km로 본다. 따라서 10만km를 기준으로 10만km 이상 주행을 하고 나서 인젝터에 결함이 없다면 계속해서 사용해도 무방하고 여유가 된다면 인젝터를 교환해 주는 게 더 좋다.

인젝터 고장 시 증상으로는 시동불량 현상, 시동꺼짐, 시동지연 현상, 엔진공회전 시 부조 현상, 높은 연료소비, 가속불량 현상, 매연 발생, 냉간 시 떨림 현상, 차가 무거워지고 중속에서 추월할 때 엔진 출력이 떨어지며, 고속 풀액셀을 하면 간헐적으로 버벅거리고 최고속이 줄어들고(연료량이 불규칙, 막힘 등), 간헐적으로 저속에서 진동이 심해지며 출력이 안 나온다. LPI차량은 인젝터 내부 솔레노이드 기밀이 불량할 경우 시동 후 실내에 가스 냄새가 나고(비눗물로 인젝터를 검사 시 거품이 난다), 커먼레일 차량은 인젝터 동와셔가 많이 마모되거나 변형이 되면 기름이 누설되어 노즐을 타고 올라오기도 한다.

[2] 가솔린 엔진 인젝터 교환

① 연료라인 잔류압력을 제거한다. 트렁크 쪽 연료펌프 커넥터 또는 연료펌프 릴레이를 제거하여 엔진시동을 건 후 연료 라인 내의 연료가 모두 소진되어 저절로 멈추면 점화 스위치를 OFF한다.

② 보닛을 열어 엔진룸 커버를 탈거한다.

③ 배터리에서 ⊖커넥터를 탈거한다.

④ 연료압력조절기에서 진공호스 및 리턴파이프를 탈거한다.

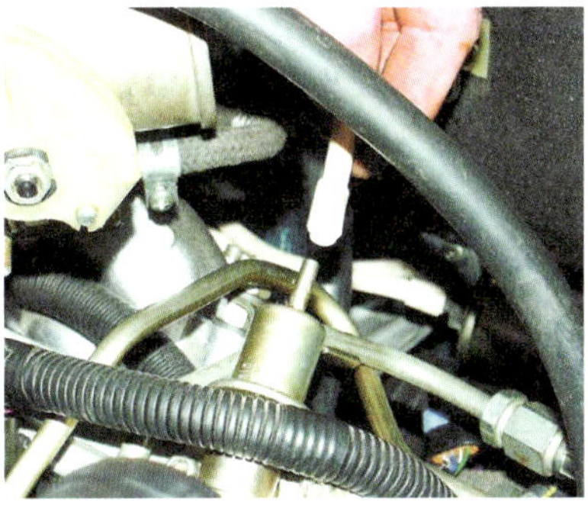

[그림 7-40] **진공호스 탈거**

[그림 7-41] **리턴파이프 탈거**

⑤ 연료압력조절기만 교환 시에는 연료레일에 연료압력조절기 고정나사를 탈거하고 연료압력조절기를 연료배출 파이프에서 탈거한다. 오링이 분리되지 않고 남아 있으면 제거한다(조립 시는 신품으로 교환한다). 연료압력조절기를 연료레일에서 천천히 당겨서 연료파이프에서 탈거한다.

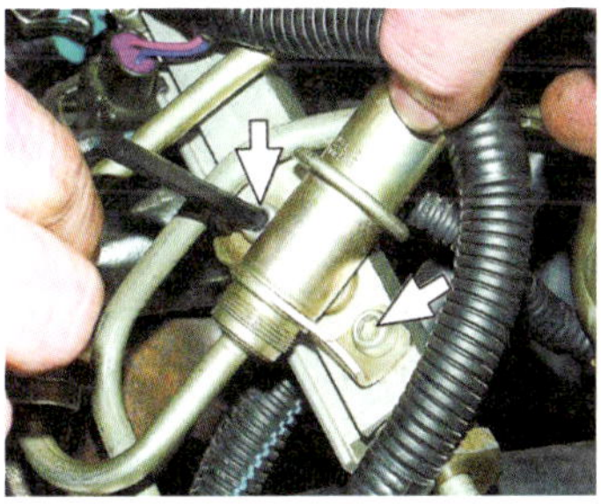

[그림 7-42] **고정나사 탈거**

[그림 7-43] **연료압력조절기 탈거**

⑥ 연료레일(분배파이프)과 연결된 연료공급파이프의 피팅을 풀고 연료압력을 제거한다.

⑦ 연료레일에 있는 인젝터와 연결된 커넥터를 탈거한다.

[그림 7-44] **커넥터 탈거**

⑧ 십자드라이버로 연료파이프 장착 브래킷의 나사를 풀어 브래킷을 탈거한다.

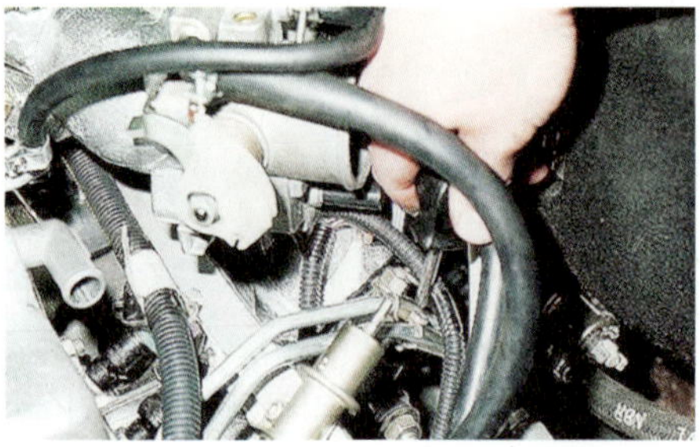

[그림 7-45] **연료파이프 브래킷 탈거**

⑨ 연료레일을 고정하고 있는 나사를 탈거한다.

⑩ 인젝터를 흡기다기관 시트에서 모두 탈거한 다음 연료레일과 함께 탈거한다.

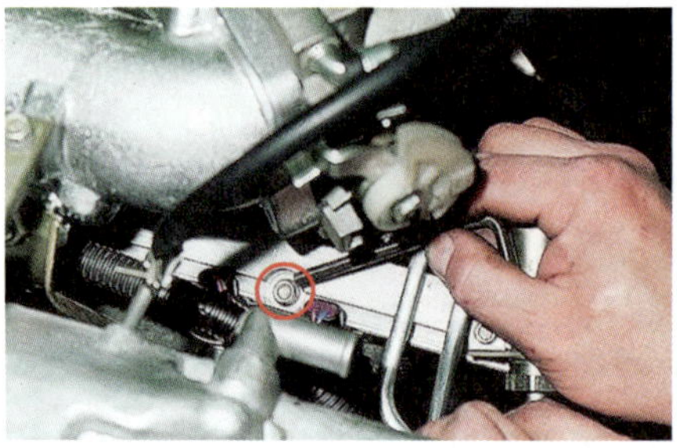

[그림 7-46] **연료레일 고정나사 탈거**

[그림 7-47] **인젝터 및 연료레일 탈거**

⑪ 스프링 브래킷을 압착한 후 인젝터 커넥터를 탈거한다.

[그림 7-48] **인젝터 커넥터 탈거**

⑫ 스크루드라이버를 사용하여 인젝터 고정장치를 밀어 탈거한다.

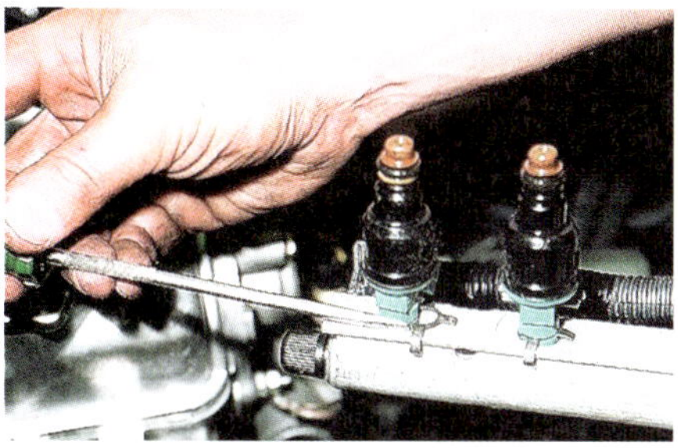

[그림 7-49] **인젝터 고정장치 탈거**

⑬ 인젝터를 살살 흔들면서 연료레일에서 탈거한다.

[그림 7-50] **인젝터 탈거**

⑭ 신품 인젝터를 탈거의 역순으로 조립한다. 인젝터를 크리닝하여 재사용할 경우 모든 인젝터의 오링을 송곳이나 스크루드라이버를 이용하여 인젝터 본체에서 오링을 탈거한 후 신품으로 교환한다. 인젝터를 삽입 할 때 고무 오링에 엔진오일을 조금 발라서 살살 조립한다. 인젝터를 장착 전에 인젝터가 설치되었던 홀 청소를 한다.

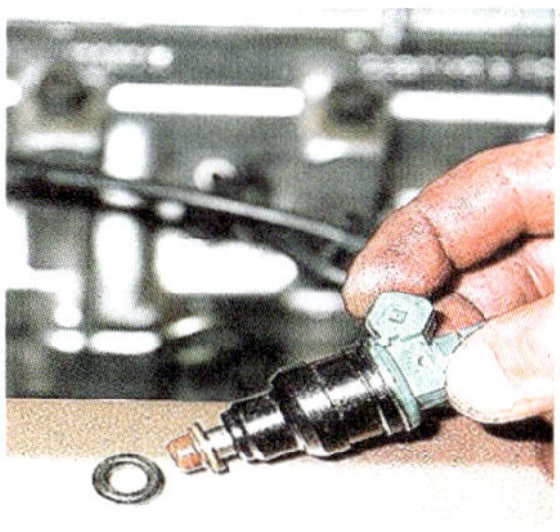

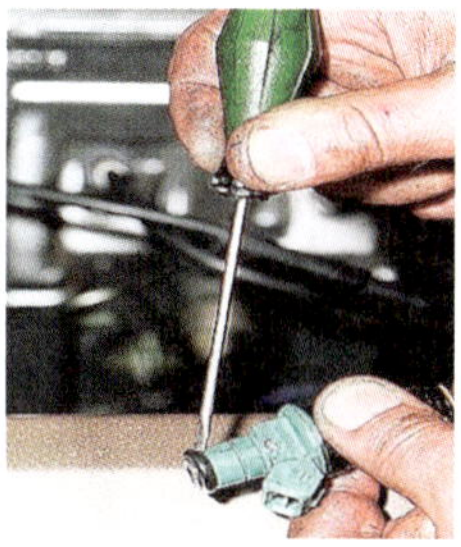

[그림 7-51] **인젝터 오일 탈거**

1.4 GDI 연료분사장치연료 압력 센서(FPS) 교환

① 점화 스위치를 OFF하고, 배터리 (-) 케이블을 분리한다.
② 연료라인의 잔류압력을 제거한다.
③ 리어 시트 쿠션을 탈거한다.
④ 연료펌프, 서비스 커버를 탈거한다.
⑤ 연료압력센서 커넥터(A)를 분리한다.
⑥ 연료압력센서 고정 핀(B)을 화살표 방향으로 분리한다.
⑦ 연료압력센서를 연료펌프로부터 탈거한다.
⑧ 장착은 탈거의 역순으로 한다.

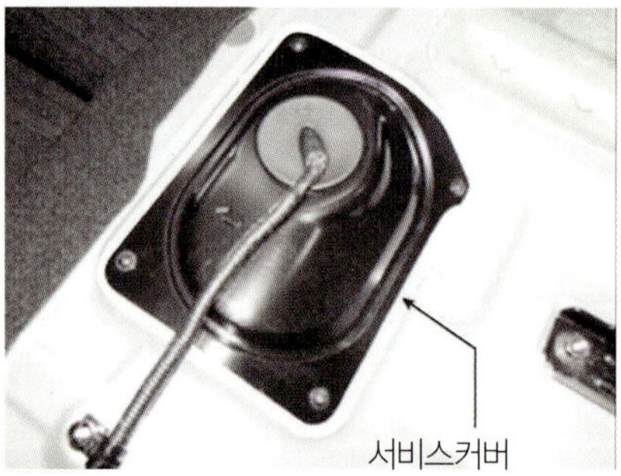

[그림 7-52] **연료압력센서 서비스 커버**

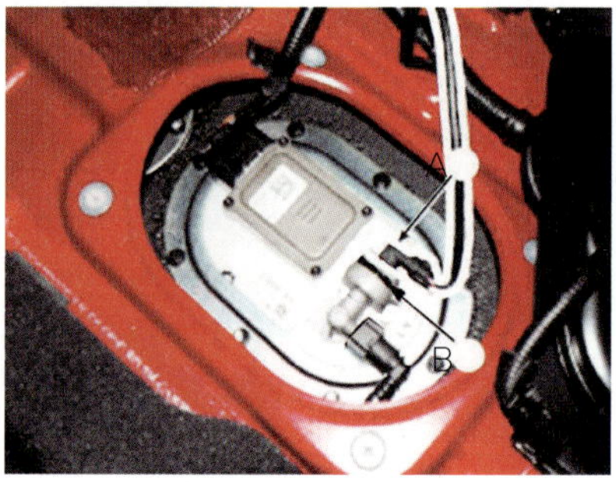

[그림 7-53] **연료압력센서 설치상태**

02 연료장치 점검 · 정비

2.1 가솔린 연료펌프 작동 점검

① 점화 스위치를 OFF로 한다.

② 축전지 전압을 직접 연료펌프 구동 커넥터(그림 7-54의 2번 단자)에 연결하였을 때 펌프의 작동 소음이 들리는지를 확인한다. 연료펌프가 탱크 내에 들어 있기 때문에 작동 소음을 듣기 어려울 때에는 연료탱크 캡을 열고 필러 포트(filler pot)를 통하여 작동 소음을 듣도록 한다.

③ 연료펌프 구동 커넥터가 없는 차량은 릴레이 박스에서 연료펌프 릴레이를 탈거하고, 릴레이 박스에서 30번 단자와 87번 단자에 점프선을 연결하여 연료펌프를 강제 구동한다.

④ 손으로 연료호스를 잡고 연료압력이 느껴지는지를 점검한다.

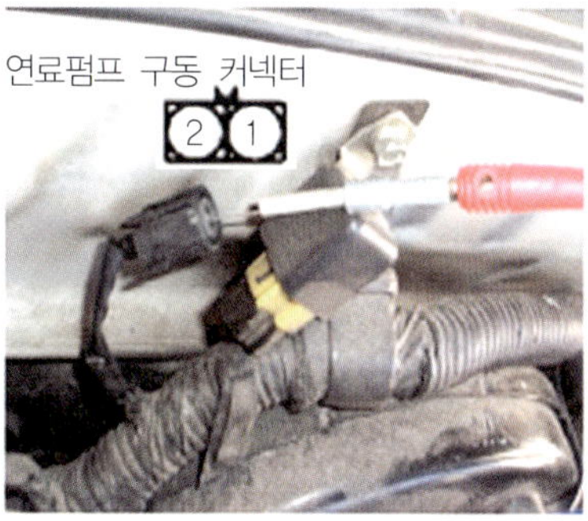

[그림 7-54] 연료펌프 구동단자를 이용한 점검

2.2 가솔린 연료압력

[1] 연료압력 점검방법

① 연료계통 내에 남아 있는 연료압력을 해제시켜 연료가 누출되지 않도록 한다.

② 고압연료호스를 딜리버리파이프(연료 분배 공급파이프) 쪽에서 분리한다. 이때 연료계통 내에 있는 잔압에 의하여 연료가 분출되는 것을 방지하기 위하여 헝겊으로 접속 부분을 감싸도록 한다.

[그림 7-55] **고압연료호스 탈거**

③ 연료압력계 어댑터를 사용하여 연료여과기에 연료압력계를 설치한 후 규정토크로 볼트를 조인다. 규정토크는 2.5~3.5m·kgf이다.

[그림 7-56] **연료 압력계 및 어뎁터 설치**

④ 축전지 (−)단자에 케이블을 연결한 후 축전지 전압을 연료펌프 구동단자에 인가하여 연료펌프를 작동시킨 후 연료압력계와 연결부에서 연료 누출 여부를 점검한다.

⑤ 연료 압력조절기에서 진공호스를 분리시킨 후 엔진이 공회전하는 상태에서 진공호스 끝을 막고 연료압력을 측정한다. 이때 규정값은 3.26~3.47kgf/cm^2이다.

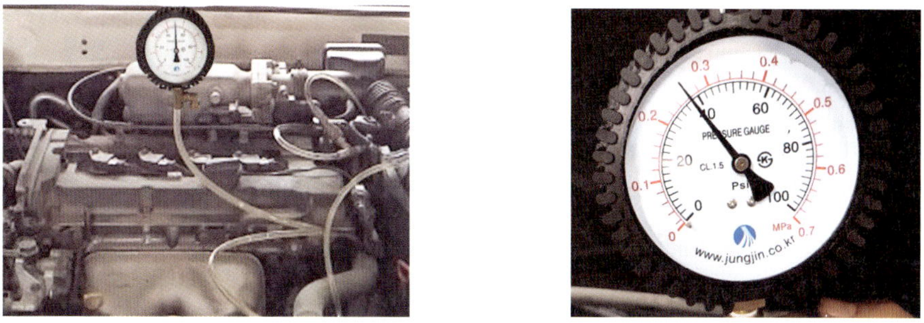

[그림 7-57] **연료압력 판독**

⑥ 진공호스를 연료압력조절기에 연결시킨 후 연료압력을 측정한다. 이때 규정값은 약 2.75kgf/cm^2이다.

상 태	가능한 원인	수 리
연료압력이 너무 낮다.	① 연료필터가 막힘 ② 연료압력조절기에 있는 밸브의 밀착이 불량하여 귀환구(Return port) 쪽으로 연료가 누설된다. ③ 연료펌프의 공급압력이 누설됨	① 연료필터 교환 ② 연료압력 레귤레이터 교환 ③ 연료펌프 교환
연료압력이 너무 높다.	① 연료압력조절기 내의 밸브가 고착됨 ② 리턴호스나 파이프가 막히거나 휨	① 연료압력조절기 교환 ② 호스나 파이프 수리, 교환
연료압력조절기 진공호스 연결 시나 해제 시나 압력이 같다.	① 진공호스 또는 니플이 막히거나 파손됨 ② 조절기 내 밸브가 고착되었거나 밸브 밀착 불량	① 진공호스나 니플 수리 혹은 교환 ② 조절기 교환
엔진정지 후 연료압력이 서서히 떨어진다.	인젝터에서 연료가 누설된다.	인젝터 교환
급격히 떨어진다.	연료펌프 내 체크밸브의 작동 여부를 점검한다.	연료펌프 교환

[2] 답안지 작성

① 측정(또는 점검)

㉠ 측정값 : 측정한 연료압력(예 : 3.0kgf/cm^2)을 답안지에 기입한다.

㉡ 규정(한계)값 : 연료압력 규정값(예 : 3.2~3.8kgf/cm^2)을 답안지에 기입한다.

② 판정 및 정비 조치사항

㉠ 측정값이 규정값 범위를 벗어나면 판정의 불량에 ☑ 표시한 후 정비 및 조치할

사항에 "연료압력조절기 교환 후 재점검"으로 답안지를 작성한다.

ⓛ 측정값이 규정값 범위 내에 들어오면 판정의 양호에 ☑ 표시한 후 정비 및 조치할 사항에 "정비 및 조치할 사항 없음"또는 "없음"으로 답안지를 작성한다.

측정항목	① 측정(또는 점검)		② 판정 및 정비(또는 조치)사항		득 점
	측정값	규정(한계)값	판정(□에 "✔" 표)	정비 및 조치할 사항	
연료압력	3.0kgf/cm^2	3.2~3.8kgf/cm^2	□ 양호 ☑ 불량	연료압력조절기 교환 후 재점검	

2.3 가솔린 연료펌프(모터) 소모전류

[1] 가솔린 연료펌프 소모전류 점검방법

① 그림 7-58과 같이 클램프형 전류계(후크미터)를 연료펌프로 가는 라인에 연결한다.

[그림 7-58] **연료펌프 소모전류 점검**

② 일반적으로 후크미터 레인지를 $\overline{\text{A}}$(DCA) 400(200)에 놓고 0점 조정 후 측정한다. 전기가 흐르는 방향으로 화살표 방향으로 설치한다(역방향은 측정값이 "—"로 표시된다).

③ 클램프형 전류계(후크미터)를 ①과 같이 연결하여 측정한다. 연결한 경우에는 될 수 있는 한 연료펌프 가까이 연결한다.

④ 전류계(멀티 테스터)로 측정 시는 그림 7-58의 ②와 같이 연결한 후 측정한다.

⑤ 연료펌프 구동단자에 배터리 (+)전원을 연결하고 전류계의 눈금을 확인한다.

⑥ 연료의 맥동 현상으로 인해 측정전류가 일정하게 흐르지 않고 오르내리므로 높은 전류값을 측정한다. 연료펌프 소모전류 규정값은 3~5A이다.

[2] 답안지 작성

① 측정(또는 점검)

㉠ 측정값 : 연료펌프 소모전류 측정값(예 : 3.4A)을 답안지에 기록한다.

㉡ 규정(한계)값 : 규정값(예 : 3~5A)을 답안지에 기록한다.

② 판정 및 정비 조치사항

㉠ 측정값이 규정값 범위를 벗어나면 판정의 불량에 ☑ 표시한 후 정비 및 조치할 사항에 "연료펌프 교환 후 재점검"으로 답안지를 작성한다.

㉡ 측정값이 규정값 범위 내에 들어오면 판정의 양호에 ☑ 표시한 후 정비 및 조치할 사항에 "정비 및 조치할 사항 없음"또는 "없음"으로 답안지를 작성한다.

측정항목	① 측정(또는 점검)		② 판정 및 정비(또는 조치)사항		득점
	측정값	규정(한계)값	판정(□에 "✔" 표)	정비 및 조치할 사항	
연료펌프 소모전류	3.4A	3~5A	☑ 양호 □ 불량	양호	

2.4 가솔린 엔진 인젝터

[1] 가솔린 엔진 인젝터 점검방법

(1) 인젝터 점검 시기

① 공회전 시 엔진부조 또는 냉간 시 시동이 불량할 때.

② 주행중(열간 시) 시동꺼짐 또는 가속 주행 성능 불량 시

③ 연료소모 과다 시 또는 급가속 시 노킹이 발생할 때 점검한다.

(2) 회로 점검(커넥터 분리)

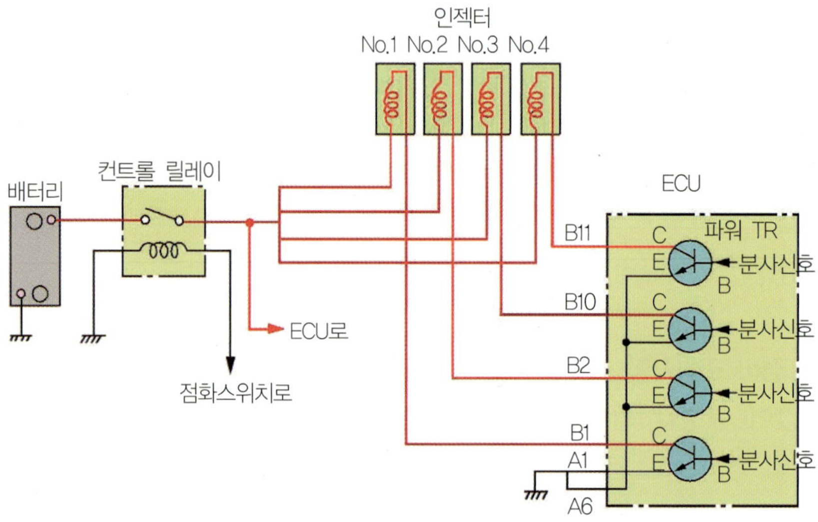

[그림 7-59] 인젝터 구동 회로도(동기분사)

① IG Key ON 시 전원단자에서 11.8~12.5V 출력되면 컨트롤 릴레이와 인젝터회로는 정상

② 규정값 이하이면

㉠ 컨트롤 릴레이 커넥터 또는 배선쇼트나 단선여부 점검

㉡ 배선이 정상이면 컨트롤 릴레이까지 전원 점검

㉢ 전원이 정상이면 컨트롤 릴레이 불량

③ IG Key ON 시 출력단자에서 4.8~12.5V 출력되면 인젝터와 ECU간 작동회로는 정상

④ 4.8V 이하이면,

㉠ ECU 커넥터 또는 배선 단선이나 쇼트 점검

㉡ 배선이 정상이면 ECU 불량

㉢ 회로정상이면 인젝터 내부저항을 점검한다.

(3) 단품 점검

(a) 저항 점검

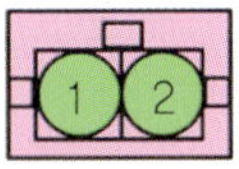

(b) 하네스측 커넥터

(c) 공급전원 점검

[그림 7-60] **인젝터 저항 및 공급전원 측정**

① 인젝터 두 단자에서 코일의 내부저항을 측정한다. 규정값은 13~16Ω(20℃)이다.

② 4개 또는 6개의 편차(최댓값과 최솟값의 차이)가 5Ω 이상이면 인젝터를 교환한다.

(4) 누설 점검

"연료압력"측정에 의해 인젝터 누설 여부를 점검한다.

(5) 인젝터 후적 및 막힘 점검

① 인젝터의 기계적 불량인 후적이나 막힘은 전기적인 신호로 확인이 어렵기 때문에 딜리버리파이프 및 연료압력조절기가 설치된 상태에서 인젝터와 함께 탈거한다.

② 연료는 화재의 위험성이 있으므로 헝겊이나 연료를 받을 통을 준비한다.

③ 연료펌프 릴레이를 탈거한다.

④ 릴레이 박스에서 30번 단자와 87번 단자에 점프선을 연결 또는 연료펌프 구동단자에 점프선을 연결하여 연료펌프를 강제 구동한다.

⑤ 각 인젝터 2번 단자를 테스트램프를 이용하여 접지하면 인젝터가 구동된다.

⑥ 인젝터의 분사상태와 후적 등을 확인한 후 후적이 있거나 막힘이 있으면 해당 인젝터를 교환한다.

[2] 답안지 작성

① 측정(또는 점검)

㉠ 측정값 : 인젝터 저항 측정값(예 : 14.5Ω(20℃))을 답안지에 기록한다.

㉡ 규정(한계)값 : 규정값(예 : 13~16Ω(20℃))을 답안지에 기록한다.

② 판정 및 정비 조치사항

㉠ 측정값이 규정값 범위를 벗어나면 판정의 불량에 ☑ 표시한 후 정비 및 조치할 사항에 "인젝터 교환 후 재점검"으로 답안지를 작성한다.

㉡ 측정값이 규정값 범위 내에 들어오면 판정의 양호에 ☑ 표시한 후 정비 및 조치할 사항에 "정비 및 조치할 사항 없음"또는 "없음"으로 답안지를 작성한다.

측정항목	① 측정(또는 점검)		② 판정 및 정비(또는 조치)사항		득점
	측정값	규정(한계)값	판정(□에 "✔" 표)	정비 및 조치할 사항	
인젝터 저항	14.5Ω (20℃)	13~16Ω (20℃)	☑ 양호 □ 불량	정비 및 조치사항 없음	

2.5 가솔린 연료 압력조절기

[1] 가솔린 연료 압력조절기 점검방법

일반적으로 연료압은 공회전 시 약 2.0kgf/cm^{2}이고(연료 압력조절기의 진공호스를 탈거하면 약 2.55kgf/cm^{2}으로 상승함), WOT(wide open throttle) 시 순간 약 2.55kgf/cm^{2}으로 된다(차종이나 시스템에 따라 다소 차이는 있음 : 2.5~3.5kgf/cm^2).

연료 압력조절기는 흡기다기관 부압이 "0"일 때 연료압력이 약 2.55kgf/cm^2 이상이면 다이어프램 스프링이 상승되므로, 연료는 출구로부터 리턴파이프를 통하여 연료탱크로 되돌아간다.

연료압력조절기 점검방법은 다음과 같다.

① 연료파이프 내의 연료압력을 해제시켜 연료가 흘러나오지 않도록 한다.

㉠ 연료탱크 쪽에서 연료펌프 하네스 커넥터를 분리시킨다.

㉡ 엔진 시동을 걸어 스스로 정지할 때까지 기다린 후 점화스위치를 OFF시킨다.

㉢ 배터리 (-)단자 케이블을 분리시킨다.

㉣ 연료펌프 하네스 커넥터를 연결한다.

② 연료필터 너트를 고정시킨 후 상부볼트를 푼다. 이때 연료계통 내에 있는 잔류압력에 의한 연료 분출을 방지하기 위하여 헝겊으로 호스 접속 부분을 덮는다.

③ 연료압력 게이지를 T관(어댑터)을 이용하여 연료필터에 설치한다.

④ 배터리 (-)단자를 연결한다.

⑤ 배터리 전압을 연료펌프 구동단자에 인가하여 연료펌프를 가동시키고 압력 게이지 또는 어댑터 연결 부분에서 연료가 누출되는지를 점검한다.

⑥ 연료압력조절기에서 진공호스를 분리하고 진공호스 끝을 막은 후 연료압력을 측정한다. 엔진이 공회전할 때 규정값은 약 3.35～3.55kgf/cm^{2}이다.

⑦ 진공호스를 연료압력조절기에 연결한 상태에서 압력을 측정한다. 이때 규정값은 약 2.4～2.9kgf/cm^{2}이다.

⑧ ⑥과 ⑦의 과정에서 측정한 값이 규정값과 일치하지 않으면 다음과 같은 이상 원인을 찾아내어 점검하도록 한다.

㉠ 연료압력이 너무 낮다.

ⓐ 연료필터가 막혔다.

ⓑ 연료압력조절기에 있는 밸브의 밀착이 불량하여 구멍 쪽으로 연료가 누출된다.

ⓒ 연료펌프 공급압력이 누출된다.

㉡ 연료압력이 너무 높다.

ⓐ 연료압력조절기 내의 밸브가 고착되었다.

ⓑ 연료 리턴호스 또는 파이프가 막혔거나 휘었다.

㉢ 진공호스를 연결하거나 분리하여도 압력이 같다.

ⓐ 진공호스 또는 니플이 막혔거나 파손되었다.

ⓑ 진공압력조절기 내의 밸브가 고착되었거나 밸브 밀착이 불량하다.

⑨ 엔진 가동을 정지시키고 연료압력 게이지의 지침변화를 점검한다. 이때 지침이 떨어지지 않아야 한다. 만약 지침이 떨어지면 지침의 변화속도를 점검한 다음 원인을 파악하여 정비한다.

⑩ 연료계통 내의 연료압력을 해제시킨다.

⑪ 연료필터에서 연료압력 게이지를 분리시킨다. 이때 호스 연결부분을 헝겊으로 덮어 연료계통의 잔류압력에 의한 연료분출을 방지한다.

⑫ 연료필터에서 분해한 부분을 재조립 한다.

⑬ 다음과 같이 연료누출 유무를 점검한다.

㉠ 배터리 전압을 연료펌프 구동단자에 연결하여 연료펌프를 강제 구동시킨다.

㉡ 연료압력이 작용되는 상태에서 연료계통의 누출을 점검한다.

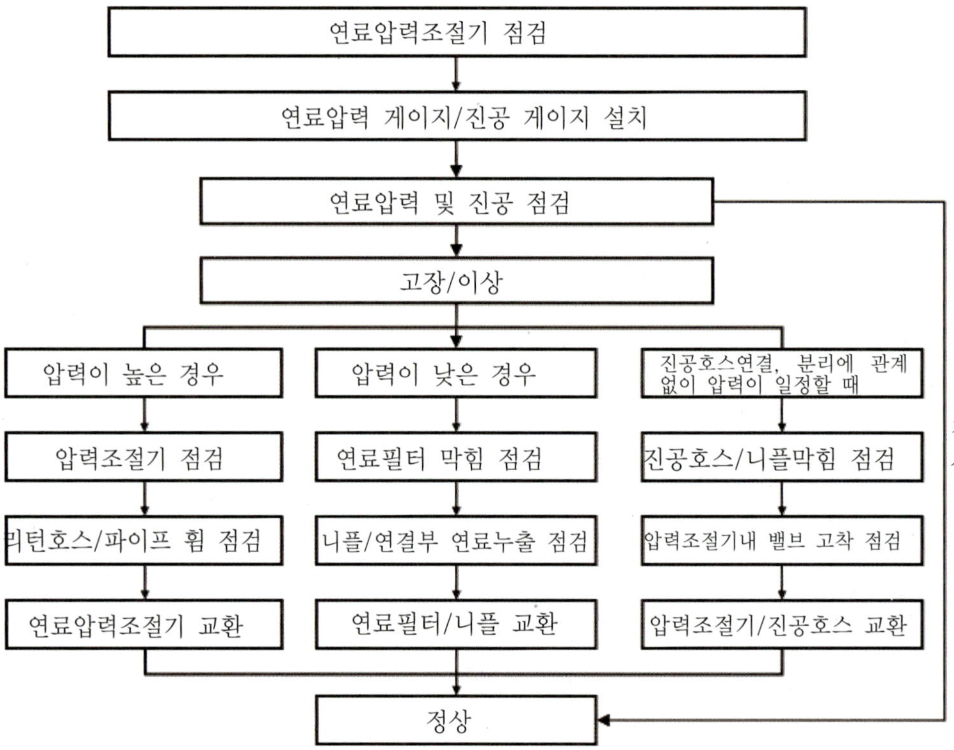

[그림 7-61] **연료압력조절기 점검 방법**

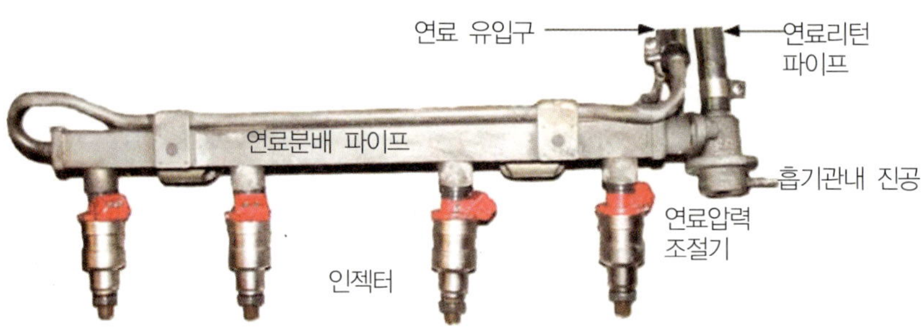

[그림 7-62] **연료압력조절기의 장착 위치**

Chapter

8

점화장치 정비

01 점화장치 교환

1.1 점화코일

[1] 점화코일 교체시기

점화코일의 역할은 엔진에 흡입되고 있는 공기와 연료의 혼합가스를 점화시켜 폭발시키는 역할을 한다. 시동을 걸기 시작하여 시동을 끌 때까지 계속 작동하며 높은 온도와 충격까지 버텨야 하는 소모품이기 때문에 교체주기에 맞춰 정비해 주는 것이 좋다. 보통 40,000km에서 교체하거나, 길게는 100,000km까지 교체주기로 보는 경우도 있고, 요즘 신차들은 160,000km의 교체주기를 갖고 있는 경우도 있다.

[2] 점화코일 고장으로 인한 증상

① 시동불능 현상 발생

② 시동 시 부조현상 발생

③ 급가속 불량현상 발생

④ 엔진 부조현상 발생

[3] 점화코일 이상유무 진단법

① 시동을 켠 상태에서 점화코일을 한 개씩 빼고 다시 집어넣으면서 확인한다.

② 한 개씩 차례대로 빼 봤을 때 엔진이 요동치는 것이 심해지면 정상이다.

③ 그에 비해 좀 덜 요동치거나 변화가 없으면 불량이다.

④ 점화코일 배선에 문제가 생기면 시동이 원활하지 않고 점화코일 고장 증상과 같다. 이 경우 차량 스캐너로 고장부위를 발견할 수 있고, 점화코일 커넥터를 하나씩 탈거해가면서 부조 여부를 확인할 수 있다.

1.2 점화플러그(스파크플러그)

[1] 점화플러그 교체시기

오랜 시간동안 높은 온도, 압력을 버티게 되면서 카본이 쌓이고 플러그에 변형이 생기면서 충격 등으로 인해 카본이 퇴적되기도 한다. LPG의 경우 엔진열이 높기 때문에 백금이나 이리듐이 사용되는 경우가 많고, 가솔린엔진의 경우 일반플러그나 백금플러그를 사용하기도 한다.

점화플러그 교체 시기는 차주의 운전습관 등 가혹조건에 따라 달라지나 손상된 점화플러그를 오래 사용할 경우 엔진에 심각한 손상을 일으킬 수 있다. 일반적으로 2만km 주기로 점검하고, 일반 점화플러그(니켈합금)의 경우 3~4만km를 주기로 교체, 백금 점화플러그의 경우 8만km를 주기로 교체, 이리듐 점화플러그의 경우 16만km 주기로 교체하는 것이 좋다. 만약 플러그 전극간극 측정 시 플러그의 간극이 기준(0.7~0.9mm) 이상으로 벌어져 있다면 마모가 많이 된 상태이니 교체해야 한다.

[2] 점화코일 고장으로 인한 증상

① 시동불능 현상 발생
② 연비가 안 좋아진다.
③ 엔진 부조현상이 나타난다.

[3] 점화플러그 교체 시 증상

(1) 카본에 의한 오염

절연체 표현, 전극, 점화플러그 몸체에 검은색 그을음이 부착된 상태라면 카본에 의한 오염 의심해야 한다.

① **증상** : 출력 저하, 실화(불꽃이 안 터짐), 동절기 시동 불량의 증상이 나타난다.
② **원인** : 혼합비 불량, 에어크리너 막힘, 급제동이 빈번한 주행에서 낮은 열가가 의심되는 상황이다.
③ **해결** : 혼합비 조정, 에어크리너 교체, 경우에 따라 높은 열가로 교체, 동절기 시동장치 점검한다.

4기통 기준 2개 이상 검게 변해있다면 모두 교체하는 것이 바람직하며, 1개만 불량이라면 고운 사포나 줄로 점화플러그 주위를 깨끗하게 청소하면 된다.

(2) 오일에 젖어있는 상태

엔진오일이 유입되어 전극부위에 오일 퇴적물이 부착된 상태

① **증상** : 출력 저하, 실화(불꽃이 안 터짐), 시동 불량의 증상이 나타난다.

② **원인** : 연소실에 과도한 윤활유의 유입이 원인이며, 엔진오일이 너무 많거나 피스톤 링, 실린더의 과대 마모가 의심되는 상황이다.

③ **해결** : 마모 부품(피스톤 링, 밸브가이드, 오일 실 등)을 교체하거나 점화플러그를 교체해야 한다.

(3) 전극이 부분적으로 녹아거나 파손됨

① **증상** : 실화, 엔진 출력 손실, 엔진손상, 완전히 녹았을 경우 절연체 표면 균열 가능성이 있다.

② **원인** : 조기점화에 의한 과열, 연소실 내 카본 퇴적, 밸브 불량, 옥탄가 낮은 연료 사용, 간혹 너무 높은 열가의 플러그 사용이 의심되는 상황이다.

③ **해결** : 엔진 점검, 점화 및 혼합기 계통 점검, 열가가 맞는 점화플러그로 교환이 필요하다.

1.3 점화코일, 점화플러그, 점화코일 배선 교환방법

[1] 4기통 엔진 점화코일, 점화플러그

(1) 탈거

① 점화플러그를 탈거하기 전에 배터리 (-)단자를 탈거한다. 너트는 절대 끝까지 풀지 말고 살짝 풀어준 다음에 배터리 터미널을 좌·우로 흔들면 쉽게 빠진다.

[그림 8-1] (-)단자 탈거

② 엔진커버를 탈거한다.

(a) 엔진커버 (b) 점화코일 위치

[그림 8-2] **엔진커버 탈거**

③ 점화코일에 각각 배선이 연결되어 전류를 공급해주는 방식이다. 연결된 커넥터는 회색 레버까지 이중으로 고정되어 있는데, 일자 드라이버로 좌·우 틈을 조금씩 들어 올리면 "탁"하면서 회색 레버가 풀린다. 그 다음에 가운데 검정색 부분을 누르면 커넥터는 쉽게 빠진다.

[그림 8-3] **커넥터 탈거**

④ 다음은 10mm 소켓으로 점화코일을 고정하고 있던 볼트를 탈거한다.

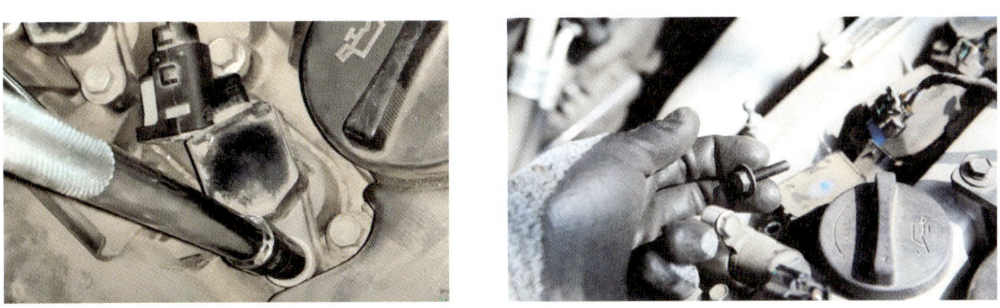

[그림 8-4] **볼트 탈거**

⑤ 점화코일을 손으로 잡고 살짝 흔들어주면서 잡아당기며 탈거한다. 나머지 점화코일도 탈거한다.

[그림 8-5] **점화코일 탈거**

⑥ 점화플러그를 탈거한다. 자석 달린 소켓을 사용하면 점화플러그가 붙어서 나온다.
⑦ 위와 같은 방법으로 점화코일과 점화플러그를 모두 탈거한다.

[그림 8-6] **점화플러[그 탈거**

(2) 조립

① 신품 점화플러그 전극이 어디에도 부딪히지 않도록 조심스럽게 실린더 상단으로 넣어준다. 처음부터 공구를 사용하지 말고 연결대 끝을 손으로 잡아서 나사산이 제대로 물리도록 살살 돌려준다. 더 이상 손가락 힘만으로 조여지지 않을 때 토크렌치를 사용하여 규정토크로 조인다.

[그림 8-7] 점화플러[그 조립

② 점화코일을 제 위치에 넣어주고 볼트를 조립한다.

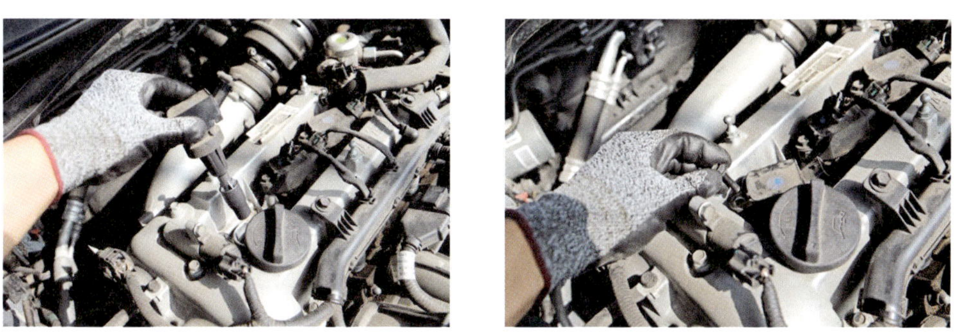

[그림 8-8] **점화코일 조립**

③ 점화코일 배선 커넥터도 다시 결선한다. 회색 이중 잠금장치도 밀어서 딸깍 소리가 나도록 고정시켜 준다.

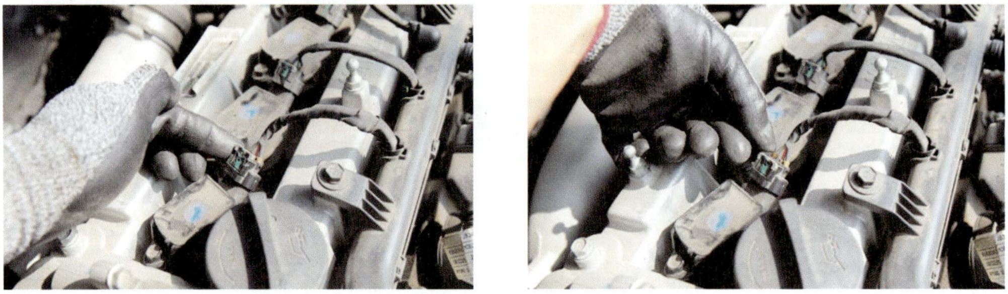

[그림 8-9] **커넥터 조립**

④ 배터리 (-) 단자를 조립한다.

⑤ 엔진커버를 조립한다.

[2] 6기통 엔진 점화코일, 점화플러그

① 엔진커버를 탈거한다.

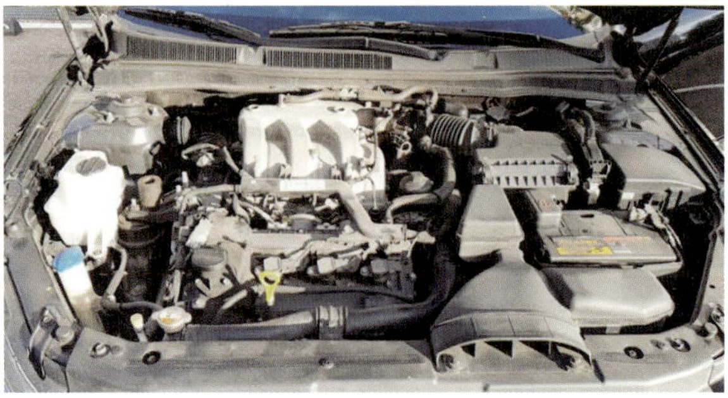

[그림 8-10] **엔진커버 탈거**

② 보닛 앞쪽에서 흡기덕트 볼트 2개를 탈거하고, 에어덕트를 탈거한다.
③ 배터리 (-)단자와 (+)단자를 탈거한 후 배터리 고정 볼트를 탈거하고, 배터리도 탈거한다.
④ 에어크리너 박스 볼트를 탈거한다.
⑤ 에어크리너 박스와 흡기 인테이크호스 분리 후 아래 볼트를 탈거한다.

[그림 8-11] **에어크리너 고정 볼트**

[그림 8-12] **아래 볼트**

⑥ 스로틀바디를 서지탱크에서 탈거한다. 먼저 우측부터 작업을 한다.
⑦ 점화코일 커넥터는 후크 타입으로 되어 있어서 일자 드라이버를 이용하여 틈을 살짝 눌러서 점화코일 커넥터를 탈거한다.
⑧ 점화코일에 고정 볼트를 탈거하고 점화코일을 탈거한다.

[그림 8-13] **점화코일 커넥터**

[그림 8-14] **점화코일 고정 볼트 탈거**

⑨ 점화플러그를 탈거한다. 일반적으로 16mm 점화플러그용 롱 복스를 사용한다.

[그림 8-15] **점화플러[그 탈거**

⑩ 우측 점화플러그 및 점화플러그를 모두 탈거한다.

⑪ 신품 점화플러그를 장착한다. 렌치를 이용하여 플러그를 엔진에 체결한 후 손으로 돌려주고, 힘을 이용하여 270도 가량 돌려서 체결한 후 토크렌치를 이용하여 규정 토크로 조인다.

⑫ 탈거 역순으로 조립을 해주면 엔진 우측(앞쪽)은 작업이 완료된다.

⑬ 엔진 좌측 작업을 위해서 서지탱크를 탈거해야 한다. 차량마다 볼트 사이즈는 상이하나 기본적으로 V6 방식은 비슷하다. K7 3.0람다 엔진의 경우 서지탱크를 고정하고 있는 앞쪽 12mm 볼트 6개와 상부 10mm 볼트를 제거하여 서지탱크 위로 지나가는 지지대 볼트 10mm 모두 탈거한다.

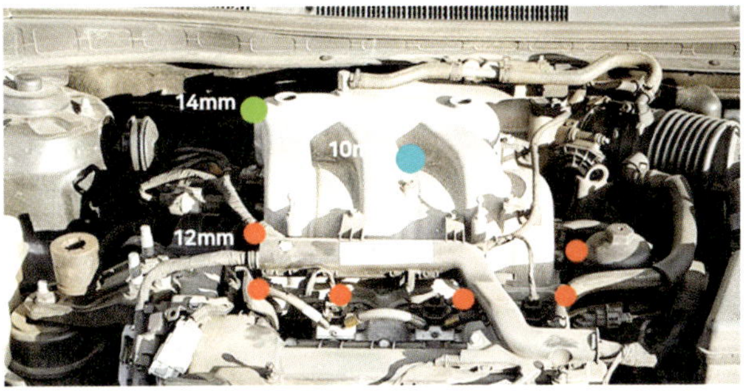

[그림 8-16] **서지탱크 고정 볼트**

⑭ 차량 연식마다 차이가 있으나 뒤쪽 지지용 고정 볼트를 탈거한다.

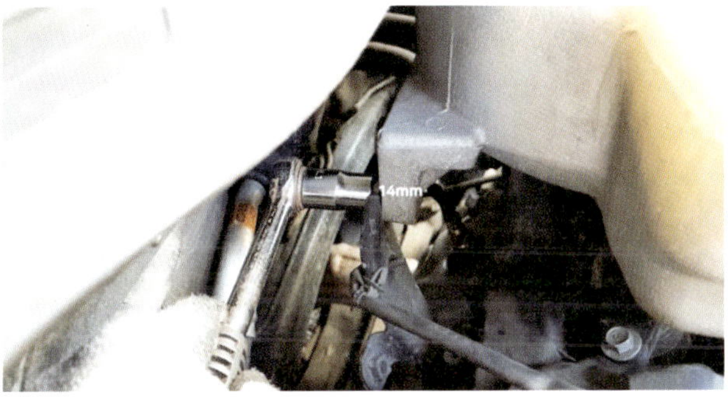

[그림 8-17] **지지용 고정 볼트**

⑮ 서지탱크를 제거하면 엔진 내부로 이물질이 들어가지 않도록 주의하며 나머지 좌측 부분도 우측(앞쪽) 부분처럼 점화코일과 점화플러그를 교환한다.

(a) 서지탱크 탈거 상태

(b) 이물질 유입 방지

[그림 8-18] **서지탱크 탈거**

⑯ 조립은 탈거 역순으로 진행한다. 조립 시 개스킷은 신품으로 교환한다.

[3] 점화코일 배선 교환

① 엔진커버를 탈거한다.
② 신품 배선을 맞춰본다.

[그림 8-19] **엔진커버 탈거**

[그림 8-20] **신품 배선**

③ 엔진 옆에 끼워져 있는 커넥터를 분리한다.
④ 커넥터 고정클립을 탈거한다.

[그림 8-21] **커넥터 탈거**

[그림 8-22] **고정클립 탈거**

⑤ 점화코일에 연결되어 있는 커넥터를 탈거한다.
⑥ 신품 배선을 순서가 바뀌지 않게 길이를 재보면서 커넥터를 한 개씩 연결하고 배선정리를 한다.

[그림 8-23] **커넥터 연결**

[그림 8-24] **배선 정리**

⑦ 커넥터 고정클립을 끼워서 조립한다.
⑧ 엔진 옆에 끼워져 있는 커넥터를 조립한다.

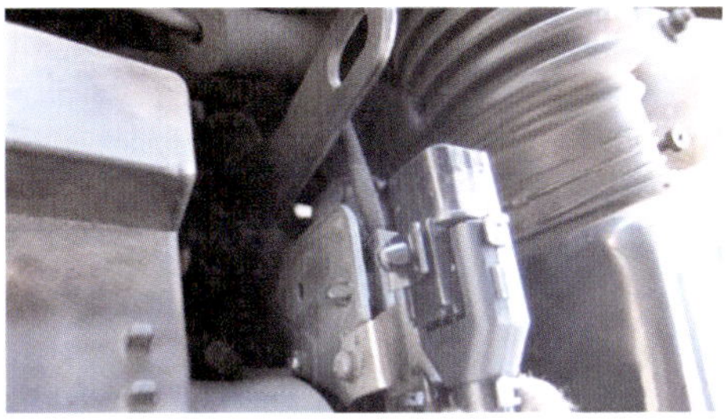

[그림 8-25] **고정클립 조립**

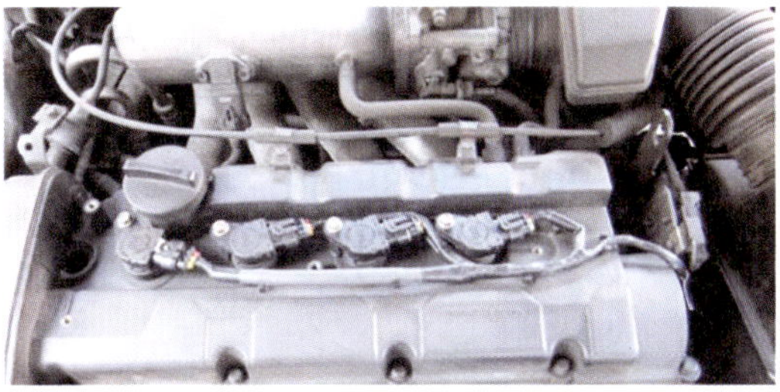

[그림 8-26] **커넥터 조립**

⑨ 엔진커버를 장착한다.

[그림 8-27] **엔진커버 장착**

1.4 크랭크 각센서

[1] 크랭크 각센서 역할

크랭크 각센서(크랭크샤프트 위치센서)는 엔진의 회전수에 따른 각 피스톤의 위치 정보를 ECU에 전달해서 시동상태를 유지하게 해주는 센서이다. 즉, 차량의 rpm 상태에 따라 ECU가 최적의 연료 분사량과 점화시기를 결정해주는 센서이다. 크랭크 각센서는 크랭크샤프트에 달린 휠의 기어 회전수로 rpm을 감지하지만, 시동불량이나 시동지연, 시동 꺼짐 시에 스캐너로 진단을 해도 고장개소가 나오지 않는 경우 크랭크 각센서 고장일 확률이 높다. 또 엔진 최고 회전속도를 3,000rpm으로 고정한다.

[2] 크랭크 각센서 고장 시 증상

① 냉간 또는 열간 시 시동이 불가하다.
② 공회전 및 주행 시, 정차 시 갑자기 시동이 꺼진다.
③ 주행 중 간헐적으로 충격이 발생한다.
④ 출발, 급제동 시 울컥하는 충격이 발생한다.
⑤ 부조현상 및 출력이 저하된다.

[3] 크랭크 각센서 교환

① 크랭크 각센서는 보통 엔진 뒤쪽에 있다. 방열판 고정 볼트를 탈거하여 방열판을 탈거한다. 장시간 운행한 직후에 작업을 하면 화상을 입을 우려가 있기 때문에 충분히 식힌 후에 작업을 한다.

(a) 방열판 고정 볼트 탈거

(b) 방열판 탈거

[그림 8-28] **방열판 탈거**

② 센서커버 고정 볼트를 탈거하고 커버를 탈거한다.

(a) 센서커버 고정 볼트 탈거

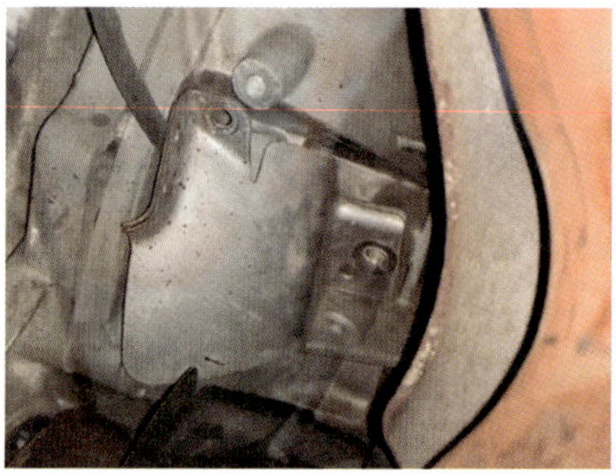
(b) 센서커버 탈거

[그림 8-29] **센서커버 탈거**

③ 크랭크 각센서 고정 볼트를 탈거하고 크랭크 각센서를 커넥터를 잡아당기며 탈거한다.

(a) 고정 볼트 탈거 (b) 크랭크 각센서 탈거

[그림 8-30] **크랭크 각센서 탈거**

④ 위쪽 커넥터 부분은 클립으로 고정되어 있는데, 양손으로 들어 올리고 롱노즈로 커넥터 고정 클립을 잡아당겨서 탈거한다. 클립을 탈거하면 커넥터는 쉽게 빠진다.

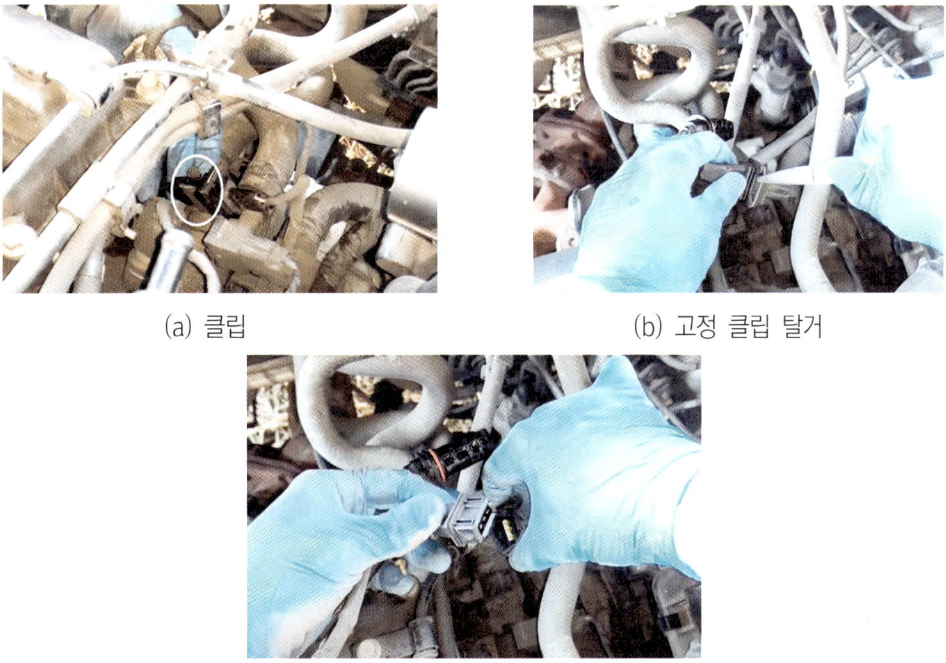

(a) 클립 (b) 고정 클립 탈거

(c) 커넥터 탈거

[그림 8-31] **커넥터 탈거**

⑤ 신품 크랭크 각센서 커넥터를 조립하고 커넥터 고정 클립을 손으로 밀어 끼운다.

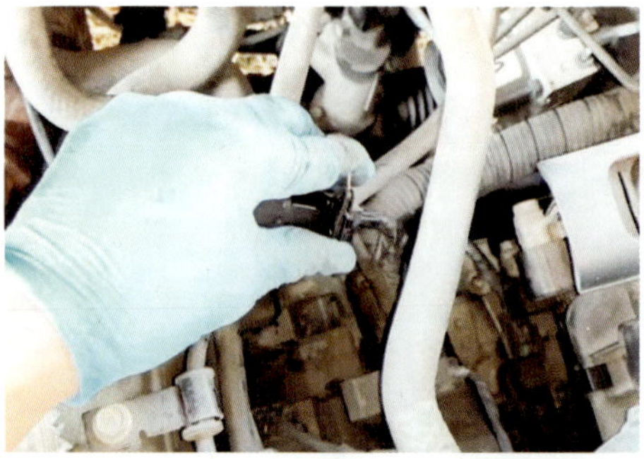

[그림 8-32] **고정 클립 조립**

⑥ 크랭크 각센서 머리 부분을 다시 배선 사이로 통과 시켜서 아래쪽으로 내려준다.
⑦ 커넥터를 클립에 끼워 준다.
⑧ 크랭크 각센서를 조립하고 고정 볼트로 조인다.
⑨ 방열판를 설치하고 고정 볼트로 조인다.

1.5 캠 샤프트 위치센서(CMPS, TDC센서) 교환

[1] 캠 샤프트 위치센서 역할

캠 샤프트 위치센서는 캠 샤프트 1번 실린더의 피스톤 상사점 위치를 검출하는 센서로, 크랭크 샤프트 위치센서와 동일 기준점으로 하여 크랭크 샤프트 위치센서에서 확인이 불가능한 1번 피스톤의 상사점 위치를 검출해서 ECU가 확인할 수 있게 해줌으로써 크랭크축 위치센서 신호를 이용하여 상사점(상사점 검출 확률 : 50%), 엔진 회전속도를 계산한 후 연료 분사량 및 점화시기를 제어(엔진 작동은 가능)한다.

[2] 캠 샤프트 위치센서 고장 시 증상

① 시동불량
② 시동꺼짐
③ 엔진부조(rpm이 오르락내리락 함)
④ 연료소모 증가
⑤ 냉간 시 배기가스 과다 배출
⑥ LPI엔진 분사시기는 BTDC 180CA로 고정된다.

[3] 캠 샤프트 위치센서 교환

① 에어크리너 쪽 인테이크 호스 클램프를 적당히 풀어준다.

② 인테이크 브리더호스 2개를 롱노즈나 플라이어로 클램프를 옆으로 옮겨준다.

[그림 8-33] **에어크리너측 클램프 탈거**

[그림 8-34] **브리더호스**

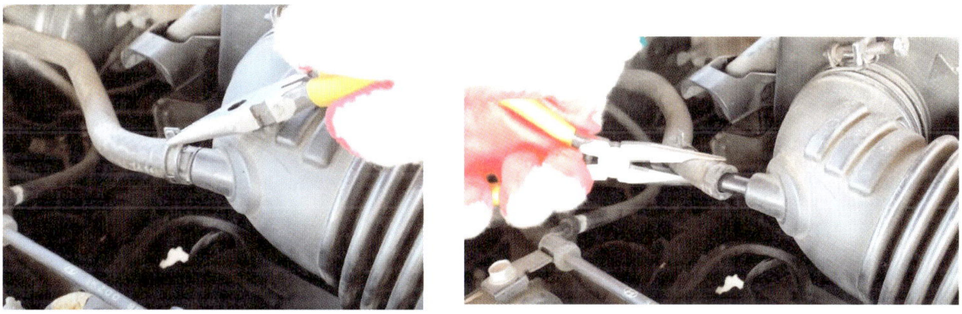

(a) 클램프 탈거

(b) 호스 탈거

[그림 8-35] **브리더호스 탈거 (1)**

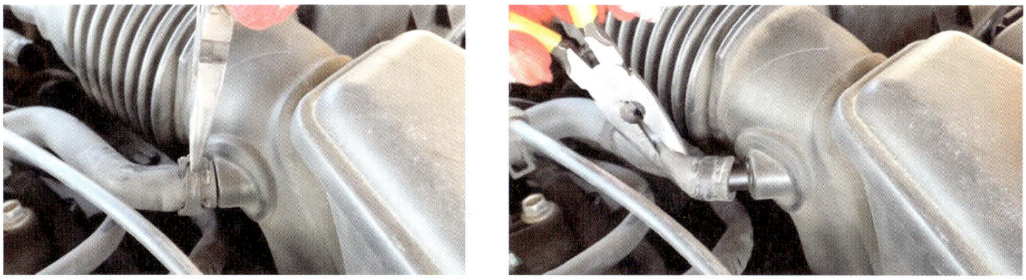

(a) 클램프 탈거

(b) 호스 탈거

[그림 8-36] **브리더호스 탈거 (2)**

③ 스로틀바디쪽 에어 인테이크호스 클램프는 십자드라이버를 이용하여 풀어준다.

④ 에어 인테이크를 탈거한다.

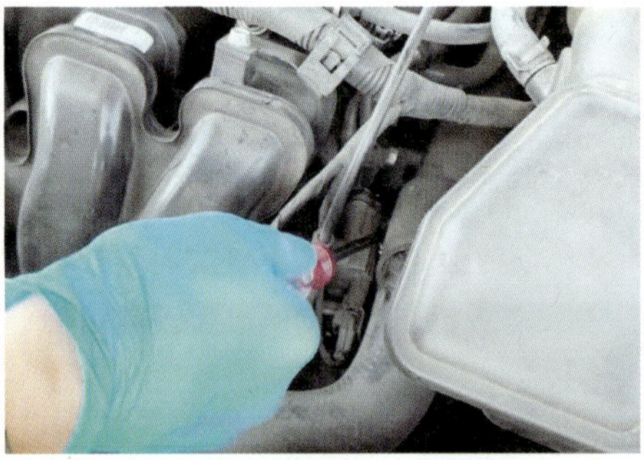

[그림 8-37] **스로틀바디 쪽 클램프 탈거**

[그림 8-38] **에어 인테이크 탈거**

⑤ 롱노즈를 이용하여 커넥터 고정부를 누름과 동시에 커넥터를 탈거한다.

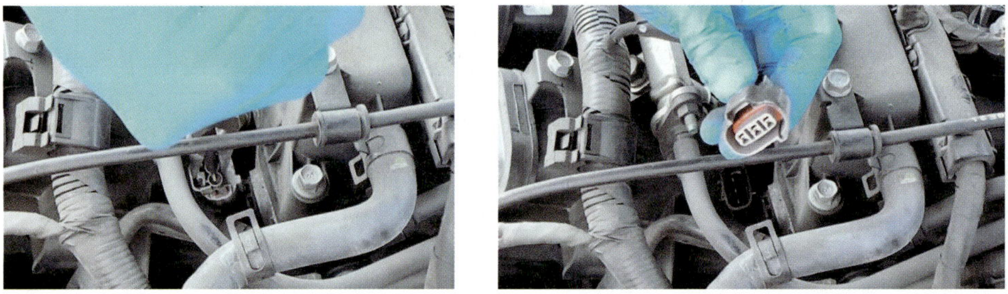

(a) 고정부 누름　　　　(b) 탈거된 커넥터

[그림 8-39] **커넥터 탈거**

⑥ 캠각센서 고정 볼트를 플렉시블 라쳇렌치로 손가락을 풀 수 있을 정도로 풀어준 후 손가락으로 떨어지지 않게 주의하면서 풀어서 탈거한다.

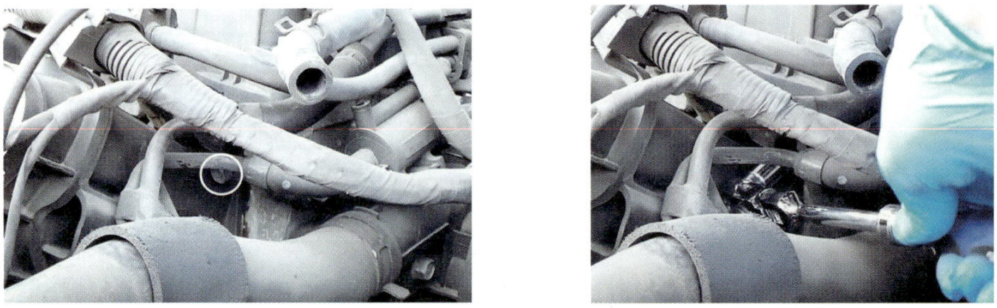

[그림 8-40] **캠각센서 고정 볼트 탈거**

⑦ 캠각센서가 고착되어 있으므로 좌우로 몇 번 돌려주고 일자드라이버로 캠각센서와 로커암커버 사이를 지렛대처럼 걸어주면서 캠각센서를 탈거한다.

[그림 8-41] **캠각센서 탈거**

⑧ 신품 캠각센서를 끼우고 고정 볼트를 떨어뜨리지 않게 주의하면서 손으로 최대한 조여 준 후 플렉시블 라쳇렌치로 조여 준다.
⑨ 커넥터를 탁 소리가 나게 끼워준다.
⑩ 에어 인테이크를 끼우고 클램프를 조인다. 호스 클램프는 물려 있었던 곳에 그대로 물리는 게 가장 좋다.
⑪ 뒤쪽에 있는 캠각센서 커넥터도 롱노즈로 고정부를 눌러서 탈거한다.
⑫ 캠각센서 고정 볼트를 플렉시블 라쳇렌치 또는 옵셋렌치로 손가락을 풀 수 있을 정도로 풀어준 후 손가락으로 떨어지지 않게 주의하면서 풀어서 탈거한다.

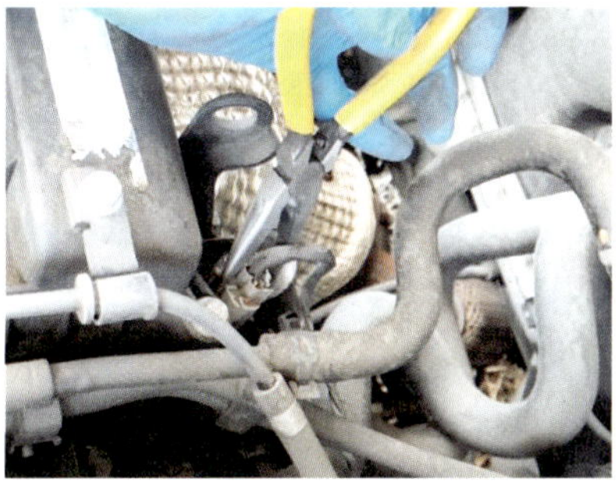

[그림 8-42] **뒤쪽 캠각센서 커넥터 탈거**

[그림 8-43] **고정 볼트 탈거**

⑬ 캠각센서가 고착되어 있으므로 좌우로 몇 번 돌려주고 일자드라이버로 캠각센서와 로커암커버 사이를 지렛대처럼 걸어주면서 캠각센서를 탈거한다.
⑭ 신품 캠각센서를 끼우고 고정 볼트를 떨어뜨리지 않게 주의하면서 손으로 최대한 조여 준 후 플렉시블 라쳇렌치 또는 옵셋렌치로 조여준다.
⑮ 커넥터를 탁 소리가 나게 끼워준다.

02 점화장치 점검 · 정비

2.1 점화코일 측정

[1] 1차코일 저항

① 멀티테스터의 선택 레인지를 R×1에 위치한다.

② 아날로그 멀티테스터는 리드선의 검침봉을 접촉시켜 0점을 조정한다.

③ 점화코일의 (+)단자와 (-)단자 사이의 저항을 측정한다.

④ DLI 점화코일은 1번과 4번 실린더용 점화코일의 (+)단자와 (-)단자, 2번과 3번 실린더용 점화코일의 (+)단자와 (-)단자 사이의 저항을 측정한다.

(a) 개자로형

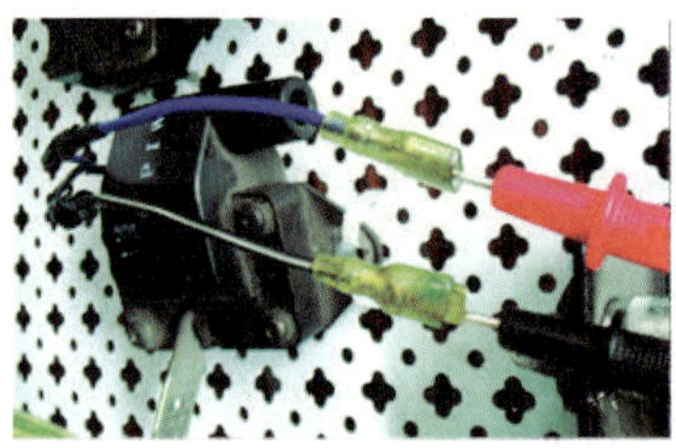

(b) 폐자로형

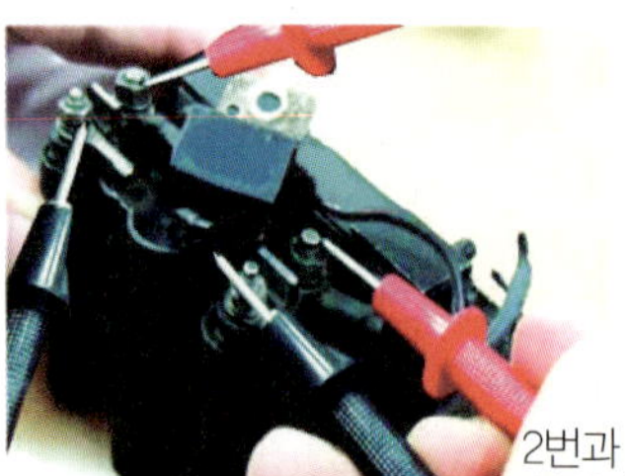

(C) DLI형

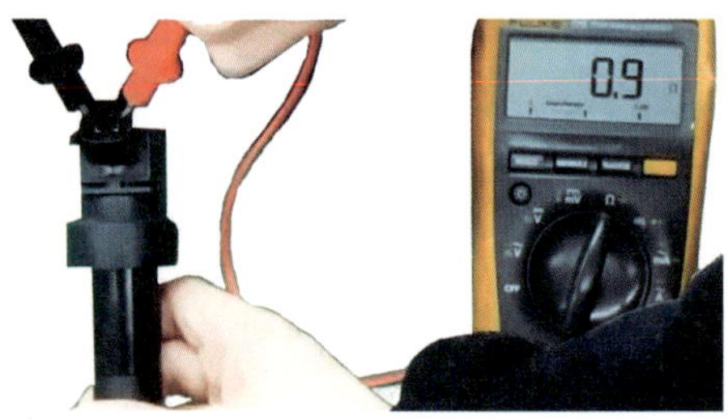

(d) 독립 점화방식

[그림 8-44] 1차 저항 점검

[2] 2차코일 저항

① 멀티테스터의 선택 레인지를 R×kΩ에 위치한다.

② 아날로그 멀티테스터는 리드선의 검침봉을 접촉시켜 0점을 조정한다.

③ 점화코일의 (-)단자와 2차 고압단자 사이의 저항을 측정한다.

④ DLI 점화코일은 1번과 실린더 2차 고압단자와 4번 실린더 2차 고압단자, 2번 실린더 2차 고압단자와 3번 실린더 2차 고압단자 사이의 저항을 측정한다.

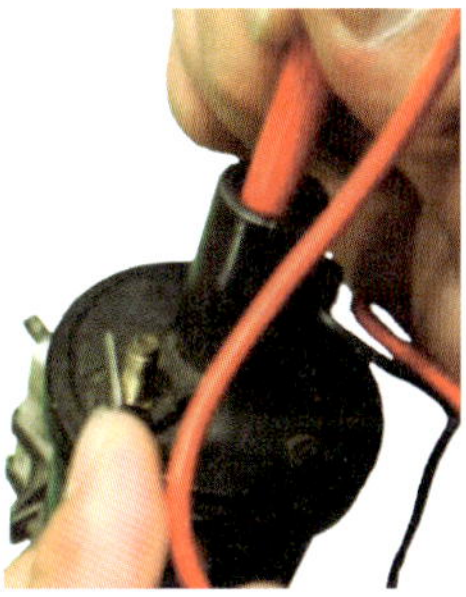

(a) 개자로형

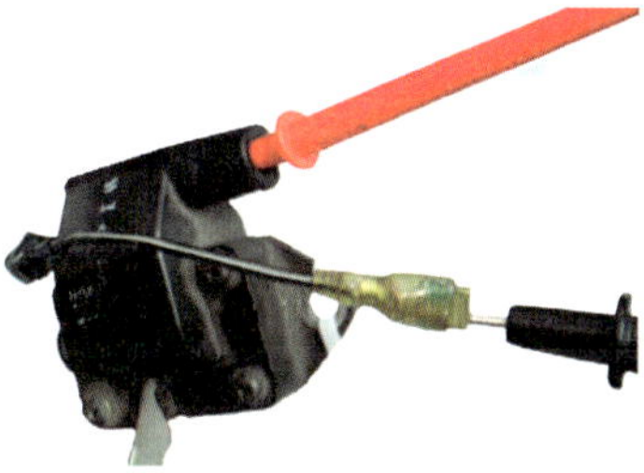

(b) 폐자로형

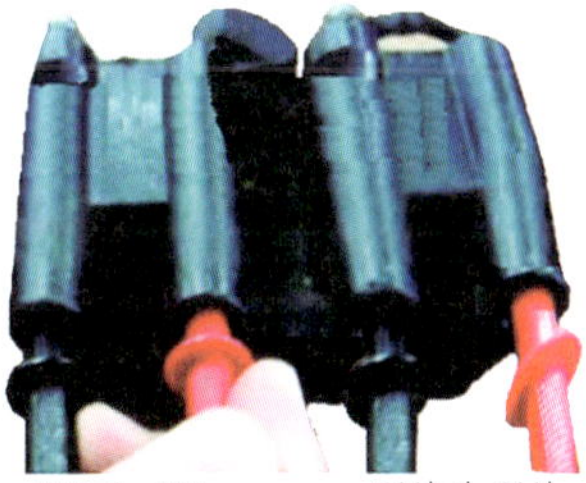

(C) DLI형

(d) 독립 점화방식

[그림 8-45] **2차코일 점검**

[3] 절연저항

점화코일의 절연저항 점검은 메거 테스터(megger tester)로 점검한다.

① 적색 프로브는 점화코일 (+)단자에, 흑색 프로브는 점화코일 몸체에 연결한다.

② 작동 핸들을 100~120rpm의 속도로 돌리며 측정하는 방식과 작동 스위치를 누른 후 측정하는 방식이 있다.

③ 이때 눈금판 수치를 판독하여 10MΩ 이상이면 정상이다.

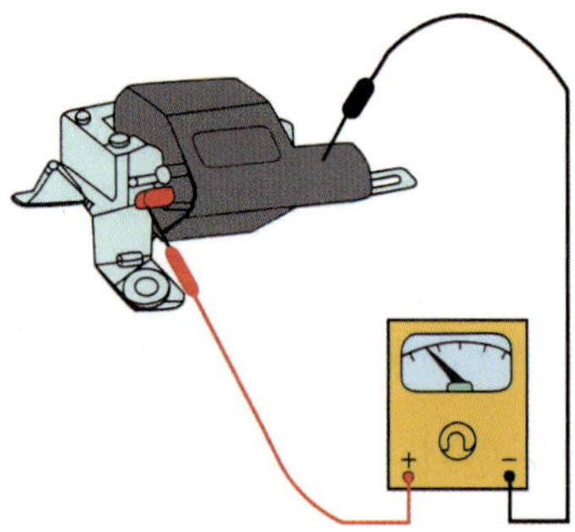

[그림 8-46] 절연저항 점검

[표 8-1] 점화코일 저항 규정값

차 종	1차코일 저항(Ω /20℃)	2차코일 저항(KΩ /20℃)
엘란트라	0.80±0.08	12.1±1.8
아반떼 XG	0.50±0.05	12.1±1.8
EF 쏘나타	0.67~0.81	11.3~15.3
마티즈	1.20±10%	12.1±15%
세피아	0.81~0.99	10~16

[4] 답안지 작성

① 측정(또는 점검)

㉮ 측정값 : 측정값(예 : 1차 저항 0.82Ω/20℃, 2차 저항 12.5KΩ/20℃)을 답안지에 기입한다.

㉯ 규정값(한계)값 : 규정값 또는 한계값(예 : 1차 저항 0.8±0.08Ω/20℃, 2차 저항 12.1±1.8KΩ/20℃)을 답안지에 기입한다.

② 판정 및 정비 조치할 사항

㉮ 측정값이 규정값(한계값) 범위를 벗어나면 판정의 불량에 ☑ 표시한 후 정비 및 조치할 사항에 “점화코일 교환 후 재점검”으로 답안지를 작성한다.

㉯ 측정값이 규정값(한계값) 범위 내에 들어오면 판정의 양호에 ☑ 표시한 후 정비 및 조치할 사항에 “정비 및 조치할 사항 없음” 또는 “없음”으로 답안지를 작성한다.

항 목	① 측정(또는 점검)		② 판정 및 정비(또는 조치)사항		득 점
	측정값	규정(정비한계)값	판 정	정비 및 조치할 사항	
1차 저항	0.82Ω/20℃	0.8±0.08Ω/20℃	☑ 양호 ☐ 불량	정비 및 조치할 사항 없음	
2차 저항	12.5KΩ/20℃	12.1±1.8KΩ/20℃	☑ 양호 ☐ 불량		

2.2 점화플러그

[1] 점화플러그 간극의 점검 · 조정

① 점화플러그 테스터를 사용하여 전극 부분을 깨끗이 청소한다.

② 점화플러그의 육안검사 항목 : 점화플러그는 40,000km 주행마다 교환을 해 주어야 한다.

㉠ 개스킷의 손상 · 파손여부를 점검한다.

㉡ 카본의 누적상태를 점검한다.

㉢ 절연체의 파손 · 손상여부를 점검한다.

㉣ 전극의 마멸상태를 점검한다.

③ 와이어형 게이지나 필러 게이지로 간극을 측정한다.

④ 간극 수정용 공구를 사용하여 접지전극을 구부려서 간극을 조정한다.

[표 8-2] **차종별 점화플러그 간극**

제원 \ 차종	엑셀, 엘란트라, 구형 그랜저	르망	프라이드	세피아, 캐피탈	콩코드
간극	1.0, 1.1	0.7, 0.8	0.75, 0.85	1.0, 1.10	1.3
규격	BP6ES-11 N9YC4	R46TS	BP6ES BP5ES	BP6ES-11 BP5ES	BP6ES BP5ES

[그림 8-47] **점화플러그 간극 점검 및 조정방법**

2.3 고압케이블의 점검

고압케이블 및 점화플러그 케이블 점검

① 캡과 외부의 균열을 점검한다.

② 케이블의 저항을 점검한다.

㉠ 멀티테스터기의 셀렉터를 저항으로 선정한다.

㉡ 적색과 흑색 리드선을 서로 접지시켜 저항값이 0이 맞는지 확인한다.

㉢ 고압케이블 양쪽에 적색과 흑색 리드선을 각각 연결한다.

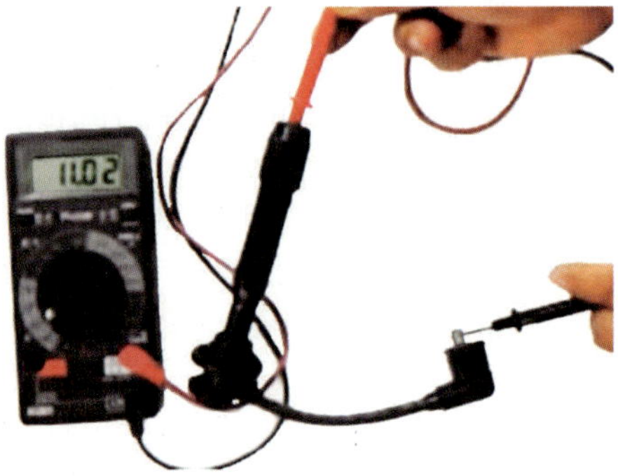

[그림 8-48] 고압케이블의 저항시험

[표 8-3] 고압케이블 규정 값]

케이블 번호	No.1	No.2	No.3	No.4
규정값	10~15kΩ	10~15kΩ	10~15kΩ	10~15kΩ

2.4 가솔린 엔진회전수 및 점화시기 점검

[1] 가솔린 타이밍라이트 사용방법

(1) 측정 전 준비사항

① 기관 냉각수 온도를 80~90℃로 난기 운전한다.

② 각종 등화장치 및 전장 부품은 OFF시킨다.

③ 변속레버 중립 및 주차 브레이크 레버를 당겨 제동을 한다.

④ 동력 조향식 차량은 조향핸들을 직진방향으로 한다.

(2) 기관의 가동을 정지시킨 후 다음과 같이 배선한다.

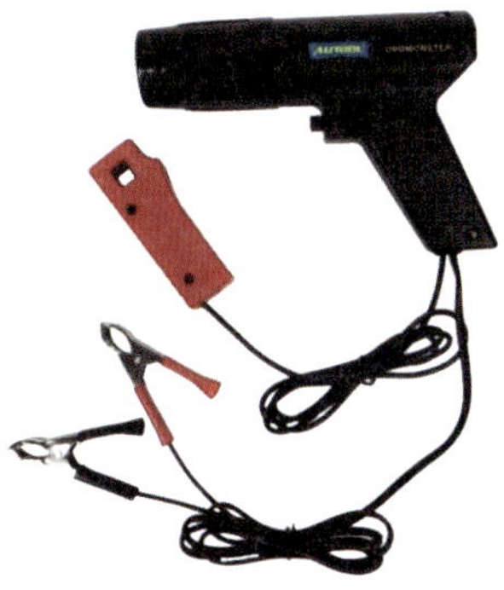

(a) 3선식

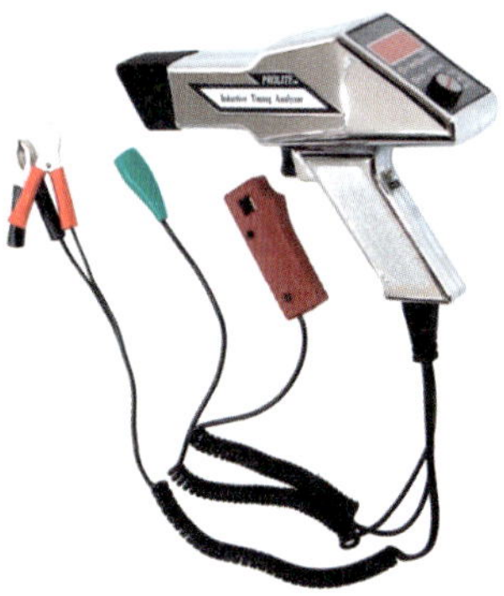

(b) 4선식

[그림 8-49] **타이밍 라이트**

① 3선식 타이밍 라이트의 배선

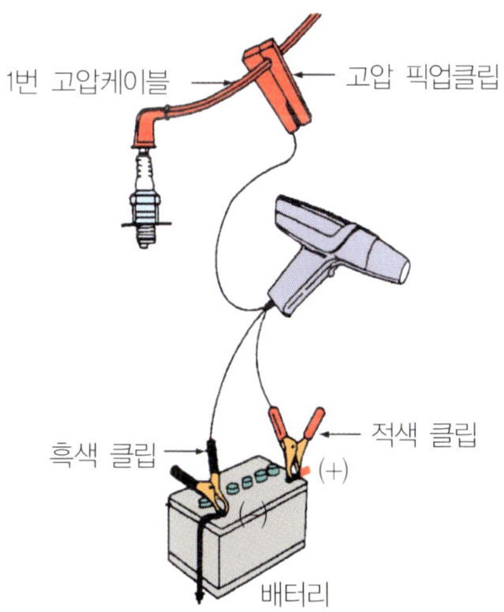

[그림 8-50] **타이밍라이트 배선(3선식)**

㉠ 적색 클립은 축전지 (+)단자에 흑색클립은 (−)단자에 접속 또는 연결한다.

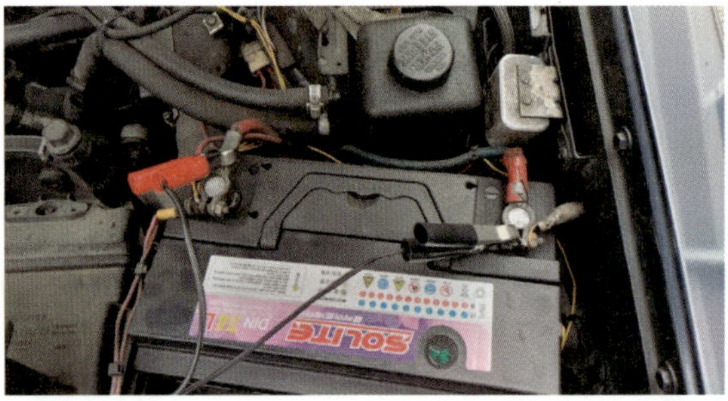

[그림 8-51] **축전지에 연결**

㉡ 고압 픽업클립을 제1번 실린더 고압 케이블에 설치한다. 픽업클립에 → 표시가 있는 경우에는 → 표시가 점화플러그 쪽으로 향하도록 설치한다.

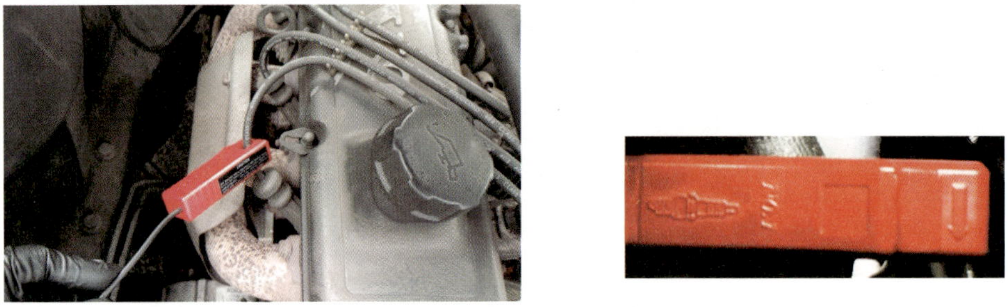

[그림 8-52] **고압 픽업클립 1번 고압케이블에 설치**

② 4선식 타이밍 라이트의 배선

㉠ 적색클립은 축전지 (+)단자에 흑색클립은 (−)단자에 설치한다.

㉡ 고압 픽업클립을 제1번 실린더 고압케이블에 설치한다.

㉢ 녹색(또는 청색이나 황색) 클립은 점화코일 (−)단자 또는 노이즈 필터 커넥터에 연결한다.

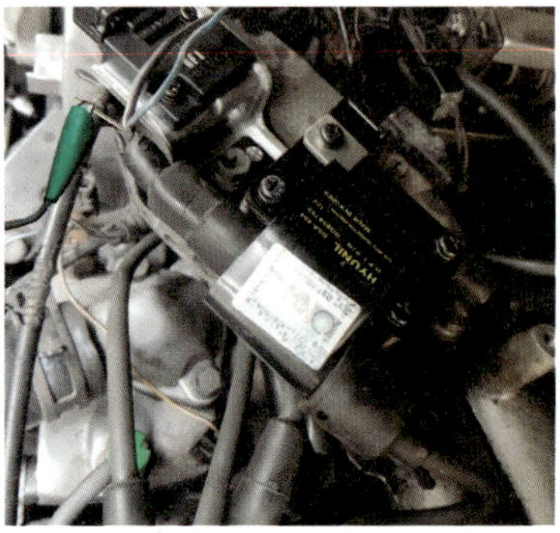

[그림 8-53] **녹색 클립 점화코일 (−)단자에 연결**

(3) 엔진회전수 및 점화시기 점검방법

① 점화코일 (−)단자 또는 노이즈 필터 커넥터 뒤쪽에서 페이퍼 클립(paper clip)을 끼운 후 리드 와이어를 사용하여 타코미터(tacho meter : 회전 속도계)를 연결한다. 이때 커넥터의 접속이 분리되어서는 안 된다. 4선식 타이밍 라이트는 엔진회전수까지 측정할 수 있으므로 타코(TACH)에 설정한다.

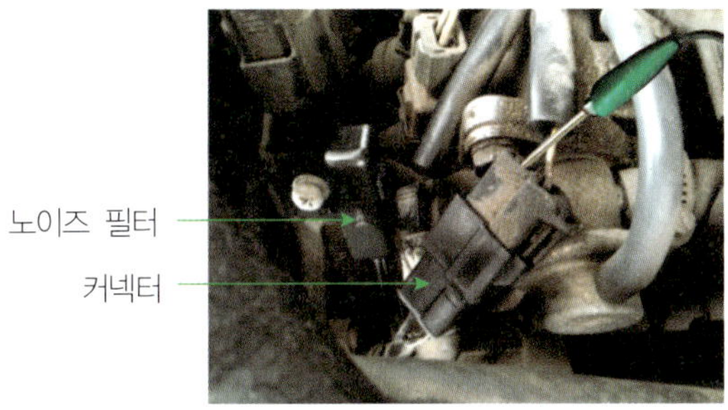

[그림 8-54] **노이즈 필터에 타코미터 연결**

② 엔진회전수를 점검한다.

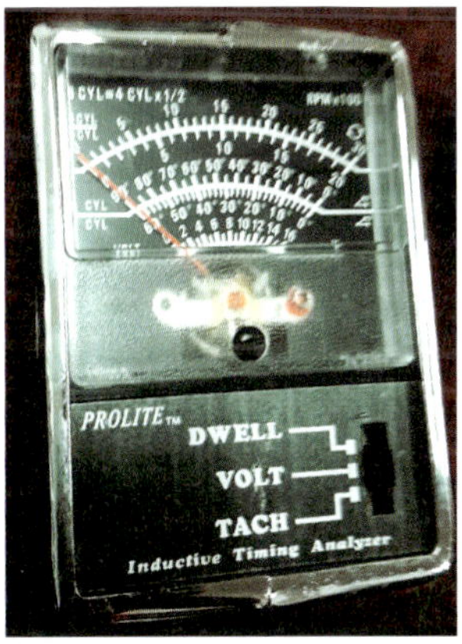

(a) 4선식 타이밍 라이트 테스터기

(b) 엔진회전수 확인

[그림 8-55] **엔진회전수 점검**

[표 8-4] **현대 차량 초기 점화시기 및 공전속도**

차종	초기점화시기	공전속도	차종	초기점화시기	공전속도
아반떼1.5 D	상사점전 9±5°	800±100rpm	소나타Ⅱ S	상사점전 5±1°	750±50rpm
아바떼1.8 D	상사점전 10±5°	800±100rpm	그랜저2.4 S	상사점전 5±2°	750±100rpm
소나타Ⅱ D	상사점전 5±2°	750±100rpm	그랜저2.0 D	상사점전 5±2°	750±100rpm

③ 기관의 시동을 정지시키고 리드 와이어를 점화시기 조정용 커넥터(EST CHECK)에 연결하고 다른 한쪽은 접지시킨다.

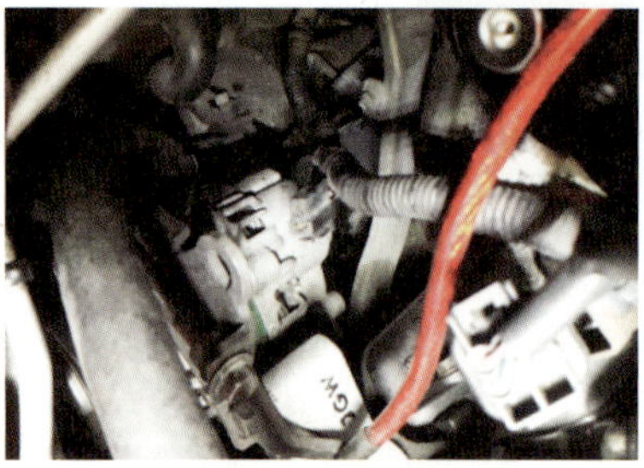
(a) 점화시기 조정용 커넥터

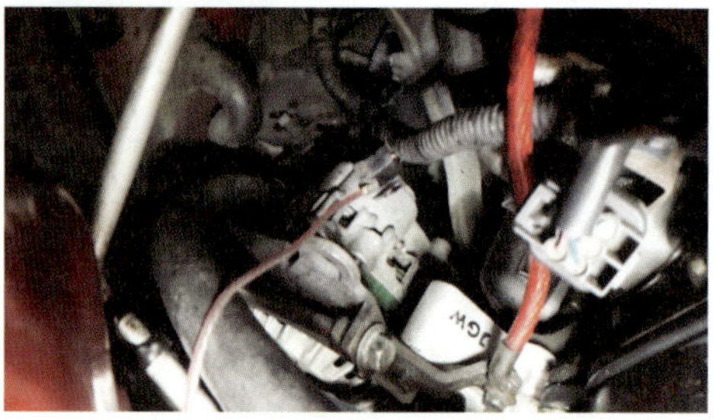
(b) 점화시기 조정용 커넥터 접지

[그림 8-56] **점화시기 조정용 커넥터 접지**

④ 기관을 시동한 후 공전상태에서 타이밍 라이트 스위치를 ON으로 하고 크랭크축 풀리와 타이밍벨트 커버의 타이밍마크에 비추어 발광(發光)에 의한 타이밍마크를 확인한다.

(a) 타이밍 라이트 스위치 ON

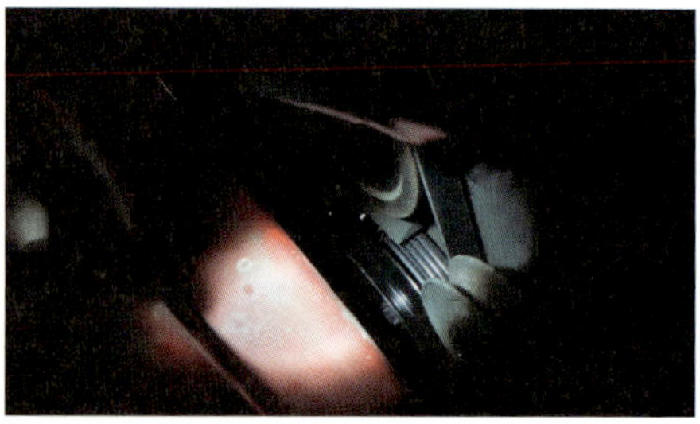
(b) 타이밍마크 확인

[그림 8-57] **점화시기 점검**

⑤ 점화시기가 규정값 범위에 있지 않으면 배전기 몸체 고정 너트를 풀고 배전기 몸체를 좌우로 회전시켜 점화시기를 조정한다. SOHC 기관은 배전기 몸체를 오른쪽으로 돌리면 점화시기가 늦어지고 왼쪽으로 돌리면 빨라진다. DOHC 기관은 크랭크 각센서를 오른쪽으로 돌리면 진각되고, 왼쪽으로 돌리면 지연된다. 조정 후에는 고정 너트를 완전히 조인다.

⑥ 기관을 정지시킨 후 점화시기 조정용 커넥터에 연결하였던 리드 와이어를 분리한다.

⑦ 기관 시동을 다시 한 후 공회전 상태에서 실제 점화시기가 정확한지 점검한다.

⑧ 실제 점화시기는 컴퓨터(ECU)의 제어 모드에 따라 변화할 수 있으므로 이때는 기본 점화시기를 재점검하여 변동이 없을 때에는 점화 시기가 정상적인 것으로 판단한다.

[그림 8-58] **점화시기 조정**

⑨ 전자제어 차량은 점화시기 및 엔진회전수는 자기진단기 진단기능 선택에서 센서출력을 클릭하여 센서의 출력에서 점화시기 및 엔진회전수를 점검한다.

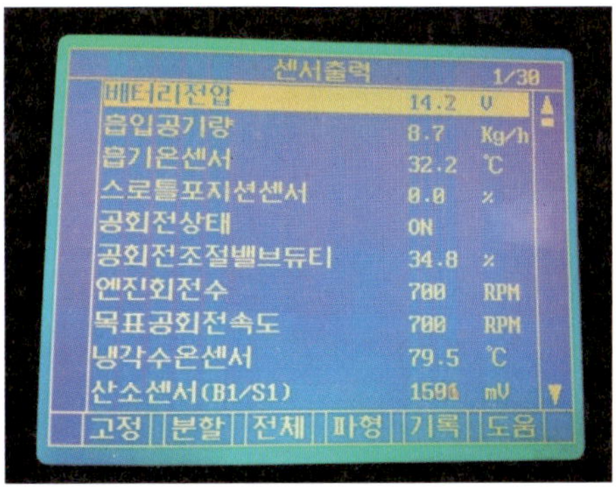

[그림 8-59] **센서출력값**

2.5 디젤 엔진회전수 및 분사시기 점검

2.5.1 디젤 타이밍라이트 사용방법

[1] 회전수 및 점화시기 점검

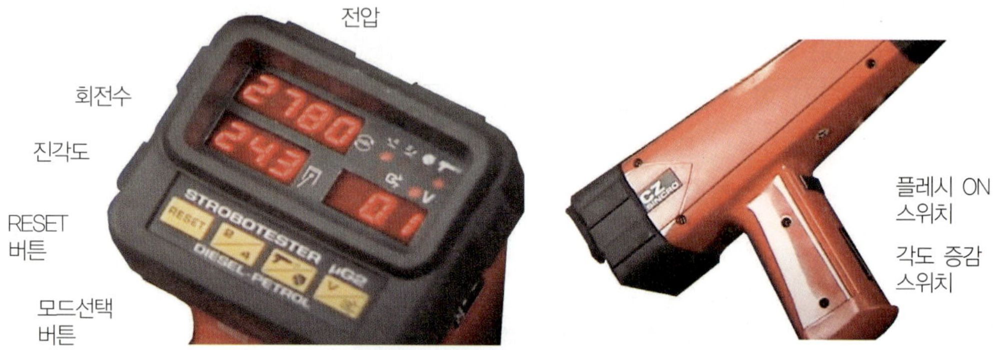

[그림 8-60] **디젤 타이밍 라이트**

① 타이밍 라이트 12V 전원선 배터리 적색 클램프는 배터리 (+)단자에 연결하고, 흑색 클램프는 배터리 (-)단자에 연결한다.

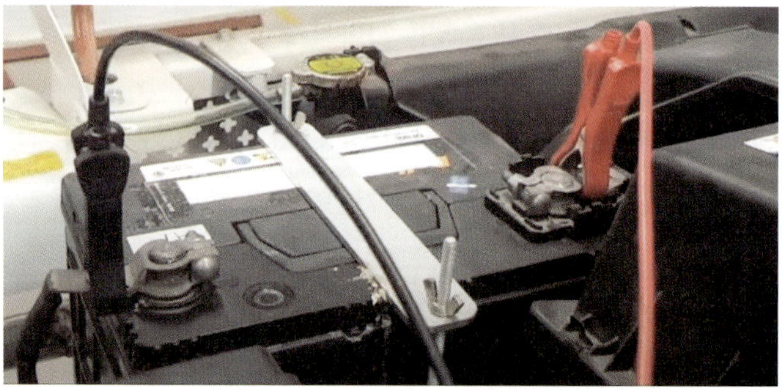

[그림 8-61] **배터리에 전원선 연결**

② 피에조센서를 1번 분사파이프에 노즐 가깝게 직선 부위 상에 견고하게 장착한 다음 타이밍라이트 피에조케이블을 연결하고 접지선은 접지시킨다.

[그림 8-62] **피에조센서와 케이블 연결**

③ 기관을 시동하여 냉각수 온도 정상 온도로 한다.

④ 공전속도 조절나사를 돌려 규정값으로 조절한다(750± 30rpm)

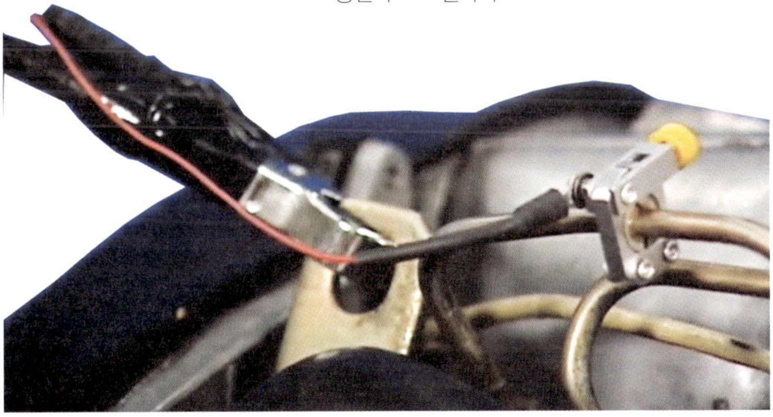

[그림 8-63] **공전속도 조절나사**

⑤ 플래시/메모리 키를 눌러 TDC마크에 불빛을 비춘다. 만약 일치하지 않으면 각도 증감 스위치를 좌우로 눌러 TDC마크와 일치시킨다.

[그림 8-64] **타이밍라이트 작동**

⑥ TDC마크와 일치하게 되면 플래시 메모리키를 놓는다. 이때 진각과 rpm이 약 10초간 메모리된다.

⑦ 액정에 나타나 있는 진각도를 읽어 규정값과 틀리면 조정한다.

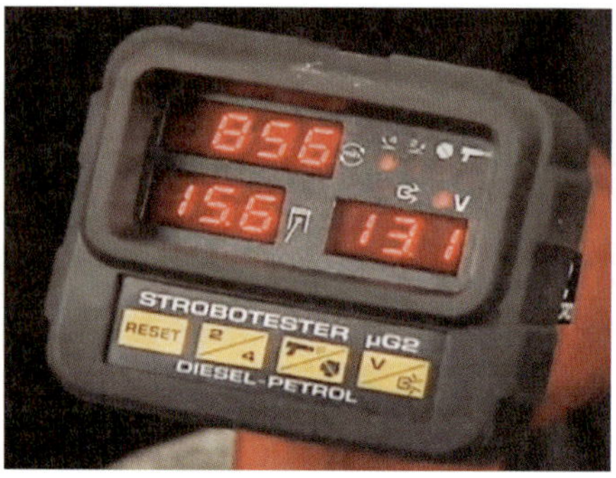

[그림 8-65] **진각도 판독**

[2] 분사시기 조정

① 분사펌프 고정너트를 약간 풀어 놓는다

[그림 8-66] **분사펌프 고정너트**

② 분사펌프 좌측 혹은 우측으로 돌려 맞춘다.
③ 분사펌프 고정너트를 규정토크로 조인다.

Chapter

9

흡배기장치 정비

01 흡배기장치 교환

02 흡배기장치 점검·정비

01 흡배기장치 교환

1.1 에어크리너 교환

① 보닛을 열고, 에어클리너가 삽입되어 있는 에어크리너 박스를 확인한다.
② 에어필터(에어 크리너) 케이스 커버 고정클립 또는 고정 볼트를 풀어준다.
③ 에어필터 케이스 커버를 탈거한 후 오염된 에어필터를 제거하고 에어필터를 제거한 아래쪽에 이물질을 제거한다.
④ 새 에어필터로 교환한다.
⑤ 교환 후에는 다시 에어필터 케이스 커버를 닫고 고정클립 또는 고정 볼트를 조여준다.

(a) 고정클립 탈거

(b) 에어필터 케이스 커버 탈거

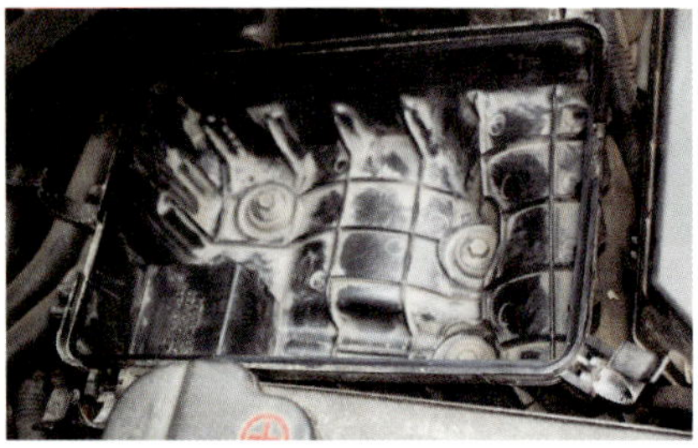

(c) 에어필터 아랫부분 청소

(d) 에어필터 교환

[그림 9-1] 에어필터 교환

1.2 스로틀바디 탈 · 부착 및 청소

스로틀바디는 엔진으로 유입되는 공기량을 조절해주는 장치이다. 최적의 엔진상태를 유지하기 위해 주기적으로 클리닝하여 관리해주는 것이 좋다. 스로틀바디(ETC, 전자식 스로틀바디)가 오염이 심하거나 고장 시 나타나는 증상은 다음과 같다.

① 정차 후 엔진회전수 불안정한 현상
② 초기 시동 시 시동이 걸렸다가 꺼지는 현상
③ 가속지연 및 부조
④ 간헐적 시동 꺼짐
⑤ 운행 중 변속불량 발생 등이 나타날 수 있다.
⑥ 간헐적으로 경고등이 출력
⑦ 가속 시 페달이 무겁게 느껴진다.

[1] 스로틀바디 탈거

① 보닛을 열고 배터리 ⊖터미널을 탈거한다.
② 엔진커버를 탈거한다. 볼트로 조여있는 타입이 아니면 단순히 잡아당기면 쉽게 탈거가 된다.

[그림 9-2] 배터리 ⊖터미널 탈거

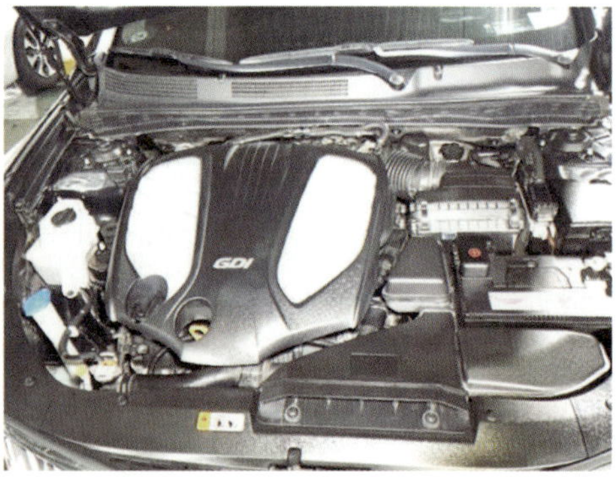

[그림 9-3] 엔진커버 탈거

③ 에어클리너 어셈블리의 커버클립 4개를 탈거한다(앞쪽 2개, 뒤쪽 2개).

[그림 9-4] 커버클립 탈거

④ 화살표의 주름관 클램프의 10mm 볼트를 십자드라이버를 이용하여 느슨하게 풀어준다. 완전히 안 풀어도 된다.

[그림 9-5] 주름관 클램프 이완

⑤ 클립을 어느 정도 풀어준 뒤 롱로즈 플라이어 또는 플라이어를 이용해 고무호스 끝의 클립을 뒤로 이동시키고, 고무호스를 비틀면서 탈거한다.

[그림 9-6] **고무호스 탈거**

⑥ 고무호스를 탈거한 후 주름관 아래쪽 고무호스는 탈거하지 않고, 주름관을 탈거하고 작업에 방해되지 않는 위치로 이동시킨다.

[그림 9-7] **주름관 탈거**

⑦ 스로틀바디에 냉각수호스와 진공호스가 연결된 차량은 냉각수호스 및 진공호스를 탈거한다.

(a) 냉각수호스 탈거

(b) 진공호스 탈거

[그림 9-8] **냉각수호스 및 진공호스 탈거**

⑧ 액셀레이터 케이블 설치차량은 액셀레이터 케이블을 탈거한다(ETC 타입은 케이블이 없다).

[그림 9-9] **액셀레이터 케이블 탈거**

⑨ 스로틀바디의 커넥터를 탈거한다.

[그림 9-10] **커넥터 탈거**

⑩ 스로틀바디 고정 볼트 2개, 고정 너트2개(10mm)를 탈거한다.

[그림 9-11] **스로틀바디 고정 볼트 및 너트 탈거**

⑪ 옆에 엔진탈거용 고리에 걸려서 안 빠지므로 12mm 볼트 2개가 있는데, 오른쪽은 완전히 풀어서 빼주고, 왼쪽 볼트는 느슨하게만 풀어주고, 고리를 재껴주면 된다. 그리고 스로틀바디를 탈거한다.

(a) 엔진 탈거용 고리 이완

(b) 스로틀바디 탈거

[그림 9-12] **엔진 탈거용 고리 이완 및 스로틀바디 탈거**

⑫ 개스킷을 탈거하고 스로틀바디 및 스로틀바디가 설치되었던 서지탱크 입구의 이물질을 깨끗이 제거한다.

[그림 9-13] **개스킷 탈거**

⑬ 탈거 절차의 역순으로 스로틀바디(ET)을 장착하고, 개스킷은 신품으로 교환한다. 최종 체결은 토크렌치로 규정토크로 조인다.

[2] 스로틀바디(ETC) 청소

① 스로틀바디를 탈거한다(스로틀바디 탈거 참조).

② ETC 카본 세척은 반드시 탈거상태에서 실시한다(장착상태에서 작업 시 연소실 내 이물질 유입에 의한 엔진 손상 우려 또는 산소센서, 촉매 등 공연비 제어장치의 기능 저하를 유발한다).

③ 세척액을 스로틀바디(ETC)에 직접분사하지 않도록 주의한다(보푸라기가 일어나지 않는 부드러운 천에 세척액을 묻혀서 사용).

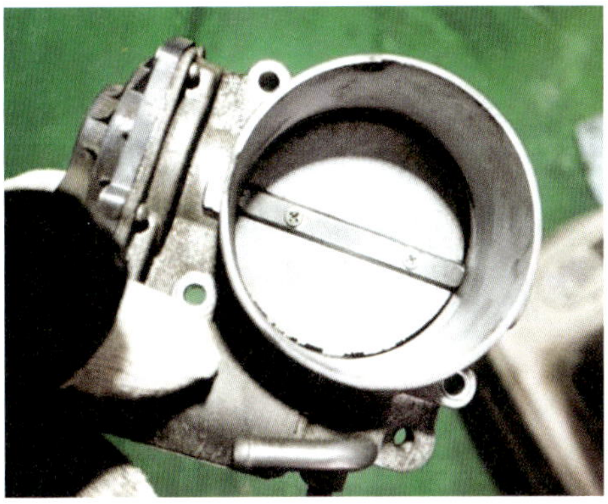

[그림 9-14] **스로틀바디 탈거**

[그림 9-15] **세정액 도포**

④ 스로틀바디(ETC) 플레이트를 연 상태로 오염 부분을 세척하면 된다. 이때 밸브 플레이트 및 밸브가 접촉되는 바디 내부 접촉면 긁힘, 찍힘, 밸브 휨 등 손상이 발생될 수 있기 때문에 주의한다.

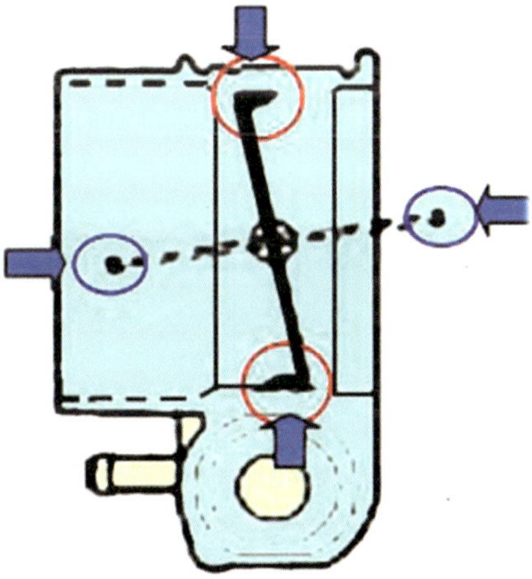

[그림 9-16] **ETC 청소 부위**

⑤ 세정액이 샤프트 주변 코팅액에 닿지 않도록 주의한다(코팅액이 없을 시 샤프트 내부 베어링부 이물질 유입 가능).

[그림 9-17] 닦지 않는 부위

[3] 스로틀바디(ETC) 학습절차

세척 후 반드시 스로틀바디(ETC)는 학습절차에 따른 ECU 재학습을 실시해야만 정상적인 상태가 되며, 다음 순서대로 진행한다. 미학습 시 정차 후 시동 꺼짐 및 엔진회전수가 불안정하게 발생된다.

① 시동버튼 또는 시동키를 IG ON 상태로 1분간 대기한다(단, 시동은 걸지 않는다).

[그림 9-18] 시동버튼 스위치 ON

② 시동 후 아이들(idle)상태로 15분간 유지한다.

[그림 9-19] 시동 후 아이들 상태 15분간 유지

③ ETC 학습완료

④ 재시동을 걸고, 아이들(idle) 엔진회전수가 안정한지 확인한다.

⑤ 위와 같이 초기화를 해도 안 될 때는 스캐너로 초기화시킨다. 초기화 순서는 다음과 같다.

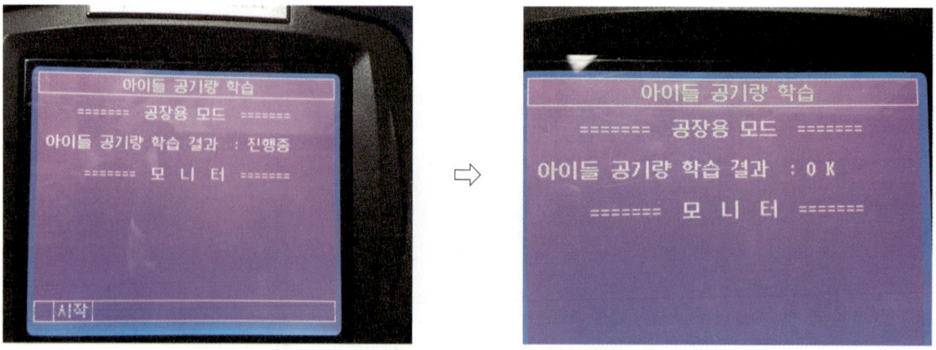

[그림 9-20] 스캐너로 초기화

1.3 배기머플러 교환

① 차량을 리프트에 진입시켜 차량을 작업하기 위한 위치까지 상승시킨다.
② 배기머플러 고정볼트에 WD를 뿌려준다.

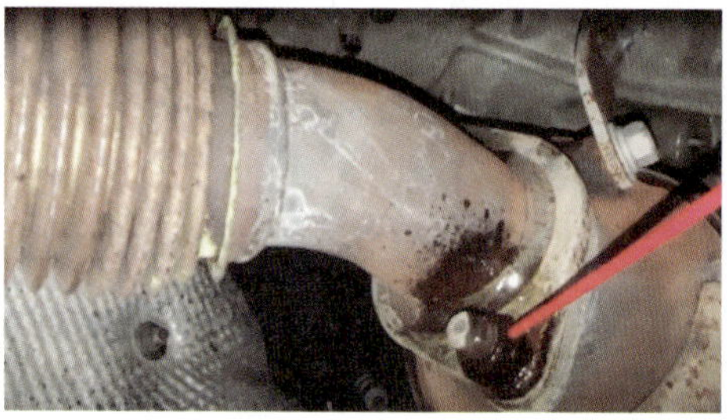

[그림 9-21] WD 도포

③ 산소센서 커넥터를 탈거한다.

[그림 9-22] 산소센서 커넥터 탈거

④ 브라켓의 볼트를 풀어 브라켓과 함께 산소센서 커넥터를 탈거한다.

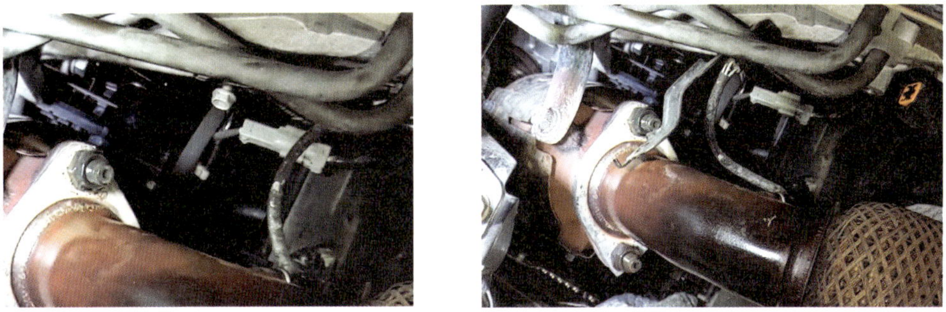

[그림 9-23] 브라켓 탈거

⑤ ⊖자 드라이버를 커넥터 사이에 넣고 밀면서 산소센서 커넥터를 브라켓에서 탈거한다.

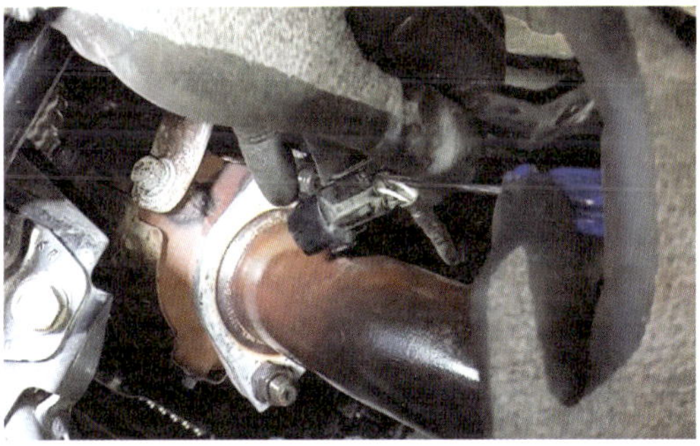

[그림 9-24] 브라켓에서 커넥터 탈거

⑥ 배기머플러 고정볼트를 탈거한다.

[그림 9-25] 고정볼트 탈거

⑦ 드라이버나 전용공구를 이용하여 고무행거를 탈거한다.

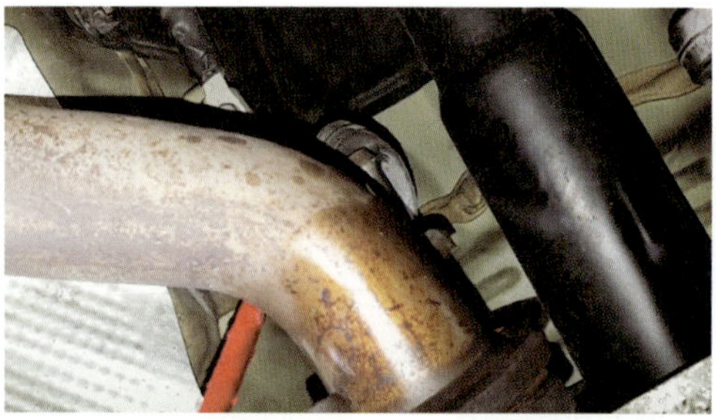

[그림 9-26] **고무행거 탈거**

⑧ 배기머플러를 탈거한다.

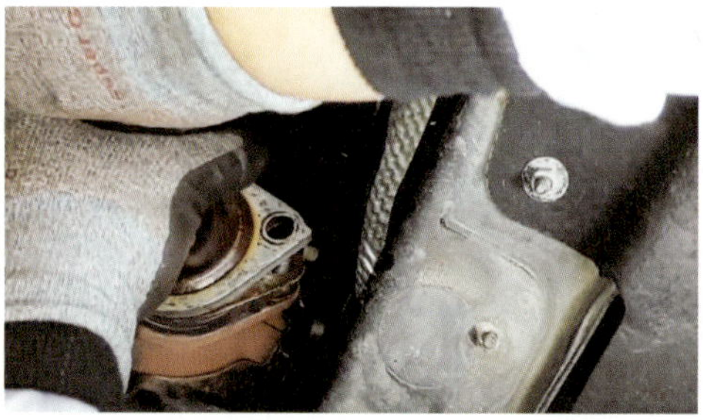

[그림 9-27] **배기머플러 탈거**

⑨ 개스킷을 탈거한다.

[그림 9-28] **개스킷 탈거**

⑩ 탈거된 배기머플러의 산소센서에 WD를 뿌려준다.

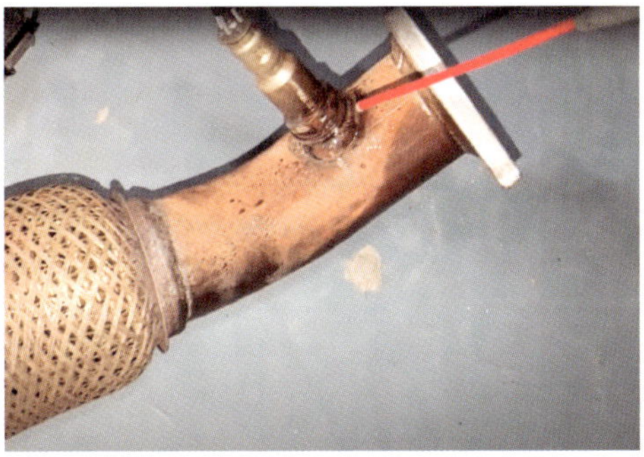

[그림 9-29] **산소센서에 WD 도포**

⑪ 산소센서 탈거 전용 22mm 소켓을 이용해서 산소센서를 탈거한다.

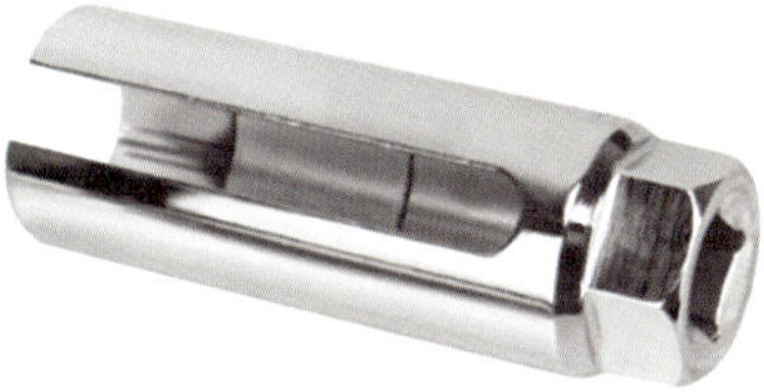

[그림 9-30] **산소센서 탈거 전용 소켓**

⑫ 신품 배기머플러에 산소센서를 토크렌치를 이용하여 규정토크로 조립한다.

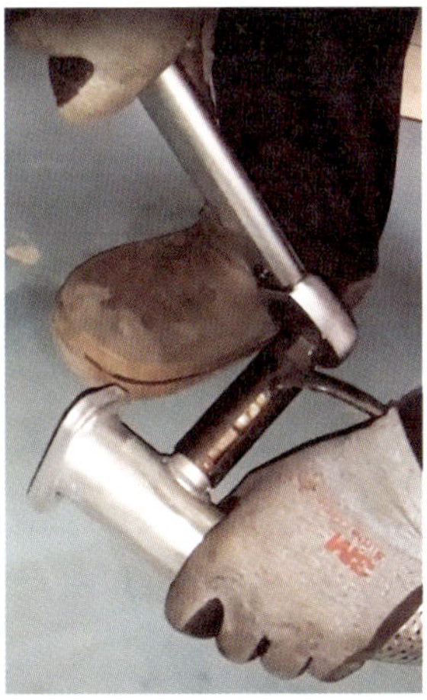

[그림 9-31] **산소센서 조립**

⑬ 개스킷 접촉부위를 쇠 브러시 등을 이용하여 청소해 준다.

[그림 9-32] **개스킷 접촉부위 청소**

⑭ 신품 개스킷을 조립한다.

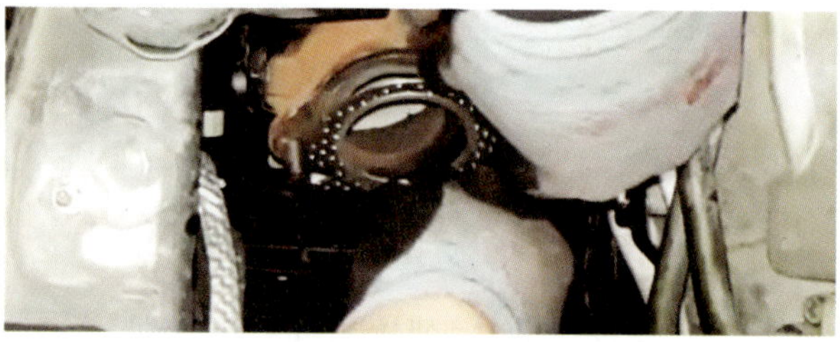

[그림 9-33] **신품 개스킷 조립**

⑮ 신품 배기머플러를 조립하고 규정토크로 고정볼트를 조인다.

[그림 9-34] **신품 배기머플러 조립**

⑯ 산소센서 커넥터를 체결하고 브라켓을 체결한다.
⑰ 고무행거를 프레임에 설치하고 배기머플러를 고무행거에 설치한다.
⑱ 차량을 하강시키고 시동을 걸어 이상유무를 확인한다.

02 흡배기장치 점검 · 정비

2.1 압축압력 측정

[1] 압축압력 시험 준비사항

① 축전지 및 시동장치의 상태를 점검한다.
② 기관을 난기 운전시킨다.
③ 연료공급을 차단한다.
④ 점화회로를 차단한다.
⑤ 점화플러그를 모두 빼낸다. 디젤엔진은 예열플러그 또는 분사노즐을 모두 빼낸다.
⑥ 흡입공기 저항을 제거한다(공기청정기 엘리먼트 제거 및 스로틀밸브를 완전히 연다).

[2] 압축압력 측정방법

① 충분히 웜업 후 정지된 엔진에서 점화플러그(디젤엔진은 예열플러그 또는 분사노즐), 공기청정기를 탈거한 후 연료호스를 분리한다.
② 점화회로 차단 후 스로틀밸브를 완전히 개방한다.
③ 점화플러그 구멍(디젤엔진은 예열플러그 또는 분사노즐)에 압축압력계를 설치하고, 엔진을 크랭킹시켜 4~6회 정도 압축행정이 되게 한 후 압력계에 나타난 값을 기록한다.
④ 각 실린더마다 압축압력시험을 2~3회 실시하여, 규정값의 70% 이하이면 오일러로 엔진의 실린더에 오일을 약 10cc 정도 주입하고, 1~2분 지난 후 압축압력을 다시 실시한다.

[표 9-1] **압축압력 규정값**

구분 / 차 종	규정값	정비기준(한계값)	실린더간 압축 압력차
아반떼XD(1.5D/2.0D)	15.0kgf/cm^2	14.0kgf/cm^2	1.0kgf/cm^2
EF쏘나타(1.8D/2.0D)	12.5kgf/cm^2	11.5kgf/cm^2	1.0kgf/cm^2
소나타Ⅱ	12kgf/cm^2		
그랜저XG	12.2kgf/cm^2	10.7kgf/cm^2	
SM5	12.5kgf/cm^2	10.5kgf/cm^2	1.0kgf/cm^2

[그림 9-35] **압축압력 측정**

[3] 압축압력 판정

(1) 양호한 압축압력

규정 압축압력의 ±10%(90~110%) 이내인 경우

(2) 압축압력이 낮거나 높은 경우

① 규정 압축압력의 90% 미만

㉠ 피스톤 링 및 실린더 벽의 마멸이 클 경우

㉡ 밸브가 불량할 때

㉢ 헤드 개스킷에서 누출될 때

② 규정 압축압력의 110% 이상

압축압력이 규정값보다 10% 이상 높은 원인은 연소실에 카본이 축적된 경우이므로 실린더 헤드를 분해 후 연소실 내의 카본을 제거하여야 한다.

③ 실린더를 보링하여야 하는 경우

각 실린더 사이의 압축압력 차이가 10%를 초과하거나 규정 압축압력의 70% 미만일 경우에는 실린더를 보링한다.

[4] 압축압력의 진단 결과

(1) 실린더 벽 및 피스톤 링의 마멸이 클 경우

① 첫 압축행정에서 압력이 낮고, 반복되는 압축행정에서 압력이 올라가나 규정값에는 이르지 못한다.

② 윤활유를 5cc 정도 실린더에 넣고 약 1분 뒤에 다시 측정하였을 때 압축압력이 뚜렷하게 올라간다.

(2) 밸브가 불량한 경우

① 첫 압축행정에서 압축압력이 낮으며 되풀이되는 압축행정에서도 압축이 현저하게 올라가지 않는다.

② 윤활유를 넣고 앞의 경우와 같이 측정하여도 압축압력은 높아지지 않는다.

(3) 실린더 헤드 개스킷의 누설이 있을 경우

서로 인접한 실린더의 압축압력이 거의 비슷하게 낮으며, 윤활유를 넣고 시험하여도 압축압력이 올라가지 않는다.

[5] 답안지 작성

① 측정(또는 점검)

㉠ 측정값 : 측정한 압축압력(예 : 13.2kgf/cm^2)을 답안지에 기입한다.

㉡ 규정(정비한계)값 : 차량마다 규정값이 다르므로 감독위원이 제시하는 규정값 또는 정비지침서를 참고하여 규정값(예 : 14.2~16kgf/cm^2)을 답안지에 기입한다.

② 판정 및 정비 조치사항

㉠ 측정값이 규정값 범위를 벗어나면 판정의 불량에 ☑ 표시한 후 정비 및 조치할 사항에 압축압력이 낮으면 "습식측정 후 재판정"으로 답안지를 작성하고, 규정값보다 높으면 "연소실 카본 제거 후 재판정"으로 기록한다.

㉡ 측정값이 규정값 범위 내에 들어오면 판정의 양호에 ☑ 표시한 후 정비 및 조치할 사항에 "정비 및 조치할 사항 없음"또는 "없음"으로 답안지를 작성한다.

항목	① 측정(또는 점검)		② 판정 및 정비(또는 조치)사항		득점
	측정값	규정(정비한계)값	판정(□에 "✔" 표)	정비 및 조치할 사항	
(1)번 실린더 압축압력	13.2kgf/cm^2	14.2~16kgf/cm^2	□ 양호 ☑ 불량	습식측정 후 재판정	

2.2 흡기관 진공도

[1] 흡기관 진공도 측정방법

① 충분히 워밍업된 엔진에서 흡기관의 진공측정용 구멍에 진공 게이지를 설치한다.

[그림 9-36] 진공 게이지 설치

② 정지상태에서 점화 1차선을 분리하고 기동전동기로 엔진을 크랭킹시켰을 때, 진공계 지침을 확인하고 지싯값을 기록한다. 이때 단위가 틀리지 않도록 주의한다.

③ 점화 1차선을 연결하고 엔진을 시동하여 공회전속도로 안정된 상태에서 진공계 지침의 상태와 지싯값을 기록한다.

④ 엔진 회전 속도가 아이들 상태로부터 2,000~3,000rpm까지 서서히 높일 때와 급격히 높일 때 진공상태를 기록한다.

⑤ 스로틀밸브의 급개폐 시 진공상태를 기록한다.

⑥ 엔진의 각 상태에서 측정한 진공압력을 비교, 분석한다.

[2] 흡기관 진공도에 의한 튠업 테스트

(1) 정상일 때

① 공회전 시 진공도는 약 45~50cmHg 정도를 나타낸다.

② 스로틀밸브 급개폐 시는 약 5~10cmHg 정도로 저하되었다가 55~60cmHg 정도로 급격히 증가한다.

[그림 9-37] 흡기관 진공도(정상일 때)

[그림 9-38] 스로틀밸브 급개폐 시

(2) 실린더 벽이나 피스톤 링이 마멸되었을 때

① 공회전시 진공도는 저하한다(약 30~40cmHg 정도).

② 스로틀밸브 급개폐 시는 약 0~5cmHg 정도로 저하되었다가 30~40cmHg 정도로 증가한다.

(a) 마모 시　　(b) 스로틀밸브 급개폐 시

[그림 9-39] 실린더 벽 또는 피스톤 링

(3) 실린더 헤드부에서 누출이 있을 때

① 진공도가 계속 변한다.

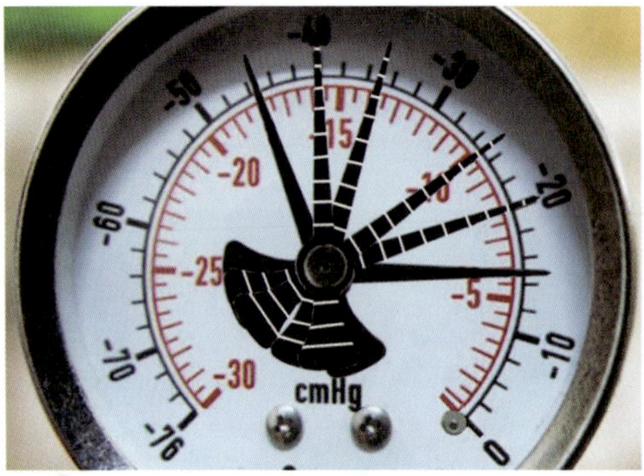

[그림 9-40] 실린더 헤드부에서 누출 시

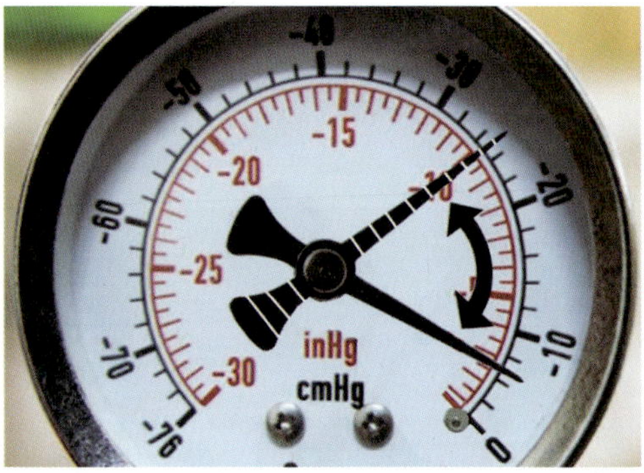

[그림 9-41] 흡기계통에서 누설 시

(4) 흡기계통에서 누설이 있을 때

① 공회전 시 약 5~25cmHg 정도로 낮은 값을 나타낸다.

(5) 밸브계통이 불량할 때

① 밸브가 소손되었을 때

② 밸브면과 시트와의 밀착이 불량할 때

[그림 9-42] 밸브가 소손되었을 때

[그림 9-43] 밸브면과 시트의 밀착 불량 시

③ 밸브가이드가 마멸되었을 때

④ 밸브가 완전히 닫히지 않을 때

[그림 9-44] **밸브가이드가 마멸되었을 때**

[그림 9-45] **밸브가 완전히 닫히지 않을 때**

⑤ 밸브스프링이 약할 때

⑥ 밸브 개폐시기가 맞지 않을 때

[그림 9-46] **밸브스프링이 약할 때**

[그림 9-47] **밸브 개폐시기가 맞지 않을 때**

[3] 답안지 작성

① 측정(또는 점검)

㉠ 측정값 : 측정한 진공도(예 : 35cmHg)를 답안지에 기입한다.

㉡ 규정(정비한계)값 : 감독위원이 제시하는 규정값 또는 정비지침서를 참고하여 규정값(예 : 45~50cmHg)을 답안지에 기입한다.

② 판정 및 정비 조치사항

㉠ 측정값이 규정값 범위를 벗어나면 판정의 불량에 ☑ 표시한 후 정비 및 조치할 사항에 "밸브 소손으로 밸브 교환 후 재점검"으로 답안지를 작성한다.

ⓒ 측정값이 규정값 범위 내에 들어오면 판정의 양호에 ☑ 표시한 후 정비 및 조치할 사항에 "정비 및 조치할 사항 없음"또는 "없음"으로 답안지를 작성한다.

항목	① 측정(또는 점검)		② 판정 및 정비(또는 조치)사항		득점
	측정값	규정(정비한계)값	판정(□에 "✔" 표)	정비 및 조치할 사항	
진공도	35cmHg	45~50cmHg	□ 양호 ☑ 불량	밸브 소손으로 밸브 교환 후 재점검	

Chapter

10

전자제어엔진 정비

01 전자제어장치 교환

1.1 수온센서

[1] 역할

엔진의 냉각수온 변화에 따른 냉간 시동 시 엔진의 시동꺼짐 혹은 엔진부조를 방지하기 위하여 ECU는 냉각수온의 정보를 통해 시동 시 기본 연료량 결정, 점화시기 보정, 아이들 rpm, 대쉬포트 시 연료 보정, 냉각팬 제어, 트랙션 제어, 에어컨 작동, 자동변속기의 변속시기, CVVT 시스템, 증발가스 퍼지나 증발시스템 감시 등 다양하게 사용하고 있다.

[2] 고장일 때 나타나는 현상

일반적으로 WTS 고장 시(126℃ 이상 : 단락, −38℃ 이하 : 단선) 고장으로 판정하고 ECU에 메모리된 대체값으로 제어하며, 쿨링팬을 항상 돌게 한다. 다른 제어시스템의 경우 흡기온을 통해 초기에 냉각수온값을 추정하여 계산하고, 시간에 따라 증가시켜 일정 시간 후 정상 작동온도로 판단하게 한다.

① 계기판 수온계의 지시치가 너무 낮거가 너무 높아진다.
② 한랭 시 시동이 어렵게 걸리거나 아예 걸리지 않는다.
③ 냉각팬이 항상 돌거나 전혀 돌지 않는다.
④ 매연이 증가하고, 연비가 나빠진다.
⑤ 공회전 시 RPM이 불안정하다.
⑥ 엔진부조 현상이 발생한다.
⑦ 엔진고장경고등이 점등된다.

[3] 수온센서 교환

① 수온센서 커넥터를 탈거한다.

② 수온센서를 탈거한다.
③ 신품 수온센서를 조립한다.
④ 수온센서 커넥터를 연결한다.
⑤ 냉각수 부족 시 냉각수를 보충한다.

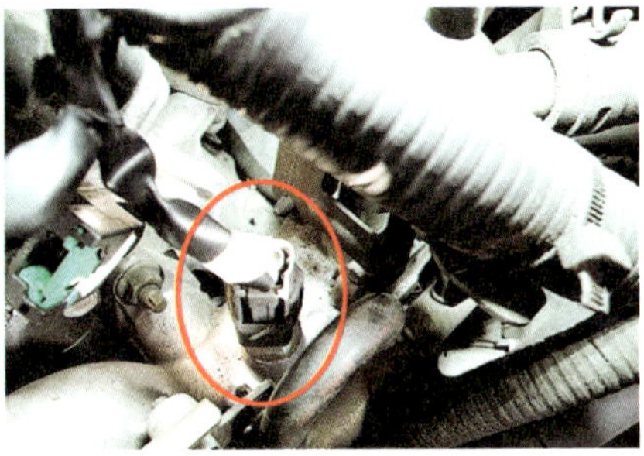
(a) 수온센서 위치

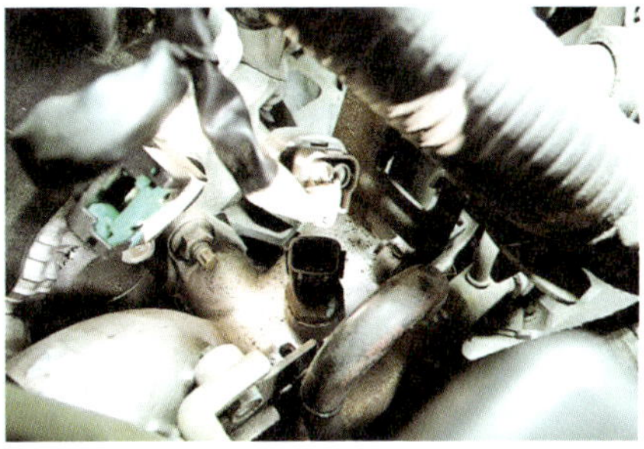
(b) 커넥터 탈거

[그림 10-1] **수온센서 커넥터 탈거**

1.2 공기유량(AFS)센서

[1] 역할

가·감속 시 엔진에 의해 실제로 유입되는 공기량을 정밀하게 측정하여 ECU로 신호를 보낸다. 이 신호를 바탕으로 ECU는 연료 분사량 및 분사시기를 보정하고, CRDI 엔진은 배기가스 재순환장치(exhaust gas recirculation system)를 피드백 제어한다.

[2] 고장일 때 나타나는 현상

① 크랭킹은 가능하지만 엔진의 시동이 어렵다.
② 공전할 때 엔진 부조현상이 발생한다.
③ 과다한 연료분사로 연료 소비량이 증가한다.
④ 촉매 컨버터의 열화가 촉진된다.

[3] 공기유량(AFS)센서 교환

(1) 핫필름 방식

① 공기유량센서 커넥터를 탈거한다.
② 에어 클리너에서 에어 덕트를 탈거한다.
③ 에어 호스에서 공기유량센서를 탈거한다.

④ 조립은 탈거의 역순이다.

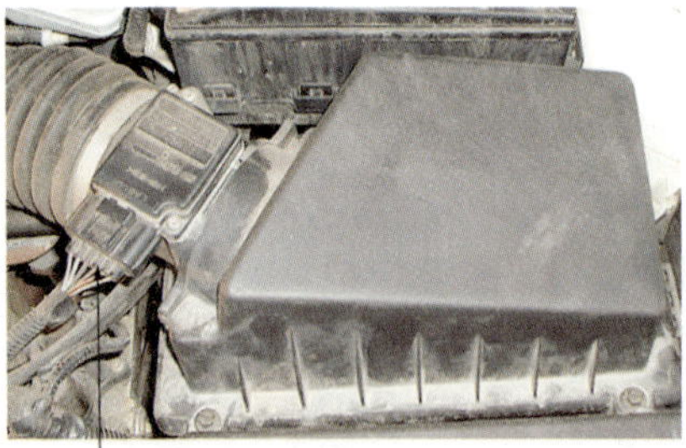

[그림 10-2] **핫필름 공기유량센서**

(2) MAP센서 방식

① 공기유량센서 커넥터를 탈거한다.

② 서지탱크에서 맵센서 고정 볼트를 탈거한다.

③ 진공호스 연결방식은 진공호스를 탈거하고 센서 고정 볼트를 탈거한다.

④ 조립은 탈거의 역순이다.

(a) 서지탱크에 직접설치 방식

(b) 진공호스 연결된 방식

[그림 10-3] **맵센서 공기유량 센서**

1.3 전자식 스로틀바디(ETC)

[1] 고장 시 증상

① 제동 시 밀림감을 느낀다.

② 시동 직후 아이들이 불안정하고 신호 대기 시 엔진회전수가 오르락내리락한다.

③ 시동 꺼짐
④ “D/R”변속 시 RPM-Down
⑤ “A/C-ON”시 RPM-Down
⑥ 공회전 시 툭툭 하는 진동이 있고 소음이 발생한다.

[2] 전자식 스로틀바디 교환

① 점화 스위치를 OFF하고, 배터리 (-)케이블을 분리한다.
② 흡기 입력관 고정 볼트를 탈거하고 흡기 입력관을 탈거한다.

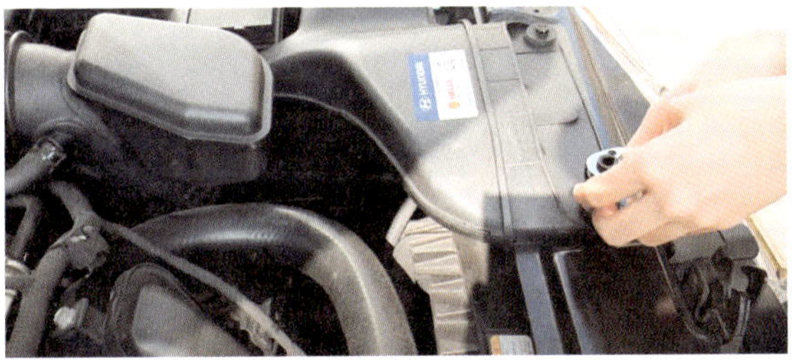

[그림 10-4] **흡기 입력관 탈거**

③ 연결된 와이어 피팅을 탈거한다.

[그림 10-5] **와이어 피팅 탈거**

④ ETC 모듈 커넥터를 탈거한다.
⑤ 냉각수호스를 분리하고 장착 볼트를 탈거한 후 ETC 모듈을 엔진으로부터 탈거한다.
⑥ 탈거의 역순으로 ETC 모듈을 장착한다.

[그림 10-6] 커넥터 탈거

[그림 10-7] 장착 볼트 탈거

1.4 액셀러레이터 포지션센서(APS)

[1] 역할

액셀러레이터 포지션센서는 센서가 2개로 되어있다. APS는 TPS(스로틀 포지션센서)와 동일한 원리를 가지고 있다. 액셀러레이터 포지션센서의 1번 주 센서에 의해 연료량과 분사시기가 결정되며, 센서2는 센서1의 정상동작 유무를 검사하는 센서로 차량의 급출발을 방지하기 위한 센서이다.

[그림 10-8] 액셀러레이터 포지션센서

[2] 고장일 때 나타나는 현상

엔진체크 점등, 아이들 상태로 고정, 가속이 안 되고, 급가속 시 rpm 변화가 없다.

[3] 액셀러레이터 교환(APS 교환)

① 고정 너트 12mm 및 고정 볼트 10mm를 탈거한다.

② 커넥터를 고정키를 눌러서 커넥터를 탈거하고 액셀러레이터를 탈거한다.

③ 탈거의 역순으로 신품 액셀러레이터를 장착한다.

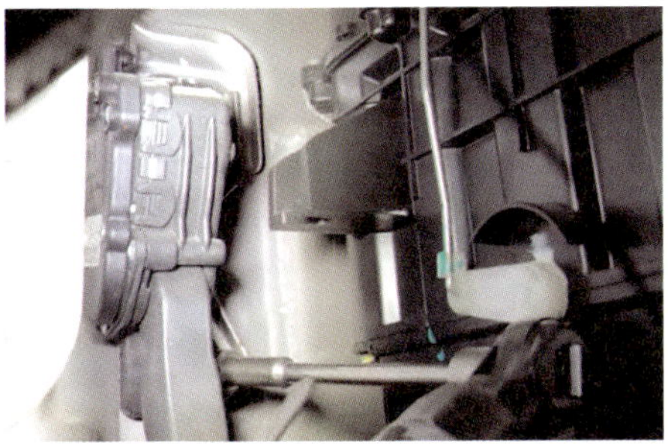

[그림 10-9] 고정 볼트 및 너트 탈거

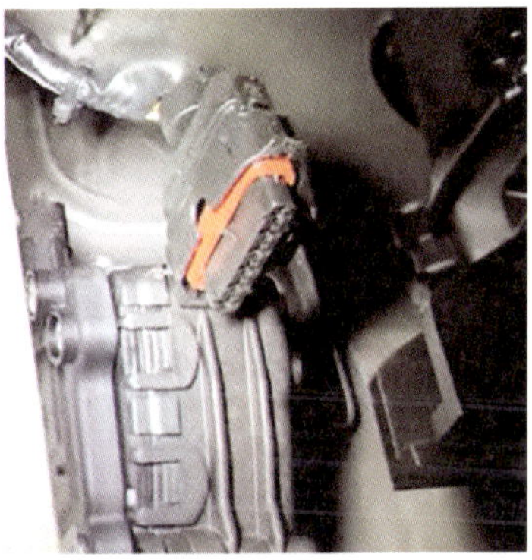

[그림 10-10] 커넥터 탈거

1.5 공회전조절장치

[1] ISA밸브 방식 교환

① 점화 스위치를 OFF시킨 후 스로틀바디에 설치된 ISA밸브 커넥터를 탈거한다.

② ISA밸브 고정나사를 풀고 탈거한다.

③ ISA밸브가 오염되었으면 전용세척제로 세척한 후 조립한다.

(a) ISA 밸브 설치 위치

(b) ISA밸브 커넥터 탈거

(c) ISA밸브 고정나사 탈거

[그림 10-11] ISA밸브 탈거

[2] 스텝모터 방식 교환

① 점화 스위치를 OFF시킨 후 스로틀바디에 설치된 스텝모터 커넥터를 탈거한다.

② 스텝모터 고정나사를 풀고 탈거한다.

③ 스로틀바디가 오염되었으면 전용세척제로 세척한 후 부착한다.

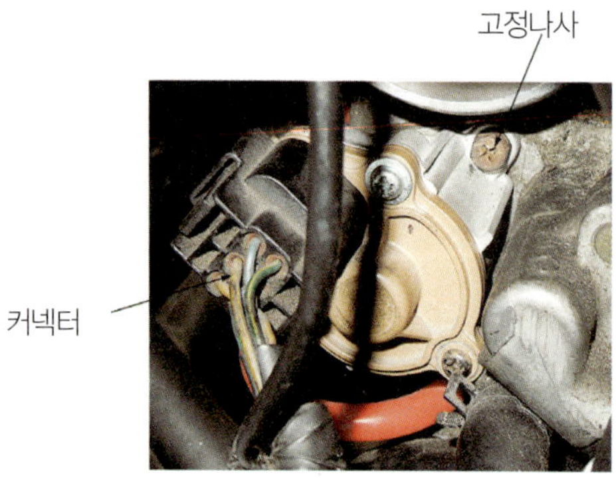

(a) 스텝모터 커넥터 탈거

(b) 스텝모터 탈거

[그림 10-12] 스텝모터 탈거

[3] ISC 방식 교환

① 점화 스위치를 OFF시킨 후 ISC(ISA) 커넥터를 탈거한다.

② ISC(ISA)의 호스 클램프를 탈거한 후 호스를 탈거한다.

③ ISC(ISA) 고정 클램프를 탈거한다.

④ ISC(ISA)가 오염되었으면 전용세척제로 세척한 후 부착한다.

[그림 10-13] ISC(ISA) 탈거

02 엔진 자기진단기

2.1 HI-DS 스캐너 사용법

① 차량 진단장비 하이스캔 전원을 연결 후 자기진단 커넥터(OBD-2)를 연결한다.

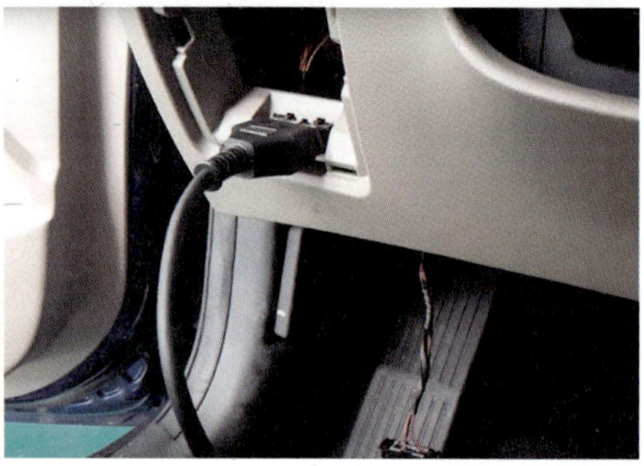

[그림 10-14] 자기진단 커넥터(OBD-2) 연결

② 스캐너 작업 시 key는 on 상태로 하고 계기판에 전원이 들어왔나 확인한다.

[그림 10-15] key on

③ 자기진단기 전원을 ON시킨다.

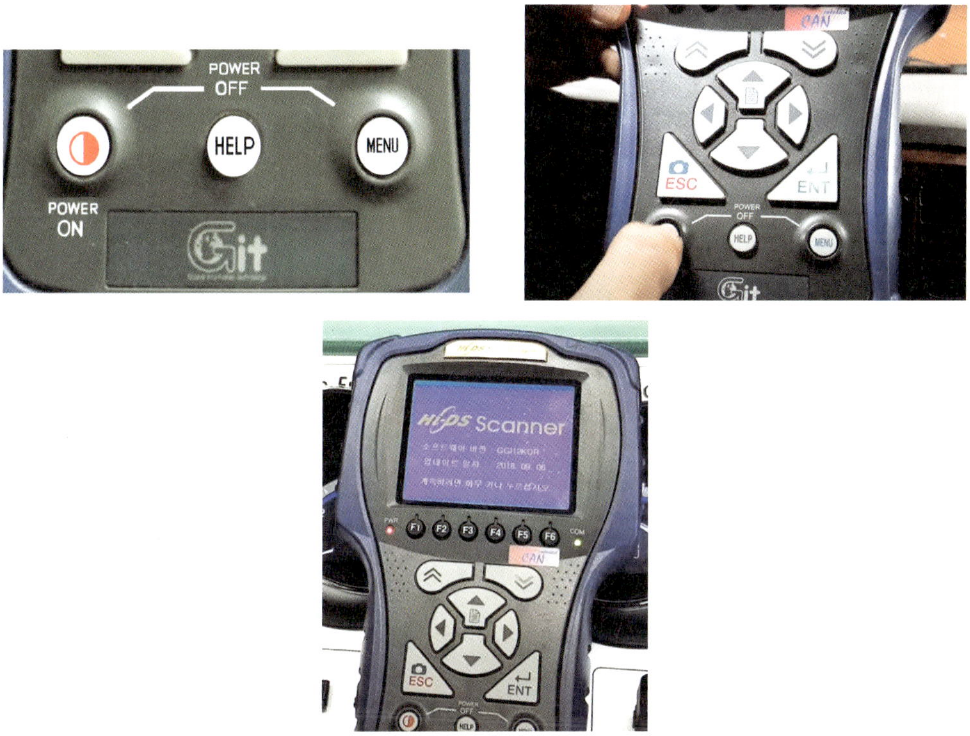

[그림 10-16] **전원 ON**

④ 전원 ON후 계속하려면 아무키나 누른다. 보통 “ENT”키를 누르면 기능선택 화면이 나타난다.

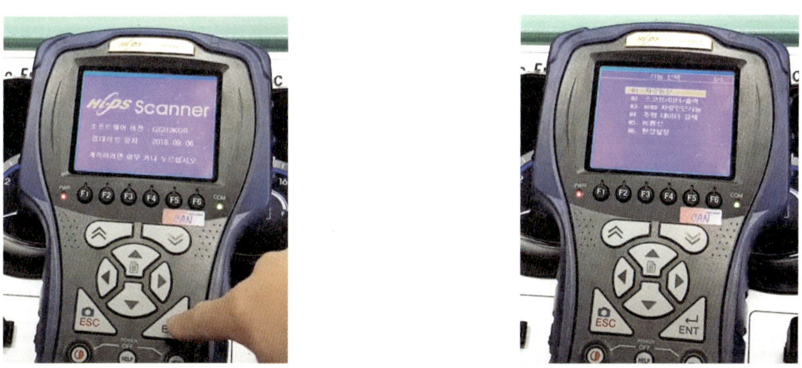

[그림 10-17] **ENT 키 누른다**

⑤ 기능선택에서 차량통신을 선택한다. 제조회사 선택 화면이 나타난다.

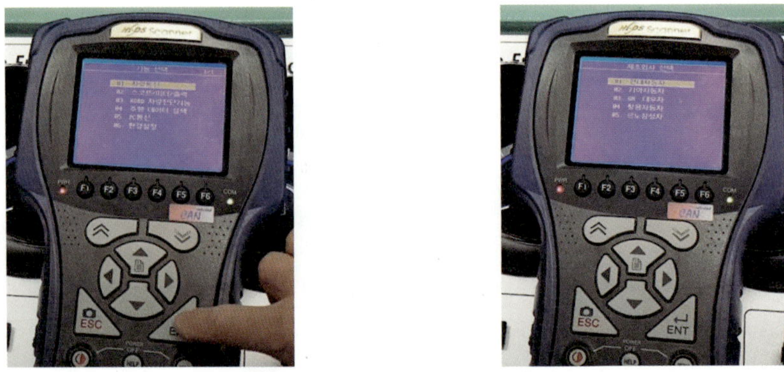

[그림 10-18] **차량통신 선택**

⑥ 제조회사 선택에서 진단하고자 하는 차량 제조회사(예 : 현대자동차)를 선택한다. 차종 선택 화면이 나타난다.

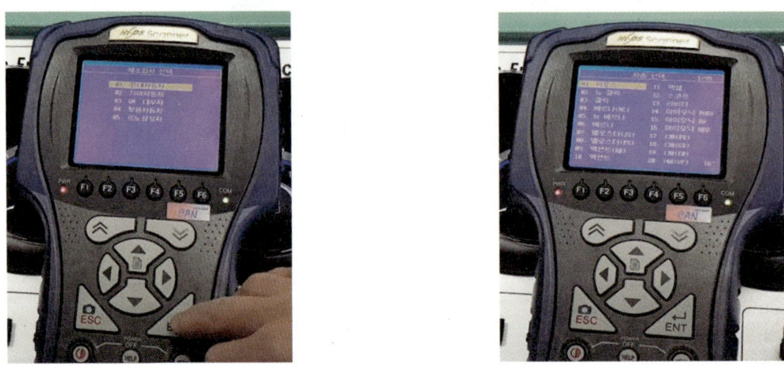

[그림 10-19] **제조회사 선택**

⑦ 차종 선택에서 차종을 선택을 한다(예 : 쏘나타 LF). 제어장치 선택 화면이 나타난다.

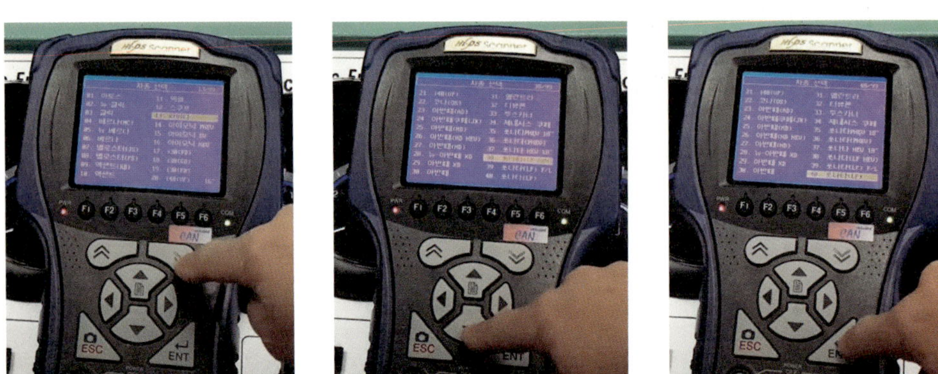

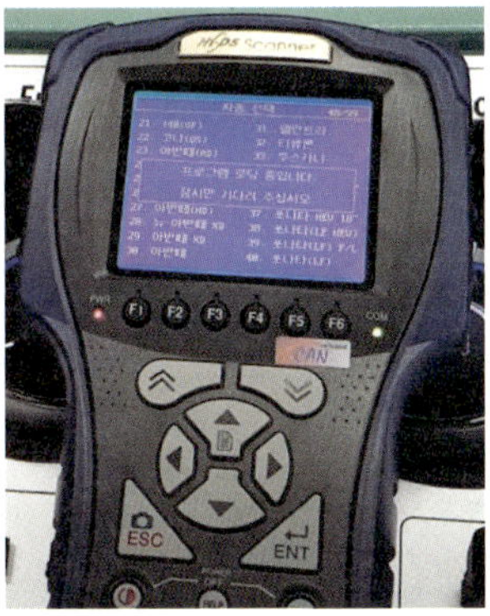

[그림 10-20] **차종 선택**

⑧ 제어장치 선택에서 엔진제어 가솔린을 선택한다. 사양 선택 화면이 나타난다.

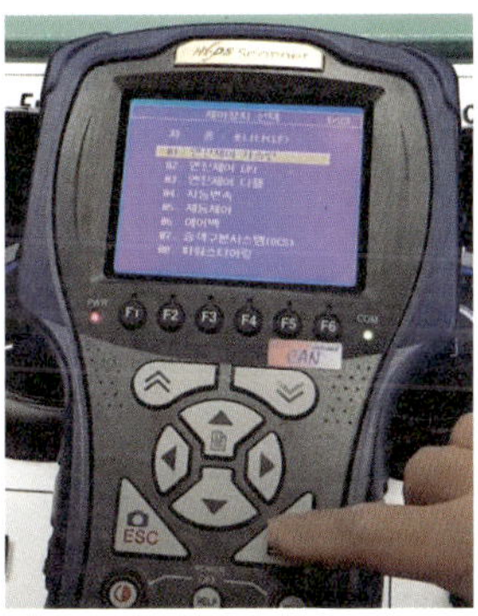

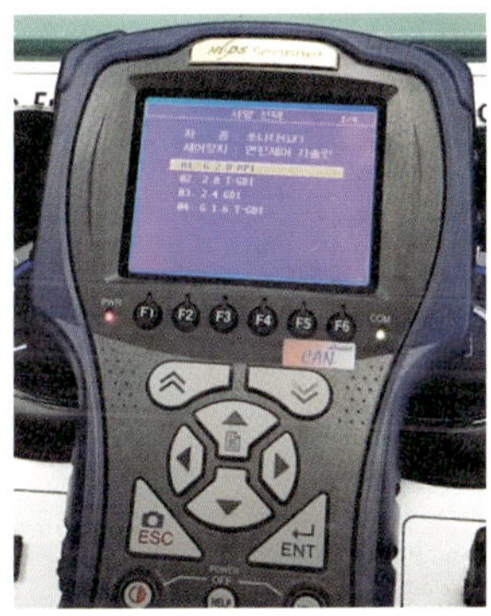

[그림 10-21] **제어장치 선택**

⑨ 사양 선택에서 엔진 사양을 선택한다(예 : G 2.0 MPI). 진단기능 선택 화면이 나타난다.

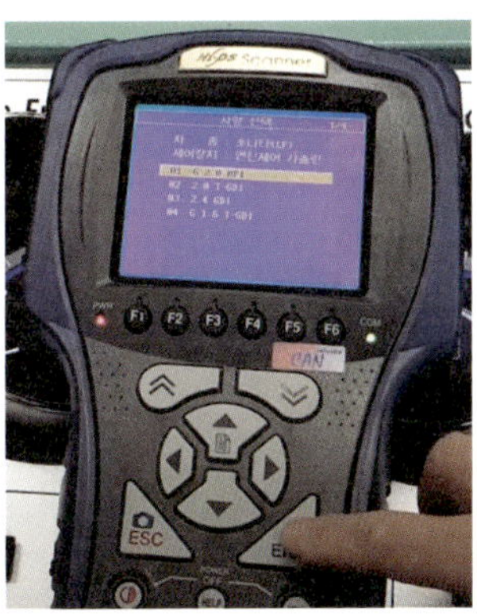

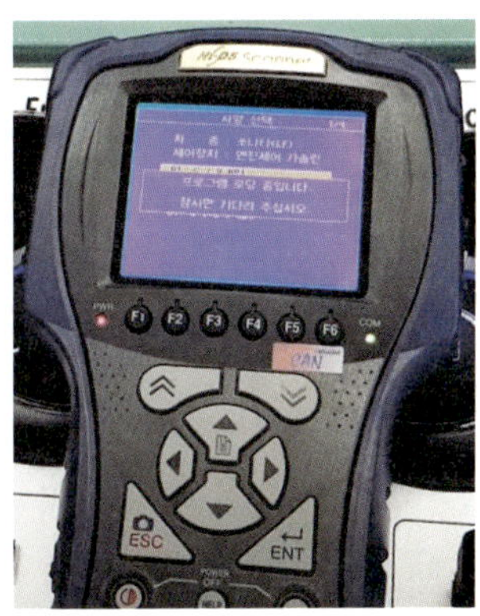

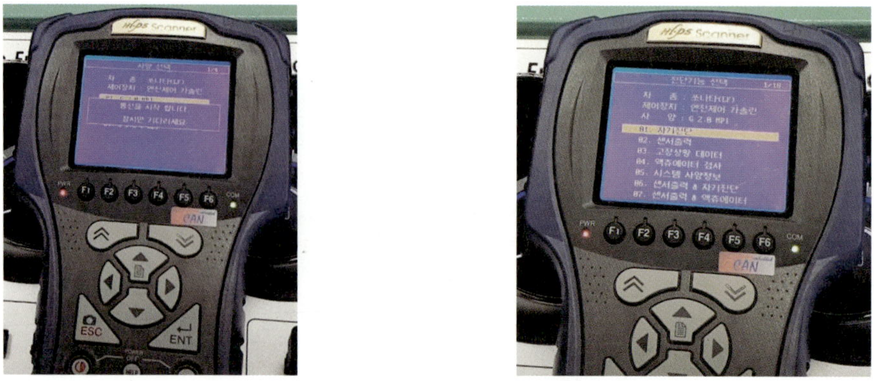

[그림 10-22] 사양 선택

⑩ 진단기능 선택에서 자기진단을 선택한다. 고장개소가 있으면 고장코드가 화면에 나타난다.

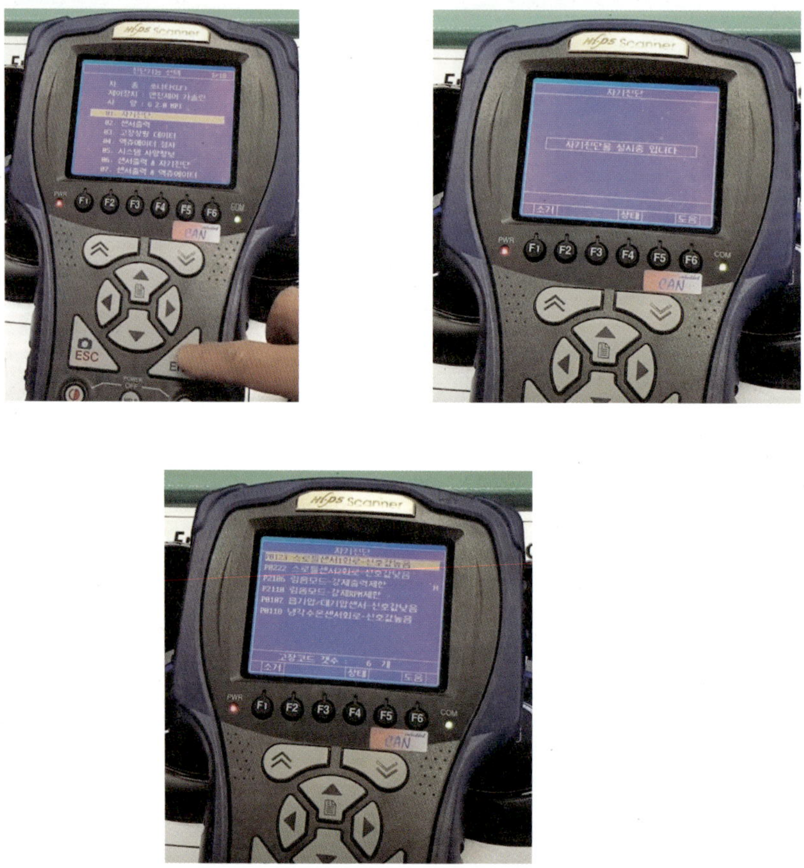

[그림 10-23] 자기진단 선택 및 고장코드

⑪ 고장개소가 없을 때에는 “자기진단결과 정상입니다”라는 문구가 나타난다.

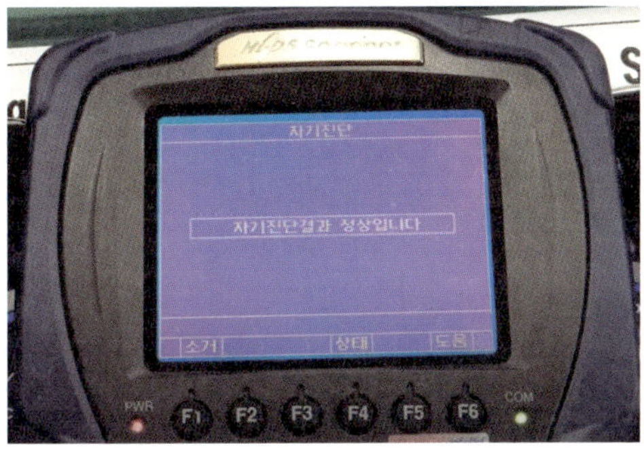

[그림 10-24] **고장개소가 없을 때**

⑫ 센서 출력값을 확인하려면 ESC키를 눌러 전단계 진단기능 선택으로 되돌아간다.

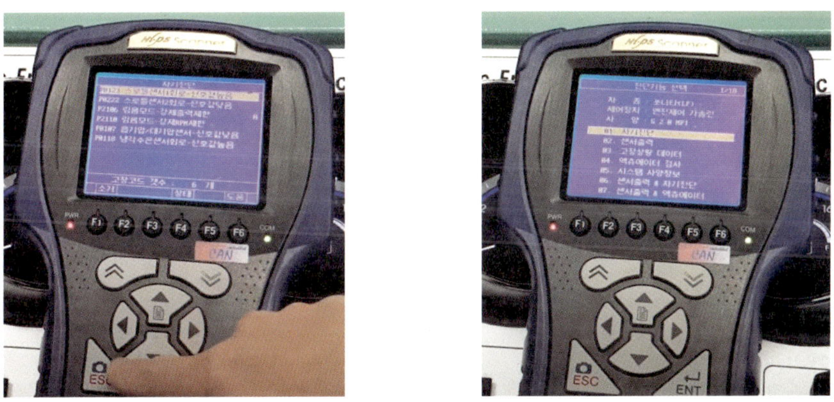

[그림 10-25] **전단계로 되돌아가기**

⑬ 진단기능 선택에서 센서출력으로 이동 후 센서출력을 선택한다.

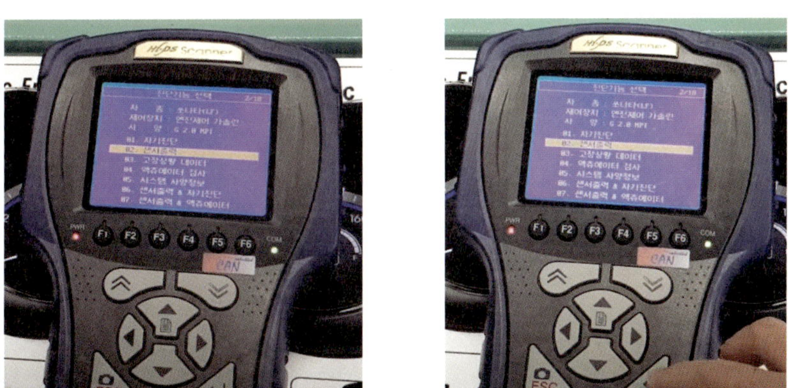

[그림 10-26] **센서출력 선택**

⑭ 센서출력에서 고장코드로 이동하여 센서 출력값을 확인한다.

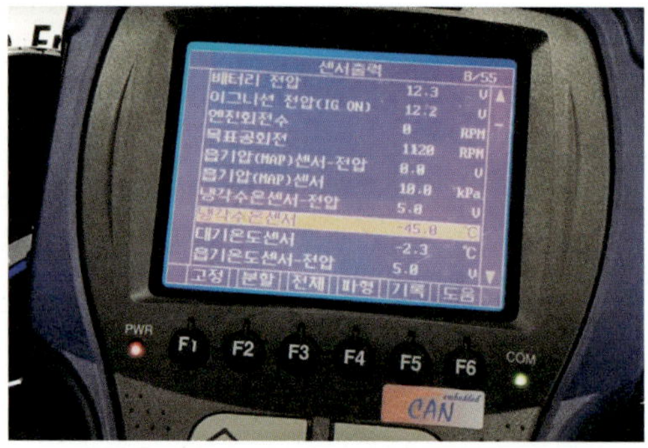

[그림 10-27] **센서 출력값 확인**

⑮ 고장코드 출력값을 확인하고, 해당 센서 설치 위치로 가서 커넥터를 확인한다. 커넥터가 연결되어 있으면 센서가 불량이다.

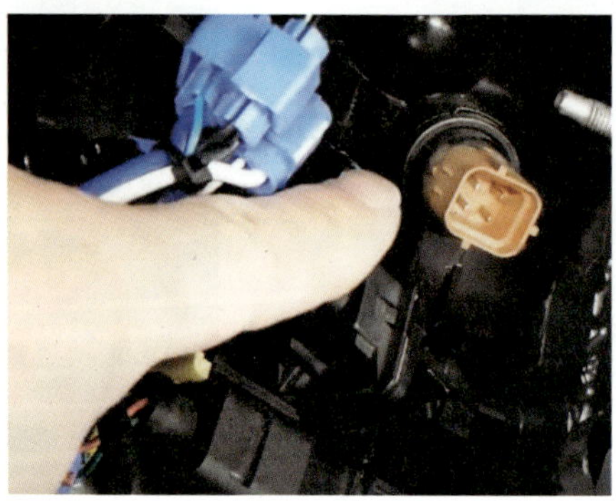

[그림 10-28] **센서 커넥터 확인**

⑯ 고장개소 수리 후 고장개소 기억소거 시 F1를 누르고 ENT키를 누르면 고장개소가 소거된다. 시험장에서는 기억소거시키면 안 된다.

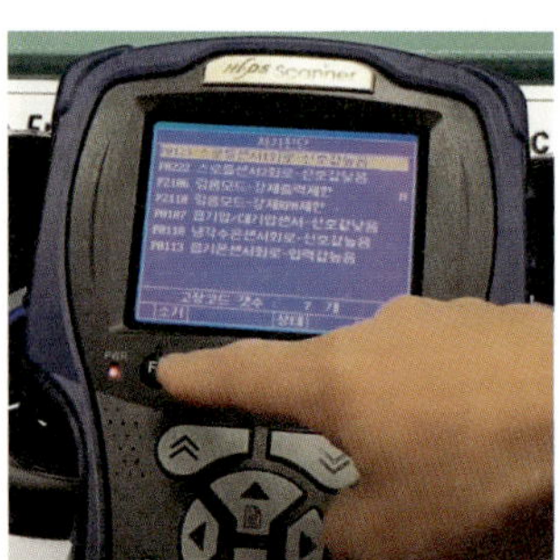

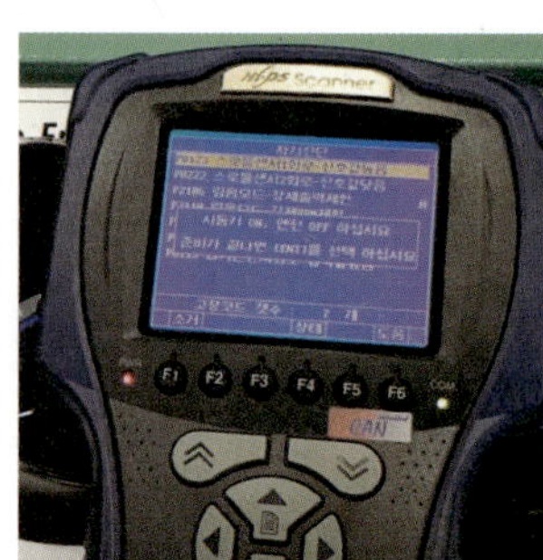

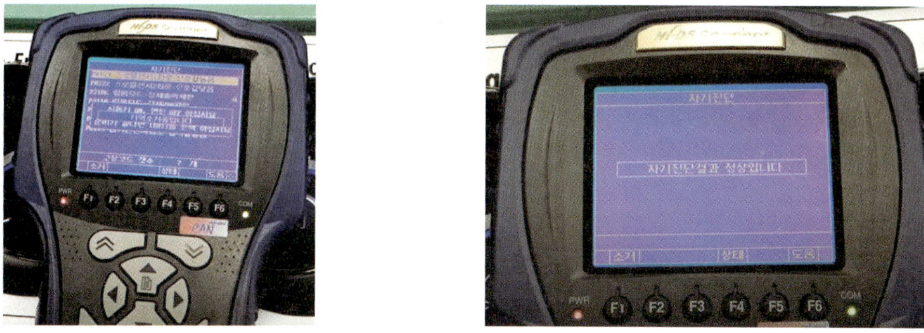

[그림 10-29] **기억소거**

⑰ 파형 측정 시 센서 출력에서 측정하는 항목을 설정하고 F1(고정)키를 누른다.

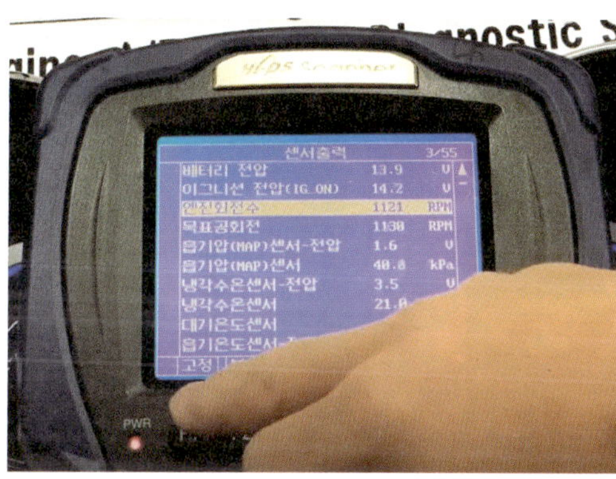

[그림 10-30] **F1(고정)키 설정**

⑱ 측정하는 항목을 고정시키고 F4(파형)키를 누른다.

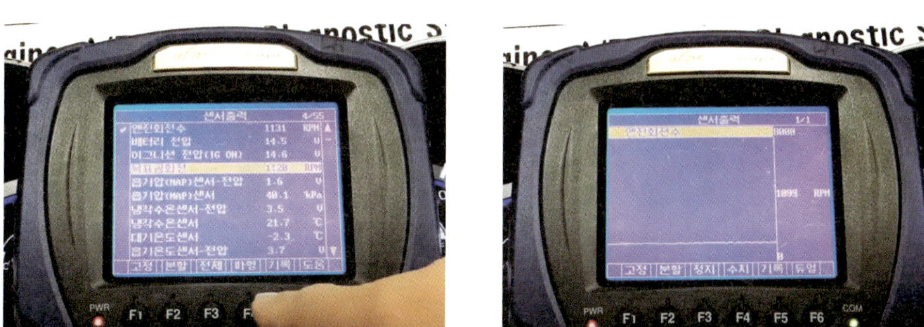

[그림 10-31] **파형 점검**

⑲ 액추에이터 검사는 진단기능 선택에서 액추에이터 검사를 선택하고 ENT키를 누른다.

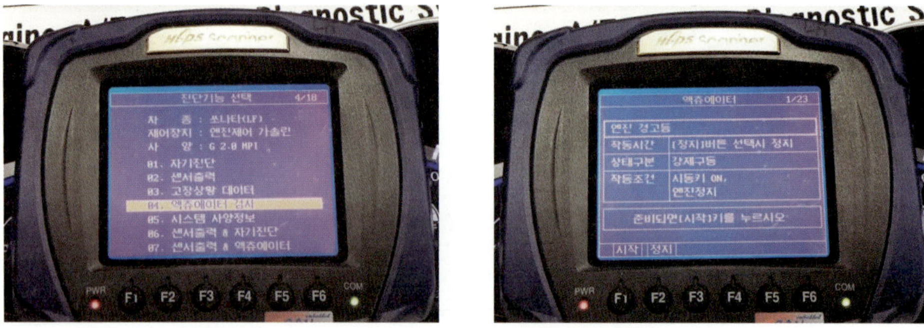

[그림 10-32] 액츄에이터 선택

⑳ 방향키를 눌러 검사할 액츄에이터 항목으로 이동한다.

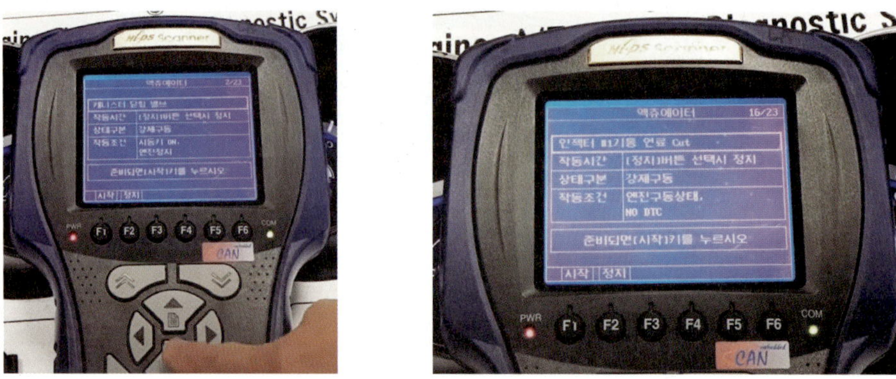

[그림 10-33] 검사할 액츄에이터로 이동

㉑ 액츄에이터를 강제구동 시에는 F1(시작)을 누른다.

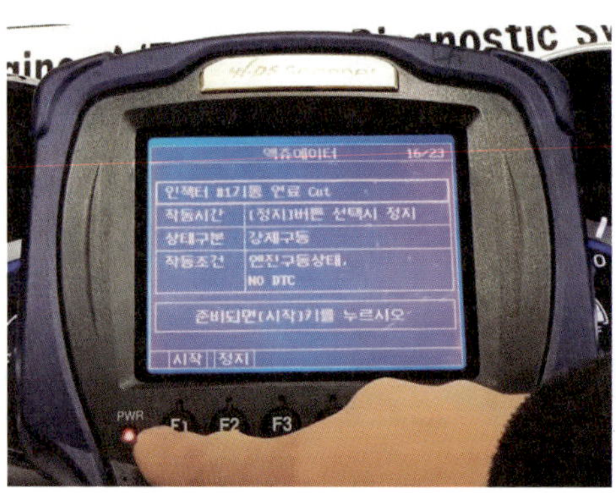

[그림 10-34] 액츄에이터 강제구동

2.2 G-scan 2 스캐너 사용법

① 스캐너 작업 시 key는 on 상태로 한다.

② 차량 진단장비 자기진단기 커넥터를 연결하면 자기진단기 장비에 전원 불이 들어온다.

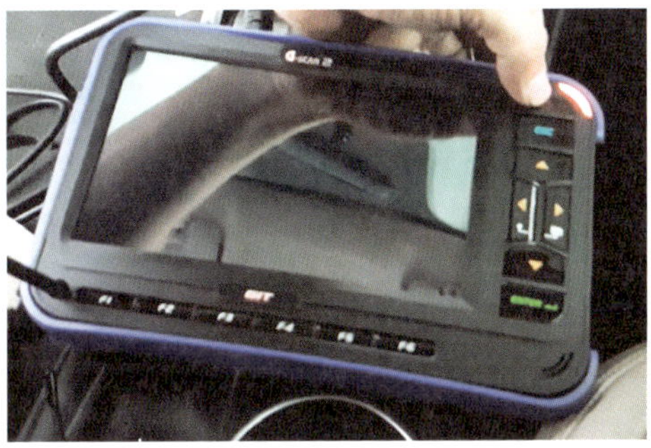

[그림 10-35] G-scan 2 스캐너

③ 자기진단기 전원을 ON시킨다.

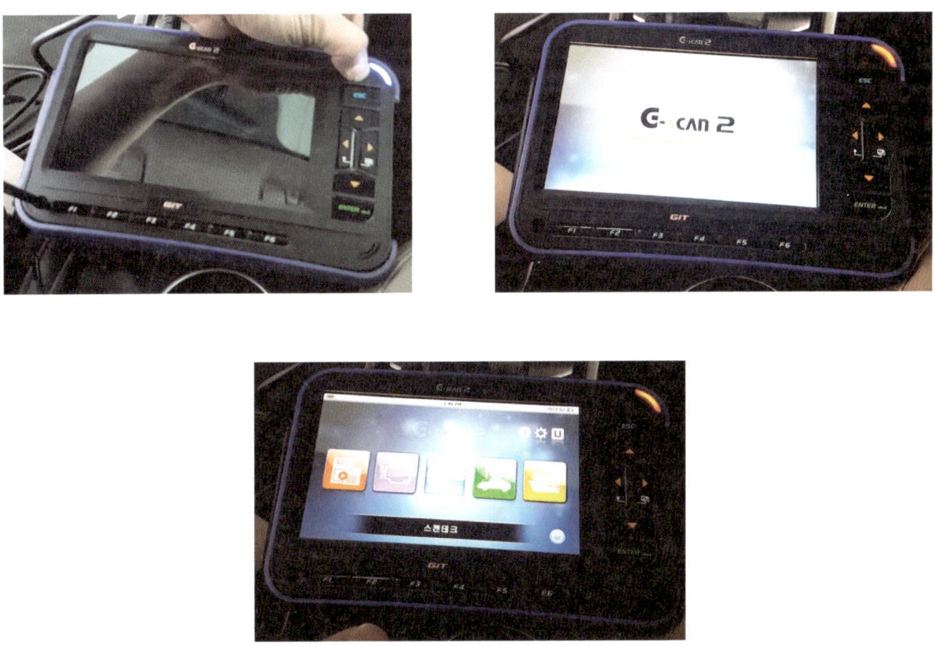

[그림 10-36] 자기 진단기 전원 ON

④ G-scan 2는 터치스크린으로 G-scan 2 전용 펜이나 손으로 작동시킨다.
⑤ 스캔테크를 클릭한다.

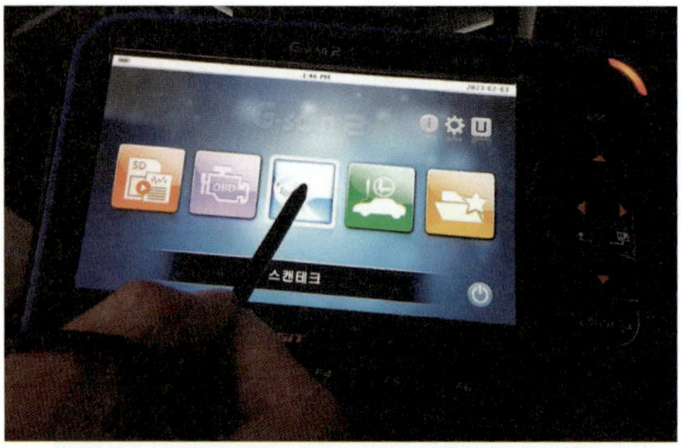

[그림 10-37] **스캔테크 터치**

⑥ 진단하고자 하는 제조사 선택에서 차량 제조회사를 클릭한다.

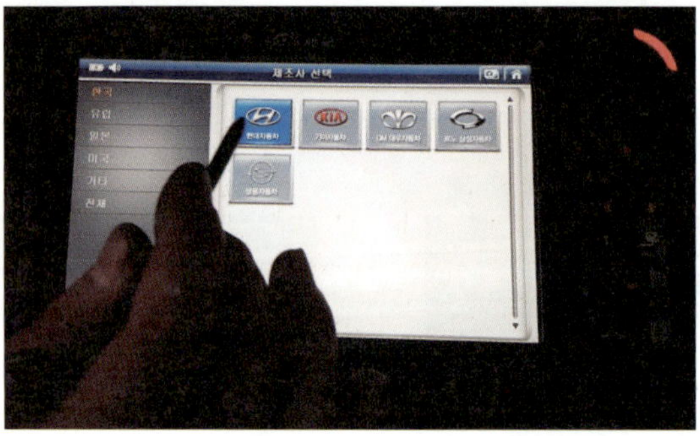

[그림 10-38] **제조회사 선택**

⑦ 차종 클릭 → 년식 클릭 → 엔진 형식 클릭 → 엔진제어 순서로 클릭한다.

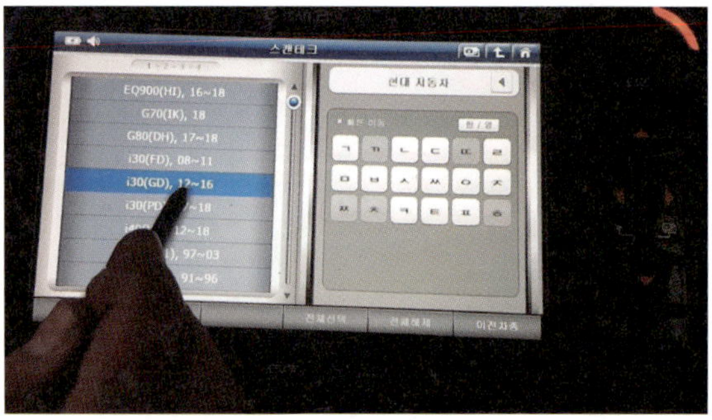

[그림 10-39] **차종 선택**

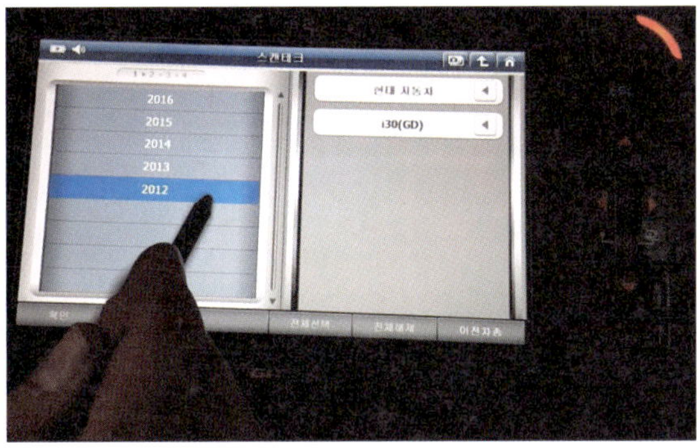

[그림 10-40] 년식 선택

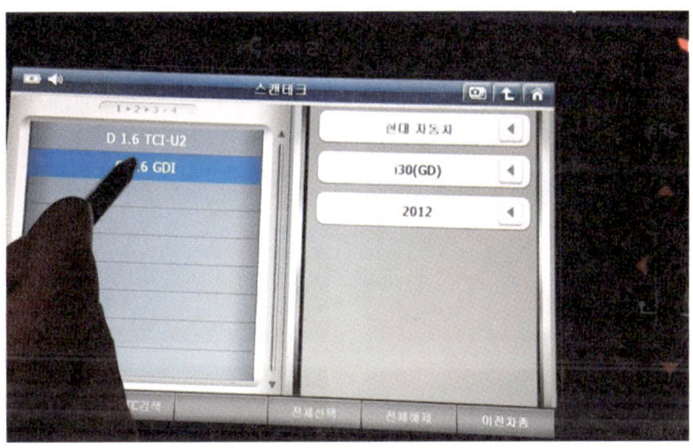

[그림 10-41] 엔진 형식 선택

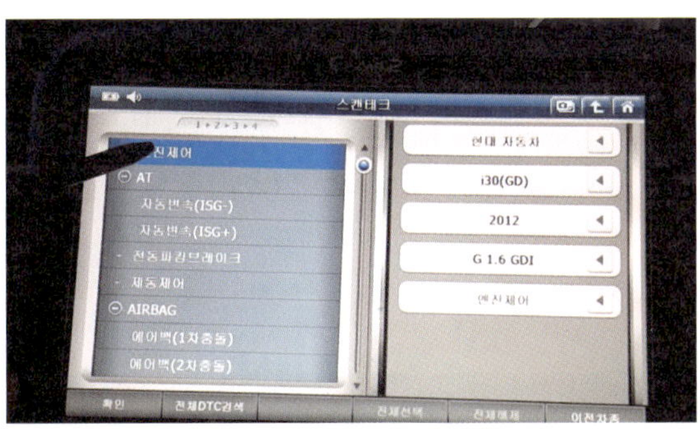

[그림 10-42] 엔진제어 클릭

⑧ 확인을 클릭한다.

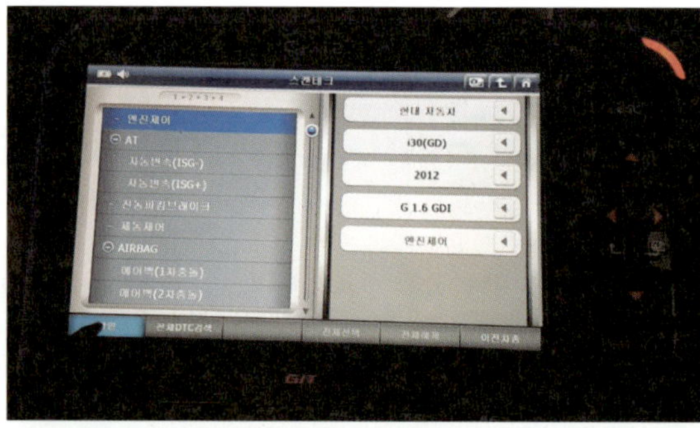

[그림 10-43] 확인 클릭

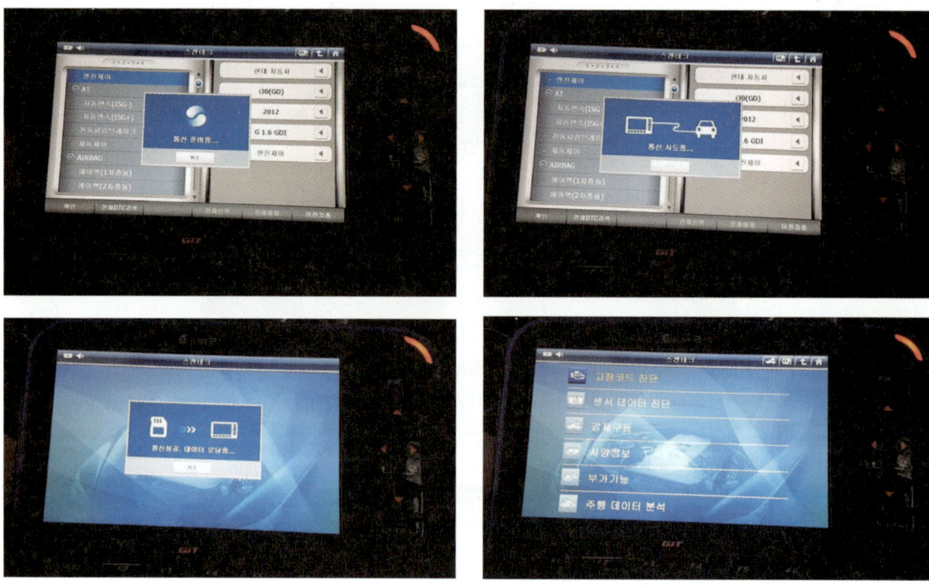

[그림 10-44] 테스터기와 차량 통신

⑨ 고장코드 진단을 클릭한다.

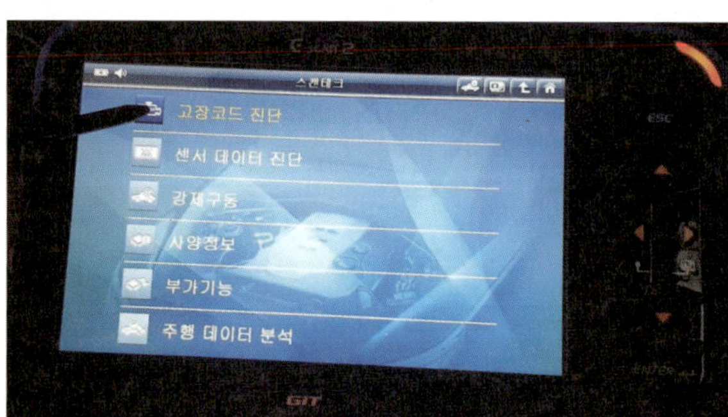

[그림 10-45] 고장코드 진단 클릭

⑩ 차량에 고장개소가 있으면 고장코드가 나타난다.

[그림 10-46] **고장코드**

⑪ 규정값을 확인 시에는 고장코드에서 해당 센서를 클릭하고 진단 가이드를 클릭한다.

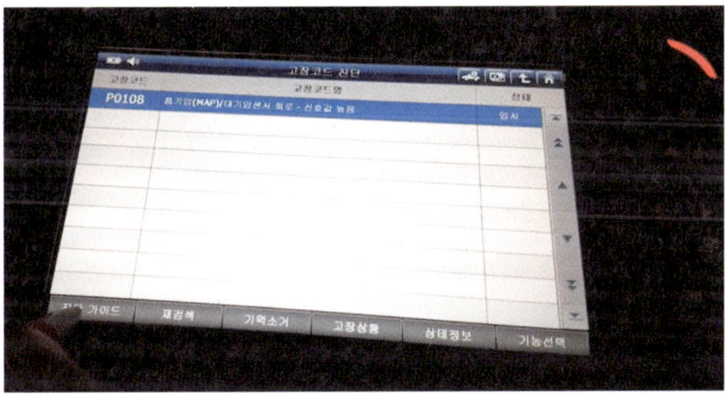

[그림 10-47] **진단 가이드 클릭**

⑫ 코드별 진단 가이드 화면에서 아래로 클릭하여 고장판정에서 규정값을 확인한다.

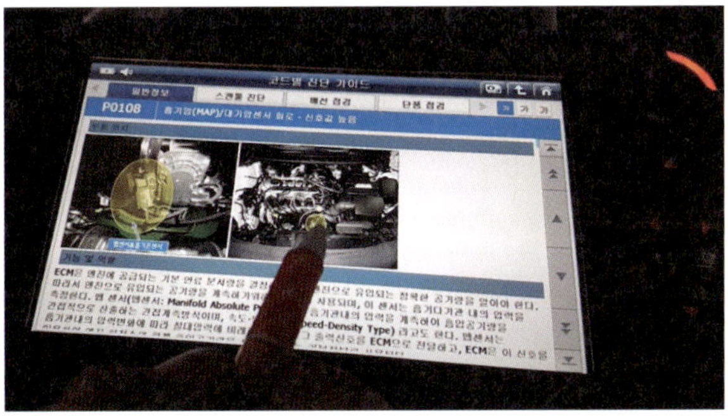

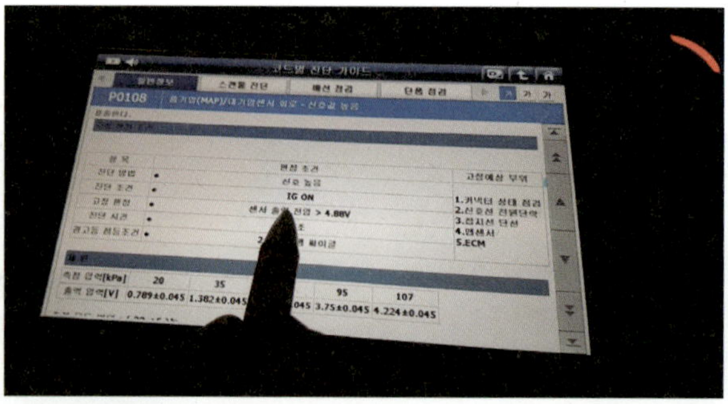

[그림 10-48] **고장판정에서 규정값 확인**

⑬ ESC를 클릭하여 스캐너로 이동한다.

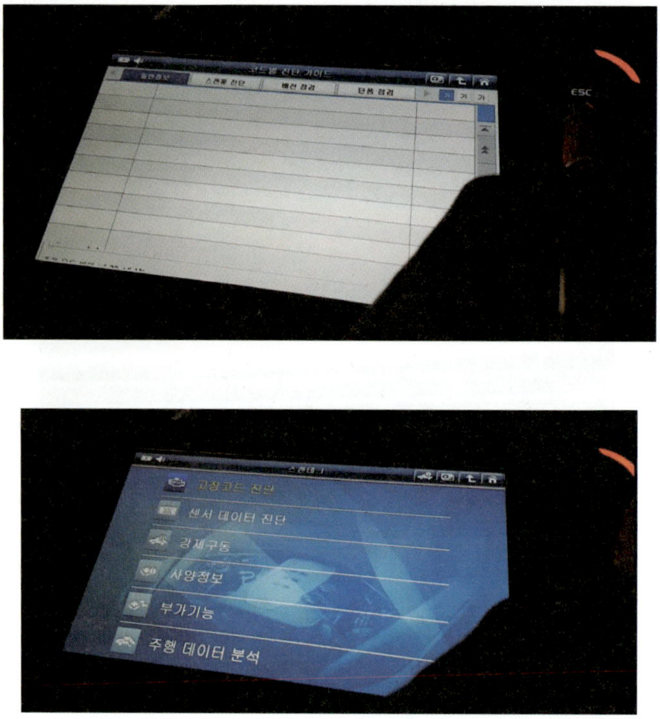

[그림 10-49] **스캐너로 이동**

⑭ 센서 데이터 진단을 클릭한다.

[그림 10-50] 센서 데이터 진단 클릭

⑮ 센서 데이터 진단에서 고장코드 고정 또는 출력값을 확인한다.

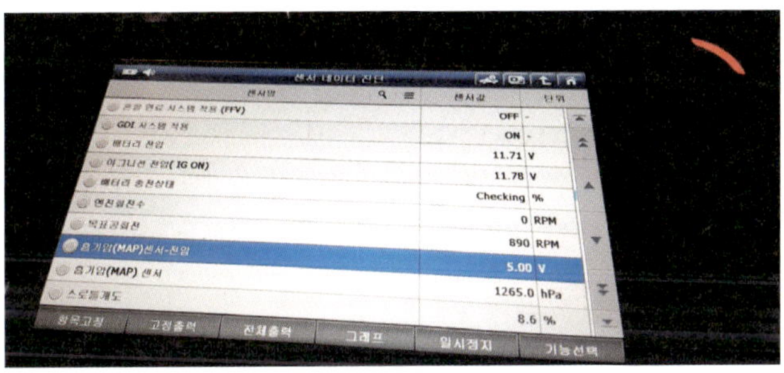

[그림 10-51] 고장코드 센서 출력값 확인

[1] 자가진단기 고장진단

(1) 측정(또는 점검)

① **고장부위** : 진단기에 표시된 고장부위(예 : 흡기압(MAP)/대기압센서 회로)를 기록한다.

② **측정값** : 센서출력에 표시된 측정값(예 : 5V)을 답안지에 기록한다.

③ **규정값** : 진단기에서 규정값을 찾아 기록한다(예 : 4.88V).

(2) 판정 및 정비 조치사항

① 고장내용

㉠ 커넥터 연결 시 : 측정값이 규정값 범위 내일 때는 고장개소 미삭제, 측정값이 규정값 범위 외일 때 센서 불량

㉡ 커넥터 탈거 시 : 커넥터 탈거

② 정비 및 조치할 사항

㉠ 커넥터 탈거 시 : 커넥터 연결 후 고장개소 기억소거 후 재점검

㉡ 과거 고정개소 미삭제 시 : 고장개소 기억소거 후 재점검

㉢ 센서 불량 시 : 센서 교환 후 고장개소 기억소거 후 재점검

<table>
<tr><th rowspan="2">측정항목</th><th colspan="3">① 측정(또는 점검)</th><th colspan="2">② 판정 및 정비(또는 조치)사항</th><th rowspan="2">득점</th></tr>
<tr><th>고장부위</th><th>측정값</th><th>규정값</th><th>고장내용</th><th>정비 및 조치할 사항</th></tr>
<tr><td>센서
(액추에이터)
점검</td><td>흡기압(MAP)/대기압센서 회로</td><td>5V</td><td>4.88V</td><td>센서 불량</td><td>센서 교환 후 고장개소 기억소거 후 재점검</td><td></td></tr>
</table>

03 센서 단품 점검

3.1 수온센서(WTS : Water Temperature Sensor)

냉각수온센서는 전자 제어식 연료 분사장치의 냉각수 온도 검출에 주로 사용되는 센서이다. 이 냉각수온센서는 온도의 변화를 저항값의 변화로 검출하는 것으로, 저항값이 온도에 따라 크게 변하게 된다. 수온이 낮을 때에는 저항값이 커지고, 수온이 올라가면 저항값이 작아진다. 이를 부특성 서미스터(NTC thermistor)라 한다.

[1] 역할

엔진이 예열되지 않은 상태에서 냉각수의 온도가 낮을 때 공연비를 짙게 해서 엔진의 연소가 안정적으로 되도록 해준다. 그러므로 냉각수온센서는 엔진의 상태에 따라 냉각수 온도를 검출해서 최적의 공연비가 되도록 제어해주는 센서이다. 위의 기본적인 기능 이외에도 시동 시 연료 분사량 보정, 점화시기 보정 등의 기능을 하며, 차량에 따라 EGR 솔레노이드밸브와 퍼지 컨트롤 솔레노이드밸브를 제어하고, 쿨링팬 작동 여부를 결정하는 역할도 한다.

[2] 고장 시 증상

① 공회전 불량
② 연료 소비율 증대
③ 엔진 경고등 점등
④ 시동 불량
⑤ 쿨링팬이 계속 작동

[3] 점검내용

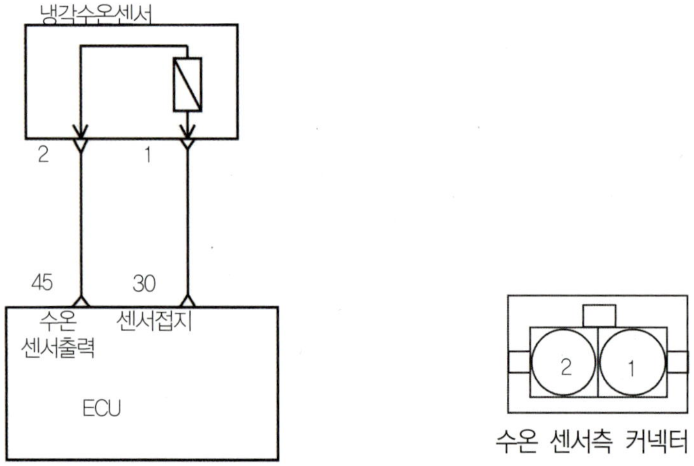

[그림 10-52] **냉각수온센서 회로도 및 커넥터**

① 하네스측 커넥터 2번 단자에 전압계를 설치하여 ref. 전원공급을 확인한다(IG ON 상태).

② 멀티미터의 적색 프로브는 센서측 커넥터 1번 단자, 흑색 프로브는 차체 또는 ECU측 커넥터 30번 단자에 연결하여 접지성을 확인한다.

③ ECU측 커넥터 45번 단자에 전압계를 설치하여 냉각수 온도 변화에 따른 출력전압을 점검한다.

④ 스캔툴(MUT)을 이용하여 자기진단과 센서 출력값을 분석, 진단한다.

⑤ 오실로스코프 기능을 이용하여 출력 파형을 측정한 후 분석, 진단한다.

[그림 10-53] **냉각수온센서 장착 위치**

[4] 점검방법

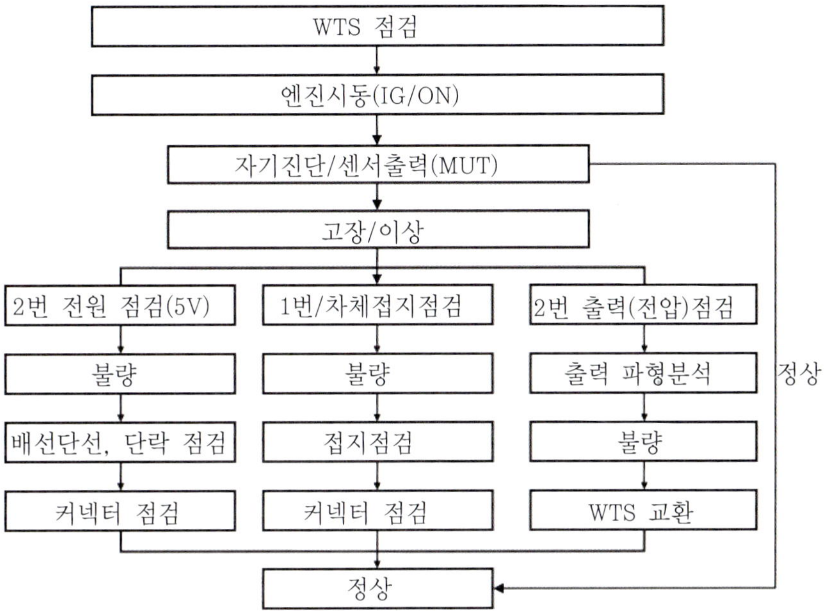

[그림 10-54] WTS 점검방법

(1) 전원, 접지, 센서 출력 전압 점검

① 멀티미터 적색 프로브를 하네스측 2번 단자(전원공급단자)에, 흑색 프로브를 배터리(-) 또는 차체에 연결한다(전원공급 점검).

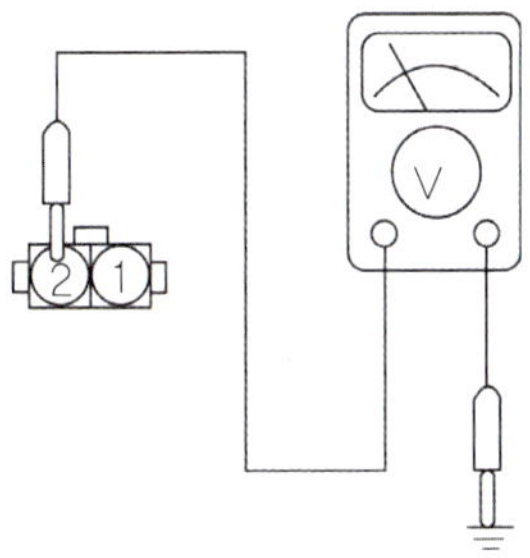

[그림 10-55] 전압계로 WTS 출력 점검

② 멀티미터 적색 프로브를 하네스측 1번 단자(접지단자)에, 흑색 프로브를 배터리(-) 또는 차체에 연결한다(접지전압 점검).

③ 멀티미터 적색 프로브를 센서측 2번 단자에, 흑색 프로브를 배터리(-) 또는 차체

에 연결한다(출력전압 점검).

엔진상태	점검위치	규정값		비고
점화 스위치 ON	센서측 2번~BAT(-) 사이	4.8~5.0V		전원공급
점화 스위치 ON	센서측 1번 단자와 차체 또는 30번 단자	0Ω		접지
점화 스위치 ON	센서측 2번 단자 또는 ECM측 30번 단자	0℃	3.3~3.7V	센서출력 전압
		20℃	2.4~2.8V	
		40℃	1.6~2.0V	
		80℃	0.5~0.9V	

(2) 저항측정

① 점화 스위치를 OFF시킨다.

② 냉각수온센서를 탈거한다.

③ 엔진 냉각수 안에 센서의 서미스터를 담근 후에 센서 신호 단자와 접지 단자 사이의 저항을 측정한다.

④ 온도계를 이용하여 냉각수 온도를 확인하고, 제원을 참조하여 측정된 저항이 제원과 상이한지 확인한다.

[그림 10-56] WTS 저항측정

[표 10-1] 온도에 따른 냉각수온센서의

냉각수 온도(℃)	저항값(kΩ)
0	5.18~6.6
20	2.27~2.73
40	1.06~1.30
80	0.29~0.35

(3) 스캔툴을 이용한 점검방법

MUT 또는 엔진 튠업 장비의 자기진단용 DLC 케이블을 차량의 자기진단 커넥터에 연결한 후 센서 출력값을 확인, 점검한다.

센서항목	현재값	단 위	센서항목	현재값	단 위
11.산소센서	136	mV	12.공기유량센서	31	Hz
13.흡기온센서	27.00	℃	14.스로틀위치센서	488	mV
16.배터리전압	14.1	V	18.시동신호	OFF	
21.냉각수온센서	89.00	℃	22.엔진회전수	812	RPM
25.대기압센서	101	kPa	26.아이들스위치	ON	
27.파워스티어링	OFF		28.에어컨스위치	OFF	
29.변속레버스위치	NEUTRAL		41.인젝터분사시간	2.6	mS
44.점화시기	BTDC 16°		45.공회전조절스텝모터	0	step
49.에어컨릴레이	OFF				

[그림 10-57] **엔진 워밍업 후 WTS 서비스테이터**

① 스캔툴 상의 냉각수 온도센서값을 보고 현재의 냉각수 온도의 높고 낮음을 파악하고 스캔툴의 냉각수 온도와 같이 지침서상의 냉각팬 또는 콘덴서팬의 작동 온도와 일치하는지를 알 수가 있다.

② 스캔툴값에서는 최댓값과 최솟값 그리고 그래프 기능에서 센서 데이터의 움직임만 확인이 가능할 뿐 스캔툴에서는 순간적으로 빠지는 문제는 알 수가 없다(차량 ECU와 스캔툴 통신 속도 차이 때문).

3.2 흡입공기온도센서(ATS : Air Temperature Sensor)

[1] 역할

흡입되는 공기온도를 검출하는 것으로 부특성 서미스터(NTC : thermistor) 로 되어 있으며, ECU는 ATS로부터 출력전압을 기초로 하여 흡입공기온도에 대한 분사량의 보정을 행한다. ATS를 장착하는 목적은 흡입되는 공기의 온도를 감지하여 공기의 실제 무게(공기분자수)를 정확히 알기 위함이다 . ATS의 출력전압은 공기온도가 변화함에 따라 센서 저항값이 변화하며, ATS에 의한 분사량 영향은 그다지 크지 않으므로 엔진의 부조나 출력에는 큰 영향을 주지 않는다. ATS 고장 시에는 ECU 메모리 대체값으로 페일세이프(fail safe)한다.

[2] 고장 시 증상

① 특별한 엔진에 이상발생은 없다.

② 엔진 과열 시 노킹(knocking)이 발생된다(고정온도로 지각이 안 됨). 엔진 과열 시 점화시기 지각을 ATS를 기준으로 한다.

③ 최근 엔진제어 프로그램에서는 WTS와 TPS 두 가지로 제어하므로 ATS 고장 시 노킹(knocking)은 발생되나 심하지 않는다.
④ 엔진회전수가 간헐적으로 설정 공회전으로 복귀하지 않거나 시동이 꺼진다.
⑤ 산소센서 Feed Back량이 비정상적으로 적거나 많아진다.
⑥ ISC밸브 학습량이 비정상적으로 많아지거나 적어진다.
⑦ 주행 중 출력저하 또는 가속성능이 저하한다.
⑧ 주행 중 울컥거림 및 시동이 꺼진다.
⑨ 연료소모 과다, 매연과다 배출

[3] 점검내용

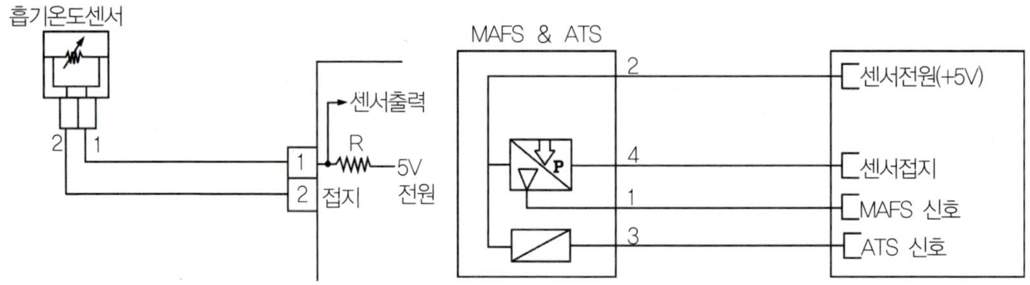

(a) 흡입관로 상에 설치 ATS (b) MAP센서 내부설치 ATS

[그림 10-58] ATS 회로도

① 멀티미터 적색 프로브를 하네스측 1번 단자(전원 공급단자)에, 흑색 프로브를 배터리(-) 또는 차체에 연결한다(ref. 전원공급 점검).
② 멀티미터 적색 프로브를 하네스측 2번 단자(접지단자)에, 흑색 프로브를 배터리(-) 또는 차체에 연결한다(접지전압 점검).
③ 멀티미터 적색 프로브를 센서측 1번 단자에, 흑색 프로브를 배터리(-) 또는 차체에 연결한다(출력전압 점검).

[4] 점검방법

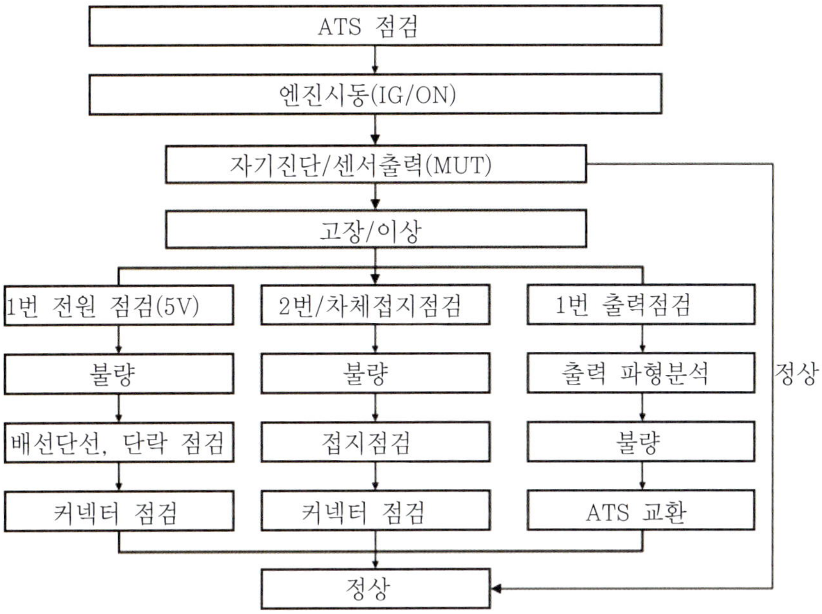

[그림 10-59] ATS 점검방법

(1) 출력전압 측정

전압계를 이용한 방법은 점화 스위치 ON 상태에서 1번 단자(MAP센서 내부설치 센서는 3번 단자) 전압을 측정한다. NTC 서미스터 형식이므로 온도가 높을수록 출력전압은 낮아진다. 또는 커넥터를 분리한 후 하니스측에서 5V의 전원이 정상적으로 작용하는지를 점검한다.

[그림 10-60] 전압계로 ATS 출력전압 점검

[표 10-2] **흡기온도센서의 출력전압**

점검 조건	온도(℃)	출력전압(V)
점화 스위치 ON	0	3.3~3.7
	20	2.4~2.8
	40	1.6~2.0
	80	0.5~0.9

(2) 저항측정

① 점화 스위치를 OFF시킨다.

② 공기량 측정센서 커넥터를 분리한다.

③ 센서 단자 1과 2(MAP센서 내부설치 센서는 2와 3) 사이의 저항을 측정한다.

④ 제원값을 참조하여 저항이 제원값과 상이한지 확인한다.

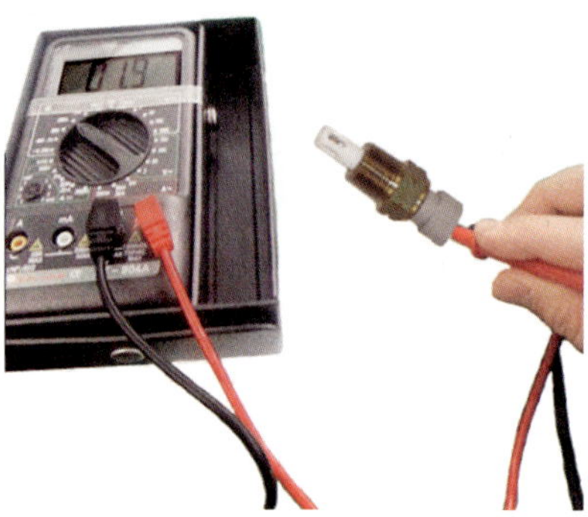

[그림 10-61] **전압계로 ATS 저항 점검**

[표 10-3] **흡기온도센서의 출력 저항**

흡기온도(℃)	출력 저항(KΩ)
-40	40.93~48.35
-20	13.89~16.03
0	5.38~6.09
10	3.48~3.90
20	2.31~2.57
40	1.08~1.21
50	0.76~0.85
60	0.54~0.62
80	0.29~0.34

<table>
<tr><th>엔진상태</th><th>점검위치</th><th colspan="2">규정값</th><th>비고</th></tr>
<tr><td>점화 스위치 ON</td><td>하네스측 커넥터 1번 단자와 차체</td><td colspan="2">4.8~5.0V</td><td>전원공급</td></tr>
<tr><td>점화 스위치 ON</td><td>센서측 2번 단자와 차체</td><td colspan="2">0Ω</td><td>접지</td></tr>
<tr><td rowspan="4">점화 스위치 ON</td><td rowspan="4">센서측 1번 단자와 차체</td><td>0℃</td><td>3.3~3.7V</td><td rowspan="4">센서출력전압</td></tr>
<tr><td>20℃</td><td>2.4~2.8V</td></tr>
<tr><td>40℃</td><td>1.6~2.0V</td></tr>
<tr><td>80℃</td><td>0.5~0.9V</td></tr>
</table>

[5] 스캔툴을 이용한 점검방법

MUT 또는 엔진 튠업 장비의 자기진단용 DLC 케이블을 차량의 자기진단 커넥터에 연결한 후 센서 출력값을 확인, 점검한다.

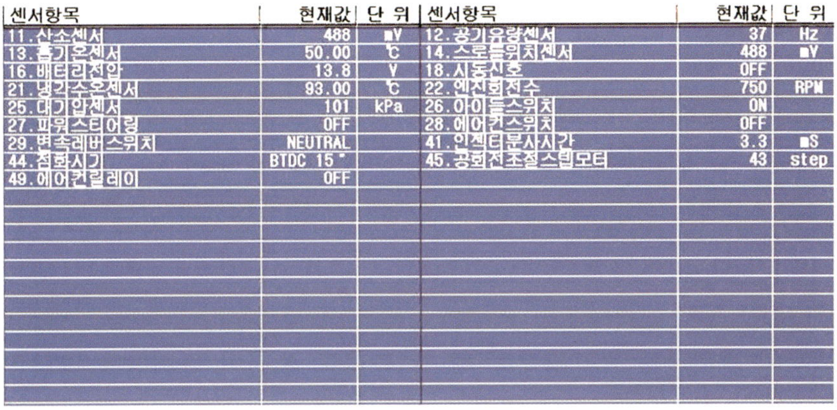

센서항목	현재값	단 위	센서항목	현재값	단 위
11.산소센서	488	mV	12.공기유량센서	37	Hz
13.흡기온센서	50.00	℃	14.스로틀위치센서	488	mV
16.배터리전압	13.8	V	18.시동신호	OFF	
21.냉각수온센서	93.00	℃	22.엔진회전수	750	RPM
25.대기압센서	101	kPa	26.아이들스위치	ON	
27.파워스티어링	OFF		28.에어컨스위치	OFF	
29.변속레버스위치	NEUTRAL		41.인젝터분사시간	3.3	mS
44.점화시기	BTDC 15°		45.공회전조절스텝모터	43	step
49.에어컨릴레이	OFF				

[그림 10-62] **엔진 워밍업 후 ATS 서비스테이터**

① 스캔툴 상의 공기온도센서값을 보고 현재의 공기온도의 높고 낮음을 알 수가 있다. 실제 온도와 흡기온의 차이가 많을 경우 공기온도센서 본선과 접지를 확인 후 자체 불량을 확인한다.

② 스캔툴값에서는 최댓값과 최솟값 그리고 그래프 기능에서 센서 데이터의 움직임만 확인이 가능할 뿐 스캔툴에서는 순간적으로 빠지는 문제는 알 수가 없다(차량 ECU와 스캔툴 통신 속도 차이 때문).

③ 공기온도에 따른 보정량이 많지 않아 흡입공기온도센서는 시스템에 영향은 크지 않다(경고등이 점등하여도 큰 영향을 주지 않는다).

3.3 흡입공기량센서(AFS : Air Flow Sensor)

[1] 역할

흡기관을 통과하는 흡입공기량을 검출하여 엔진 컨트롤 유닛(ECU)에 전기 신호로 보내는 부품이다. 흡입공기량은 엔진 회전 속도 및 과급 압력에 따라 변화하며, ECU는 흡입공기량에 맞춰 연료 분사량을 결정한다. 또한 EGR량을 제어하는데 가장 중요한 부품이기도 하다.

[2] 고장 시 증상

에어플로우센서가 고장 나면 엔진은 공급되는 연료량을 정확하게 제어하지 못하기 때문에 시동이 꺼지는 현상이 발생되거나, 시동이 걸린 상태에서 엔진의 진동이 매우 심하게 흔들리며 재시동 시에 시동이 불가능한 경우가 발생하게 된다.

[3] 점검내용

① 커넥터의 접속상태, 전원 공급쪽과 접지쪽의 단선 및 단락 유무를 점검한다.

② 엔진의 가동이 가끔 정지되는 경우에는 가동된 상태에서 AFS센서의 하네스를 흔들어 본다. 이때 가동이 정지되면 커넥터의 접촉 불량으로 판단할 수 있다.

③ 점화 스위치 ON상태에서 출력값이 규정값을 벗어나면 AFS센서나 ECU의 결함으로 판단할 수 있다.

④ MAP센서의 출력전압이 규정값을 벗어나더라도 엔진이 공회전을 하면 MAP센서를 제외한 다음과 같은 결함을 고려한다.

㉠ 서지탱크와 진공호스의 연결 불량

㉡ 연소실 내에서의 불완전 연소

㉢ 흡기다기관에서의 공기 누출

[4] 점검방법

(1) 핫와이어 필름(Hot Wire Film)식 공기유량센서

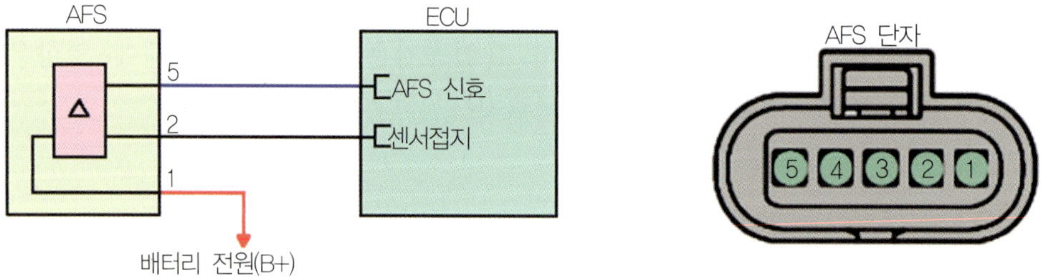

[그림 10-63] 핫필름식 AFS의 회로도 및 단자의 구성

① 점검내용

㉠ 센서에 ref.(5V) 전원이 공급되는지 점검한다.

㉡ 각 배선의 단선, 단락, 접지성을 점검한다.

㉢ 출력 파형을 점검하여 파형의 빠짐 또는 일그러짐이 있는지 점검한다.

② 점검방법

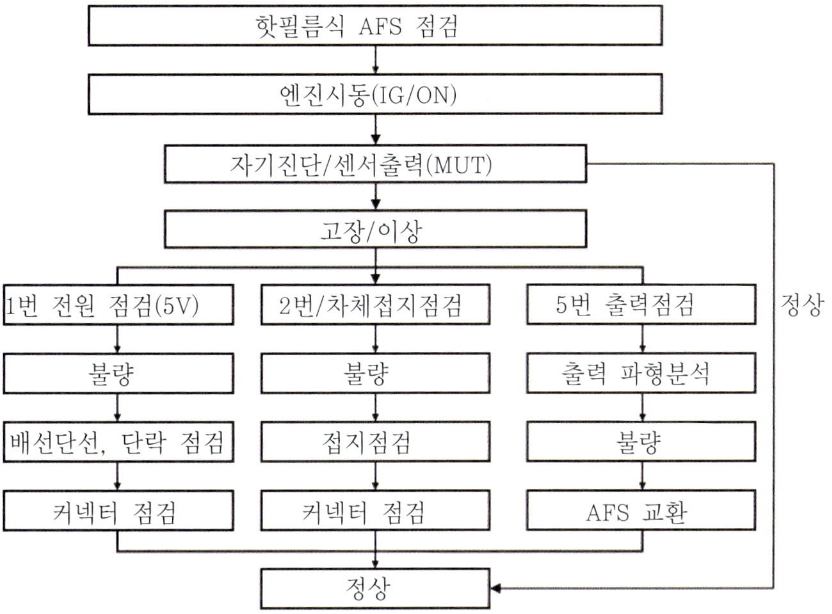

[그림 10-64] 핫필름식 AFS 점검방법

③ 전원, 접지, 센서 출력 전압 점검

㉠ 멀티미터 적색 프로브를 하네스측 1번 단자에, 흑색 프로브를 배터리(-) 또는 차체에 연결한다(ref. 전원공급 점검).

㉡ 멀티미터 적색 프로브를 하네스측 2번 단자에, 흑색 프로브를 배터리(-) 또는 차체에 연결한다(접지전압 점검).

㉢ 멀티미터 적색 프로브를 센서측 5번 단자에, 흑색 프로브를 배터리(-) 또는 차체에 연결한다(출력전압 점검).

엔진상태	점검위치	규정값	비고
점화스위치 ON	하네스측 커넥터 1번 단자	4.8~5.0V	전원공급
공회전	ECU측 5번 단자	0.7~1.1V	센서 출력전압
3,000rpm	ECU측 5번 단자	1.3~2.0V	센서 출력전압

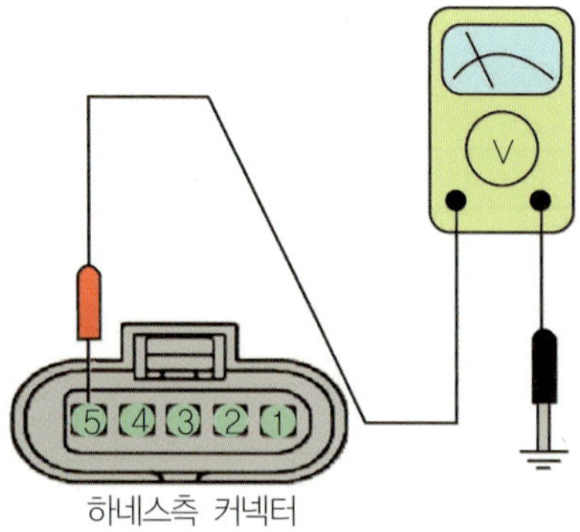

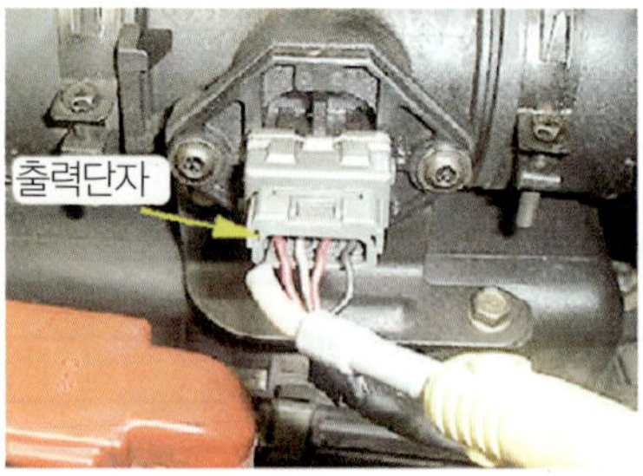

[그림 10-65] **핫필름식 AFS 출력 측정**

④ 스캔툴을 이용하는 방법

센서항목	현재값	단 위	센서항목	현재값	단 위
11.산소센서	756	mV	12.AFS출력전압	839	mV
13.흡기온센서	45.0	℃	14.스로틀위치센서	7	%
15.ISA 듀티	32	%	16.배터리전압	13.9	V
18.시동신호	OFF		21.냉각수온센서	94.5	℃
22.엔진회전수(F)	850	RPM	24.차속센서	0	Km/h
26.공회전상태	ON		28.에어컨스위치	OFF	
32.엔진회전수(C)	840	RPM	37.엔진부하	1.2	mS
41.인젝터분사시간	3.1	mS	44.점화시기	BTDC 9	
46.퍼지밸브듀티	2	%	49.에어컨컴프레서	OFF	
56.흡입공기량(F)	9.0	Kg/h	57.흡입공기량(C)	8.0	Kg/h
58.전부하상태	OFF		80.공연비피드백제어	ON	
81.공연비보정값	99	%	82.중부하학습값	98	%
83.저부하학습값	42	uS	84.퍼지학습값	89	%

[그림 10-66] **엔진 워밍업 후 핫필름 방식 AFS 서비스데이터**

차량에 따라서 서비스데이터값이 다르게 측정되며, 단위는 mV 또는 kg/h로 사용된다. 차종에 따라서 차이는 있지만 공전 시에 약 0.5V 또는 10kg/h 정도가 측정된다. 측정값이 정상 공전 시 값보다 높으면 공기량이 추가로 들어왔다고 ECU가 인식하므로, RPM이 높아진다든지 연료분사량이 많아져서 연비가 떨어진다든지 공기량 조절 액추에이터의 수치가 낮아질 것이다. 측정값이 정상 공전 시 값보다 낮다면 공기가 많이 들어오지 않는다고 ECU가 인식하므로, RPM이 낮아진다든지 연료분사량이 많아져서 연비가 떨어진다든지 공기량 조절 액추에이터의 수치가 높아진다.

(2) 맵센서(MAP Sensor)식 공기유량센서 점검

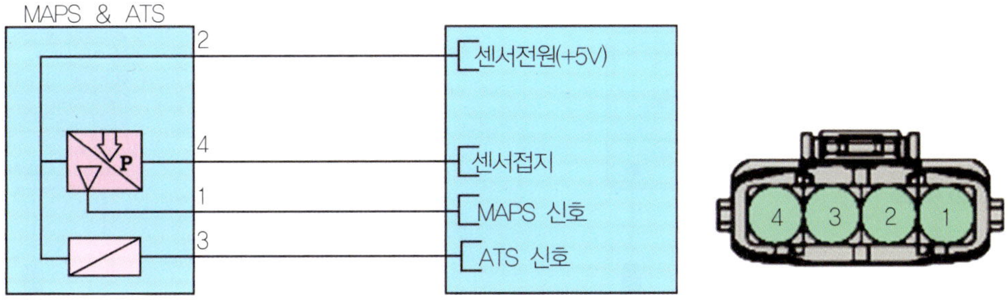

[그림 10-67] **MAP센서의 회로 및 단자구성**

① 점검내용

㉠ 센서에 ref.(5V) 전원이 공급되는지 점검한다.

㉡ 각 배선의 단선, 단락, 접지를 점검한다.

㉢ 출력전압을 점검한다.

② 점검방법

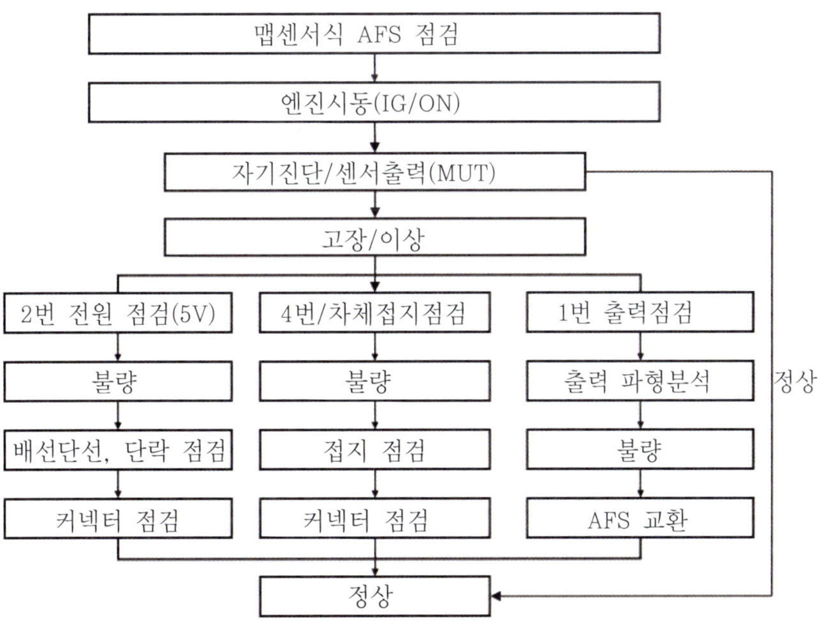

[그림 10-68] **맵센서식 AFS 점검방법**

③ 전원, 접지, 센서 출력전압 점검

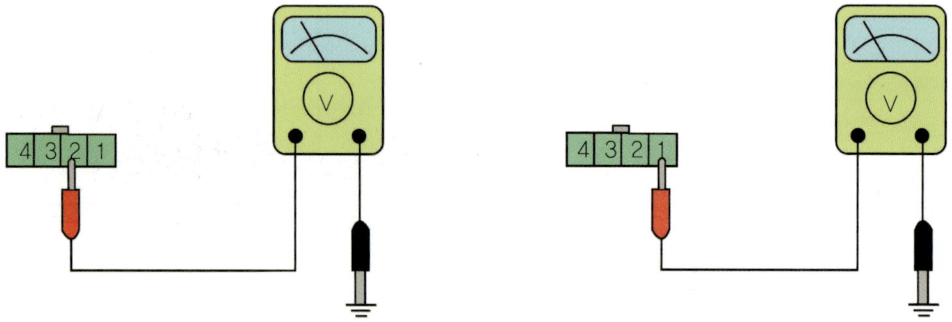

(a) 센서전원 점검　　　　(b) 출력전압 점검

[그림 10-69] **전압계를 이용한 MAP센서 점검**

엔진상태	점검위치	규정값	비고
점화 스위치 ON	하네스측 커넥터 2번 단자	4.8~5.0V	전원공급
점화 스위치 ON	센서측 4번 단자와 차체	0Ω	접지
점화 스위치 ON	센서측 1번 단자	3.9~4.1V	센서 출력전압
공회전	센서측 1번 단자	0.8~1.6V	센서 출력전압

④ MUT(Scan Tool) 점검

차종에 따라서는 스캔툴 데이터에서 MAP센서, 흡기압센서, 공기압센서 등 여러 가지로 표기되나 전부 같은 내용이다. 점검방법은 공전 시 서비스데이터에서 MAP값이 약 1V 또는200~300mmhg, 226~400mbar, 26.6 kPa~39.9 kPa 정도를 지시하는데, 이 값보다 높게 되면 차량은 다른 값으로 대체될 수도 있지만, 고장 시에는 차량의 공회전 부조나, 가속불량, 역화 노킹, 공연비 불량 등이 나타난다.

예상되는 부위는 흡기계통쪽은 스로틀바디 개스킷, 서지탱크 개스킷, 차량의 진공호스 빠짐 등 각종 진공 누설과 관계되는 부위이며, 배기쪽은 삼원촉매 막힘, 소음기 막힘 정도이다. 그 외로 타이밍 불량도 의심할 수 있다.

센서항목	현재값	단 위	센서항목	현재값	단 위
산소센서	693.4	mV	스로틀포지션센서	0.0	%
스포틀포지션보정값	7.3	%	배터리전압	14.2	V
흡기온센서	30.8	℃	냉각수온센서	51.8	℃
흡기압(MAP)센서	32.3	kPa	흡기압(MAP) 센서전압	1289	mV
엔진회전수	873	RPM	차속센서	0	Km/h
에어컨스위치	OFF		에어컨릴레이	OFF	
공회전조절밸브듀티	22.5	%	공회전통합보정	-0.2	%
점화시기	10.0	%	시동신호	OFF	
공회전상태	ON		변속레버스위치	P,N	
점화제어시간	2.7	mS	엔진부하상태	OFF	
목표공회전속도	875	RPM	연료분사시간	3.1	mS
연료분사시간보정옷셋	-0.1	mS	연료분사시간보정곱셈	1.5	%
증발가스밸브듀티	0.0	%			

[그림 10-70] **엔진 워밍업 후 맵센서 방식 AFS 서비스데이터**

점검항목	서비스 데이터표시	점검조건	엔진상태	규정값
MAP센서	흡기관 내 부압	· 엔진냉각수온 : 80~95℃ · 각종램프 및 전장품 모두 OFF · 트랜스액슬 중립 · 스티어링 중립	점화 스위치 ON	850~1024mb
			공회전	250~400mb

3.4 크랭크 각센서(Crankshaft angle Sensor)

[1] 역할

크랭크 각센서는 크랭크포지션센서라고도 하며, 약어로는 CAS, CPS, CKPS 등을 사용한다. 크랭크 각센서는 엔진의 회전 속도를 검출하는 기능 외에 피스톤의 상사점을 인식하고, 크랭크의 회전각도에 따른 피스톤의 위치를 파악하는데 사용한다. 검출된 엔진의 회전속도는 연료의 기본 분사량을 결정하는데 사용하고, 피스톤의 위치는 연료분사시기와 점화시기를 결정하는데 사용된다.

[2] 고장 시 증상

① 시동 불능

② 시동지연 현상

③ 주행 중 또는 정차 시 시동 꺼짐

④ RPM이 오르락내리락하며 불안정

⑤ 엔진 출력 저하로 액셀페달을 밟아도 차가 안 나간다.

⑥ 출발 시 또는 주행 중 차가 울컥거림

[3] 크랭크 각센서 하니스 점검방법

그림	점검 내용	판정	조치
1 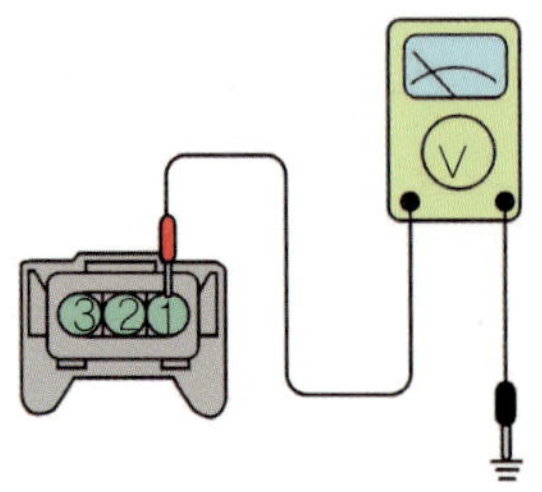 하니스 커넥터	센서공급 전압 측정 • 센서커넥터 : 분리 • 점화 스위치 : ON • 전압(V) : 배터리 전압	OK ⇨	2
		NG ⇨	하니스 수리
2 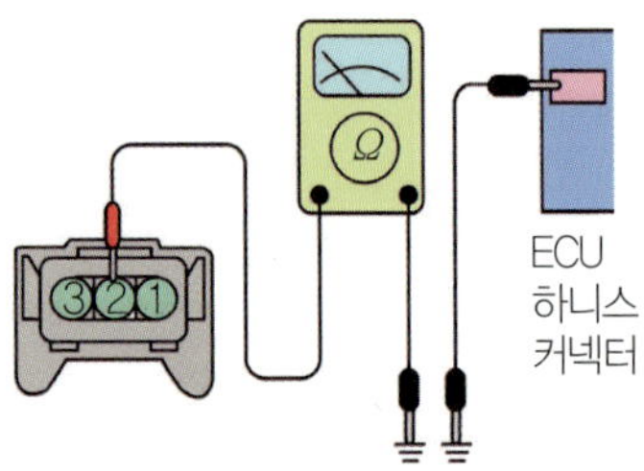 하니스 커넥터	ECU와 크랭크축 포지션센서(CKP) 사이의 단선, 단락 점검 • 센서 커넥터 : 분리 • ECU 커넥터 : 분리	OK ⇨	3
		NG ⇨	하니스 수리
3 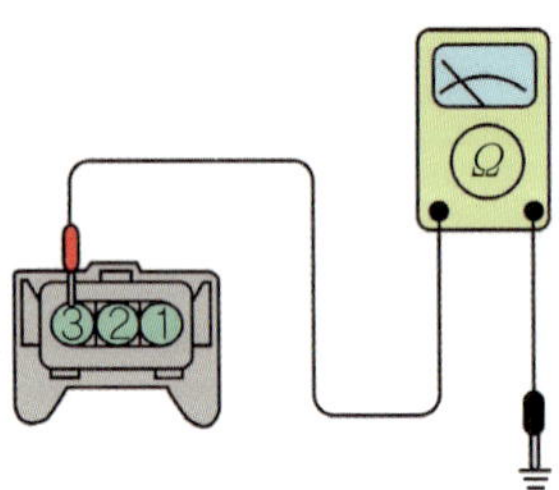 하니스 커넥터	접지회로의 통전성 점검 • 센서 커넥터 : 분리	OK ⇨	END
		NG ⇨	하니스 수리

[그림 10-71] **크랭크 각센서 하니스 점검방법**

3.5 캠 샤프트 위치센서(CMPS : Camshaft Position Sensor)

[1] 역할

캠 샤프트 위치센서는 TDC(Top Dead Center)센서라고도 한다. 또는 캠축 각센서라고도 한다. 캠 샤프트 위치센서는 캠샤프트의 1번 실린더의 피스톤 상사점 위치를 검출하는 센서로, 크랭크 샤프트 위치(각)센서와 동일 기준점으로 하여 크랭크 샤프트 위치(각)센서에서 확인이 불가능한 1번 피스톤의 상사점 위치를 검출해서 ECU가 확인할 수 있게 해줌으로써 최적의 피스톤 위치에서 점화플러그의 점화를 일으키도록 해주는 센서이다.

[2] 고장 시 증상

① 시동 불량

② 시동 꺼짐

③ RPM이 오르락내리락 하며 엔진 부조

④ 연료소모 증가

⑤ 냉간 시 배기가스 과다 배출

[3] 캠 샤프트 위치센서 하니스 점검

그림 10-72는 홀 센서식 캠축 포지션센서의 회로와 단자의 구성을 나타낸 것이다. 네 측 커넥터에서 1번 단자는 접지이고, 2번 단자는 출력신호 단자이다. 3번 단자는 센서 전원 입력단자이다.

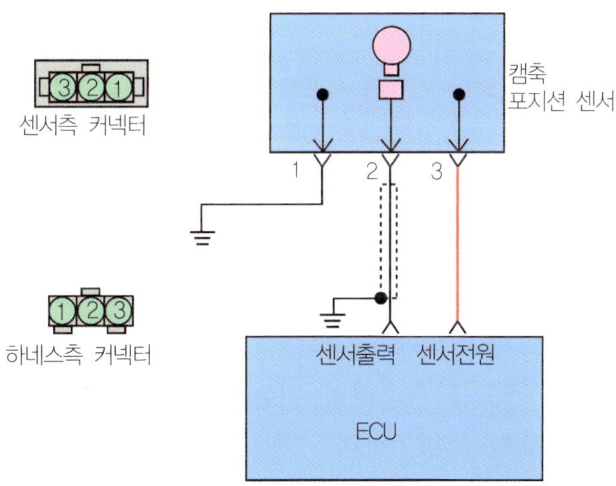

[그림 10-72] **홀 센서식 캠축 포지션센서의 회로 및 단자 구성의 예**

1		
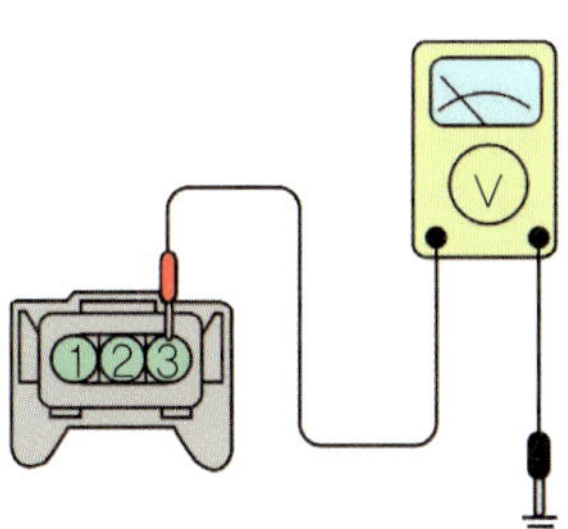 하네스 커넥터	센서공급 전압측정 • 센서 커넥터 : 분리 • 점화 스위치 : ON • 전압(V) : 배터리 전압 OK ⇨ NG ⇨	2 하니스 수리

단계	점검 내용	판정	조치
2 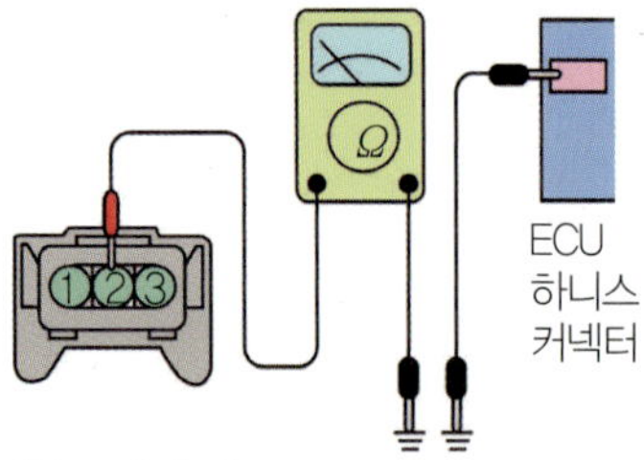 하네스 커넥터	ECU와 캠축 포지션센서(TDC) 사이의 단선, 단락 점검 • 센서 커넥터 : 분리 • ECU 커넥터 : 분리	OK ⇨ NG ⇨	3 하니스 수리
3 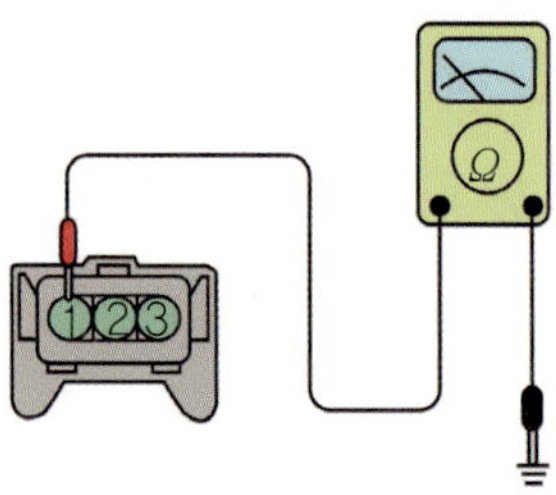 하네스 커넥터	접지회로의 통전성 점검 • 센서 커넥터 : 분리	OK ⇨ NG ⇨	END 하니스 수리

[그림 10-73] **캠 샤프트 위치센서 하니스 점검**

3.6 스로틀위치센서(TPS : Throttle Position Sensor)

[1] 역할

스로틀포지션센서는 스로틀바디에 장착되어 스로틀밸브의 축과 같이 회전하는 가변저항기로서, 스로틀밸브의 개도를 검출하기 위한 센서이다. 스로틀포지션센서의 출력전압은 스로틀 밸브의 개도에 따라 변동하며, ECU는 스로틀포지션센서의 신호와 엔진 회전수 신호를 기본으로 하여 엔진 운전상태를 판정하여 연료량을 보정한다. 또한 스로틀밸브의 개도변화를 계산하여 가, 감속상태를 감지한다.

[2] 고장 시 증상

① 엔진 공회전이 불규칙하거나 불안정.
② 가속 시 응답이 느리거나 가속이 어려움.
③ 자동변속기의 경우 변속이 지연되거나 불안정.
④ 엔진경고등이 점등.

[3] TPS 점검방법

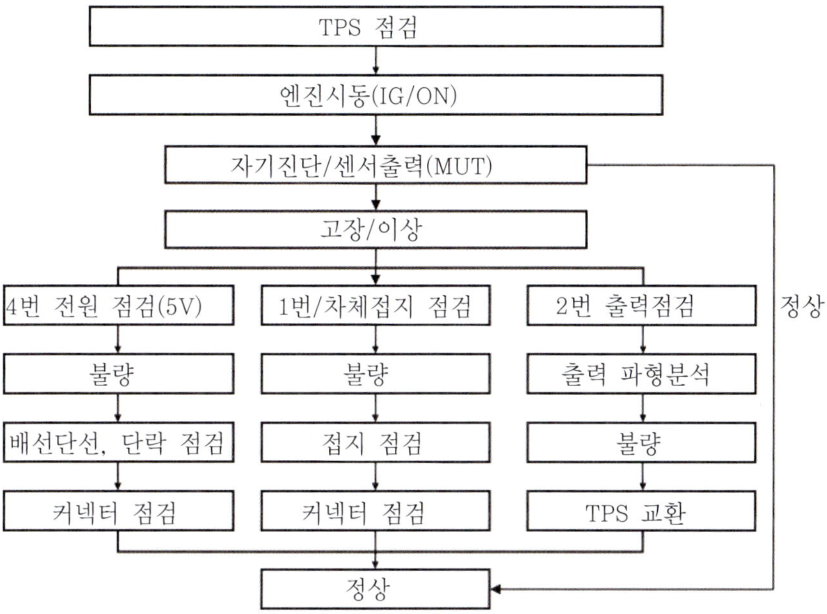

[그림 10-74] TPS 점검방법

(1) TPS 회로 점검(커넥터 탈거)

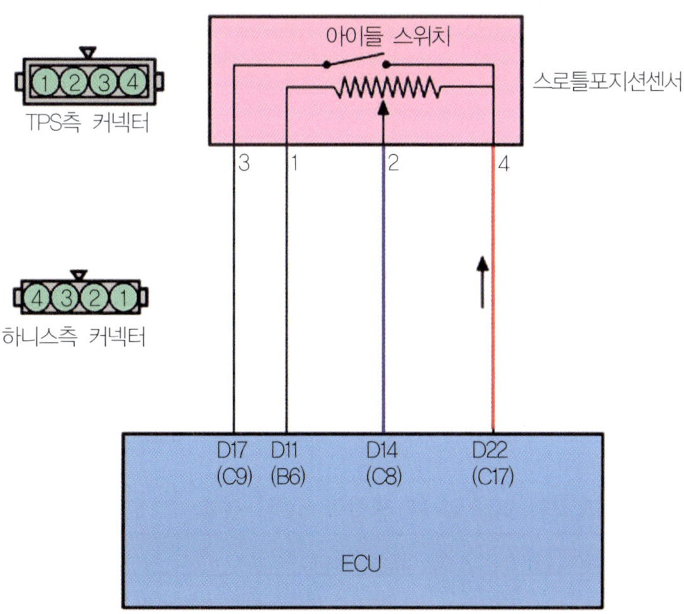

[그림 10-75] TPS 회로도(EF소나타)

① IG Key ON, 전원단자에서 약 4.8~5.2V 출력되면 정상

② 전원이 규정치 이하일 때

㉠ ECU(ECM) 커넥터 접촉 불량 또는 배선 단선이나 쇼트

㉡ 커넥터, 배선 정상이면 ECU(ECM) 불량

③ 접지단자와 ECU(ECM)측 접지단자가 도통이면 정상

㉠ 도통되지 않으면 접지선 단선으로 판단.

(2) MUT 점검

MUT 또는 엔진 튠업 장비의 자기진단용 DLC 케이블을 차량의 자기진단 커넥터에 연결한 후 자기진단 항목 중 센서 출력값을 점검한다. 차종에 따라서 %, mV, 도(°) 등 차종마다 표출되는 단위가 많이 다르다. 스캔툴에서 대략적인 값을 보면 공회전 시에 5~12% / 5~10° / 300~600mV 정도가 표출된다.

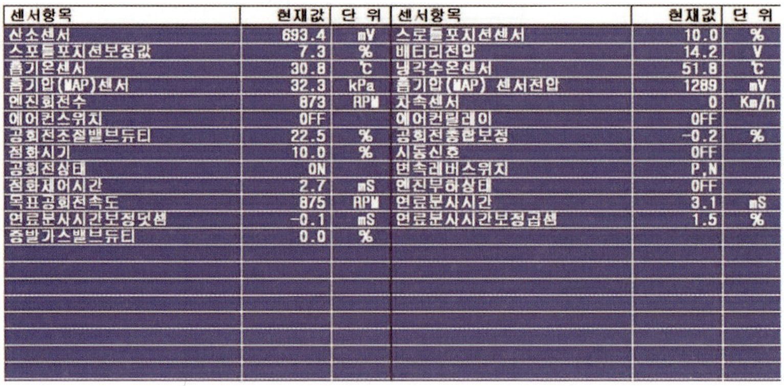

센서항목	현재값	단 위	센서항목	현재값	단 위
산소센서	693.4	mV	스로틀포지션센서	10.0	%
스로틀포지션보정값	7.3	%	배터리전압	14.2	V
흡기온센서	30.8	℃	냉각수온센서	51.8	℃
흡기압(MAP)센서	32.3	kPa	흡기압(MAP) 센서전압	1289	mV
엔진회전수	873	RPM	차속센서	0	Km/h
에어컨스위치	OFF		에어컨릴레이	OFF	
공회전조절밸브듀티	22.5	%	공회전충합보정	-0.2	%
점화시기	10.0	%	시동신호	OFF	
공회전상태	ON		변속레버스위치	P,N	
점화제어시간	2.7	mS	엔진부하상태	OFF	
목표공회전속도	875	RPM	연료분사시간	3.1	mS
연료분사시간보정덧셈	-0.1	mS	연료분사시간보정곱셈	1.5	%
증발가스밸브듀티	0.0	%			

[그림 10-76] 공전 시 TPS 스캔툴 데이터

점검항목	서비스 데이터표시	점검조건	규정값
스로틀포지션센서	스로틀밸브 개도	공회전	8~12˚
		가속 시	가속량에 따라 완만히 변화
		WOT	80~82˚

[표 10-4] 스로틀밸브 개도각이 90˚일 때 전압이 5V일 경우

전압	5V	4V	3V	2V	1V	0.5V	0V
각도(˚)	90	72	54	36	18	9	0
%	100	80	60	40	20	10	0

[4] 전자식 스로틀밸브(ETC : Electronic Throttle Valve Controller) 모듈

(1) ETC 역할 및 작동원리

전자식 스로틀바디는 케이블 대신 전자식 서보모터 또는 스테퍼모터와 스로틀포지션 센서(TPS)가 장착되어 있다. 실시간 TPS 데이터는 ETC 모듈의 실제 스로틀 위치를 확인한다.

ETC 모듈은 APS로부터 입력을 읽고 서보모터 명령을 스로틀바디에 전송한다. 기본적으로 운전자가 액셀러레이터 25%를 밟으면 ETB가 25%로 열리며, 운전자가 액셀러레이터를 해제하면 ETC가 ETB를 닫는다. 전자 스로틀 제어 기능은 보다 복잡하고 기능적이며, ETC 통합 및 프로그래밍에 대한 여러 이점을 다음과 같이 제공한다.

① **유휴 공기제어** : 엔진 유휴 속도는 엔진 부하 및 온도를 고려하여 조정해야 한다. ETC가 장착된 일부 차량은 ETB를 사용하여 엔진 공회전 속도를 제어한다.

② **크루즈 컨트롤** : 현대의 전자 스로틀 컨트롤시스템은 VSS(차량속도센서), 시프트 위치 및 속도 설정에서 추가 프로그래밍 입력을 통해 전자적으로 차량 속도를 제어한다. 적응형 크루즈 컨트롤은 RADAR, LIDAR 또는 SONAR 시스템과 같은 추가 센서 입력을 추가한다.

③ **트랙션 컨트롤** : ETC는 VSS, 개별 WSS(휠 스피드 센서) 및 시프트 포지션과 같은 다른 센서 입력을 사용하여 눈, 얼음 등과 같은 저트랙션 표면에서 가속할 때와 같이 휠 스핀을 줄이기 위해 엔진 출력을 조정할 수 있다.

④ **전자 안정제어** : 고속에서는 VSS, WSS, g-force 및 요센서를 모니터링하여 ETC가 엔진 출력을 조정하여 차량 안정성을 향상시킨다.

⑤ **사전 충돌시스템** : 사전 충돌시스템(PCS)의 입력을 사용하여 전자 스로틀 컨트롤은 충돌이 불가피한 것으로 계산된 경우 엔진 출력을 차단할 수 있다.

⑥ **변속기 RPM 관리** : 스포츠 변속기가 장착된 일부 차량에서는 ETC가 엔진 속도(RPM), 변속 위치, VSS 및 기타 센서를 사용하여 엔진 속도를 의도한 기어 선택과 일치시킬 수 있다. ETC 차량에서는 "스로틀 블립"저단 변속과 완벽하게 연동되어 보다 신속하게 맞물림과 부드러운 동력 전달이 이루어진다.

(2) ETC 모듈 점검방법

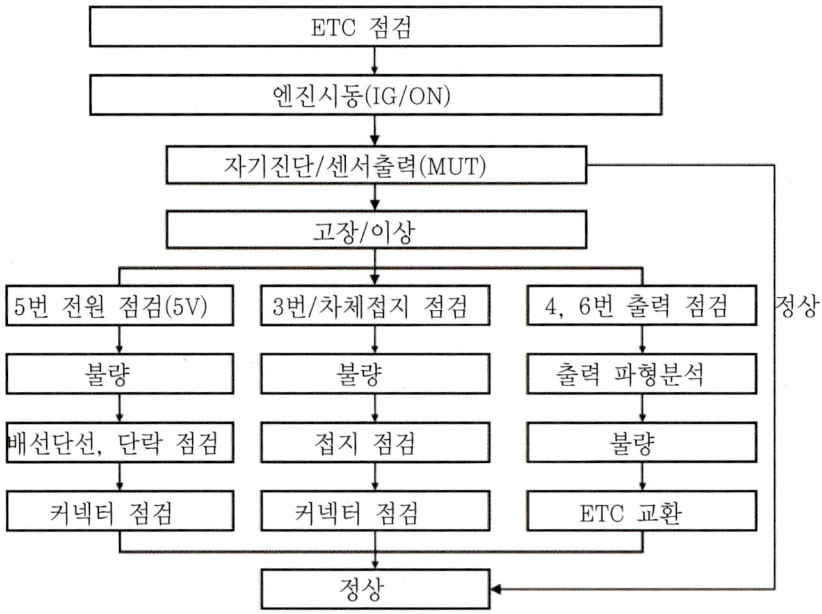

[그림 10-77] ETC TPS 점검방법

(3) 멀티미터 측정 및 점검

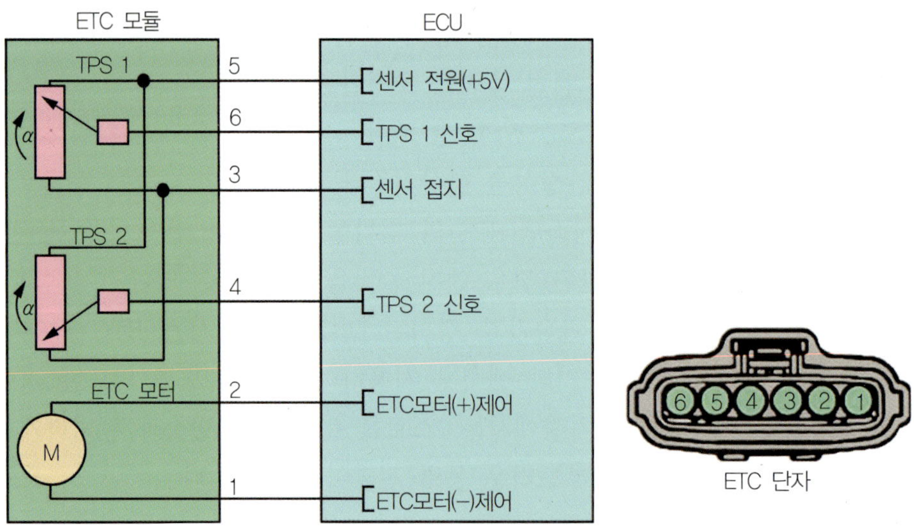

[그림 10-78] ETC 스로틀포지션센서 회로도

① 엔진 구동 후 스로틀 전폐(C.T)상태와 전개(W.O.T)상태에서 TPS센서 1과 2의 출력전압을 하네스측 4, 6번 단자에서 측정한다.

② 점화 스위치를 OFF하고 ETC 모듈 커넥터를 탈거하고 단자 3번과 5번 사이의 저항을 측정한다.

항목	센서저항(KΩ)
TPS 1	0.875~1.625(20℃)
TPS 2	0.875~1.625(20℃)

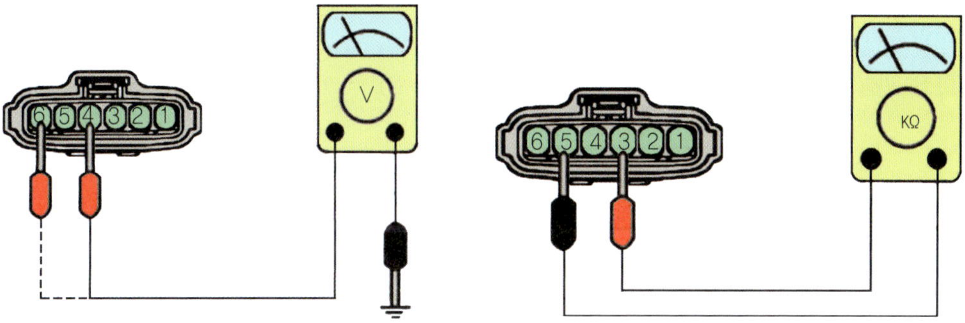

(a) 출력전압 점검

(b) 저항 점검

[그림 10-79] ETC TPS 점검

③ ETC 모듈 커넥터를 분리하고, ETC 모듈 단자 1과 2 사이의 ETC 모터 저항을 측정한다.

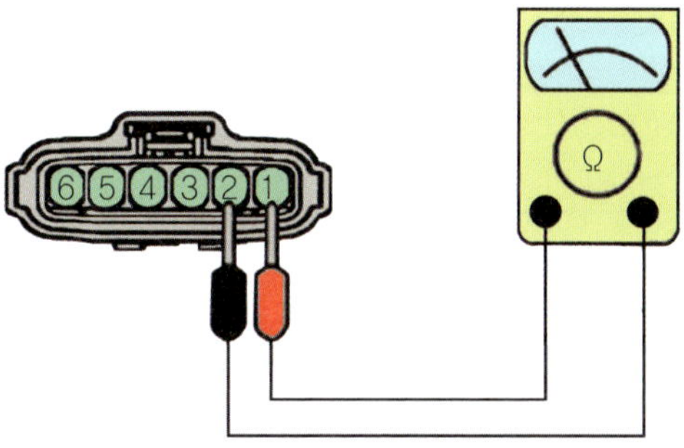

[그림 10-80] ETC 모터 점검

항목	규정값
코일저항(Ω)	0.3~100(20℃)

(4) MUT 점검

스캔툴값에서는 최댓값과 최솟값 그리고 그래프 기능에서 센서 데이터의 움직임만 확인이 가능할 뿐 스캔툴에서는 순간적으로 빠지는 문제는 알 수가 없다(스캔툴 통신 속도가 느림).

① MUT 또는 엔진 튠업 장비의 자기진단용 DLC 케이블을 차량의 자기진단 커넥터에 연결한 후 자기진단 항목 중 센서 출력값을 점검한다.

② 엔진 구동 후 스로틀 전폐(C.T)상태와 전개(W.O.T)상태에서의 센서 1과 2의 출력 전압을 측정한다.

③ TPS1과 TPS2 전압 차이는 TPS 1-(5V-TPS 2) = 1V 이하일 것

스로틀 개도(°)	출력전압(V)	
	TPS 1	TPS 2
0	0.50	4.50
10	0.96	4.05
20	1.41	3.59
30	1.87	3.14
40	2.32	2.68
50	2.78	2.23
60	3.23	1.77
70	3.69	1.32
80	4.14	0.86
90	4.60	0.41
98	4.65	0.35
C.T(0)	0.50	4.50
W.O.T(86)	4.41	0.59

④ ETC 모터 강제구동을 실시하여 TPS 1, 2의 신호값이 정상적으로 변화하는지 확인한다.

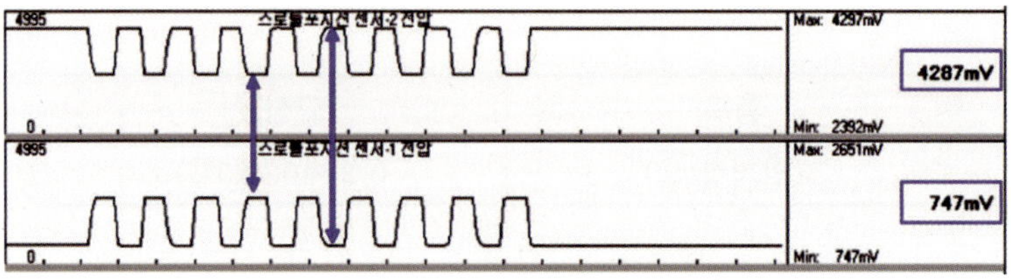

[그림 10-81] TPS 신호값 변화 점검

[5] 액셀러레이터센서(APS : Accelerator Position Sensor)

(1) APS 점검방법

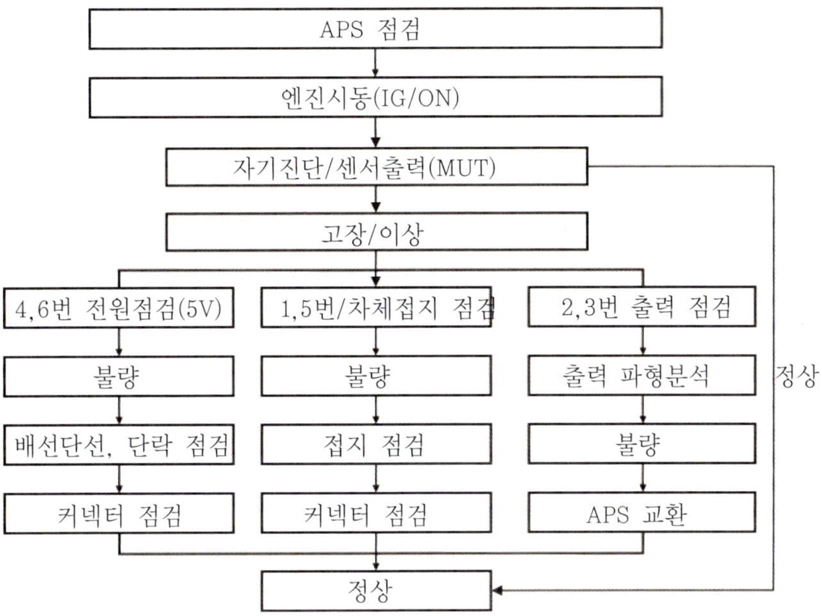

[그림 10-82] APS 점검

(2) 전원, 접지, 센서 출력전압 점검

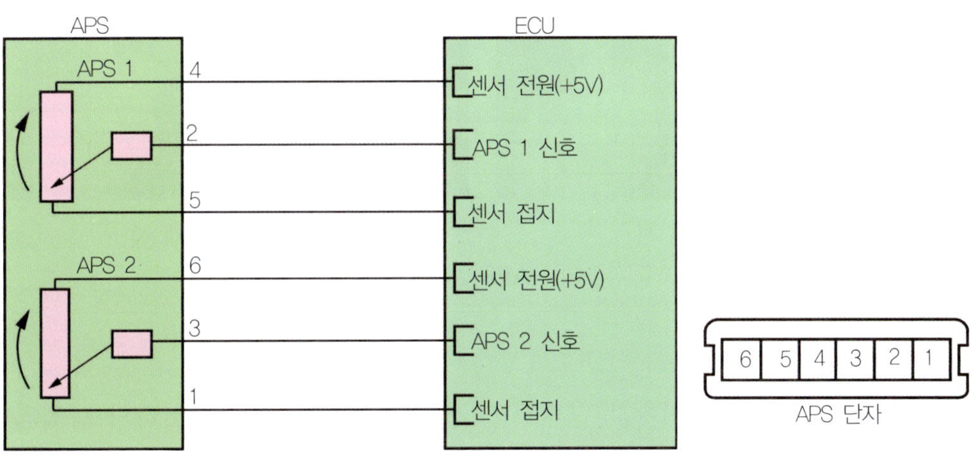

[그림 10-83] 액셀페달 위치센서 출력전압 및 회로도

엑셀 페달 위치	출력전압(V)	
	APS 1	APS 2
C.T	0.3~0.9	0.3~0.9
W.O.T	4.0~4.8	1.5~3.0

① 멀티미터 적색 프로브를 하네스측 4, 6번 단자(전원 공급단자)에, 흑색 프로브를 배터리(-) 또는 차체에 연결한다(ref. 전원 점검).

② 멀티미터 적색 프로브를 하네스측 1, 5번 단자(접지단자)에, 흑색 프로브를 배터리(-) 또는 차체에 연결한다(접지전압 점검).

③ 2번 단자에 (+), 5번에 (-) 탐침봉을 연결하여 APS 1 출력전압을 측정한다.

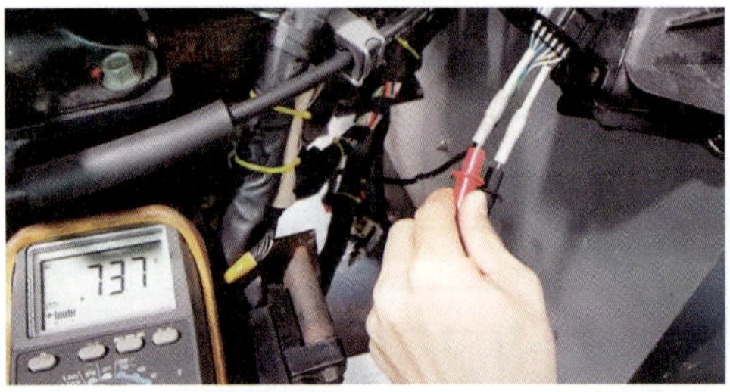
(a) 액셀페달 전폐 시

(b) 액셀페달 전개 시

[그림 10-84] APS 1 출력전압 측정

④ 3번 단자에 (+), 1번에 (-) 탐침봉을 연결하여 APS 2 출력전압을 측정한다.

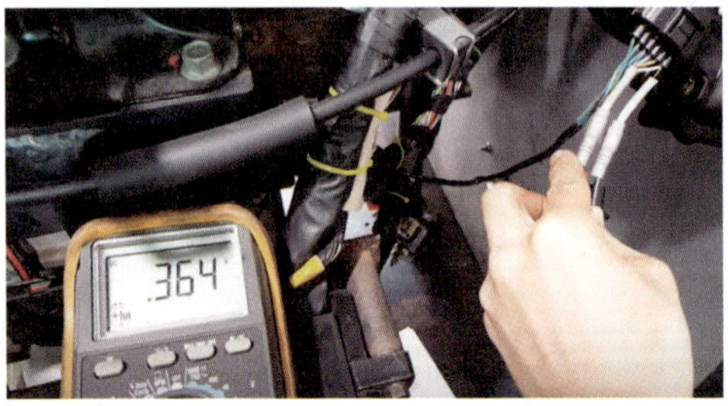
(a) 액셀페달 전폐 시

(b) 액셀페달 전개 시

[그림 10-85] APS 2 출력전압 측정

(3) MUT 점검

스캔툴값에서는 최댓값과 최솟값 그리고 그래프 기능에서 센서 데이터의 움직임만 확인이 가능할 뿐 스캔툴에서는 순간적으로 빠지는 문제는 차량 ECU와 스캔툴 통신 속도 차이 때문에 알 수가 없다.

① MUT 또는 엔진 튠업 장비의 자기진단용 DLC 케이블을 차량의 자기진단 커넥터에 연결한 후 자기진단 항목 중 센서 출력값을 점검한다.

② 점화 스위치를 ON시킨다.

③ 스로틀 전폐(C.T)상태와 전개(W.O.T)상태에서의 센서 출력전압을 측정한다.

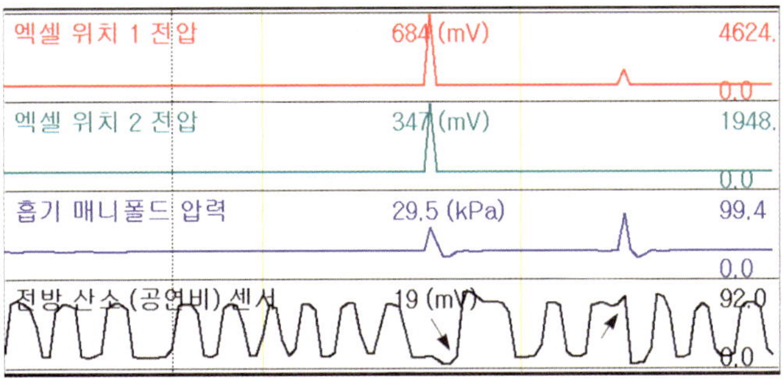

[그림 10-86] 스캔툴에서 [그래프 출력

3.7 산소센서(Oxygen Sensor)

[1] 역할

엔진 ECU는 흡입되는 공기량에 따라서 연소실로 분사되는 연료량을 조절하는데(이론 공연비 조정), 연소실에서 혼합기가 점화되어 완전한 연소가 이루어졌는지를 파악하고, 적절한 연료량이 분사되었는지를 보기 위해서 산소센서를 장착하고 있다.

[2] 점검 시 주의사항

① 아날로그 멀티미터로 저항을 측정하지 말 것(테스터 자체에서 전압이 나오므로 산소센서 내부가 손상됨), 출력전압 측정 시 멀티미터를 사용하지 말 것.

② 출력전압은 응답시간을 잴 수 있는 오실로스코프로 파형을 분석할 것.

③ 센서반응검사 시 200mV에서 600mV까지 상승시간을 점검(200ms 이내일 것).

④ 센서방응검사 시 600mV에서 200mV까지 하강시간을 점검(300ms 이내일 것).

⑤ 충격을 주지 말 것, 출력단자를 어스시키지 말 것.

[3] 고장 시 증상

① 산소센서의 불량은 공연비 제어에 큰 영향을 주지만, 실제로 차량 상태를 보면 고장인 상태와 정상상태를 거의 구분하기 어렵다. 산소센서의 불량은 유해한 배기가스를 다량 발생시킬 수 있다. 그리고 촉매 컨버터에 손상을 줄 수 있기 때문에 확실한 점검이 요구되며, 어느 시스템이든지 산소센서가 고장 나면 공연비 피드백

제어를 중단한다.

② 공연비 제어가 불량해진다.

③ 급가속할 때 성능 저하 및 주행할 때 가속력이 떨어지거나 갑자기 엔진의 가동이 정지된다.

④ 연료 소모가 많거나 촉매가 손상될 수 있다.

⑤ 일산화탄소, 탄화수소 배출량이 증가한다.

[4] 산소센서 점검

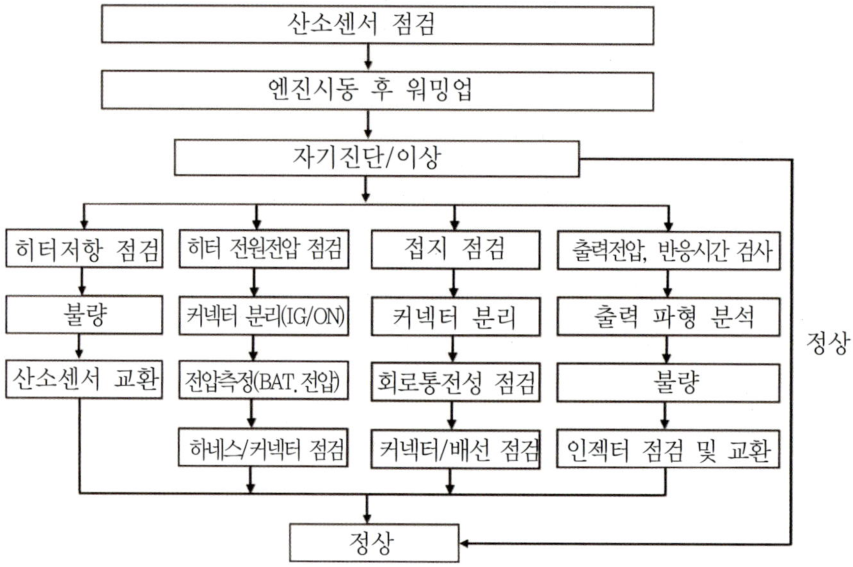

[그림 10-87] **산소센서 점검방법**

(1) 산소센서 출력전압 점검

① 지르코니아 방식

3번 단자는 히터에 전원을 공급하는 단자이고, 4번은 히터의 접지단자이다. 1번 단자는 산소센서의 출력단자이고, 2번 단자는 산소센서의 접지단자이다.

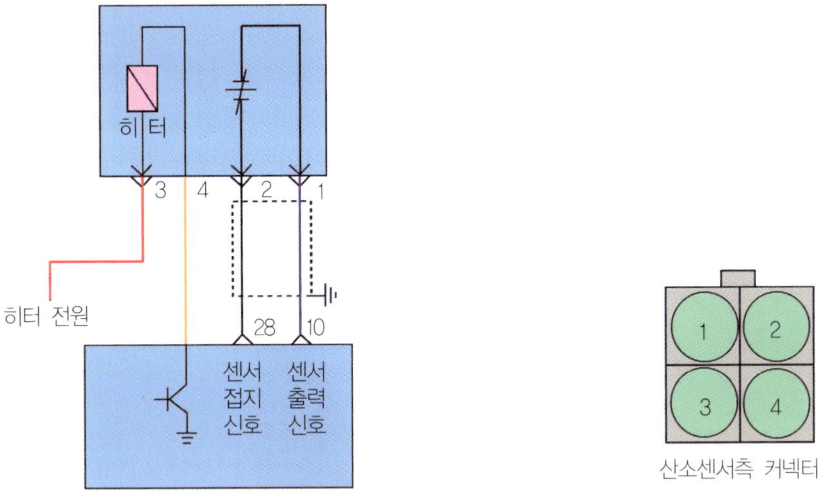

[그림 10-88] **지르코니아 산소센서의 회로 및 단자구성**

산소센서의 점검은 먼저 기본적인 점검, 즉 커넥터 접속상태, 배선의 단선 및 단락 유무를 점검하고, 파형시험기를 이용하여 출력신호의 파형을 분석한다. 정상적인 경우는 약 200mV 이하에서 600mV 이상까지 주기적인 변화를 나타낸다. 산소센서의 점검이 정상인 경우에도 센서의 출력전압이 규정값을 벗어나면 공연비 조정에 관련 있는 다음 항목들을 점검한다.

㉠ 인젝터의 결함 유무
㉡ 개스킷 틈새 등을 통한 공기 누출
㉢ 공기유량센서
㉣ 흡기온도센서
㉤ 수온센서
㉥ 연료압력

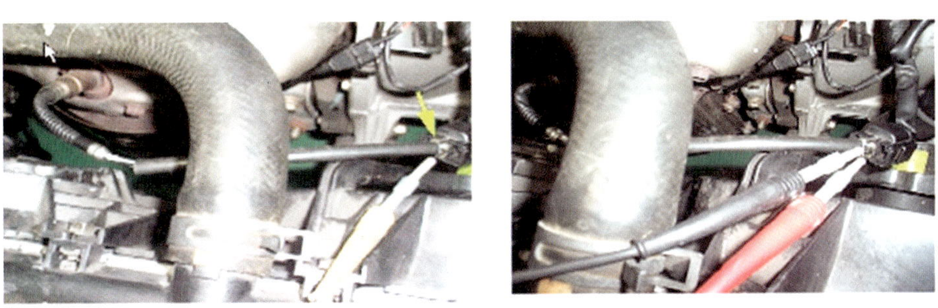

(a) (b)

[그림 10-89] **산소센서위치 및 전압측정 단자**

② **광역 산소센서(Wide Band Oxygen Sensor)**

광역 산소센서는 이론공연비보다 넓은 범위의 공기연료비를 정량적으로 정확하게 알아낼 수 있는 산소센서로, 자동차용으로는 희박연소 엔진용(가솔린 린번 엔진이나 GDI 엔진)으로 사용되며, 전영역 산소센서라고 부르기도 한다.

[그림 10-90] **광역 산소센서**

[표 10-5] **인터페이스 모듈 단자전압**

I/F모듈(핀 단자)	점화 스위치ON(L/B점등)		공회전 (L/B 소등)	차속 50km/h (L/B 점등)
	냉간시	열간시		
3번(린번 상태등 제어신호)	80mV	0V	13.5V	80mV
4번(린번 상태등 접지신호)	880mV	800mV	13.5V	840mV
7번(펌핑 전류)	400mV	4.90V	2.4V	3.2V
8번(산소센서 출력전압)	3.05V	2.88V	3.0V	2.96V
9번(전원)	12.6V	12V	13.5V	13.7V
10번(인터페이스 모듈 접지)	80mV	0V	0V	80mV
13번(OFF SET조절 : 0점 조절)	80mV	0V	0V	80mV
15번(람다 출력)	720mV	600mV	720mV	1.12V
17번(펌핑 전류 조절)	400mV	4.92V	2.7V	3.12V
18번(임시 접지)	2.55V	2.44V	2.4V	2.52V

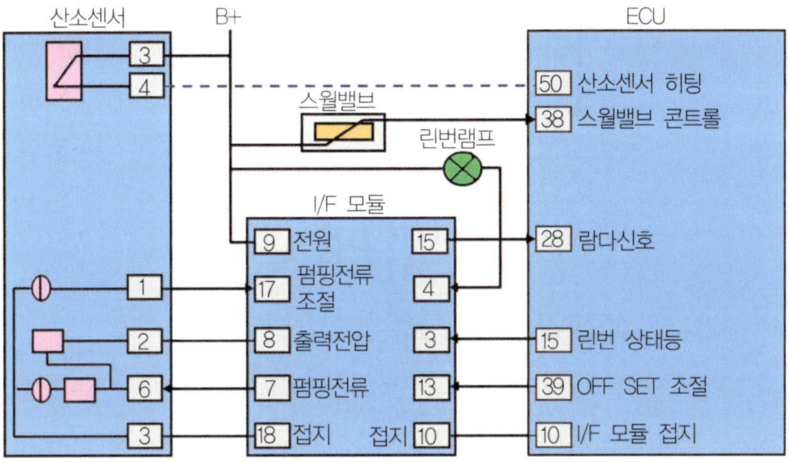

[그림 10-91] **산소센서 및 인터페이스 모듈 회로도**

③ 티타니아 방식

지르코니아 센서와는 상이하게 배기가스 중의 산소농도에 따라서 티타니아의 저항값이 변화되는 방식으로, 농후할 때는 저항값이 작아져 출력전압이 0.4~0.5V가 되고, 연료가 희박하거나 불완전 연소되어 산소농도가 많아지면 저항값이 커져 출력전압이 약 4.5~5V 정도 된다. 자체적으로 기전력을 발생시키지 못하기 때문에 4.5V 이상의 작은 전원을 ECU에서 공급하여 센서가 반응하도록 하고 있다.

(2) 센서 및 히터저항, 히터 전원공급, 접지 점검

① 센서측 커넥터를 분리시킨다.

② 3-4번(히터저항) 단자 사이에 저항계를 설치하여 산소센서 히터의 고정저항을 점검한다(산소센서 히터 : 약 30Ω).

③ IG/ON 상태에서 하네스측 커넥터 3번(전원공급 단자 : 차종에 따라 다를 수 있음)단자에 전압계를 설치하여 전원공급을 확인한다(전원공급 점검 : 배터리 전압).

④ 하네스측 1번 단자와 배터리(-) 사이의 통전성 시험을 한다.

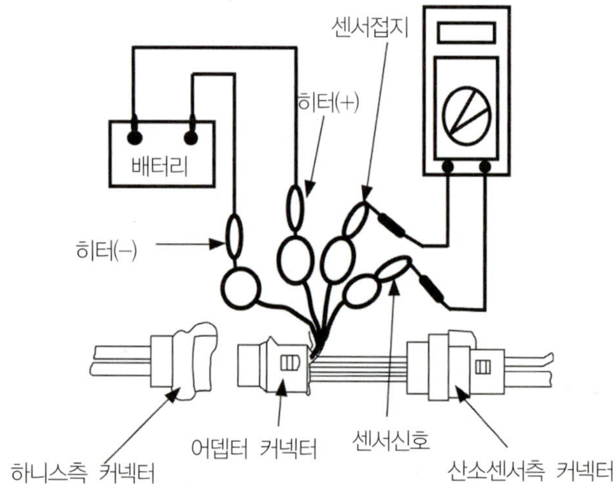

[그림 10-92] **히터저항, 히터 전원공급, 접지점검**

점검조건 및 항목	규정값	비고
히터 저항측정	30Ω	히터저항
히터 전원공급	BAT. 전압	전원공급
접지회로 점검	통전	접지점검

(3) 자기진단 및 점검

MUT(Hi-DS 스캐너, Hi-Scan 등)를 차량의 자기진단 커넥터에 연결한다. 서비스데이터 항목에서 엔진 조건에 따른 엔진회전수, 분사시간 등을 점검한다. 공회전 시에 산소센서의 텍스트값은 디지털적인 수치변화가 빠르기 때문에 산소센서의 반응값을 확인하기에 어려움이 있으므로, 스캔툴의 그래프 기능을 이용하여 산소센서의 반응을 살펴보아야 한다. 티타니아 방식의 산소센서는 지르코니아 타입과 같으며 전압값만 0~5V 사이를 움직인다.

점검항목	서비스 데이터표시	점검조건	엔진상태	규정값
산소센서	산소센서 출력전압	· 엔진냉각수온 : 80~95℃ · 각종 램프 및 전장품 모두 OFF · 트랜스액슬 중립 · 스티어링 중립	4,000rpm에서 급감속 시	200mV 또는 이하
			급가속 시	600~1,000mV
			공회전	

① 공전 시에서는 산소센서의 전압값의 상·하 변화가 느리게 움직이나, 약 2,000rpm 정도의 중속으로 가속시킨 상태에서 측정하면 정상적인 산소센서는 진폭이 크고 변화되는 주기가 짧지만, 불량한 산소센서는 변화가 약하거나 반응을 하지 않을 것이다.
② 약 2,000rpm에서 산소센서값이 변화되는 중에 움푹 파이는 잡음이 나타난다면 점화 쪽의 불량일 수 있다.
③ 산소센서값이 높은 쪽으로 많이 치우치는 경우 혼합기의 농후이며, 낮은 쪽으로 많이 치우치는 경우는 혼합기의 희박이다.
④ 산소센서의 듀티가 일정하게 유지하면 정상적인 공연비로 연소한다.
⑤ 단, 스캔툴로 보는 산소센서는 ECU에서 보여주는 데이터이므로 보내주는 데이터가 느릴 경우 산소센서 불량으로 오판할 수 있으므로, 가급적 스캔툴에서는 경향만 확인한 후 정밀 측정은 오실로스코프를 이용한다.

3.8 노크센서(Knock Sensor)

[1] 역할

노크센서를 통해 노킹의 발생 여부를 검출하면 노킹이 발생하지 않는 최대한도까지 점화시기를 진각시킬 수 있으므로, 엔진의 토크 및 출력 증대, 연비 향상 등의 효과를 얻을 수 있다. 또한 저옥탄가의 연료를 사용했을 때는 연속적인 노킹 발생을 방지해 엔진의 내구성을 증대시킬 수 있다.

[2] 고장일 때 일어나는 현상

① 점화플러그가 손상된다.
② 피스톤이 손상된다.
③ 실린더 헤드 개스킷이 파손된다.
④ 엔진 베어링이 손상된다.

[3] 점검방법

그림 10-93은 노크센서의 회로 및 단자구성을 나타낸 것이다. 2번 단자가 출력신호 단자이며, 3번 단자는 접지이다.

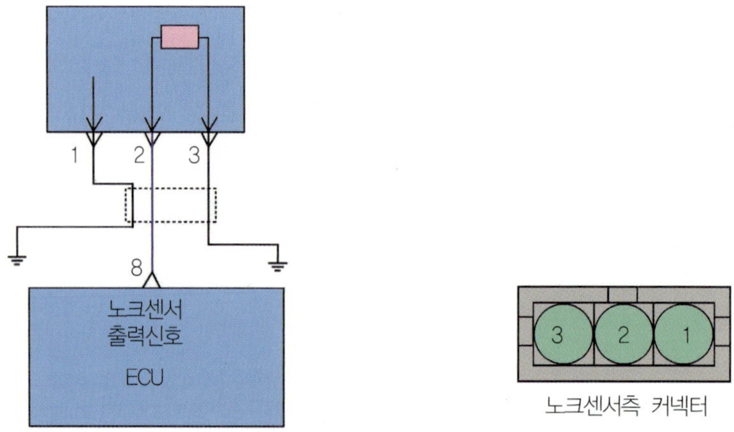

[그림 10-93] **노크센서의 회로 및 단자구성**

노크센서의 점검은 커넥터의 접촉상태 및 단선과 단락 유무를 점검한다. 실린더 블록에 설치되어 진동을 감지하는 센서이므로, 규정토크로 설치되었는지를 점검하는 것이 필요하다. 또한 2번 단자와 3번 단자 사이의 저항값(규정값 : 500~620kΩ)을 측정하여 규정값에 맞는지를 점검한다.

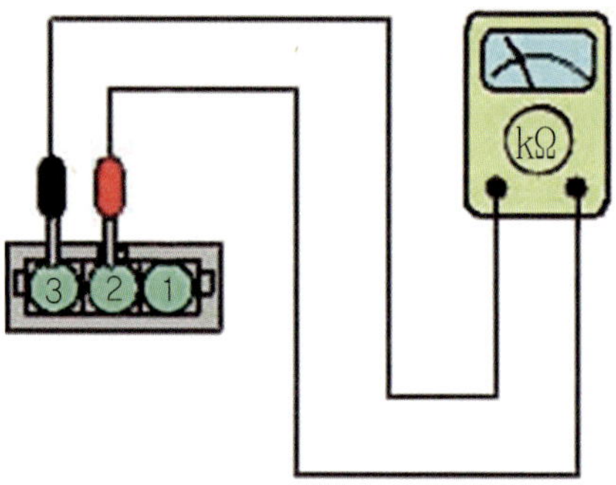

[그림 10-94] **노크센서 저항점검**

3.9 퍼지 컨트롤 솔레노이드밸브 점검

[1] 퍼지 컨트롤 솔레노이드밸브 점검방법

① 마이티백을 진공호스가 연결되었던 니플에 연결한다.

② 솔레노이드밸브에 마이티백을 연결하여 50cm-Hg의 진공을 가한다.

[그림 10-95] 마이티백 설치

[그림 10-96] 진공을 가한다

③ 진공을 가한 후 PCSV에 전압을 공급하였을 때와 공급하지 않았을 때를 점검한다. 이때 배터리 전압을 공급하였을 때 진공이 해제되어야 하고, 공급하지 않았을 때에는 진공이 유지되어야 정상이다.

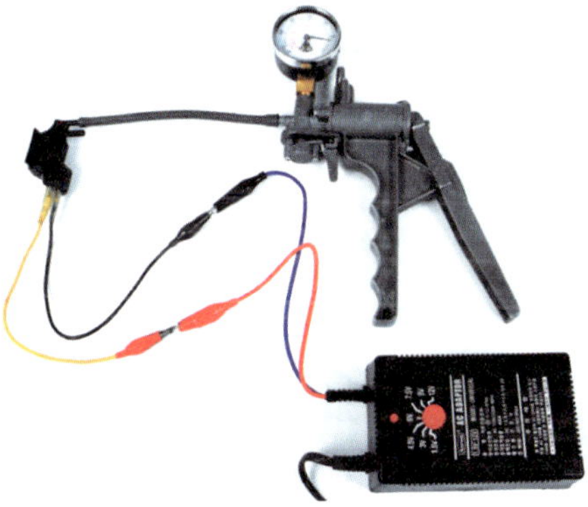

[그림 10-97] 배터리 전압 공급

④ PCSV 단자 사이의 저항을 측정한다. 이때 규정값은 36~44Ω(20℃에서)이다.

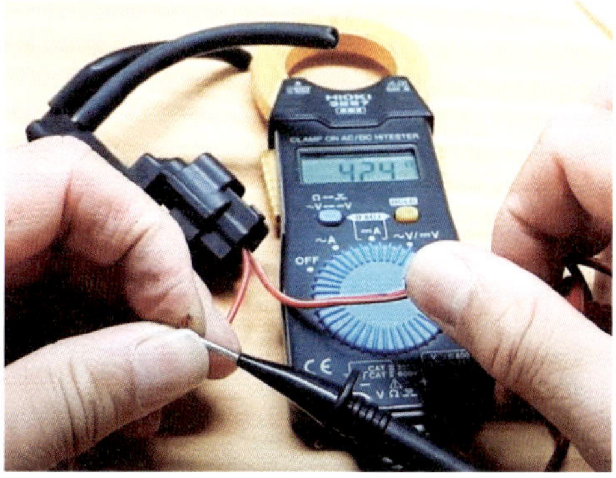

[그림 10-98] 저항 점검

[2] 답안지 작성

① 측정(또는 점검)

㉠ 공급전압 : 작동 시에 인가전압인 12V, 비작동 시에는 0V를 작성한다.

㉡ 진공유지 또는 진공해제 기록 : PCSV의 작동상태에 따라 진공 유지 또는 진공 해제로 답안지를 작성한다.

② 판정 및 정비 조치사항

㉠ 배터리 전압을 공급하였을 때 진공이 유지되거나, 전원을 공급하지 않았을 때 진공이 해제되면 판정의 불량에 ☑ 표시한 후 정비 및 조치할 사항에 "솔레노이드밸브 교환 후 재점검"으로 답안지를 작성한다.

㉡ 배터리 전압을 공급하였을 때 진공이 해제되고, 전원이 공급하지 않았을 때 진공이 유지되면, 판정의 양호에 ☑ 표시한 후 정비 및 조치할 사항에 "정비 및 조치할 사항 없음"또는 "없음"으로 답안지를 작성한다.

<table>
<tr><th rowspan="2">측정항목</th><th colspan="2">① 측정(또는 점검)</th><th colspan="2">② 판정 및 정비(또는 조치)사항</th><th rowspan="2">득 점</th></tr>
<tr><th>공급전압</th><th>진공유지 또는
진공해제 기록</th><th>판정(□에 "✔" 표)</th><th>정비 및 조치할 사항</th></tr>
<tr><td rowspan="2">퍼지 컨트롤
솔레노이드
밸브</td><td>작동 시 : 12V</td><td>진공 해제</td><td rowspan="2">☑ 양호
□ 불량</td><td rowspan="2">없음</td><td rowspan="2"></td></tr>
<tr><td>비작동 시 : 0V</td><td>진공 유지</td></tr>
</table>

04 전자제어센서 파형 점검

4.1. 엔진종합 테스터기

[1] 파형 점검 전 작업

① 윈도우 초기화면에서 Hi-DS를 클릭한다.

[그림 10-99] Hi-DS 클릭

② 로그인 창에서 로그인 취소를 클릭한다.

[그림 10-100] 로그인 취소

③ 다음 화면 사용제약 경고문에서 확인을 클릭한다.

④ 다음 화면에서 오실로스코프를 클릭한다.

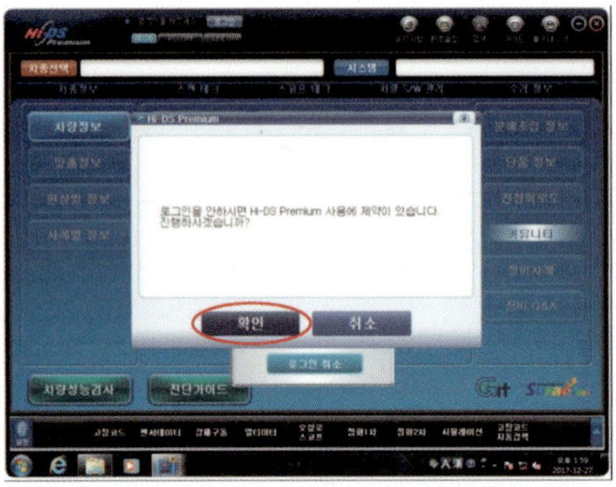

[그림 10-101] **확인 클릭**

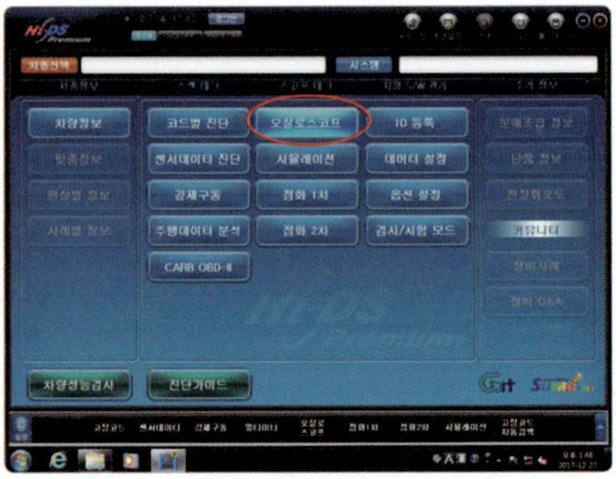

[그림 10-102] **오실로스코프 클릭**

⑤ 다음 화면에서 제작사, 차종, 연식, 엔진형식을 클릭한다.

⑥ 측정할 시스템 ENGINE을 선택한다.

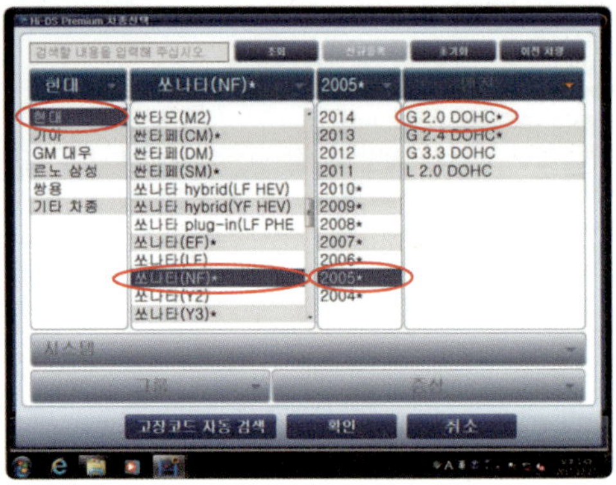

[그림 10-103] **제작사, 차종, 연식, 엔진형식 클릭**

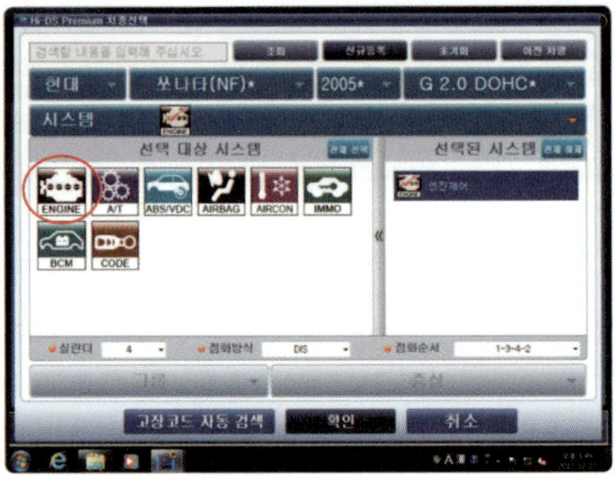

[그림 10-104] **시스템 선택**

⑦ 자동차에 사용되는 ECU 방식을 선택한다(엔진제어(ems)).

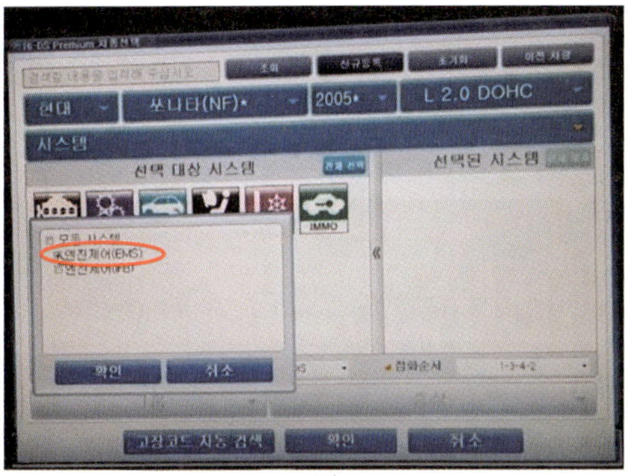

[그림 10-105] ECU 방식 선택

⑧ 확인을 클릭한다.

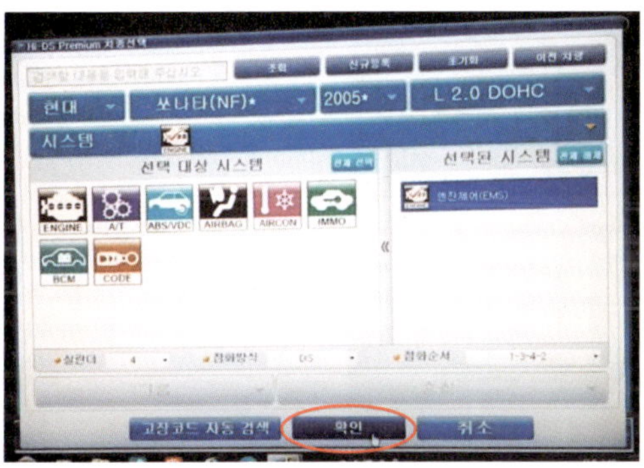

[그림 10-106] 확인 클릭

⑨ 점검할 파형의 개수에 채널을 클릭한다.

(a) 채널 1일 때

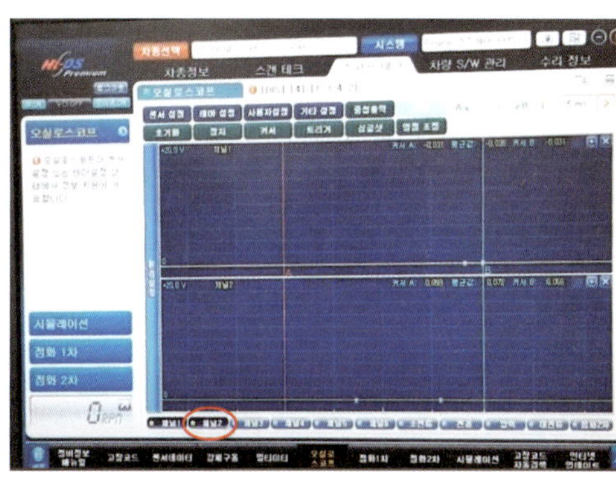

(b) 채널 2일 때

[그림 10-107] 채널 설정

⑩ 소전류, 저항, 대전류, 압력센서 항목들은 측정 시 반드시 0점 조정해야 정확한 측정값이 나온다.

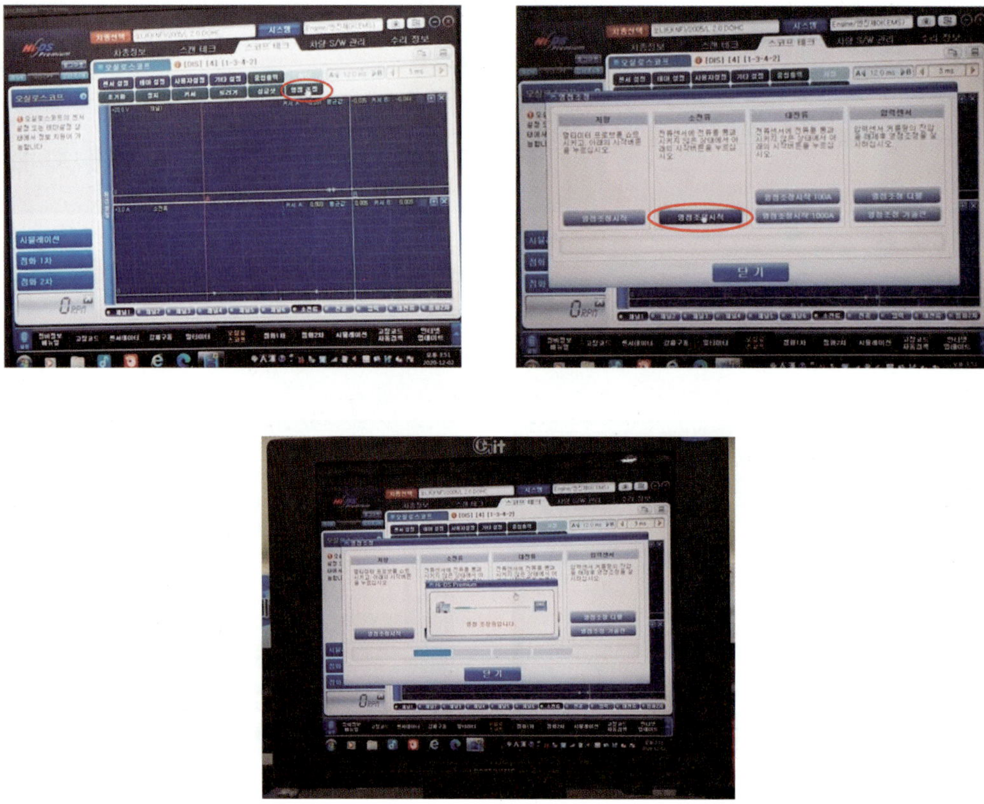

[그림 10-108] **0점 조정**

⑪ 0점 조정이 완료되면 닫기를 클릭한다.

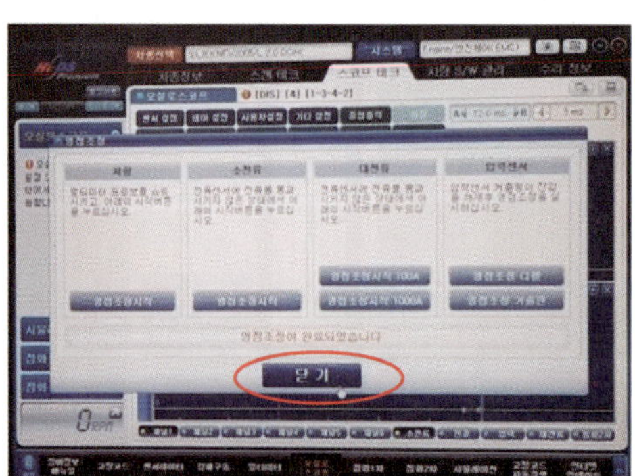

[그림 10-109] **닫기 클릭**

⑫ 환경설정을 클릭하여 측정할 항목의 전압값을 선택한다. 환경설정을 다시 클릭하여 환경설정창을 닫는다.

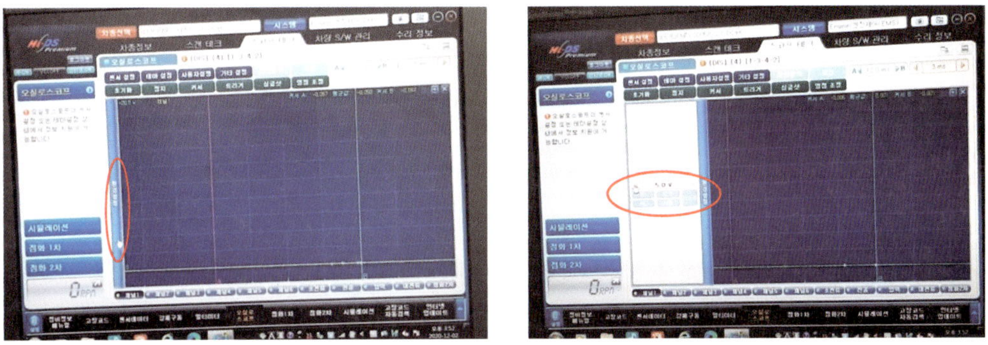

(a) 환경설정 클릭　　(b) 전압값 설정

[그림 10-110] **환경설정**

⑬ 맨 우측에 측정할 항목의 시간타임을 조절해준다.

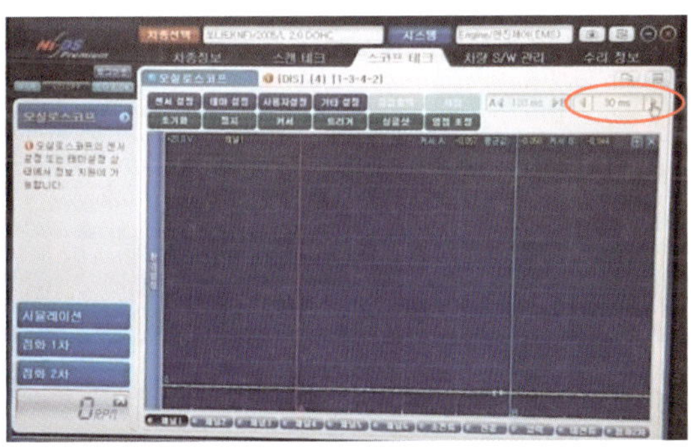

[그림 10-111] **시간타임 조절**

⑭ HI-DS 아이디(ID)박스에 전원공급하는 커넥터를 차량의 배터리에 적색은 배터리 +에, 흑색은 배터리 -에 연결한다.

[그림 10-112] **아이디 박스에 전원공급**

⑮ 회로도를 보고 해당 부분을 찾아서 검정색은 배터리 (–) 또는 차체에 연결하고, 나머지 선(적색선)은 센서 신호선에 연결한다.

[그림 10-113] **흑색선 배터리 (-)에 연결**

[2] 인쇄

① 프린터를 클릭한다.

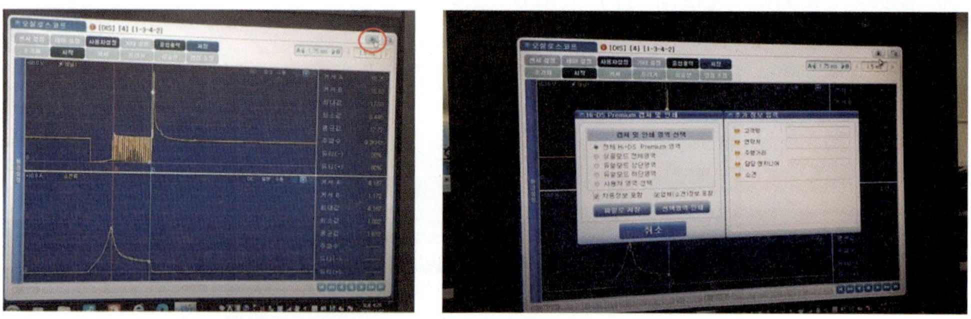

[그림 10-114] **프린터 클릭**

② 프린터기 전원을 ON시키고, 선택영역 인쇄 클릭하고, 인쇄 매수를 설정하고 확인을 클릭한다.

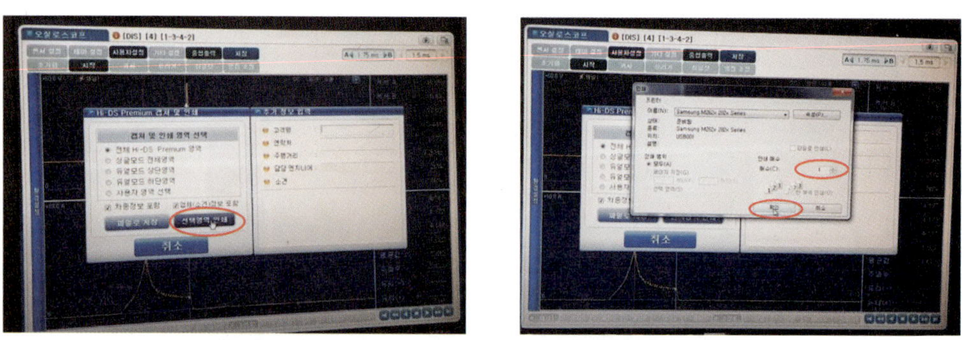

(a) 선택영역 인쇄 클릭 (b) 확인 클릭

[그림 10-115] **인쇄**

4.2 전자제어센서 파형 점검 및 분석

[1] 인젝터 파형

(1) 인젝터 파형 점검방법

① 환경설정에서 100.0V, Time은 3ms로 설정한다.

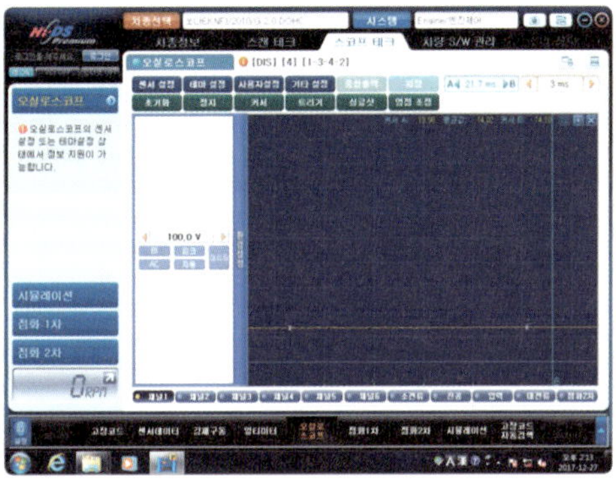

[그림 10-116] 환경설정, Time 설정

② 우측상단에 사각박스를 클릭해서 화면을 키운다.

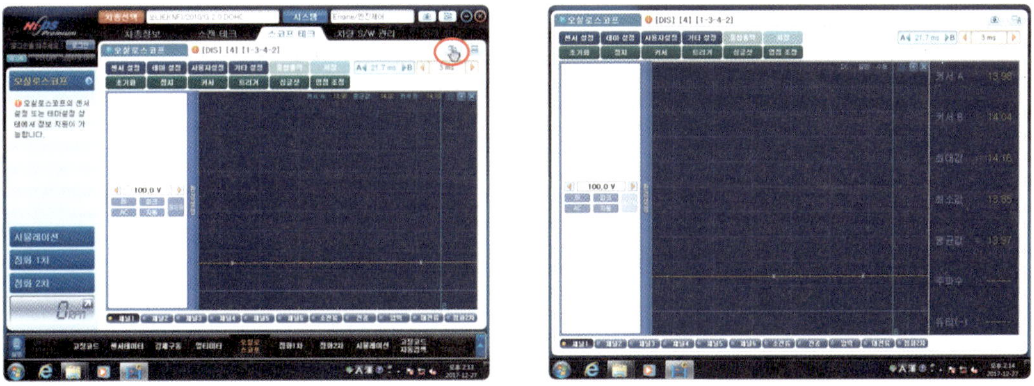

[그림 10-117] 화면 확대

③ 측정할 인젝터에 1번 채널 프로브를 연결하고 엔진을 시동한다.

[그림 10-118] **프로브 연결**

④ 30V 라인 정도에 트리거를 설정한다. 측정하고자 하는 구간에 트리거를 선택하면 파형이 멈춘다.

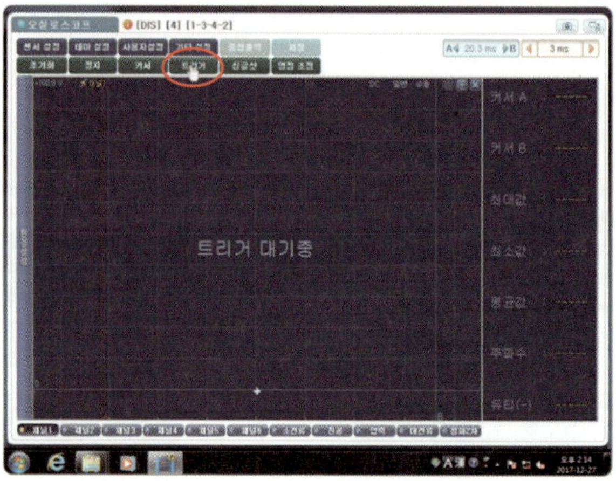

[그림 10-119] **트리거 설정**

⑤ 파형이 잡히면 정지버튼을 누른다.

⑥ 왼쪽 마우스를 누르게 되면 A커서가 움직이고, 오른쪽 마우스를 누르면 B커서가 움직인다. A커서를 TR On 시작점에, B커서를 서지전압 꼭지점에서 커서B값과 최댓값이 일치하도록 위치한다.

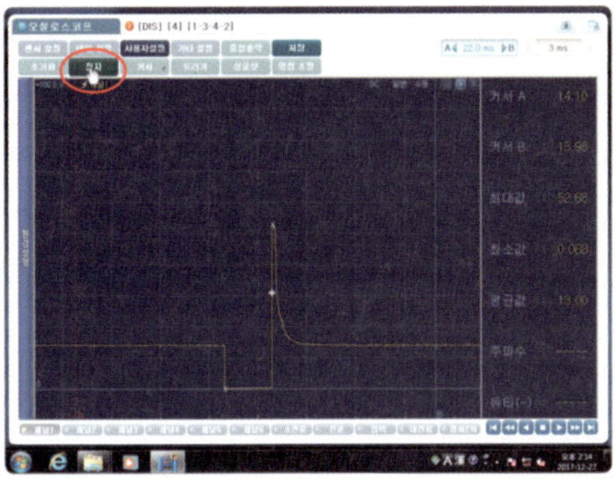

[그림 10-120] 정지버튼 클릭

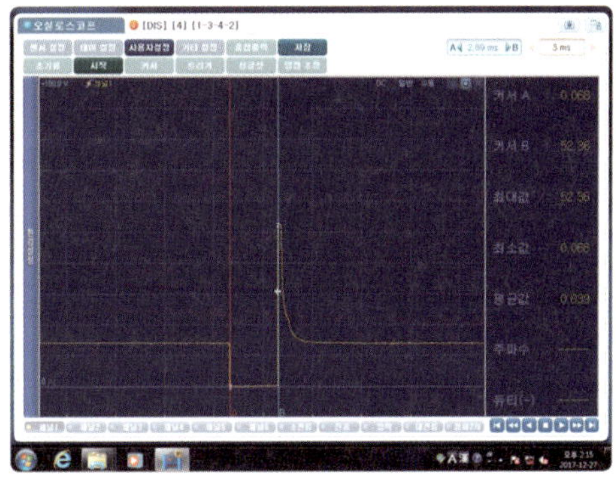

[그림 10-121] 커서 위치 이동

(2) 인젝터 분사 파형분석

구동시간, 역기전력, 접지전압, 전원전압, 각 인젝터의 역기전력의 최대치가 모두 일정한 가를 점검한다.

인젝터에서 분사 파형을 점검하는 경우는 엔진이 부조를 하거나 출력이 부족할 때, 시동이 불가능할 때 또는 시동이 불량할 때, 간헐적인 진동이 발생할 때 등이다. 인젝터의 분사 파형은 통상일 경우에는 배터리 전원전압이 걸린 상태로 나타나다가 ECU 내부의 인젝터 구동 파워 트랜지스터가 ON되어 분사신호가 나오면 연료 분사시간 동안 거의 0V(접지상태)를 유지한다.

또한 ECU에 의하여 트랜지스터가 OFF되면 솔레노이드코일의 역기전력에 의하여 전압 피크(voltage peak)가 발생하고 전원전압으로 돌아간다.

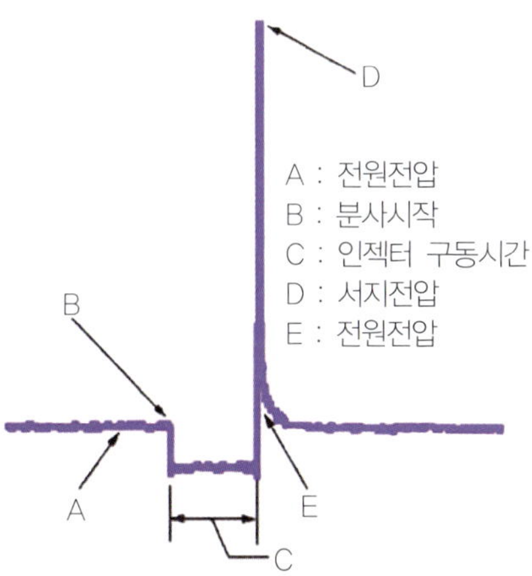

[그림 10-122] 인젝터 분사 파형

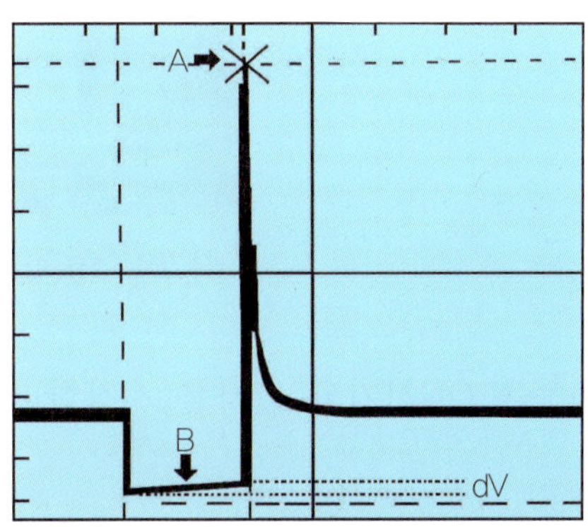

[그림 10-123] 인젝터 연료분사 파형의 분석

따라서 인젝터의 연료분사 파형 점검은 그림 10-123의 A부분과 B부분의 관찰이 중요하다. A부분은 역기전력의 크기를 나타내는 것으로, 각 실린더에 설치된 인젝터의 역기전력 최댓값이 일정한지를 점검한다. 일반적으로 역기전력의 최댓값은 약 60~80V를 나타낸다. 이때 역기전력의 최댓값이 기준값에 비하여 5V 이상 차이가 날 경우에는 인젝터의 사양이 해당 엔진의 것과 동일한지를 점검하고, 인젝터 전원 공급 쪽과 접지상태를 확인한다. B부분은 인젝터 구동시간, 즉 연료 분사시간 동안에 인젝터의 (-)단자와 ECU 접지 사이에서의 배선 자체에 의한 접지전압을 나타낸다.

정상적인 인젝터회로에서 dV의 값이 약 1V 이하이어야 하며, 이 값이 큰 경우는 인젝터 (-)단자와 ECU 접지 사이에 어떤 저항 성분이 존재하여 전압강하가 발생하고 있음을 나타내므로 이를 점검하는 것이 필요하다. 또한 하단 기울기가 거칠거나 계단모양일 경우에도 인젝터 접지쪽을 점검한다.

(3) 인젝터 전류, 전압 파형 측정(인젝터 및 관련 배선 점검)

① 오실로스코프 CH1(+적색 프로브) : 인젝터 제어선에 연결, CH1(-흑색 프로브) : 배터리(-)에 연결한다.

② 소전류 프로브를 영점 조정한다.

③ 소전류 프로브를 인젝터 본선에 연결한다(화살표가 인젝터를 향하도록).

[그림 10-124] **소전류 프로브 연결**

④ 시동을 ON시키고 검사를 시작한다.

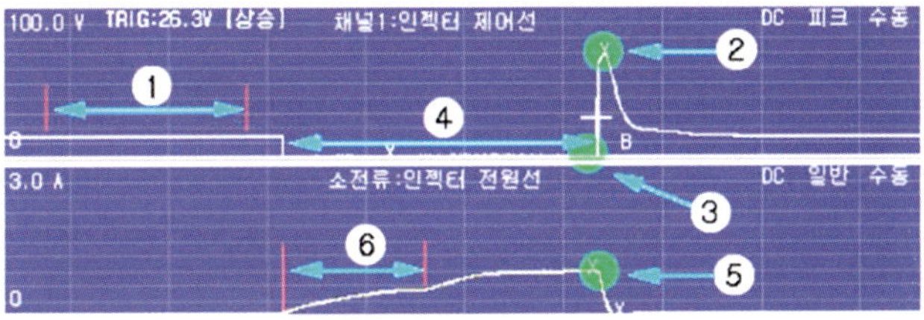

[그림 10-125] **인젝터 전원선 전압 및 전류파형**

⑤ 그림 10-125의 ① 구간 : 배터리 전압(인젝터 전원선 전압)

⑥ 그림 10-125의 ② 지점 : 약 67V(인젝터 서지전압)

⑦ 그림 10-125의 ③ 지점 : 약 0.5 이하(TR OFF 전압)

⑧ 그림 10-125의 ④ 구간 : 약 3.3ms 정도(분사시간 : 공회전, 차종 따라 다소 차이)

⑨ 그림 10-125의 ⑤ 지점 : 0.91A(인젝터 작동전류)

⑩ 그림 10-125의 ⑥ 구간 : 1.5ms(인젝터 무효분사시간)

⑪ 인젝터 작동 파형이 나오지 않고, 그림 10-125의 ① 구간이 1V 이하일 때 : 인젝터 전원선 전압을 확인하여 그림 10-125의 ① 구간이 1V 이하로 지속되면 테스트램프로 인젝터 전원선 전원유입을 확인하여, 램프 점등 시 인젝터 제어선으로 이동하여 전원유입 확인하고, 점등이 안 되면 인젝터 코일 단선 확인, 인젝터 커넥터 접촉 불량을 확인하고, 그림 10-125의 ① 구간 전원 선전압이 배터리전압 이하이면 기능별 진단의 선간전압을 확인한다.

⑫ 그림 10-125의 ② 지점 기준값에서 3V 이상 차이가 발생할 때 : 그림 10-125의 ③ 지점 TR OFF 전압확인을 하여 1V 이상이면 인젝터 제어선 접지불량 확인, ECU 접지배선 확인, 배터리 (-)와 차체 접지 확인을 하고, 1V 이하이면 점프선으로 배터리(+)와 인젝터(+) 연결(배터리 제어선에 대지 않도록 주의한다)

(4) 답안지 작성

① **측정값** : 인젝터 분사시간은 측정값(예 : 2.89ms)을 답안지에 기록한다. 서지전압은 측정값(예 : 52.36V)을 답안지에 기록한다.

② **규정(한계)값** : 분사시간 규정값(예 : 2.5~5.5ms)을 답안지에 기록한다. 서지전압은 규정값(예 : 60~80V)을 답안지에 기록한다.

③ 판정 및 정비 조치사항

㉠ 측정값이 규정값 범위를 벗어나면 판정의 불량에 ☑ 표시한 후 정비 및 조치할 사항에(예 : "3번 인젝터 교환 후 재점검")으로 답안지를 작성한다.

㉡ 측정값이 규정값 범위 내에 들어오면 판정의 양호에 ☑ 표시한 후 정비 및 조치할 사항에 "정비 및 조치할 사항 없음"또는 "없음"으로 답안지를 작성한다.

측정항목	① 측정(또는 점검)		② 판정 및 정비(또는 조치)사항		득 점
	측정값	규정(한계)값	판정(□에 "✔" 표)	정비 및 조치할 사항	
분사시간	2.89ms	2.5~5.5ms	□ 양호 ☑ 불량	3번 인젝터 교환 후 재점검	
서지전압	52.36V	60~80V			

측정 항목	파형 상태	득점
파형 측정	요구사항 조건에 맞는 파형을 프린트하여 아래사항을 분석 후 뒷면에 첨부 ① 출력된 파형에 불량요소가 있는 경우에는 반드시 표기 및 설명되어야 함. ② 파형의 주요 특징에 대하여 표기 및 설명되어야 함.	

[2] 맵센서 파형

(1) 맵센서 파형 점검방법

① 환경설정을 클릭한 후 화면에서 10.0V로 설정하고, Time은 1.5s로 설정하고, 화면을 확장한다.

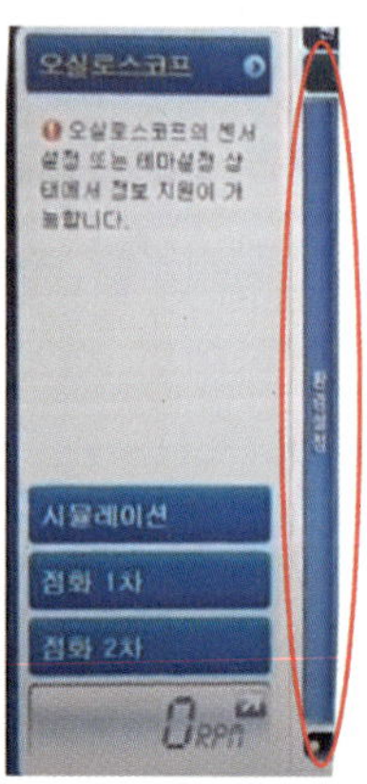

[그림 10-126] **환경설정 클릭**

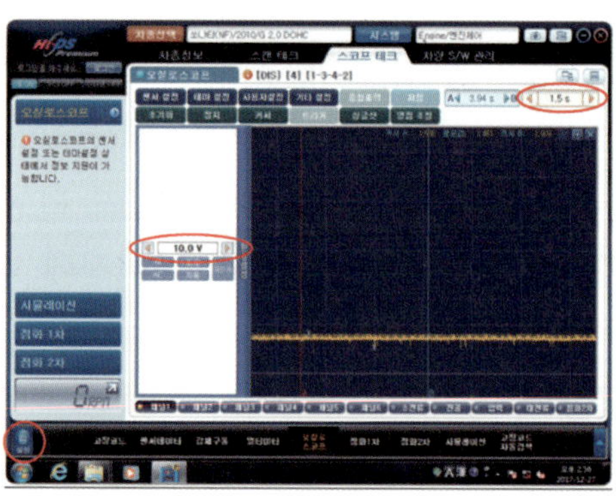

[그림 10-127] **환경설정에서 전압, Time 설정**

② 맵센서에 1번 채널 프로브를 센서 출력단자에 연결하고 엔진을 시동한다.

③ 엔진을 급가속 후 정지버튼을 누른다.

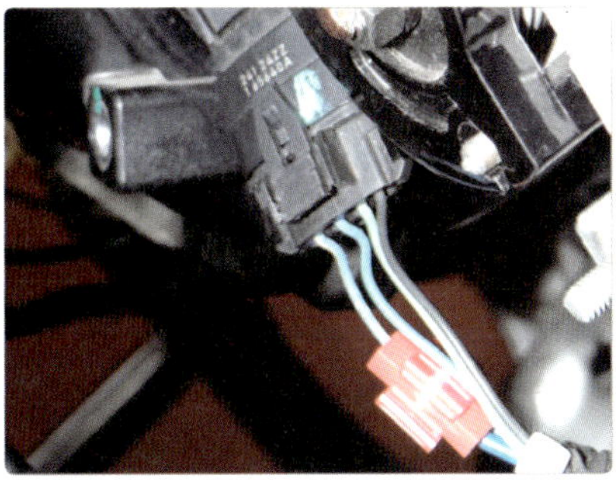

[그림 10-128] 맵센서에 프로브 연결

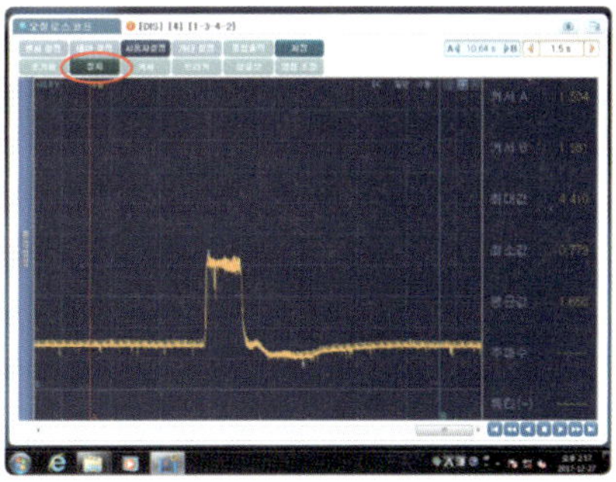

[그림 10-129] 정지버튼 클릭

④ A커서와 B커서를 움직여 최댓값과 최솟값을 측정한다.
⑤ 프린터를 클릭하여 선택영역을 선택한다.

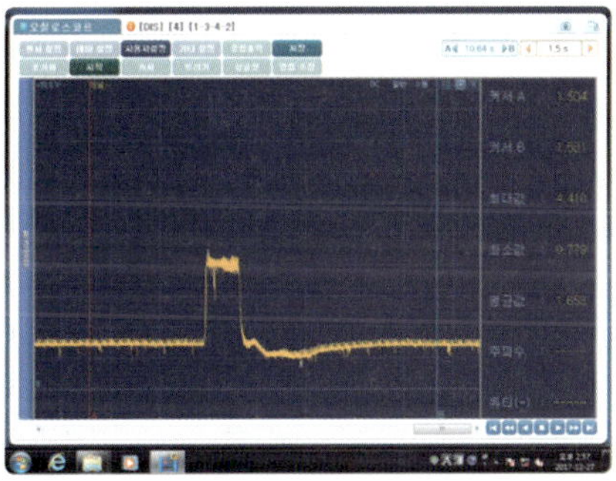

[그림 10-130] 커서 이동

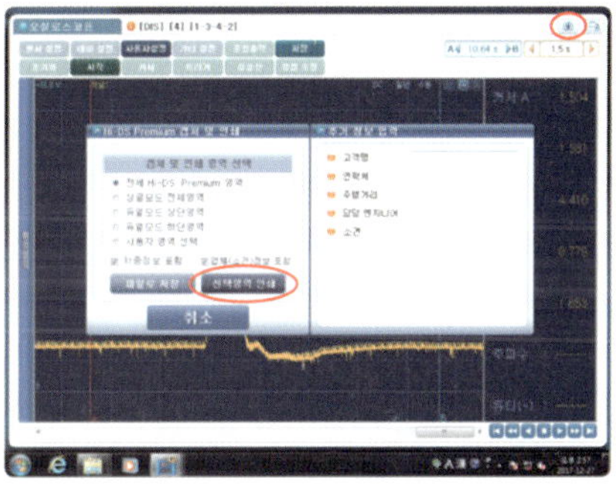

[그림 10-131] 인쇄 선택

⑥ 확인을 클릭하여 인쇄한다.

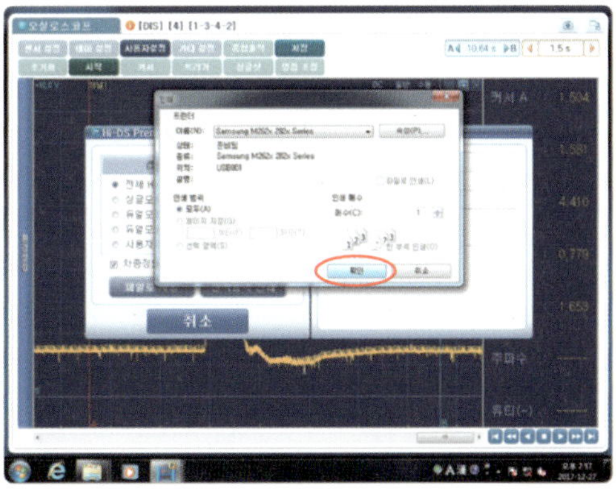

[그림 10-132] 인쇄

(2) 맵센서 파형분석

① 그림 10-133 A 부분은 흡기다기관 내의 절대압력이 높은 부분으로 높은 출력전압을 나타내며, 낮은 부압을 표시한다. B 부분은 스로틀밸브가 열림에 따라 흡기다기관 내의 절대압력이 상승하고 있음을 알 수 있다. C 부분은 낮은 출력전압으로 흡기다기관 내의 절대압력이 낮고, 높은 부압을 나타낸다.

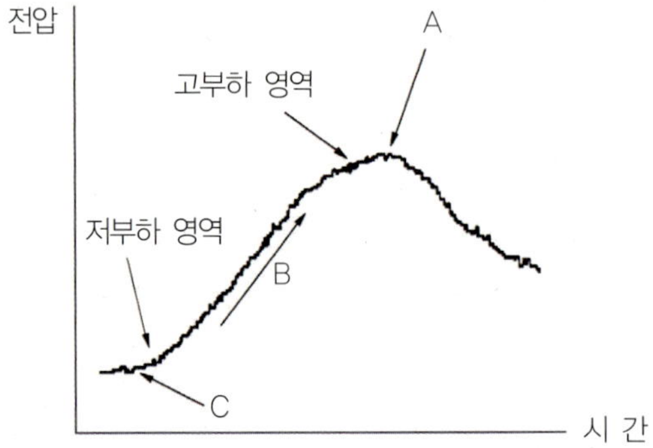

[그림 10-133] MAP센서의 출력파형 분석

② 커서 A 부분의 공회전상태에서는 약 0.97V이며 상하의 작은 맥동이 보이는데, 이는 극히 정상적인 파형이다.

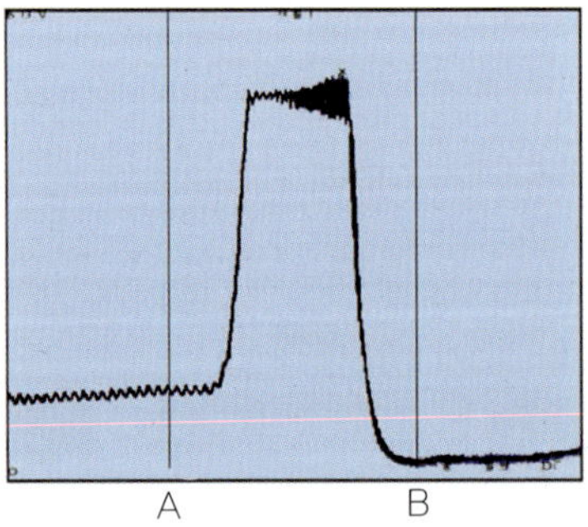

[그림 10-134] 급가속 시 MAP센서 파형

③ 공회전상태에서 MAP센서의 출력값을 오실로스코프로 측정하였을 때 커서 A의 값이 규정값과 유사하더라도 일직선으로 그린다면, MAP센서의 응답성이 떨어지는 타입이거나, Map센서 불량이다. 그 이유는 흡·배기밸브가 여 · 닫힘으로 인한 매니폴드 내의 부압 변화를 MAP센서에서 일정한 평균치를 가지고 (+), (-)로 흔들

려야 한다. 이를 확대하여 보는 것이 진단가이드의 밸브 파형이며, 위 파형을 가지고 밸브의 여닫힘의 상태를 알 수 있으며, 흡·배기밸브의 휨, 오토래쉬(유압 태핏) 등의 문제로 인한 흡입효율편차(부조 현상)를 확인할 수가 있다. 이러한 흡입 매니폴드 진공값을 읽어 헤드와 밸브 계통의 기계적 문제를 분석한다.

④ 진단가이드의 밸브검사도 흡입 매니폴드의 진공상태를 별도의 MAP센서를 사용하여 사용자가 손쉽게 판별할 수 있도록 기통별로 보여주는 것이다.

⑤ 급가속 후 떨어지기 전에 맥동 폭이 큰 이유는 급가속 시 흡·배기밸브의 떨림 양이 크기 때문이다.

⑥ 급가속 후 다시 공회전상태로 돌아왔을 때 파형의 형상 또는 데이터값으로 보아도 평상시 공회전 때보다 진공값이 떨어지는 이유는, 피스톤 회전속도에 비해 급격히 스로틀바디의 밸브가 닫힘으로 인하여 매니폴드 부압 변화를 파형으로 그려지기 때문이다.

⑦ 이 진공값이 너무 작거나 너무 크다면 스로틀바디나 공회전 조정 액추에이터나 조정 스크루(케이블)의 조정불량 및 카본생성으로 인한 오염원인이 될 수도 있다.

[표 10-6] **전압값과 진공도의 관계**

압력 \ 전압	5V	4V	3V	2V	1V	0V
mmHg	760	608	456	304	152	0
KPa	101.3	81.04	60.78	40.52	20.26	0
mbar	1013	810.4	607.8	405.2	202.6	0

(3) 답안지 작성

① 출력한 파형에 최소 전압과 최대 전압을 표시한다.

② 출력한 파형에 최솟값 : 0.779V, 최댓값 : 4.410V를 기입한다.

③ 판정 및 정비 조치사항

㉠ 규정값은 차종에 따라 다르므로 감독위원이 제시한다(예 : 최솟값 : 0~0.5V, 최댓값 : 4.5~5.5V).

㉡ 양호 판정 시 "측정값이 규정값 범위 내에 있으므로 양호함"으로 프린트한 파형 상단에 기록한다.

㉢ 불량 판정 시 "출력 전압이 규정값을 벗어나므로 맵센서 교환 후 재점검"으로 프린트한 파형 상단에 기록한다.

측정 항목	파형 상태	득점
파형 측정	요구사항 조건에 맞는 파형을 프린트하여 아래사항을 분석 후 뒷면에 첨부 ① 출력된 파형에 불량요소가 있는 경우에는 반드시 표기 및 설명되어야 함. ② 파형의 주요 특징에 대하여 표기 및 설명되어야 함.	

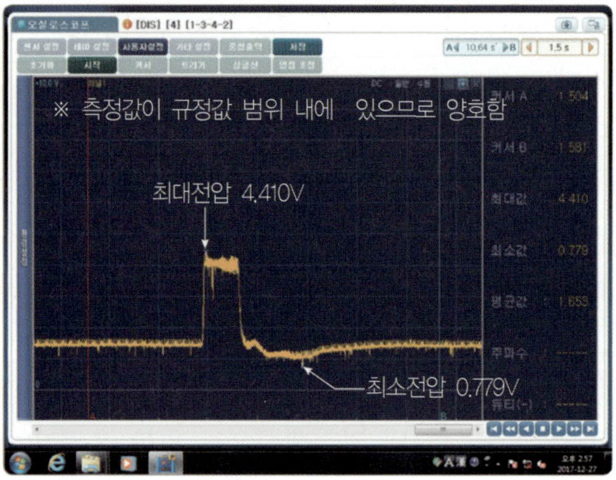

[그림 10-135] 답안지 작성

[3] 흡입공기유량센서(핫필름 방식) 파형

(1) 흡입공기유량센서 파형 점검방법

① 환경설정을 클릭한 후 화면에서 10.0V로 설정하고, Time은 1.5s로 설정하고 화면을 확장한다.

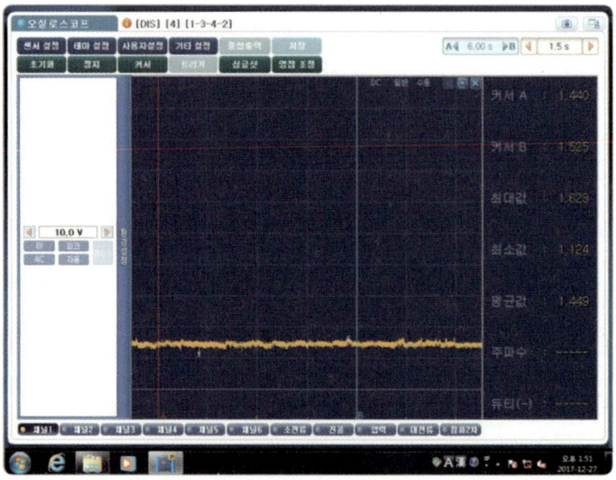

[그림 10-136] 환경설정에서 전압, Time 설정

② 흡입공기량센서에 1번 채널 프로브를 센서 출력단자에 연결하고 엔진을 시동한다.

③ 급가속 후 파형이 잡히면 정지한다.

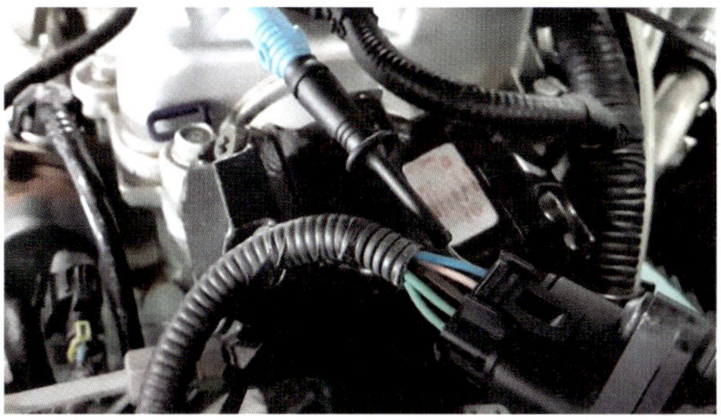

[그림 10-137] 흡입공기량센서에 프로브 연결

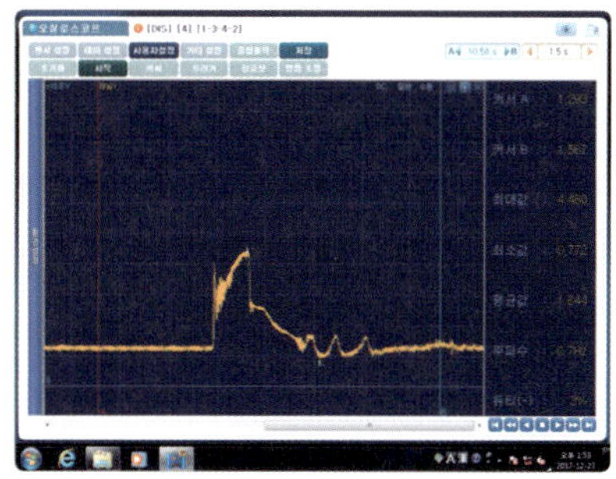

[그림 10-138] 정지 버튼 클릭

④ 프린터를 클릭하여 선택영역을 선택한다.

⑤ 확인을 클릭하여 인쇄한다.

(2) 흡입공기유량센서 파형분석

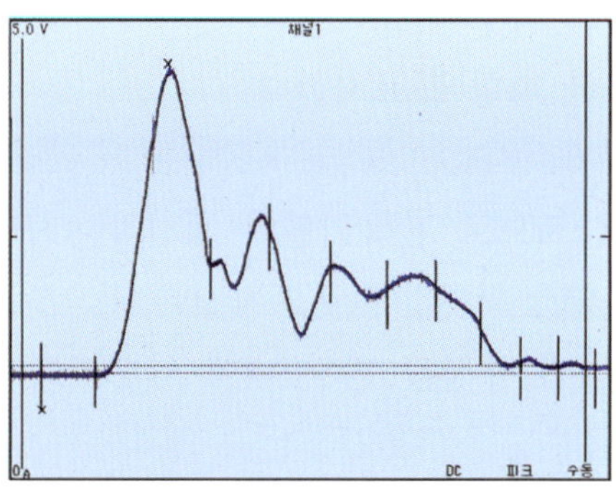

[그림 10-139] 핫필름 방식의 AFS 급가속 시 출력 파형

① 스로틀밸브가 급격하게 열리는 순간 공기는 밀려들어오기 시작한다. 따라서 공기량이 증가하면 센서의 출력전압이 높아지는 타입이기 때문에 급격히 봉우리 모양을 그리면서 출력전압은 상승하게 된다. 그 후 스로틀밸브가 급격히 닫히면서 밀려들어오던 관성으로 공기는 계속 들어오려고 하나, 스로틀밸브가 닫혀있기 때문에 스로틀밸브에 공기가 부딪히면서 다시 센서 감지부에 영향을 미쳐 낮은 봉우리들이 그리게 된다.

② 핫필름센서의 불량 여부를 판단하고자 할 때에는 스로틀밸브를 급격히 열어서 위와 같이 큰 봉우리와 작은 봉우리가 나오는 모양을 그려야 한다. 만일 큰 봉우리 뒤에 작은 봉우리들이 따라 나오지 않는다면 센서의 민감도가 떨어진다고 할 수 있다.

③ 스톨 테스트를 하는 것과 같은 상황은 실린더로 유입되는 공기량이 최대이기 때문에 흡입공기량을 감지하는 센서의 출력전압은 공급 전압인 5V 가까이 나와야 하지만, 아이들상태에서 스로틀밸브를 급격하게 열었을 때에도 최대 공기량이 흡입되지는 않지만 그래도 가장 큰 봉우리의 최고 전압은 약 4V 정도는 나와 주어야 한다. 4V 이하로 나온다면 센서의 민감도가 떨어지거나 배선 불량일 수가 있다.

④ 차종에 따라서 최대 공기량 흡입 시 전압값이 4V가 나타나지 않는 것도 있다. 이는 차량의 ECU에 최대 공기량 흡입 시 4V 정도가 나오도록 맵핑되어 있기 때문이다.

⑤ 급가속 최댓값 전압이 현저히 높으면 센서 접지 전압 확인(0.1V 이상일 때 - 접지 불량 확인, 접지 정상 시 - 센서단품 불량 확인)

(3) 답안지 작성

① 최솟값 0.772V를 출력한 파형에 표시한다.

② 최댓값 4.460V를 출력한 파형에 표시한다.

③ 판정 및 정비 조치사항

㉠ 차량마다 규정값이 다르므로 감독위원이 제시하는 규정값을 기준으로 판정한다. (예 : 최솟값 : 0~1.2V, 최댓값 : 4.2~4.9V).

㉡ 양호 판정 시 "측정값이 규정값 범위 내에 있으므로 양호함"으로 프린트한 파형 상단에 기록한다.

㉢ 불량 판정 시 "출력전압이 규정값을 벗어나므로 공기유량센서를 교환 후 재점검"으로 린트한 파형 상단에 기록한다.

측정 항목	파형 상태	득점
파형 측정	요구사항 조건에 맞는 파형을 프린트하여 아래사항을 분석 후 뒷면에 첨부 ① 출력된 파형에 불량요소가 있는 경우에는 반드시 표기 및 설명되어야 함. ② 파형의 주요 특징에 대하여 표기 및 설명되어야 함.	

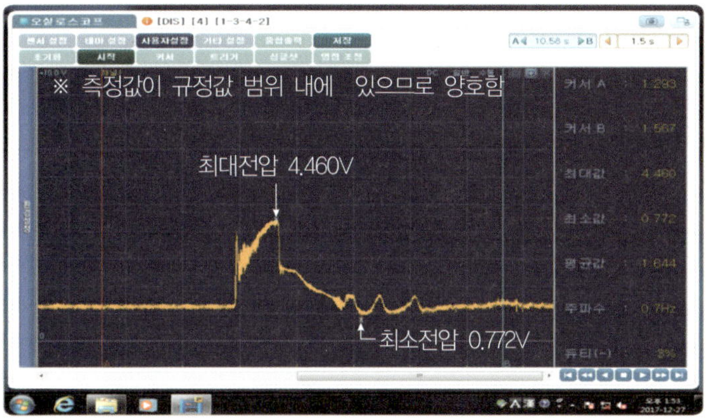

[그림 10-140] **답안지 작성**

[4] 산소센서 파형

(1) 산소센서 파형 점검방법

① 오실로스코프 CH1(+적색 프로브) : 산소센서 출력선에 연결, CH1(−흑색 프로브) : 배터리(-)에 연결하고 엔진을 시동한다.

② 환경설정에서 1.6V, Time은 1.5s로 설정 후 창을 확장한다.

[그림 10-141] **프로브 설치**

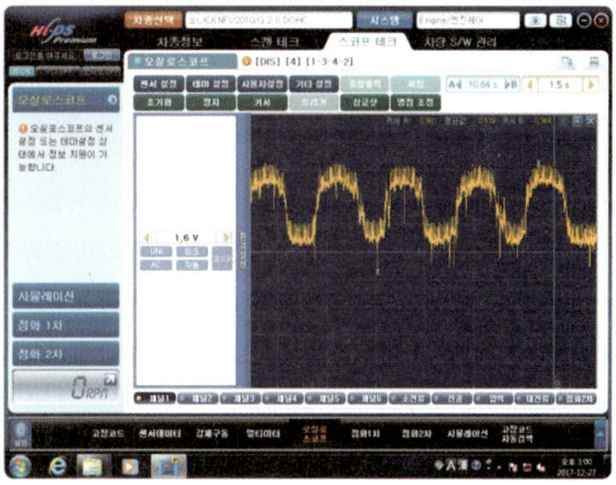

[그림 10-142] **환경설정에서 전압, Time 설정**

③ 환경설정 창을 닫고, 파형이 잡히면 정지 버튼을 클릭한다.

④ A커서를 좌측에, B커서를 우측에 위치한다.

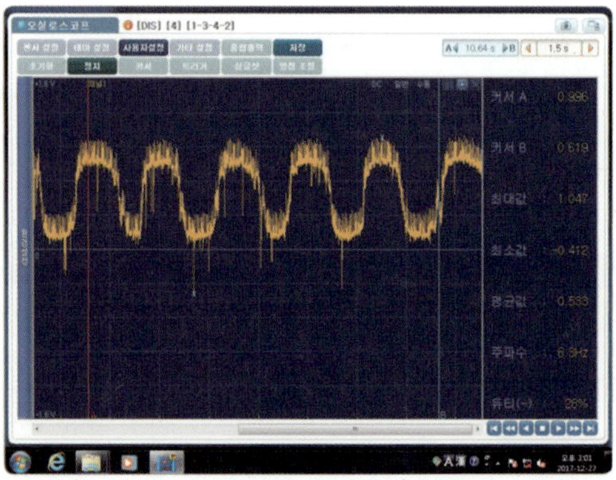

[그림 10-143] 정지버튼 클릭 후 커서 이동

⑤ 프린터를 클릭하여 선택영역을 선택한다.

⑥ 확인을 클릭하여 인쇄한다.

(2) 산소센서 파형분석

산소센서의 반응을 보려면 엔진을 중속(2,000~3,000) RPM으로 가속시켜 산소센서의 상승 시 반응시간과 하강 시의 반응시간을 봄으로써 센서의 반응 정도를 확인할 수 있다.

① 시동을 걸고 엔진을 충분히 워밍업시키고, 모든 전기부하를 OFF시킨다.

② 엔진 회전수를 2,000rpm을 유지하며 검사를 시작한다. 2,000rpm 정도로 엔진 속도를 유지하며 측정하였을 경우 상하로 움직이는 듀티의 폭이 일정하여야 한다.

③ 출력 전압파형의 평균 듀티 : 50% 정도, 평균전압 : 0.5V 정도 되어야 정상이다.

㉠ ①지점 : 0.2V 이하 - 산소센서 LOW전압

㉡ ②구간 반응시간 : 200ms 이내(200mV~600mV로 상승구간)

㉢ ③구간 반응시간 : 300ms 이내(600mV~200mV로 하강구간)

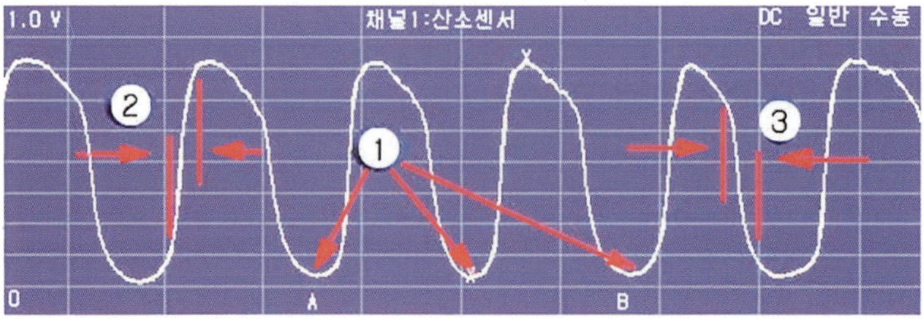

[그림 10-144] 지르코니아 산소센서 출력전압 파형(2000rpm)

④ 평균전압이 0.5V 이상일 때 : 혼합기 농후

⑤ 산소센서의 반응이 0.5V 위쪽에서 상승 또는 하강을 하는 파형이 표출된다면, 산소센서 접지를 점검한다.

⑥ 평균전압이 낮을 때는 혼합기희박, 배선의 습기나 누전으로 산소센서 커넥터를 탈거하고 산소센서측에 프로브를 연결, 엔진을 가·감속하여 출력이 안 나올 경우는 산소센서 불량 확인한다. 산소센서 커넥터를 끼웠을 때 안 나오는 경우는 배선의 누전을 확인한다.

⑦ 산소센서 Low 전압이 0.2V 이상일 때 : 센서접지전압을 확인(0.1V 이하가 되어야 한다. : 선간전압)한다.

⑧ 상승 시 반응시간이 200ms 이상일 때 : 센서 단품불량 확인

⑨ 하강 시 반응시간이 300ms 이상일 때 : 센서 단품불량 확인

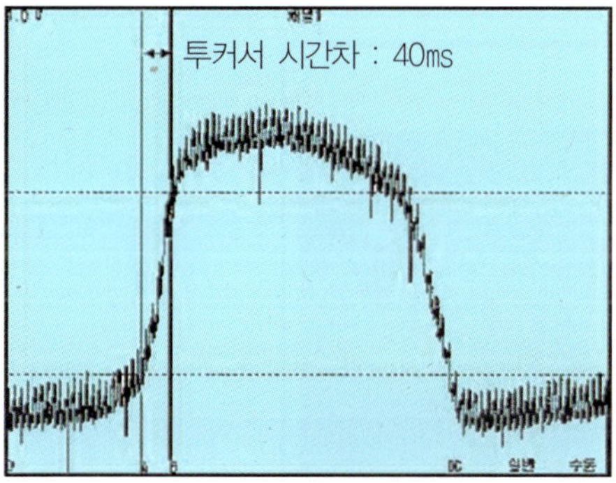

[그림 10-145] 산소센서 상승 시 반응시간(200ms 이내)

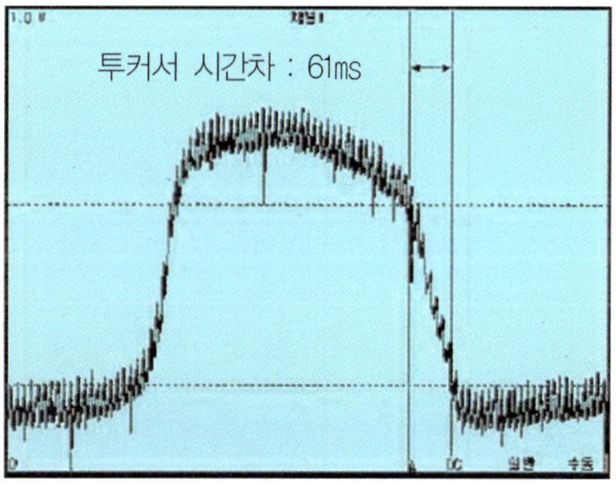

[그림 10-146] 산소센서 하강 시 반응시간(300ms 이내)

⑩ 공전 시에서는 산소센서의 전압값의 상/하 변화가 느리게 움직이나 약 2000rpm 정도의 중속으로 가속시킨 상태에서 측정하면 정상적인 산소센서는 눈에 띠게 변화폭이 심할 것이며, 불량한 산소센서는 변화가 약하거나 반응을 하지 않을 것이다.

⑪ 약 2,000rpm에서 산소센서값이 변화되는 중에 움푹 움푹 파이는 잡음이 나타난다면 점화 쪽의 불량일 수 있다.

(3) 답안지 작성

① 출력한 파형에 최소 전압과 최대 전압을 표시한다.

② 출력한 파형에 최솟값 : −0.412V, 최댓값 : 1.047V를 기입한다.

③ 판정 및 정비 조치사항

㉠ 차량마다 규정값이 다르므로 감독위원이 제시하는 규정값(예 : 최솟값 : −0.5V~0.5V, 최댓값 : 0.8~1.5V)을 기준으로 판정한다.

㉡ 양호 판정 시 "측정값이 규정값 범위 내에 있으므로 양호함"으로 프린트한 파형 상단 또는 하단에 기록한다.

㉢ 불량 판정 시 "출력 전압이 규정값을 벗어나므로 산소센서 교환 후 재점검"으로 프린트한 파형 상단 또는 하단에 기록한다.

측정 항목	파형 상태	득점
파형 측정	요구사항 조건에 맞는 파형을 프린트하여 아래사항을 분석 후 뒷면에 첨부 ① 출력된 파형에 불량요소가 있는 경우에는 반드시 표기 및 설명되어야 함. ② 파형의 주요 특징에 대하여 표기 및 설명되어야 함.	

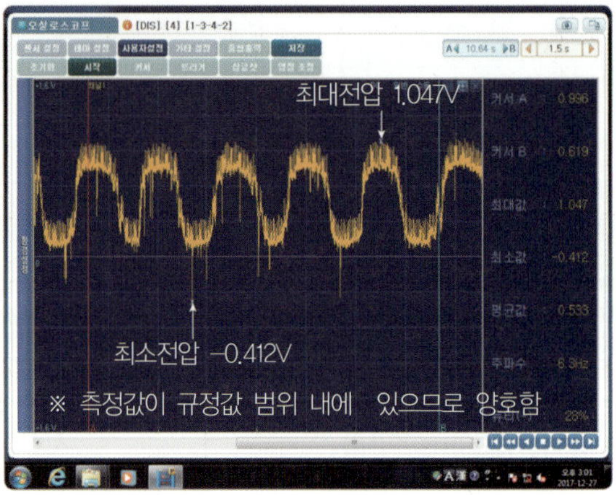

[그림 10-147] 답안지 작성

[5] 스텝모터(ISA) 파형

(1) 스텝모터 파형 점검방법

① ISA 열림 커넥터에 1번, 닫힘에 2채널 프로브를 연결하고 엔진을 시동한다.

② 환경설정 화면에서 60.0V, Time은 15ms로 설정 후 창을 확장한다.

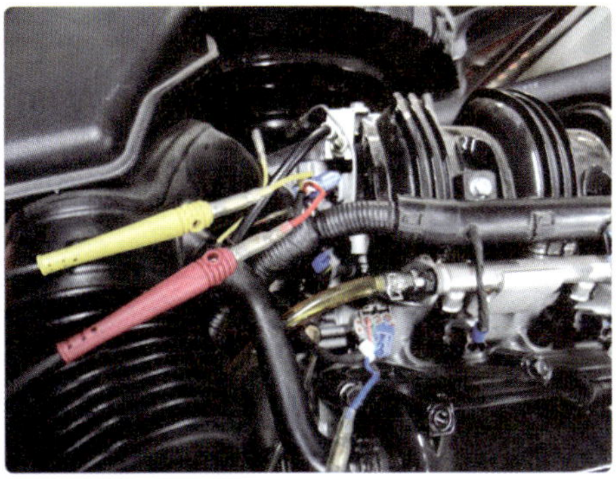

[그림 10-148] 프로브 설치

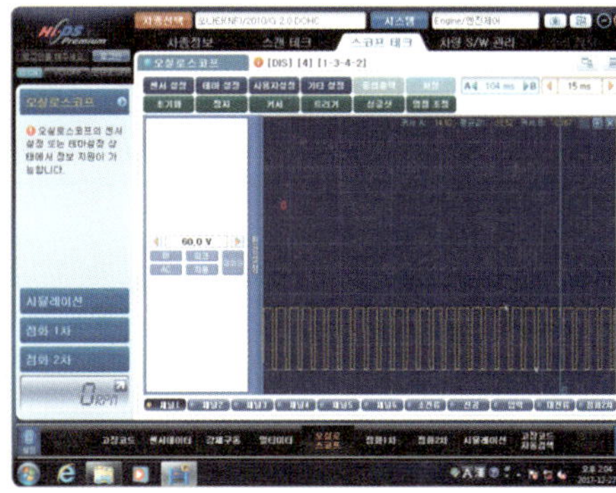

[그림 10-149] 환경설정에서 전압, Time 설정

③ A, B커서를 넓게 하고 정지버튼을 클릭하여 파형을 정지한다.

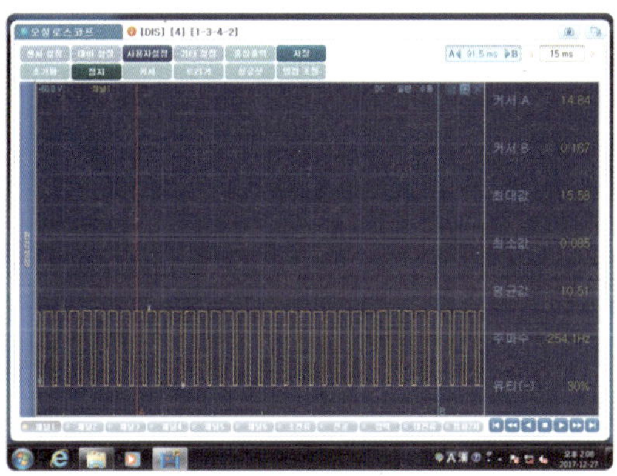

[그림 10-150] 커서 이동 후 정지버튼 클릭

④ 프린터를 클릭하여 선택영역을 선택한다.
⑤ 확인을 클릭하여 인쇄한다.

(2) 답안지 작성

① 출력한 파형에 최솟값 : 0.085V, 최댓값 : 15.58V를 기입한다.
② 듀티 30%를 출력한 파형에 표시한다.
③ 판정 및 정비 조치사항
㉠ 차량마다 규정값이 다르므로 감독위원이 제시하는 규정값(예 : 최솟값 0~1.2V, 최댓값 13.5~16.5V, 듀티 25~35%)을 기준으로 판정한다.
㉡ 양호 판정 시 "측정값이 규정값 범위 내에 있으므로 양호함"으로 프린트한 파형 상단 또는 하단에 기록한다.

㉢ 불량 판정 시 "ISA 교환 후 재점검"으로 프린트한 파형 상단 또는 하단에 기록한다.

측정 항목	파형 상태	득점
파형 측정	요구사항 조건에 맞는 파형을 프린트하여 아래사항을 분석 후 뒷면에 첨부 ① 출력된 파형에 불량요소가 있는 경우에는 반드시 표기 및 설명되어야 함. ② 파형의 주요 특징에 대하여 표기 및 설명되어야 함.	

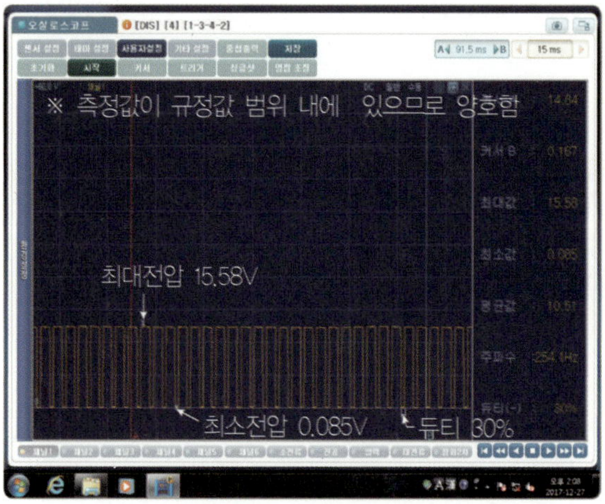

[그림 10-151] **답안지 작성**

[6] 점화 1차 파형

(1) 점화 1차 파형 점검방법

① 감독위원이 지정한 실린더의 점화 1차 커넥터에 1번 채널 프로브를 연결하고, 엔진을 시동한다(예: 1번 실린더).

[그림 10-152] **프로브 설치**

② 환경설정 화면에서 300.0V, Time은 3ms로 설정 후 창을 확장한다.

③ 트리거를 실행한다.

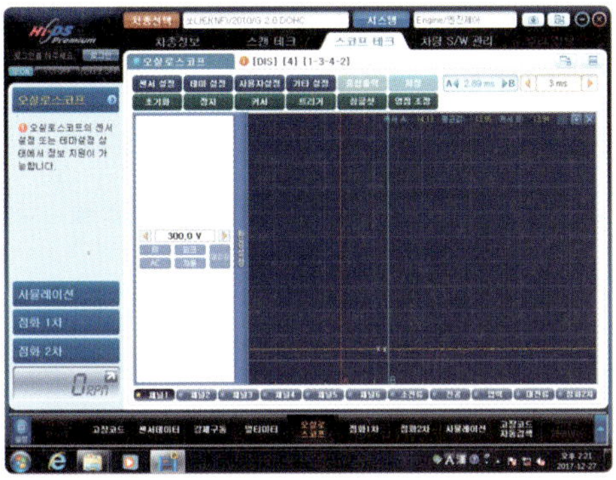

[그림 10-153] **환경설정에서 전압, Time 설정**

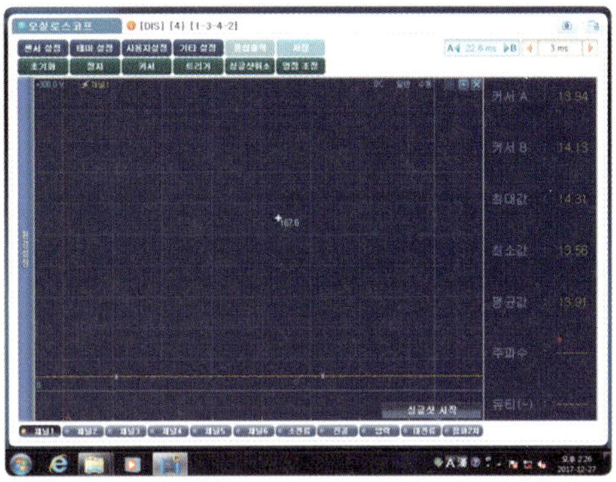

[그림 10-154] **트리거 실행**

④ 파형이 잡히면 정지버튼을 클릭하여 정지한다.

⑤ A커서를 TR On 시작점에, B커서를 서지전압 꼭짓점에서 커서 B값과 최댓값이 일치하도록 위치한다.

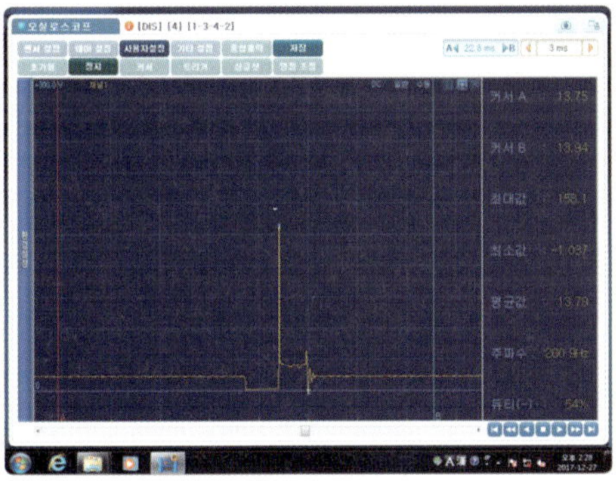

[그림 10-155] **정지버튼 클릭**

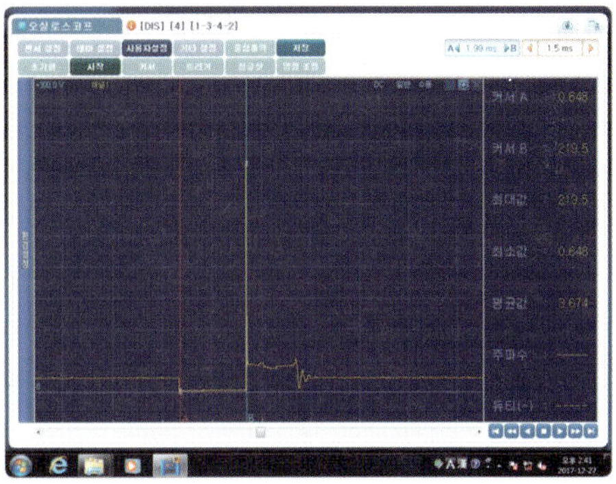

[그림 10-156] **커서 조정**

⑥ 프린터를 클릭하여 선택영역을 선택한다.

⑦ 확인을 클릭하여 인쇄한다.

(2) 답안지 작성

① TR On 시 전압 0.648V를 출력한 파형에 표시한다.

② 드웰시간 1.99ms를 출력한 파형에 표시한다.

③ 서지전압 219.5V를 출력한 파형에 표시한다.

④ 판정 및 정비 조치사항

㉠ 차량마다 규정값이 다르므로 감독위원이 제시하는 규정값(예 : TR On 시 전압 : 0~1.2V, 드웰시간 : 1~2.5ms, 서지전압 : 150~450V)을 기준으로 판정한다.

㉡ 양호 판정 시 "측정값이 규정값 범위 내에 있으므로 양호함"으로 프린트한 파형 상단 또는 하단에 기록한다.

㉢ 불량 판정 시 "1번 실린더 점화코일 교환 후 재점검"으로 프린트한 파형 상단 또는 하단에 기록한다.

측정 항목	파형 상태	득점
파형 측정	요구사항 조건에 맞는 파형을 프린트하여 아래사항을 분석 후 뒷면에 첨부 ① 출력된 파형에 불량요소가 있는 경우에는 반드시 표기 및 설명되어야 함. ② 파형의 주요 특징에 대하여 표기 및 설명되어야 함.	

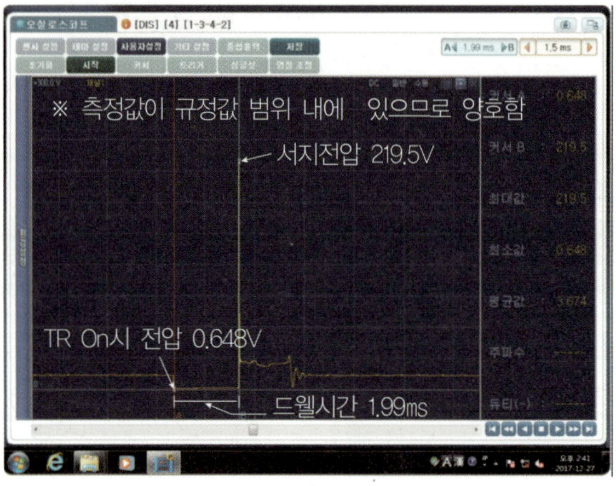

[그림 10-157] 답안지 작성

[7] 점화 2차 파형

(1) 점화 2차 파형 점검방법

① 시험용 엔진의 점화방식과 코일의 위치를 확인 후 감독위원이 지정한 실린더에 점화 2차 연장케이블을 설치한다(예 : 2번 실린더).

② 점화 2차 연장 케이블에 점화 2차 적색 플러그를 연결하고 엔진을 시동한다.

[그림 10-158] 연장 케이블 설치

[그림 10-159] 적색 플러[그 연결

③ 환경설정 화면에서 5.0kV, Time은 6ms로 설정 후 창을 확장한다.

④ 트리거를 실행한다.

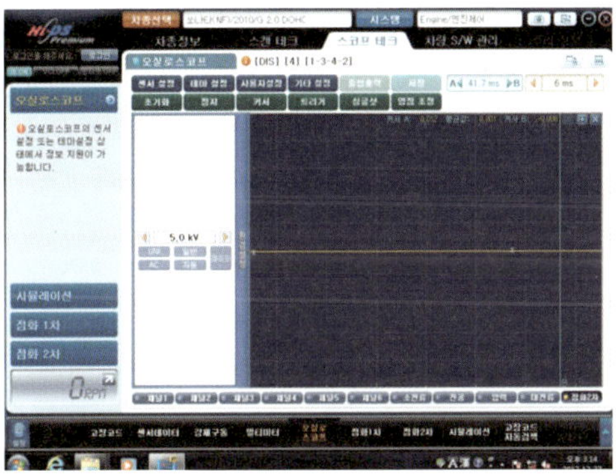

[그림 10-160] 환경설정 및 Time 설정

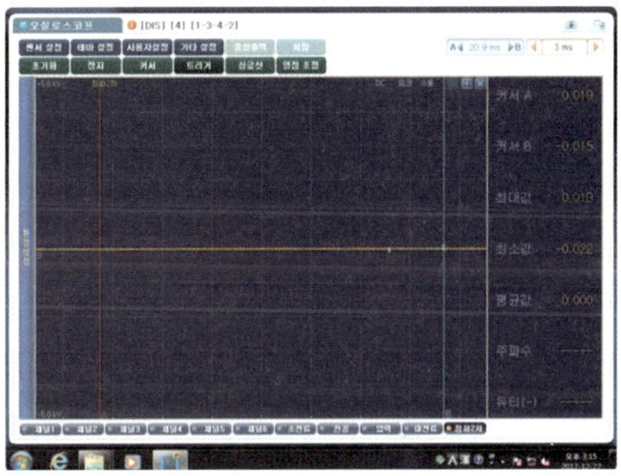

[그림 10-161] 트리거 실행

⑤ 파형이 잡히면 정지한다.

⑥ A커서를 서지 전압 꼭짓점에 B커서를 점화전압 최댓값에 위치한다.

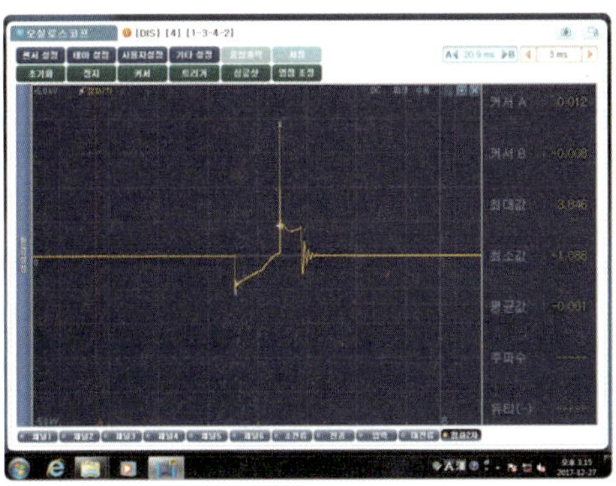

[그림 10-162] 화면 정지

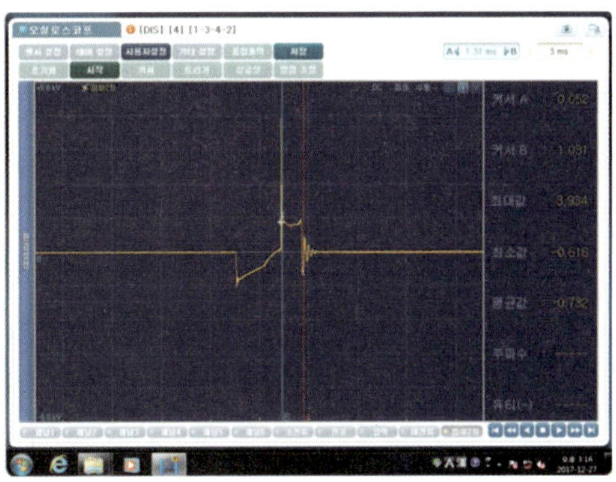

[그림 10-163] 커서 이동

⑦ 프린터를 클릭하여 선택영역을 선택한다.
⑧ 확인을 클릭하여 인쇄한다.

(2) 답안지 작성

① 서지전압 3.934kV를 출력한 파형에 표시한다.
② 점화시간 1.31ms를 출력한 파형에 표시한다.
③ 점화전압 1.031kV를 출력한 파형에 표시한다.

측정 항목	파형 상태	득점
파형 측정	요구사항 조건에 맞는 파형을 프린트하여 아래사항을 분석 후 뒷면에 첨부 ① 출력된 파형에 불량요소가 있는 경우에는 반드시 표기 및 설명되어야 함. ② 파형의 주요 특징에 대하여 표기 및 설명되어야 함.	

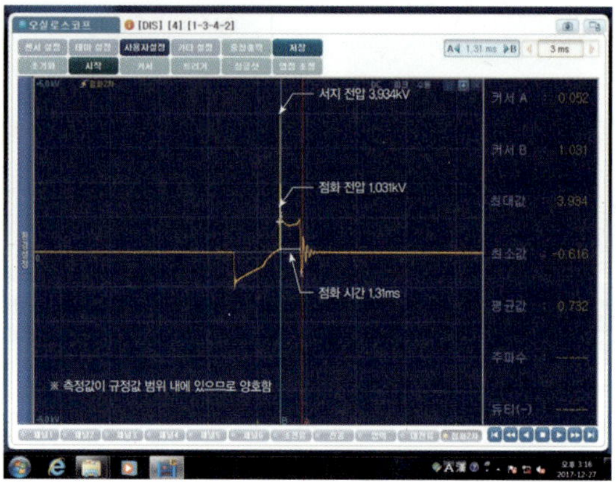

[그림 10-164] 답안지 작성

[8] 크랭크 각센서 파형

(1) 광학식 크랭크 각센서(Optical Type CAS) 파형 점검방법

① 측정 방법 1

㉠ 채널 1번 프로브(+) : CAS 신호선에 연결, 채널 1번 프로브(-) : 배터리(-)에 연결한다.

㉡ 가속 시 일정하게 5V-0V 일정하게 주기적으로 나와 주어야 정상이다. 나오던 도중에 신호가 빠진다거나 디지털 파형에 위배되는 잡음이 들어가면 불량이다.

㉢ 공급전압이 접지전압 역시 마찬가지로 일정하게 나와주어야 하며, 접지전압이

좀 더 위로 올라오거나 공급전압이 떨어진다면, 단품의 불량 또는 공급전압과 접지전압을 검사하여야 한다.

㉣ 불량 파형은 다음 그림과 같이 디지털 파형에 위배되는 잡음 유입 시 불량이다.

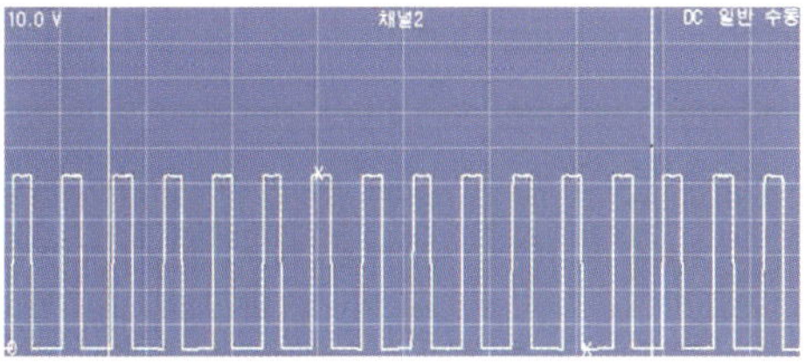

[그림 10-165] **광학식 CAS 공전 시 정상파형**

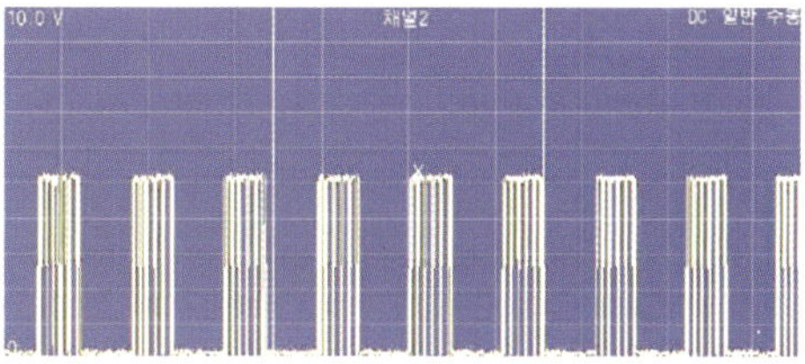

[그림 10-166] **광학식 CAS 불량 파형**

② 측정방법 2

㉠ 채널 2번 프로브(+) : CAS 신호선에 연결, 채널 2번 프로브(-) : 배터리(-)에 연결한다.

㉡ 채널 1번 프로브(+) : CMPS 신호선에 연결, 채널 1번 프로브(-) : 배터리(-)에 연결한다.

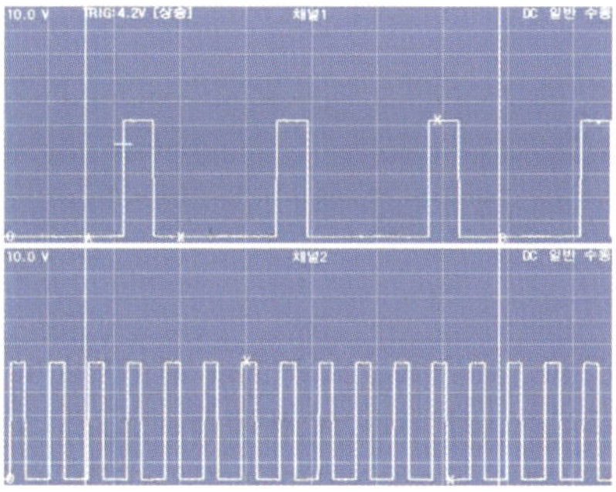

[그림 10-167] **CMPS, CAS 파형**

㉢ 가속 시 일정하게 5V-0V 일정하게 주기적으로 나와 주어야 정상이다. 나오던 도중에 신호가 빠진다거나 디지털 파형에 위배되는 잡음이 들어가면 불량이다.

㉣ 공급전압도 접지전압과 역시 마찬가지로 일정하게 나와 주어야 하며, 접지전압이 좀 더 위로 올라오거나 공급전압이 떨어진다면, 단품의 불량 또는 공급전압과 접지전압을 검사하여야 한다.

㉤ DOHC 차량 중 CAS의 슬릿판을 뒤집어서 꽂아넣었을 때는 차량의 간헐적 부조나 ECU가 점화를 엉뚱하게 제어를 하므로, 위의 정상 파형 위상과 틀리게 나올

경우에는 슬릿판의 뒤집힘을 의심해 볼 수 있다.

ⓗ CAS와 CMPS 모두 실린더 헤드에 장착되어 있는 타입이 아닌 CAS는 크랭크축, CMPS는 캠축에 장착되어 있는 타입은 간접적으로 타이밍벨트가 넘었는지 유무를 알 수 있다.

ⓢ 위와 같이 측정된 파형에서 CAS와 CMPS는 타이밍벨트에 의해 연결되어 있으므로 타이밍벨트가 한 칸 정도 넘게 되면 CAS와 CMPS의 위상이 틀어지게 된다.

(2) 마그네틱 방식 크랭크 각센서(Magnetic Type CAS)

① 측정방법 1

㉠ 채널 1번 프로브(+) : CAS(HI) 신호선에 연결, 채널 1번 프로브(-) : CAS(LOW) 신호선에 연결

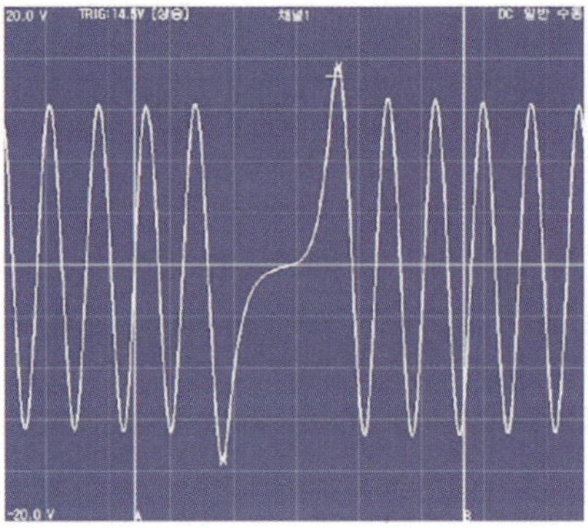

[그림 10-168] **인덕티브 방식 크랭크 각센서 파형**

㉡ 파형이 중간점의 위치가 항상 0V 위치에 와야 한다. 0V 위치에 오지 않은 것은 측정을 잘못하였을 경우 또는 센서의 단락 및 접지 불량으로 볼 수 있다.

㉢ 파형의 골과 산의 높이가 일정하여야 한다.

㉣ 파형의 골과 산중에 골에서 위로 상승되는 잡음과 산에서 아래로 떨어지는 잡음은 있어서는 안 된다.

㉤ 파형의 P-P 부분이 깨질 때 문제가 발생한다.

ⓐ 프로브를 잘못 연결하였을 경우

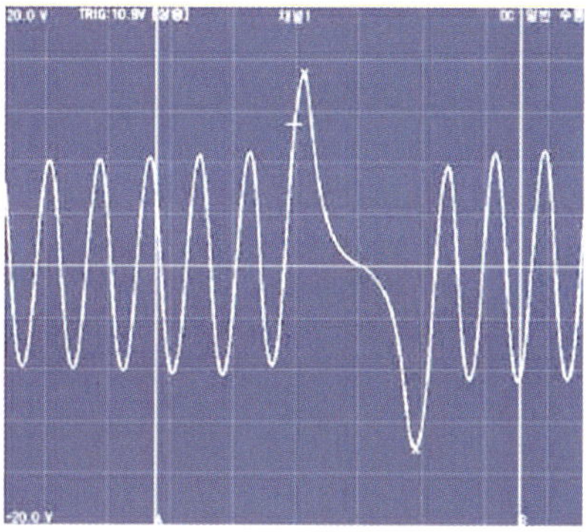

[그림 10-169] **테스터기의 채널 프로를 반대로 연결 시**

그림 1-169의 파형은 측정 시 테스터기 채널 프로브의 (+/-)를 서로 뒤바뀌어 측정하였을 때 나타나는 파형이다. 파형은 전혀 문제가 없으나 일반적으로 참조점이 위로 올라가게 측정을 하므로 측정 시에 파형이 위와 같이 측정되면 채널 프로브의 (+/-) 뒤집어서 측정하면 된다.

ⓑ 테스터기의 채널 프로프의 (-)를 배터리 (-) 연결 시

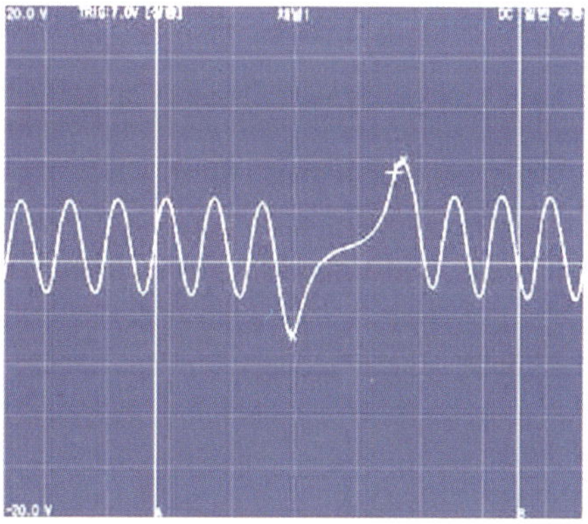

[그림 10-170] **테스터기의 채널 프로프의 (-)를 배터리 (-) 연결 시**

그림 10-170의 파형은 일반적인 센서 측정방법과 똑같이 채널 1번 프로브(+) : CAS (HI) 신호선에 연결, 채널 1번 프로브(-) : 배터리 (-)쪽에 연결 하였을 때 측정되는 파형이다. 이미 위의 글에서 설명한 것과 마찬가지로 위와 같이 측정하면 P-P값도 작아지고 파형의 중심점이 0V보다 높아져서 센서의 단락, 접지 등을 알 수가 없다.

② 측정방법 2

㉠ 채널 1번 프로브(+) : CAS(HI) 신호선에 연결, 채널 1번 프로브(-) : CAS(LOW) 신호선에 연결

㉡ 채널 2번 프로브(+) : CMPS 신호선에 연결, 채널 2번 프로브(-) : 배터리(-)에 연결

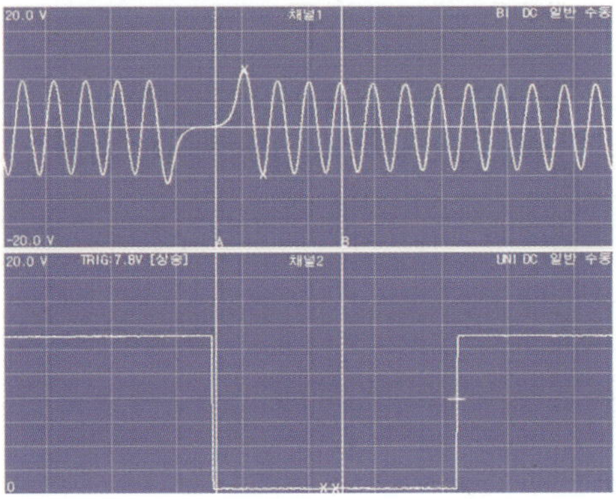

[그림 10-171] **공전 시 CAS, CMPS 파형**

㉢ 위의 파형은 크랭크축에 장착되어 있는 CAS와 캠축쪽에 장착되어 있는 CMPS의 신호 두 가지를 동시에 측정한 화면이다.

㉣ 위의 파형을 보는 관점은 크랭크축과 캠축과 타이밍벨트로 연결되어 있으므로 타이밍벨트가 한 칸 정도 넘게 되면 CAS와 CMPS 의 위상이 틀어지게 된다.

㉤ 타이밍벨트가 한 칸 넘게 되면 CAS의 산이 기존의 위상에서 약 3칸 정도 어긋난다.

(3) 홀센서(Hall Sensor) 방식 크랭크 각센서(CAS)

① 측정방법 1

㉠ 채널 1번 프로브(+) : CAS 신호선에 연결, 채널 1번 프로브(-) : 배터리 (-)에 연결

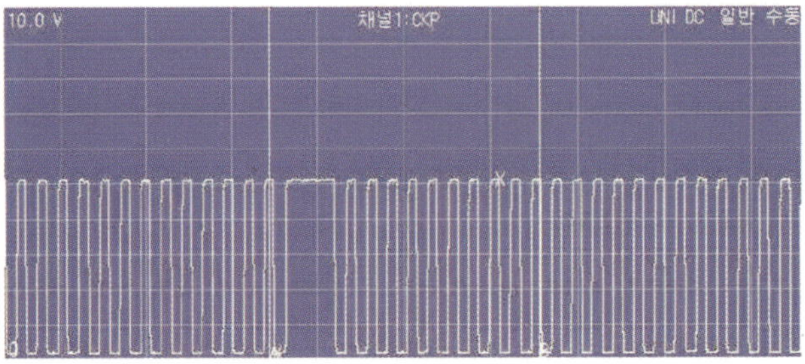

[그림 10-172] **홀 센서 방식 크랭크 각센서 파형**

㉡ 파형의 두께가 서로 일정하여야 한다. 일정하지 않으면 차량이 부조 또는 시동 꺼짐 등 기타 현상이 발생한다.

㉢ 가속 시 일정하게 5V-0V 일정하게 주기적으로 나와 주어야 정상이다. 나오던 도중에 신호가 빠진다거나 디지털 파형에 위배되는 잡음이 들어가면 불량이다.

㉣ 공급전압 및 접지전압 역시 일정하게 나와 주어야 하며, 접지전압이 좀 더 위로 올라오거나 공급전압이 떨어진다면, 단품의 불량 또는 공급전압과 접지전압을 검사하여야 한다.

② 측정방법 2

㉠ 채널 1번 프로브(+) : CAS 신호선에 연결, 채널 1번 프로브 (-) : 배터리 (-)에 연결

㉡ 채널 2번 프로브(+) : CMPS 신호선에 연결, 채널 2번 프로브 (-) : 배터리 (-)에 연결

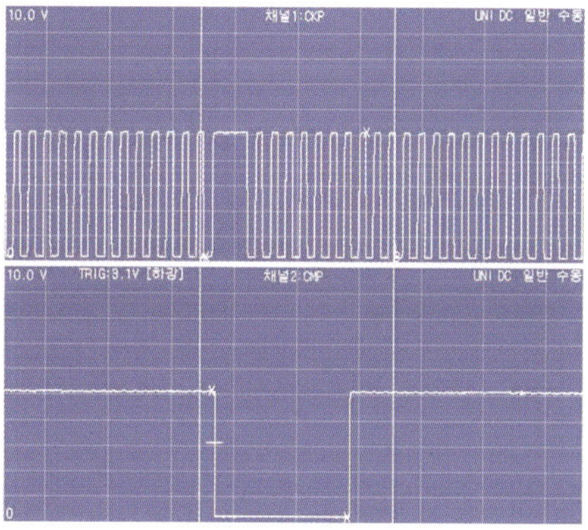

[그림 10-173] **홀 센서 방식 CKP, CMP파형**

㉢ 위의 파형은 크랭크축에 장착되어 있는 CAS와 캠축쪽에 장착되어 있는 CMPS의 신호 두 가지를 동시에 측정한 화면이다.

㉣ 위의 파형을 보는 관점은 크랭크축과 캠축과 타이밍벨트로 연결되어 있으므로 타이밍벨트가 한 칸 정도 넘게 되면 CAS와 CMPS의 위상이 틀어지게 된다.

[9] TDC센서 파형

(1) TDC센서 파형 점검방법

① TDC센서 커넥터에 1번 채널 프로브를 연결하고 엔진을 시동한다.

[그림 10-174] 프로브 설치

② 환경설정 화면에서 10.0V, Time은 150ms로 설정 후 창을 확장한다.
③ A, B커서를 넓게 하고 정지버튼을 클릭하여 파형을 정지한다.

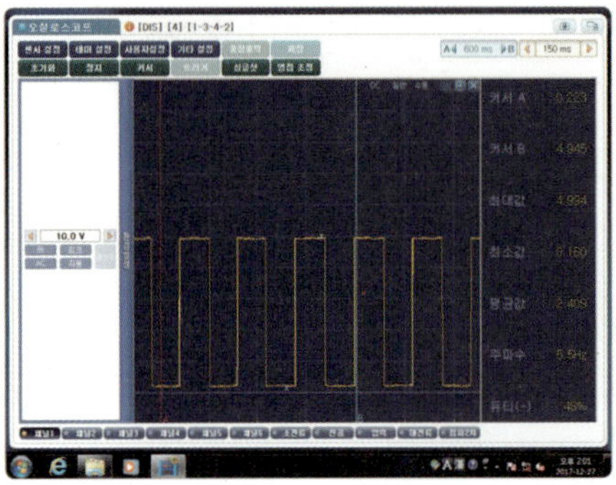

[그림 10-175] 환경설정에서 전압, Time 설정

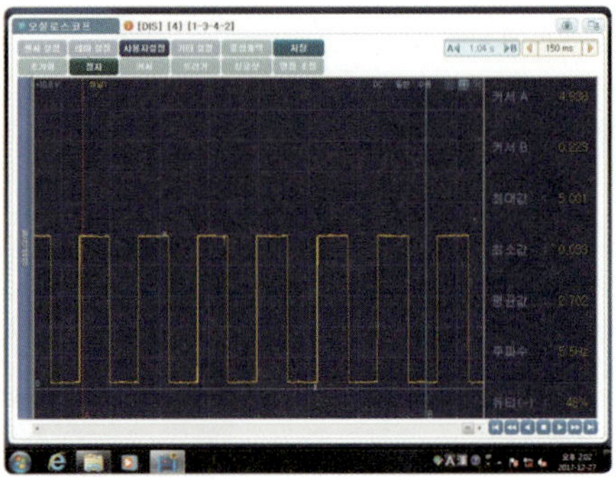

[그림 10-176] 커서 조정 후 파형 정지

④ 프린터를 클릭하여 선택영역을 선택한다.
⑤ 확인을 클릭하여 인쇄한다.

(2) TDC센서 파형분석

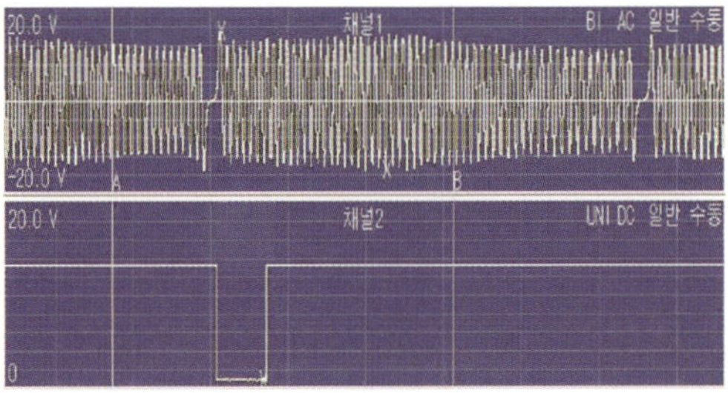

[그림 10-177] CKP 인덕티브 타입과 CMP 홀센서 타입 파형

CAS 인덕티브 타입과 CMPS 홀센서 타입을 동시에 측정한 파형이다. CAS 파형에서 돌기 2개가 빠진 참조점을 기준으로 하여 CMPS 파형이 측정되는 것을 볼 수 있다.

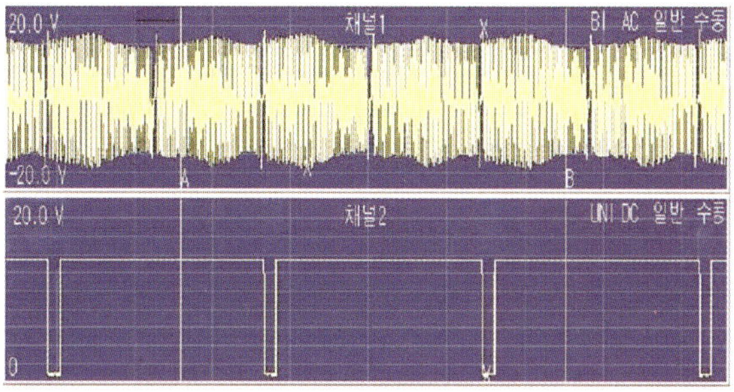

[그림 10-178] CKP, CMP 화면 확대 파형

파형을 좀 더 조밀하게 시간을 확대하여 본 것이다. 특징적인 것은 CAS의 참조점 마크가 두 번 나올 때 CMPS 파형이 한 번 나타나는 것을 볼 수 있다. 이는 크랭크축이 2회전을 하면 CAS 참조점 마크가 2번 나타나며, 이때 CMPS는 타이밍벨트에 의해 구동되면서 1회전을 하여 CMP 파형이 한 번 나온다.

① 가속 시 일정하게 5V-0V 일정하게 주기적으로 나와 주어야 정상이다. 나오던 도중에 신호가 빠진다거나 디지털 파형에 위배되는 잡음이 들어가면 불량이다.

② 공급전압 및 접지전압 역시 일정하게 나와 주어야 하며, 접지전압이 좀 더 위로 올라오거나 공급전압이 떨어진다면, 단품의 불량 또는 공급전압과 접지전압을 검사하여야 한다.

(3) 답안지 작성

① 최솟값 0.033V를 출력한 파형에 표시한다.

② 최댓값 5.001V를 출력한 파형에 표시한다.

③ 듀티 48%를 출력한 파형에 표시한다.

④ 판정 및 정비 조치사항

㉠ 차량마다 규정값이 다르므로 감독위원이 제시하는 규정값(예 : 최솟값 0~1.2V, 최댓값 4.8~5.5V, 듀티 45~55%)을 기준으로 판정한다.

㉡ 양호 판정 시 "측정값이 규정값 범위 내에 있으므로 양호함"으로 프린트한 파형 상단 또는 하단에 기록한다.

㉢ 불량 판정 시 "TDC 교환 후 재점검"으로 프린트한 파형 상단 또는 하단에 기록한다.

측정 항목	파형 상태	득점
파형 측정	요구사항 조건에 맞는 파형을 프린트하여 아래사항을 분석 후 뒷면에 첨부 ① 출력된 파형에 불량요소가 있는 경우에는 반드시 표기 및 설명되어야 함. ② 파형의 주요 특징에 대하여 표기 및 설명되어야 함.	

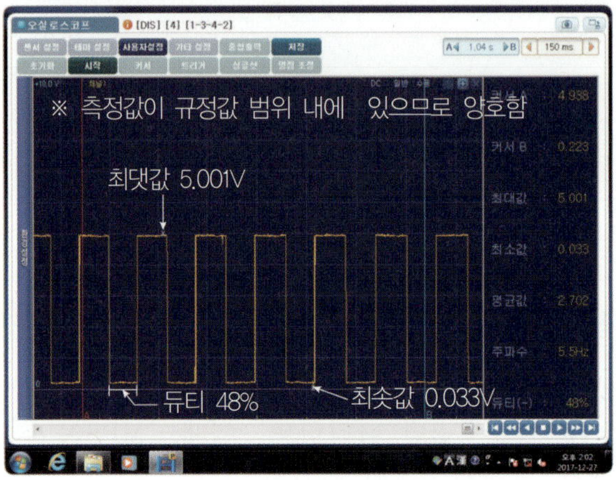

[그림 10-179] 답안지 작성

[10] TPS 파형

(1) TPS 파형 점검 및 분석

[그림 10-180] +적색 프로브 TPS 신호선에 연결

① 오실로스코프 CH1(+적색 프로브) : TPS 신호선에 연결, CH1(-흑색 프로브) : 배터리(-)에 연결한다(출력파형 점검).

② 시동 ON, 엔진을 워밍업한 후 공회전을 유지시킨다.

③ 가속페달을 끝까지 완만하게 밟았다 놓는다.

④ 먼저 아날로그 신호는 가·감속 등 가변시켰을 때 아래와 같은 부분을 확인해 보

아야 한다.

⑤ 출력전압이 급변하거나 끊이지 않고 전압의 상승·하강 곡선을 잘 그리는가?

⑥ 급가속 이후의 반응이 느리지는 않는가?

⑦ 가변도중 크게 패인 부분이 있는가?

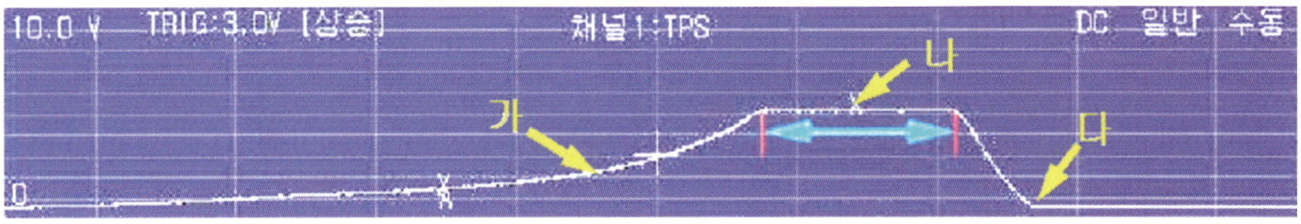

[그림 10-181] TPS 출력 파형

항목	가 부분(가속)	나 부분	다 부분
TPS 파형	가속페달을 밟음에 따라 완만한 상승파형이 나타나야 한다.	노이즈(noise) 발생이 없어야 한다.	스로틀밸브가 닫힐 때 채터링(chattering) 현상이 없어야 한다.
출력전압	급가속 High 구간 전압이 현저히 높은 경우	센서접지전압이 0.1V 이상 시 접지불량 확인 접지정상 시 센서단품 확인	평균값이 현저한 차이가 있을 경우 급가속 구간의 TPS 참고하여 검사진행
	급가속 High 구간 전압이 현저히 낮은 경우	가속페달 케이블 느슨함 확인 TPS 본선의 단선, 단락 확인TPS 출력선 확인(ECU에서 TPS 출력선까지)	

아날로그 입력신호이기 때문에 위의 파형에서 사소한 잡음(대단히 짧은 시간을 갖는 파형)은 ECU의 연산에 영향을 주지 않으므로 무시해도 관계없다. 하지만 잡음 시간이 길면(약 20ms 이상) ECU는 잡음이 아니라 가변된 것으로 판단하여 그 신호에 맞는 제어를 행하기 때문에 패인부분이 있어서는 안 된다.

(2) ETC 파형 점검 및 분석

① 채널 1번 프로브(+) : TPS2(4번 단자)에 연결, 채널 1번 프로브(-) : 배터리 (-)에 연결

② 채널 2 번 프로브(+) : TPS1(6번 단자)에 연결, 채널 2번 프로브(-) : 배터리(-)에 연결

③ 아날로그신호는 가·감속 등 가변시켰을 때 다음과 같은 부분을 확인해 보아야 한다.

④ 출력전압이 급변하거나 끊어지지 않고 전압의 상승·하강 곡선을 잘 그리는가?

⑤ 급가속 이후의 반응이 느리지는 않는가?

⑥ 가변 도중 크게 패인 부분이 있는가? 아날로그 입력신호이기 때문에 파형에서 사소한 잡음(대단히 짧은 시간을 갖는 파형)은 ECU의 연산에 영향을 주지 않으므로 무시해도 관계없다. 하지만 잡음시간이 길면(약 20ms 이상) ECU는 잡음이 아니라 가변된 것으로 판단하여 그 신호에 맞는 제어를 행하기 때문에 패인 부분이 있어서는 안 된다.

⑦ TPS 1(ETS ECU로 데이터를 보냄 MAIN) : 목표 스로틀 개도 피드백 제어, 모터 구동 보정, TPS 1 전폐, 전개전압 학습, TPS 1 고장 판정, 전폐 시 전압은 0.3~1.0V, 전개 시 전압은 4.0~5.5V

⑧ TPS 2(엔진 ECU로 데이터를 보냄. SUBE) : TPS 2 전폐, 전개전압 학습, TPS 2 고장 판정, TPS1 고장 시 보정 신호로 사용, 전폐 시 전압은 4.2~4.8V, 전개 시 전압은 0.3~0.9V.

⑨ TPS 1과 TPS 2 전압 차이는 TPS1 – (5V – TPS2) = 1V 이하일 것.

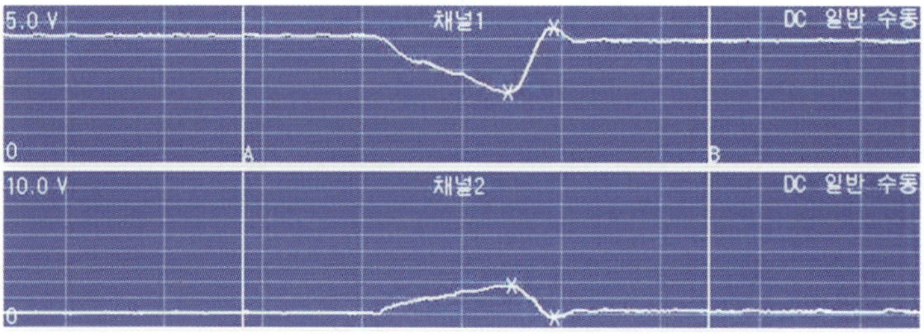

[그림 10-182] TPS 1, 2 출력전압 파형

[11] 수온센서 파형

(1) 수온센서 파형 점검 및 분석

① 오실로스코프 CH1(+적색 프로브) : WTS 출력선에 연결, CH1(–흑색 프로브) : 배터리 (–)에 연결한다(출력파형 점검).

② IG ON 상태에서 출력 파형을 점검한다. 냉각수의 온도는 짧은 시간에 큰 변화가 없으므로 비교적 긴 시간동안 파형을 점검하는 것이 요구된다. 그림 10-183은 상온(常溫)에서 엔진을 시험할 때 냉각수온센서의 출력을 측정한 것이다.

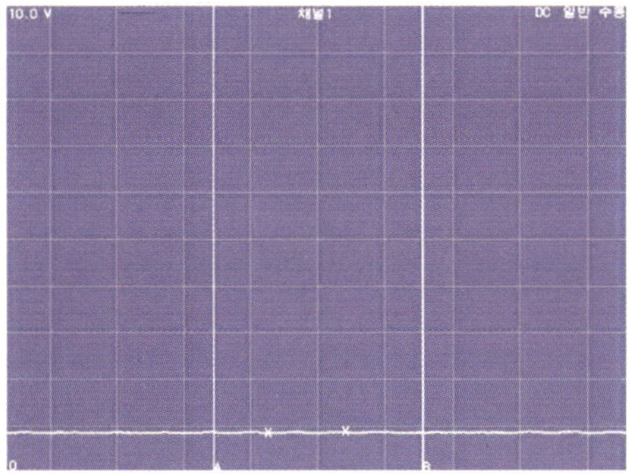

[그림 10-183] **엔진 워밍업 후 WTS 출력파형**

(2) 수온센서 파형분석

① 엔진이 워밍업된 상태이므로 냉각수온센서는 부특성 서미스터이므로 엔진 온도가 뜨거우면 저항값이 작아져서 출력되는 전압값은 내려간다. 현재 약 0.8V 정도를 유지하고 있는 것으로 보아 현재 냉각수온은 정상적이라 볼 수가 있다.

② 냉각수온센서는 냉간 시 약 4V 이상이 측정되며, 온간 시 1V 이하로 측정되어야 한다.

③ 출력전압이 급변하거나 끊이지 않는지 확인한다.

④ 가변도중 크게 패인 부분이 있는가?

⑤ 아날로그 입력신호이기 때문에 위의 파형에서 사소한 잡음(대단히 짧은 시간을 갖는 파형)은 ECU의 연산에 영향을 주지 않으므로 무시해도 관계없다.

⑥ 잡음시간이 길면(약 20ms 이상) ECU는 잡음이 아니라 가변된 것으로 판단하여 그 신호에 맞는 제어를 행하기 때문에 패인 부분이 있어서는 안 된다.

[12] ATS 파형

(1) ATS 파형 점검방법

① 오실로스코프 CH1(+적색 프로브) : ATS 출력선에 연결, CH1(-흑색 프로브) : 배터리(-)에 연결한다(출력 파형 점검).

② IG ON 상태에서 출력 파형을 점검한다.

(2) 분석방법

그림 10-184(a)에서 A 부분은 온도가 낮은 경우이며, B 부분은 온도가 상승함에 따라 출력 전압이 낮아지고 있음을 나타낸다. C 부분은 흡기온도가 높은 경우를 나타낸

다. 흡입공기의 온도는 짧은 시간에 큰 변화가 없으므로 비교적 긴 시간동안 파형을 점검하는 것이 요구된다.

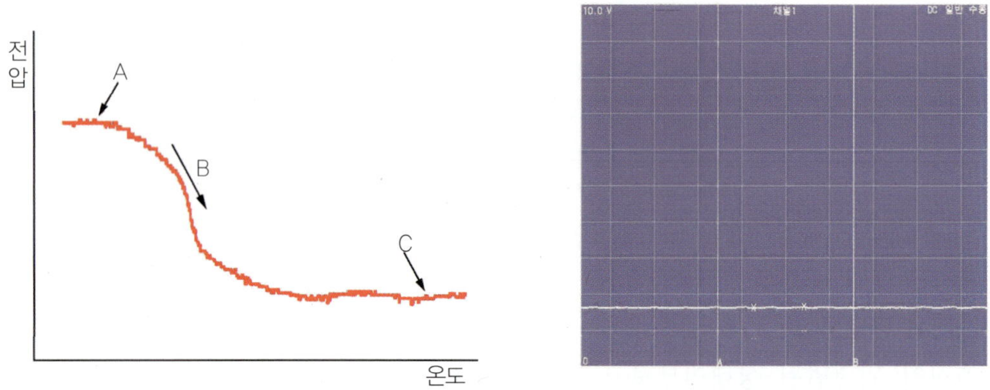

(a) 흡기온도센서 출력 파형 분석　　　(b) 엔진 워밍업 후 흡기온도센서의 출력 파형 예

[그림 10-184] **흡기온도센서 출력 파형 분석**

① 그림 10-184(b)는 엔진이 워밍업이 된 상태이므로 흡기온센서는 부특성 서미스터이므로 엔진 온도가 뜨거우면 저항값이 작아져서 출력되는 전압값은 내려간다. 현재 약 1.6V 정도를 유지하고 있는 것으로 보아 현재 흡기온은 정상적이라 볼 수가 있다.

② 온도가 높으면 전압이 낮고 온도가 낮으면 전압이 높아야 한다.

③ 출력전압이 급변하거나 끊이지 않고 전압이 온도에 따라서 일정하게 유지되어야 한다.

④ 가변도중 크게 패인 부분이 있는가?

⑤ 아날로그 입력신호이기 때문에 위의 파형에서 사소한 잡음(대단히 짧은 시간을 갖는 파형)은 ECU의 연산에 영향을 주지 않으므로 무시해도 관계없다.

⑥ 잡음시간이 길면(약 20ms 이상) ECU는 잡음이 아니라 가변된 것으로 판단하여 그 신호에 맞는 제어를 행하기 때문에 패인 부분이 있어서는 안 된다.

⑦ 파형측정기로부터는 출력신호의 시간에 따른 변화를 관찰하며, 순간적인 단선 또는 단락 현상을 점검한다.

Chapter

11

LPI엔진 정비

01 LPI장치 교환

1.1 연료필터 교환

불순물로 인하여 연료필터를 정기적으로 교환해 주지 않고 장시간 운행 시 연료장치의 구성부품 연료펌프, 인젝터, 연료압력조절기 등이 막힘 또는 마모 등으로 인하여 기능이 저하 될 수 있다. LPI 연료필터의 교환주기는 매 6만km이며 정기적으로 교환해야 한다.

주의사항으로 연료필터 및 호스류 작업 시는 반드시 주위를 환기시킨 다음(밀폐된 공간에서 작업불가) 주위에 인화물질(불꽃이나 화기 등)이 없도록 주의한다. 연료필터 장착 시 반드시 연료 입구측과 출구측 방향이 바뀌지 않도록 주의한다. 장착 방향이 바뀌면 연료 필터링이 이루어지지 않는다. LPI 연료필터 교환방법은 다음과 같다.

[1] LF소나타 LPG 연료필터 교체

① 연료라인 잔류압력을 제거한다. 엔진시동을 건 후 LPG 스위치를 OFF시키고 연료라인 내의 연료가 모두 소진되어 저절로 멈추면 점화 스위치를 OFF한다.

[그림 11-1] LPG 스위치

② 엔진 정지 후 서비스커버를 탈거하고 봄베의 수동밸브(빨간색 밸브)를 밸브 원래 위치를 표시해 두고, 시계방향으로 완전히 닫아서 연료공급 라인을 차단한다.

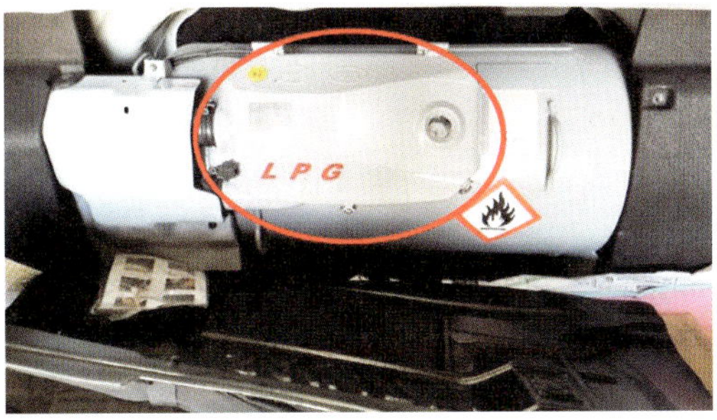

[그림 11-2] **봄베 서비스 커버 탈거**

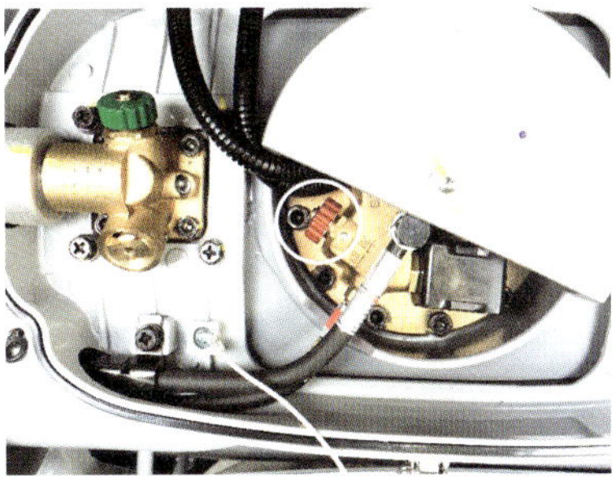

[그림 11-3] **봄베 수동밸브**

③ 배터리 (–)케이블을 탈거한다.

④ 리프트를 이용하여 차량을 들어올린다. 연료필터 어셈블리가 차체 하부에 있다.

[그림 11-4] **LPI 연료필터**

⑤ 연료공급 튜브를 연료필터로 분리한다. 스패너로 연료공급 튜브를 살짝 풀고 천을 덮어주어 잔류가스가 제거될 때까지 기다린다.

⑥ 브래킷 장착 볼트 2개를 탈거하고 연료필터를 차체와 분리한다.

⑦ 필터를 브래킷으로부터 분리한다.

[그림 11-5] **연료필터 탈거**

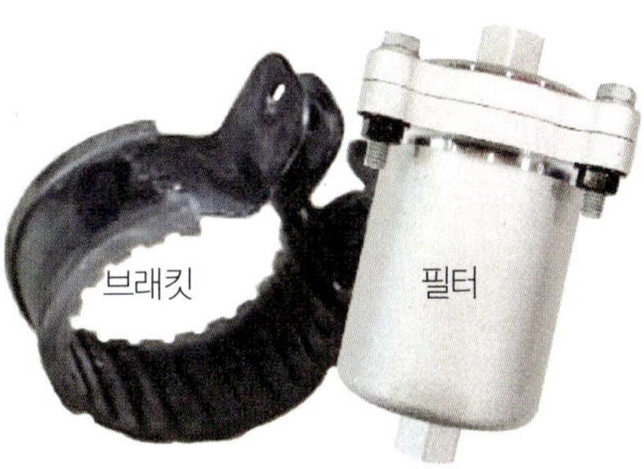

[그림 11-6] **필터를 브래킷으로 분리**

⑧ 필터 카트리지 체결 볼트를 탈거한다. 케이스에 있는 가루도 청소하고 개스킷 접촉면도 잘 닦아준다.

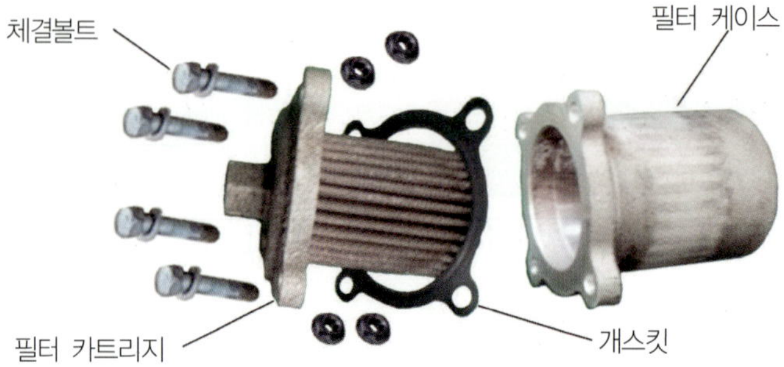

[그림 11-7] **체결 볼트 탈거**

⑨ 신품 개스킷을 장착한다. 개스킷은 방향성이 있다. 개스킷 장착 방향에 주의해서 조립한다.

[그림 11-8] **신품 필터 카트리지**

⑩ 신품 필터 카트리지를 장착한다.

⑪ 연료필터 어셈블리를 차량에 장착하고 연료라인을 연결한다. 연료필터 어셈블리 장착 시 입력측과 출력측 방향이 바뀌지 않도록 주의해야 한다. 반대로 장착하면 연료필터의 기능을 할 수 없다.

⑫ 배터리 (-)케이블을 연결한다.

⑬ 봄베의 수동밸브를 표시한 곳까지 열고 LPG 스위치를 ON시키고 엔진시동을 걸면 몇 번 크랭킹 해야 걸린다. 시동이 걸리면 연료필터 연결파이프와 개스킷에서 가스 누출이 있나 비눗물로 묻혀본다.

[그림 11-9] **비눗물 검사**

[2] SM520 LPG 연료필터 교체(봄베)

① 연료라인 잔류압력을 제거한다. 엔진시동을 건 후 LPG 스위치를 OFF시키고 연료라인 내의 연료가 모두 소진되어 시동이 꺼지면 점화 스위치를 OFF한다.

② 기상밸브, 액상밸브, 충진밸브 3개 모두 잠근다. 원래 위치를 볼펜으로 표시해 둔다.

③ 고리를 풀면 10mm 볼트 4개를 탈거하여 서비스 커버를 탈거한다.

④ 연료필터 8mm 볼트 8개를 풀어준다. 오른쪽이 기체연료 필터이고, 왼쪽이 액체연료 필터인데, 액체연료 필터쪽 볼트를 살짝 풀면 LPG 연료가 막 나온다. 연료가 다 나오면 볼트를 마저 풀어 준다.

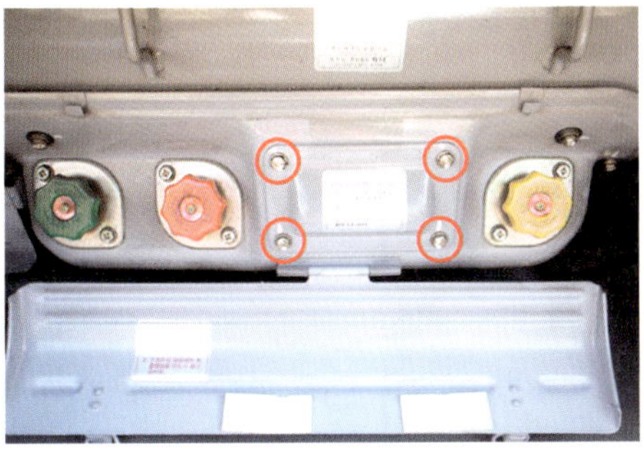

[그림 11-10] **서비스 커버 탈거**

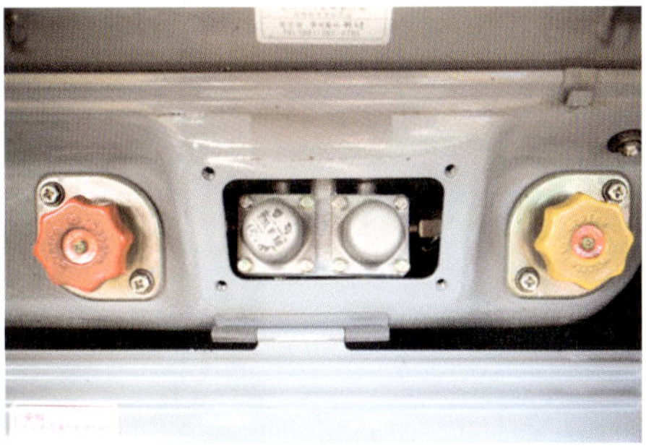

[그림 11-11] **연료필터**

⑤ 손으로 필터를 탈거한다.

⑥ 신품 오링으로 교체한다.

⑦ 신품 필터를 손으로 눌러서 잘 결합한다.

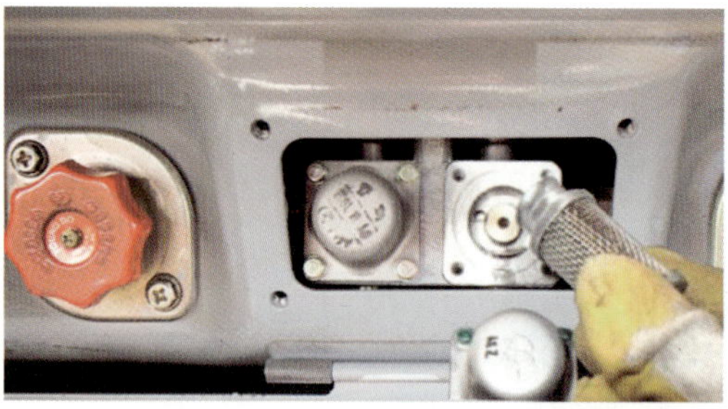

[그림 11-12] **필터 탈거**

[그림 11-13] **필터 조립**

⑧ 역순으로 조립한다. 볼트는 규정토크로 조인다.
⑨ 기상밸브, 액상밸브, 충진밸브 3개 모두 표시해둔 곳까지 풀고, 운전석에 LPG 스위치 ON 누르고 시동을 걸면 몇 번 크랭킹해야 걸린다.
⑩ 시동이 걸리면 비눗물로 연료라인 연결부와 개스킷 접촉면의 가스 누출을 확인한다.

1.2 LPI 인젝터 교환

① 엔진커버를 탈거한다.

[그림 11-14] **인젝터 설치상태**

② 연료라인 잔류압력을 제거한다. 엔진시동을 건 후 LPG 스위치를 OFF시키고 연료라인 내의 연료가 모두 소진되어 저절로 멈추면 점화 스위치를 OFF한다.
③ 봄베밸브를 잠근다.
④ 배터리 ⊖단자를 탈거한다.
⑤ 클립을 눌러 인젝터 커넥터를 탈거한다.

[그림 11-15] 커넥터 탈거

⑥ 인젝터 커넥터 단자 밑에 동그란 링을 돌려 풀어준다.

[그림 11-16] 링을 돌린다

⑦ 인젝터를 탈거한다. 인젝터 탈거장비가 따로 있으나 바이스프라이어로 탈거해도 된다.
⑧ 신품 인젝터에 윤활제를 발라주고 힘으로 누른 뒤 고리를 돌려서 잠근다.
⑨ 신품 인젝터에 커넥터를 연결한다.
⑩ 봄베밸브를 열고, 배터리 ⊖단자에 연결하고, LPG 스위치 ON시킨 후 시동을 걸어준다.
⑪ 비눗물을 이용하여 가스 누설 여부를 확인한다.

02 LPI 점검 · 정비

2.1 LPG 메인 듀티 솔레노이드 파형 점검

[1] 측정방법

① CH1 프로브(+), 적색 멀티 플러그를 메인 듀티 솔레노이드 제어선에 연결

② CH1 프로브(-), 흑색 멀티 플러그를 배터리 (-)에 연결

③ 시동을 건 후 파형을 판독한다.

[2] 파형 분석

① E구간은 솔레노이드밸브 "OFF"구간이며, F구간은 "ON"구간이다. F구간은 D구간에 대한 작동 듀티율이며, 엔진의 운전상태에 따라 듀티율이 변한다.

② A의 서지전압은 50V 이상(현대, 기아차량) 출력되어야 한다.

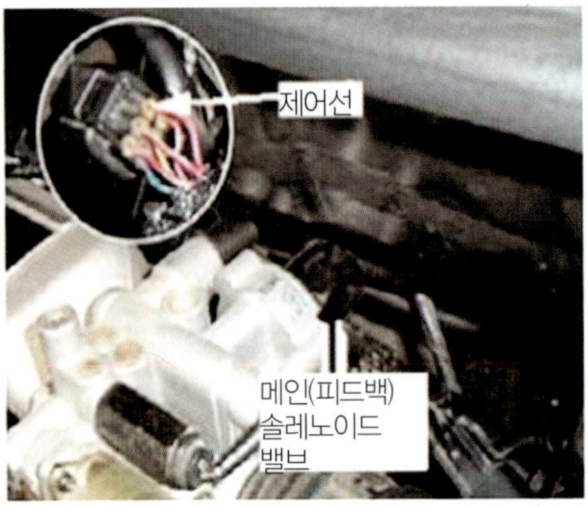

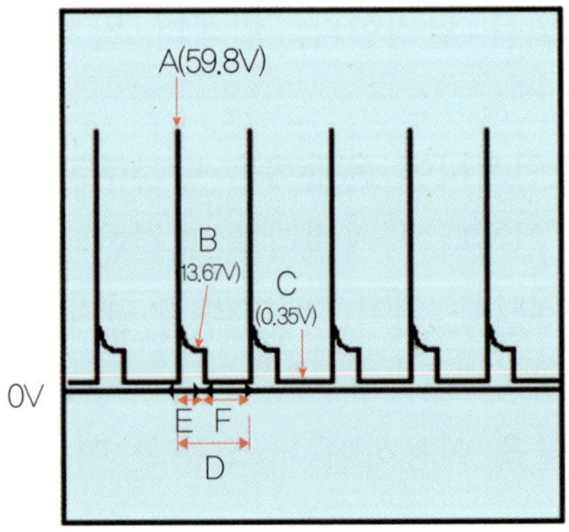

[그림 11-17] LPG 메인 피드백 솔레노이드 및 파형

③ B전압은 발전기 전압 13.2~14.8V가 출력되어야 한다.

④ F의 듀티 비율은 공전 시 50±10%가 출력되어야 한다.

⑤ C전압은 1V 이하로 출력되어야 한다.

[3] 불량 파형 시 분석

① 듀티값이 기준과 현저하게 차이나면 산소센서, WTS, MAP, TPS 등 ECU 입력계를 확인한다.

② 전기적 특성이 모두 정상 시 기계적 고착 여부를 확인하여 단품 분리 후 육안으로 점검하여 청소한다.

2.2. LPI 가스압력센서

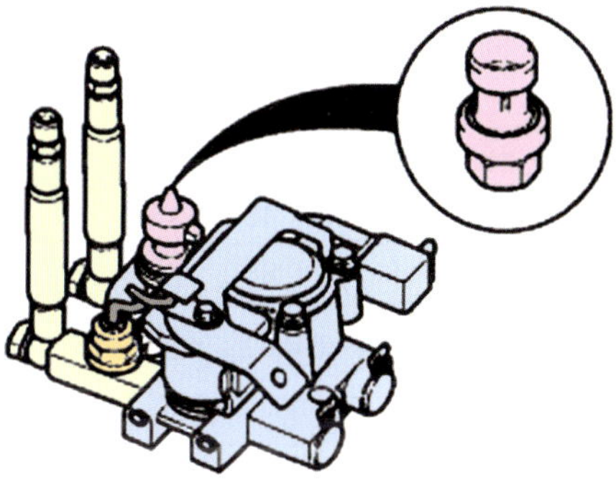

[그림 11-18] 가스압력센서의 설치 위치

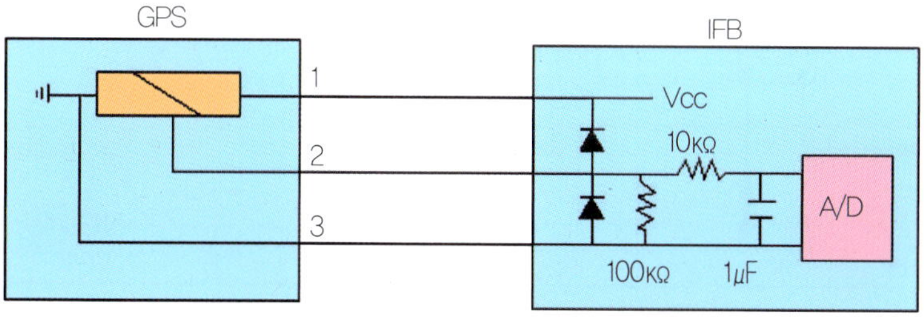

[그림 11-19] 가스압력센서의 회로도

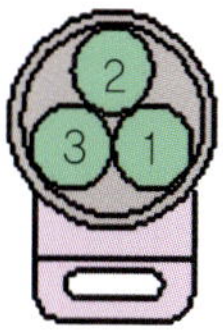

단 자	연 결	기 능
1	IFB단자 B-B2	센서 전원공급(+5V)
2	IFB단자 B-B3	GPS출력신호
3	IFB단자 B-B4	센서접지

[그림 11-20] 가스압력센서의 하니스 커넥터

[1] 가스압력센서의 특성

항 목	특 성	비 고
작동압력 범위	0~15kgf/cm^2, 0~1.47Mpa	최대 허용압력 30kgf/cm^2
작동온도 범위	-30~130℃	
출력전압	0.2~4.8V	입력전압 : 5V 기준
입력전압	4.5~5.5V	

[2] 가스압력센서의 출력 특성

작용압력(게이지압력)		출력전압	
kgf/cm^2	Mpa	Vout/Vin[%]	Vout[V]
1.00	0.098	10.13	0.507
5.00	0.490	34.67	1.733
10.00	0.981	65.33	3.267
14.00	1.373	89.86	4.493
15.00	1.471	96.00	4.800

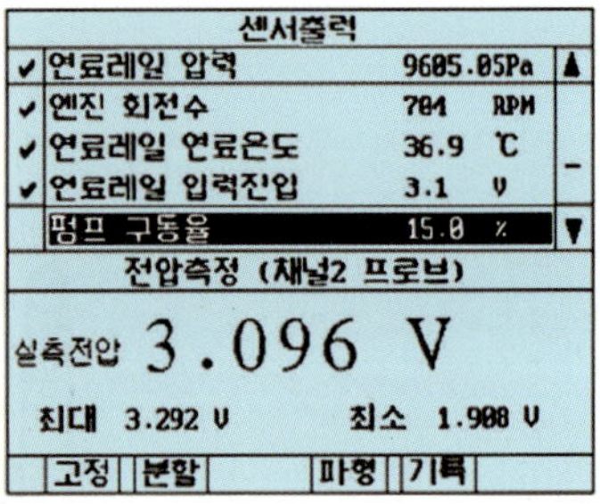

[그림 11-21] 실제 차량 측정 데이터(공전)

[3] 가스압력센서 하니스 점검방법

1 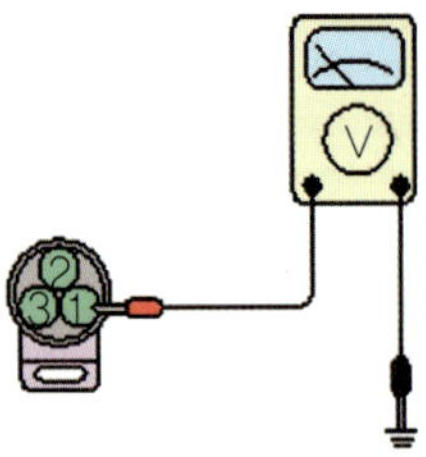 하니스 커넥터	센서공급 전압측정 • 센서 커넥터 : 분리 • IFB 커넥터 : 연결 • 점화 스위치 : ON • 전압(V) : 4.8~5.2V OK ⇨ NG ⇨	2 하니스 수리
2 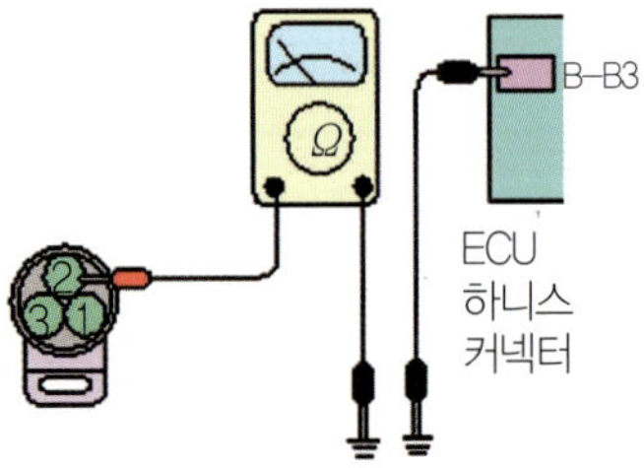 하니스 커넥터	ECU와 가스압력측정센서(GPS)사이의 단선, 단락점검 • 산소센서 커넥터 : 분리 • IFB 커넥터 : 분리 OK ⇨ NG ⇨	3 하니스 수리

점검	내용	판정	조치
3 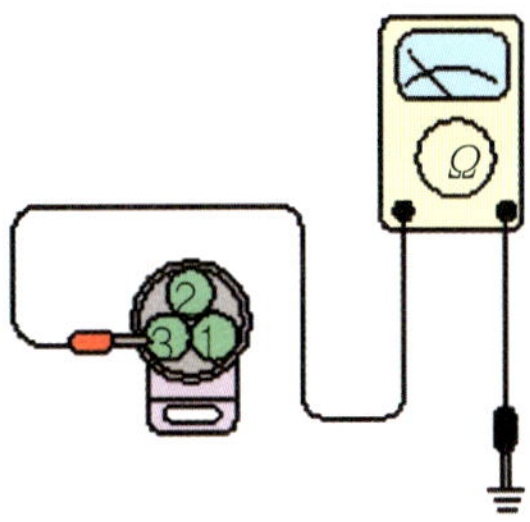	접지회로의 통전성 점검 • 센서 커넥터 : 분리	OK ⇨ NG ⇨	END ! 하니스 수리

[그림 11-22] **가스압력센서 하니스 점검방법**

2.3 LPI 가스온도센서

[그림 11-23] **가스온도센서 설치 위치**

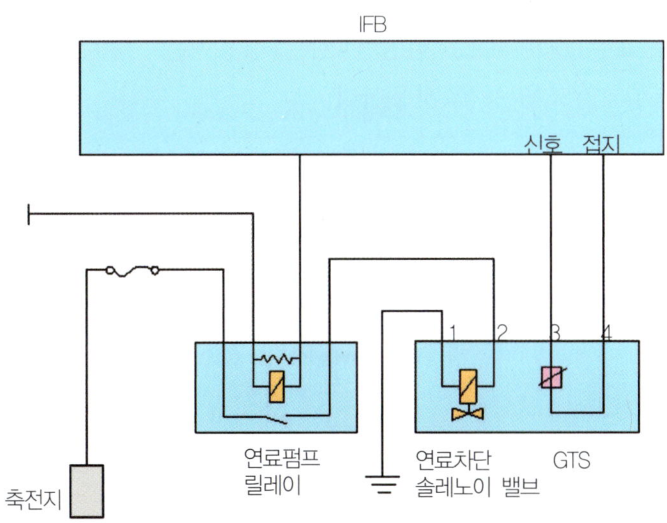

[그림 11-24] **가스온도센서 회로도**

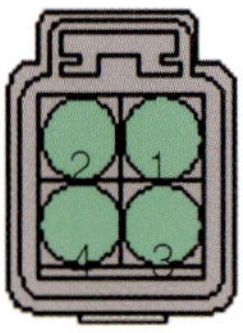

단 자	연 결	기 능
1	섀시접지	밸브접지
2	연료펌프 릴레이	밸브전원공급(B+)
3	IFB 단자 A-A3	GPS 출력신호
4	IFB 단자 A-B2	센서접지

[그림 11-25] 가스온도센서 하니스 커넥터

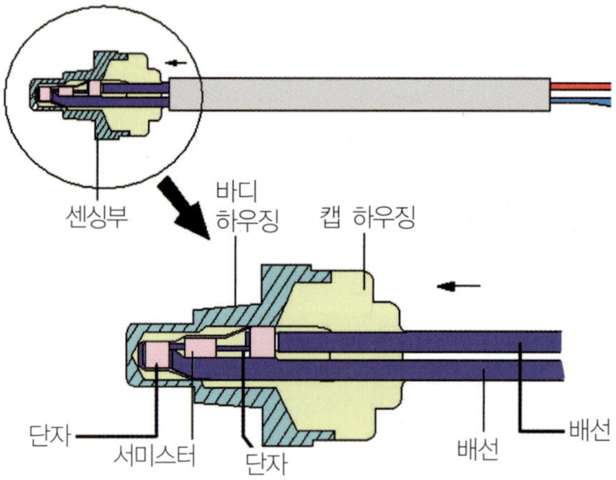

[그림 11-26] 가스온도센서의 구조

[1] 가스온도센서 저항값 측정방법

균일하게 온도를 유지한 측정용액 속에 가스온도센서 육각 부분의 1/3을 담근 후 센서의 검출 부분의 온도가 충분하게 안정되면 멀티테스터(디지털)로 센서 단자 사이의 저항값을 측정하여 표준값과 비교, 점검한다. 측정용액은 −30∼0℃의 알코올, 0∼130℃의 물, 실리콘오일, 알코올 등을 사용한다.

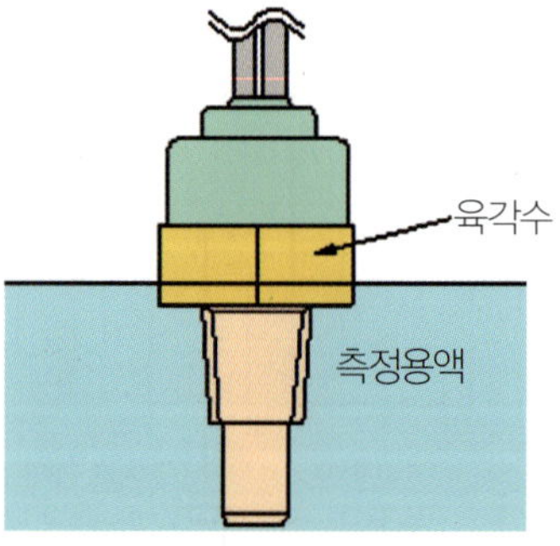

[그림 11-27] 가스온도센서 점검방법

[2] 가스온도센서 응답성능 측정방법

응답성능 측정방법은 저항값 측정방법으로 정상으로 판명된 센서를 대상으로 하며, 점검방법은 다음과 같다.

① 25℃와 80℃의 일정한 온도의 액체통 2개를 준비한다.

② 25℃ 일정한 온도의 액체통에 센서 육각 부분의 1/3을 담가 충분히 안정시킨다.

③ 가스온도센서를 80℃ 항온 액체통으로 신속하게(3초 이내) 이동한다.

④ 60℃까지 상승하는 시간이 15초 이내인지를 측정한다.

[표 11-1] 가스온도센서 주요 특성

항 목	특 성	비 고
검출온도 범위	-30~130℃	보관온도 : -40~140℃
정격전압	5.0V	
조임 토크	1.2~1.8kgf·m	
절연저항	100MΩ	

[표 11-2] 가스온도센서 저항 특성

온도(℃)	저항값(kΩ)	온도(℃)	저항값(kΩ)
-30	118.50	50	3.81
-20	73.65	60	2.51~2.83
-10	38.78~30.78	70	1.90
0	27.72~30.78	80	1.28~1.48
10	18.81	90	1.02
20	12.29	100	0.76
25	9.7~10.3	110	0.57
30	8.17	120	0.44
40	5.29~5.77	130	0.34

[3] 가스온도센서 하니스 점검방법

1 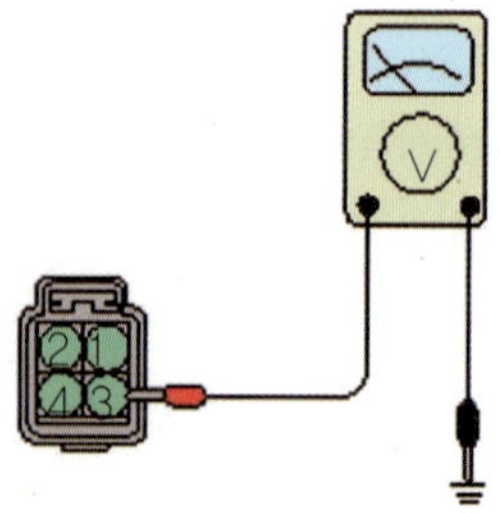 하니스 커넥터	센서공급 전압측정 • 센서 커넥터 : 분리 • IFB 커넥터 : 연결 • 점화 스위치 : ON • 전압(V) : 4.8~5.2V	OK ⇨ NG ⇨	2 하니스 수리
2 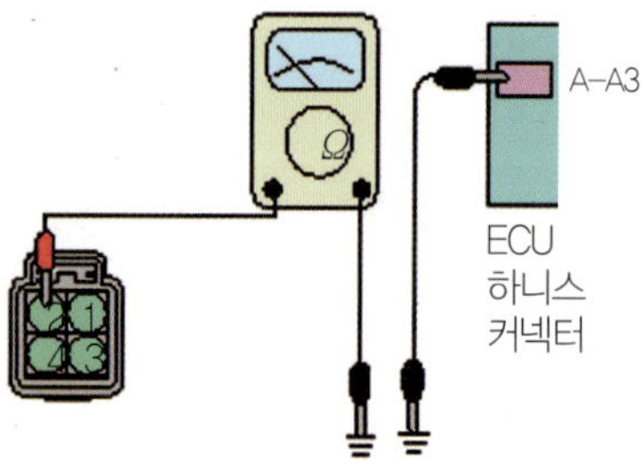 하니스 커넥터	ECU와 가스온도측정센서(GTS)사이의 단선, 단락 점검 • 센서 커넥터 : 분리 • IFB 커넥터 : 분리	OK ⇨ NG ⇨	3 하니스 수리
3 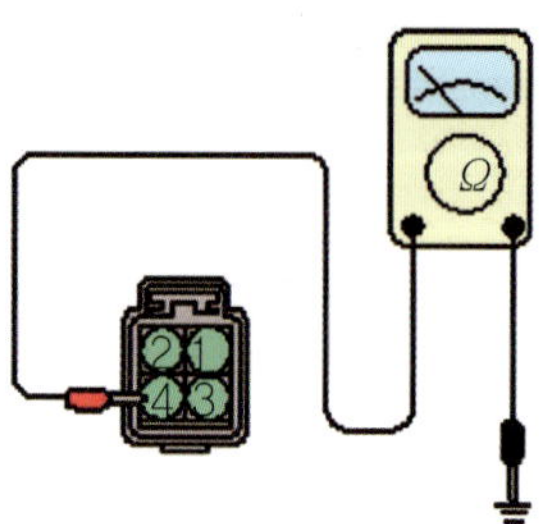 하니스 커넥터	접지회로의 통전성 점검 • 센서 커넥터 : 분리	OK ⇨ NG ⇨	END ! 하니스 수리

[그림 11-28] 가스온도센서 하니스 점검방법

2.4 LPI LPG 공급차단 솔레노이드밸브

[그림 11-29] LPG 공급차단 솔레노이드밸브 설치 위치

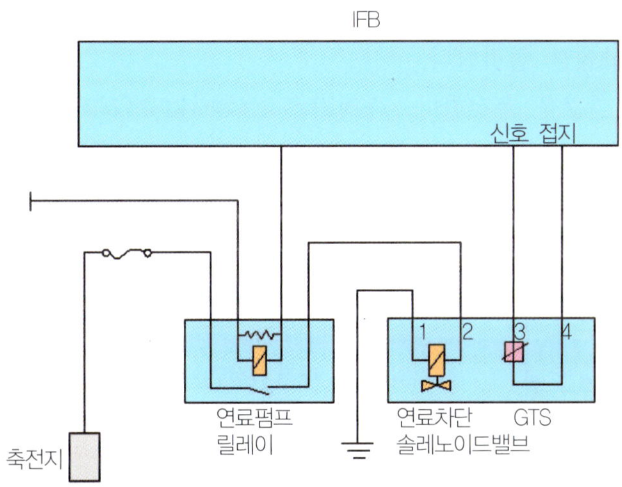

[그림 11-30] LPG 공급차단 솔레노이드밸브 회로도

단 자	연 결	기 능
1	섀시접지	밸브접지
2	연료펌프 릴레이	밸브전원 공급(B+)
3	IFB단자 A-A3	GTS 출력신호
4	IFB단자 A-B2	센서접지

[그림 11-31] LPG 공급차단 솔레노이드밸브 하니스 커넥터

[표 11-3] LPG 공급차단 솔레노이드밸브 주요 특성

항 목	특 성	비 고
코일저항	13.3～14.7Ω(23℃에서)	
정격전압	직류 12V	최저 작동전압 2V 이상
정격전류	직류 12V에서 850±10% mA	
절연저항	직류 500V에서 1MΩ 이상	
최대 작동압력	상온 12V 이상에서 20kgf/cm^2	
작동온도 범위	-30～130℃	
조임 토크	0.4～0.6kgf·m	

[1] LPG 공급차단 솔레노이드밸브 점검방법

① 축전지 공급라인과 접지라인의 단선, 단락을 점검한다.

② 축전지전압을 인가하여 작동소리가 들리는지 점검한다.

③ 플런저의 오염상태를 점검한다.

④ 단자 사이의 저항값을 측정한다. 규정값은 13.3～14.7Ω(23℃에서)이다.

⑤ 하니스 점검방법

1 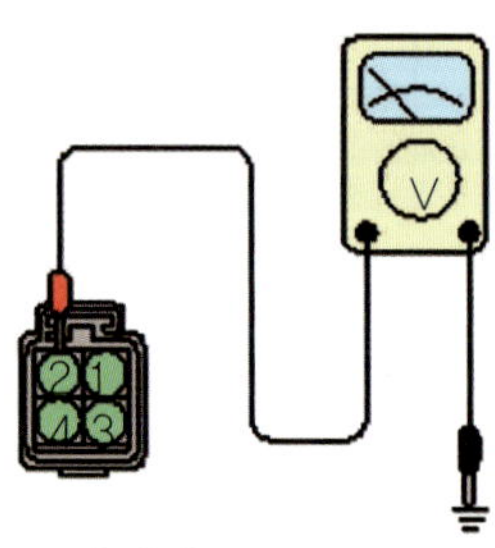 하니스 커넥터	센서공급 전압측정 • 센서 커넥터 : 분리 • 점화 스위치 : ON • 전압(V) : 배터리전압	OK ⇨ NG ⇨	2 하니스 수리
2 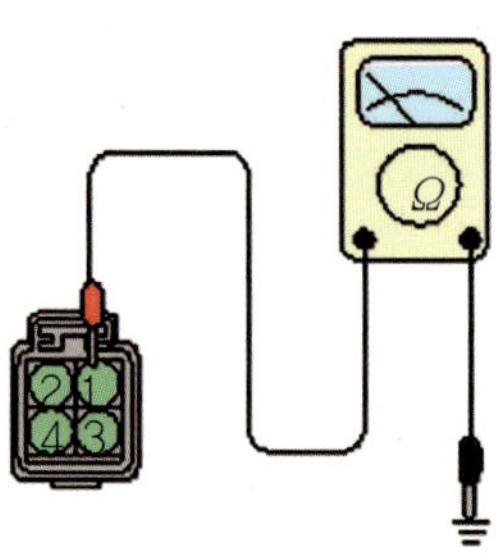 하니스 커넥터	접지회로의 통전성 점검 • 밸브 커넥터 : 분리	OK ⇨ NG ⇨	END 하니스 수리

[그림 11-32] LPG 공급차단 솔레노이드밸브 점검방법

2.5 LPI, LPG공급펌프 구동장치

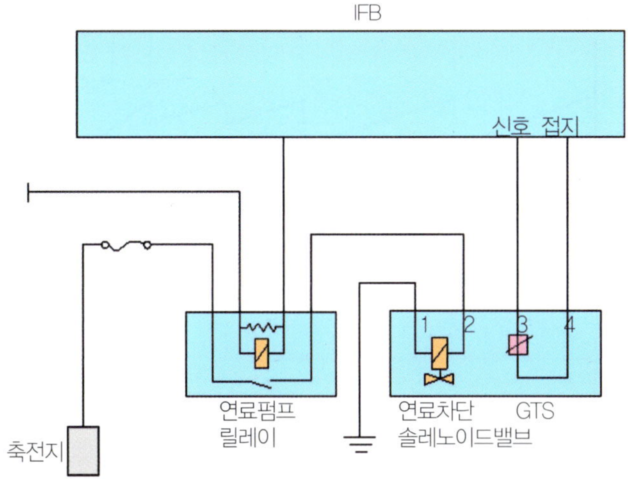

[그림 11-33] LPG 공급펌프 구동장치 회로도

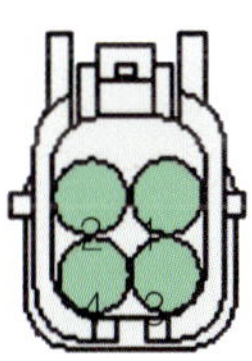

단 자	연 결	기 능
1	섀시접지	접지
2	IFB단자 A-F2	모터 구동신호
3	연료펌프 릴레이	전원공급(B+)
4	IFB단자 A-D4	진단라인

[그림 11-34] LPG 공급펌프 구동장치 하니스 커넥터

[1] LPG 공급펌프 구동장치 자기진단

LPG 공급펌프 구동장치에서는 펌프의 정상구동 여부를 IFB로 피드백하는데, 펌프가 정상적으로 구동될 때 5Hz(200ms/pulse)의 PWM 신호가 출력되고, 비정상일 경우에는 10Hz(100ms/pulse)의 PWM 신호가 출력된다. LPG 공급펌프 구동장치가 고장 나면 0V가 검출될 수 있다.

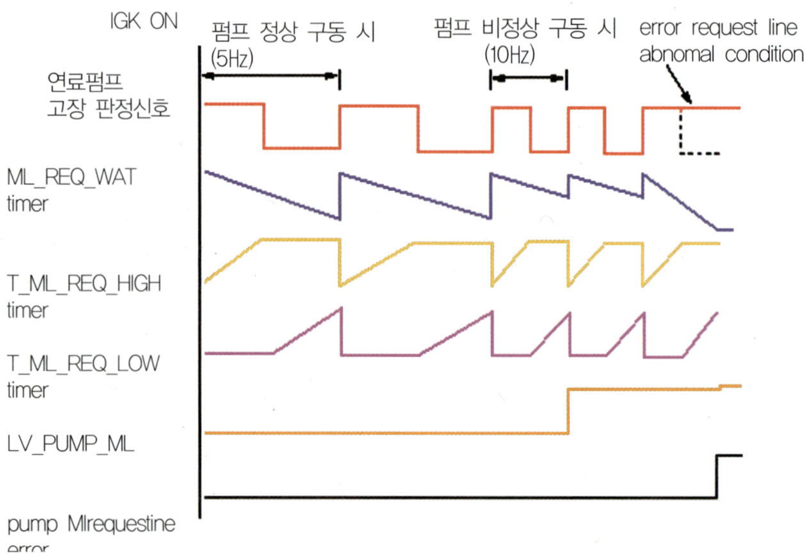

[그림 11-35] LPG 공급펌프 구동장치 자기진단

[2] LPG 공급펌프 구동장치 하니스 점검방법

1 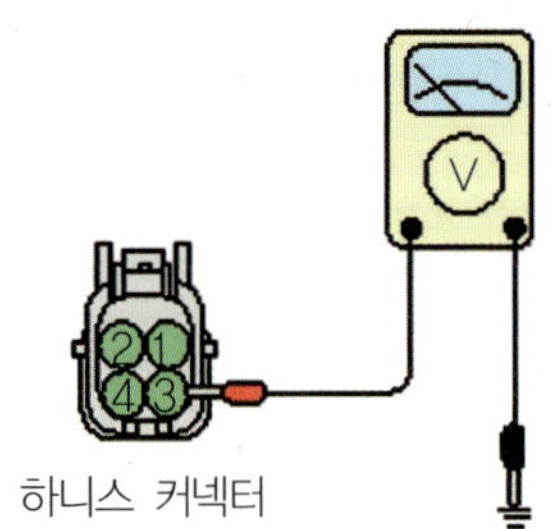 	펌프 드라이버 공급 전압측정 OK ⇨ • 펌프 드라이버 커넥터 : 분리 • 점화 스위치 : ON • 전압(V) : 배터리 전압 NG ⇨	2 하니스 수리
2 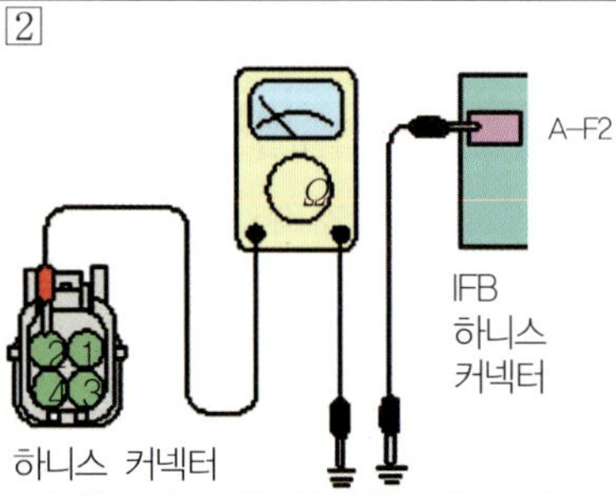 	IFB와 펌프 드라이버(구동 신호라인) OK ⇨ 사이의 단선, 단락점검 • 펌프 드라이버 커넥터 : 분리 • IFB 커넥터 : 분리 NG ⇨	3 하니스 수리

단계	그림	점검 내용	판정	조치
3	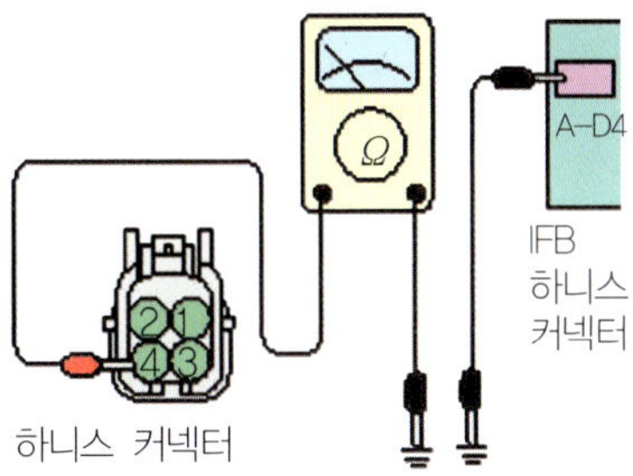	IFB와 펌프 드라이버(고장진단 라인) 사이의 단선, 단락점검 • 펌프 드라이버 커넥터 : 분리 • ECU 커넥터 : 분리	OK ⇨	4
			NG ⇨	하니스 수리
4	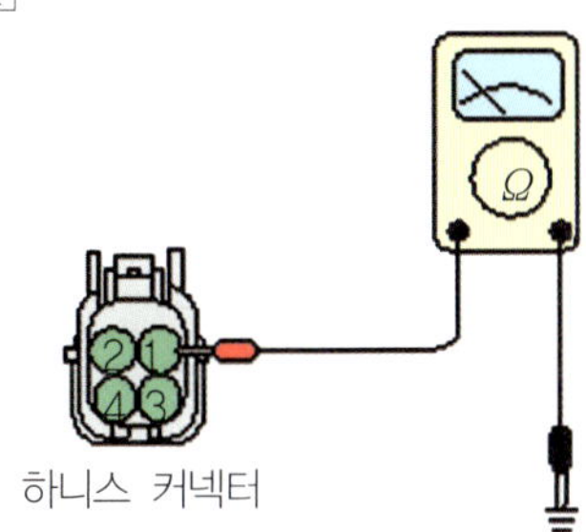	접지회로의 통전성 점검 • 펌프 드라이버 커넥터 : 분리	OK ⇨	END
			NG ⇨	하니스 수리

[그림 11-36] LPG 공급펌프 구동장치 하니스 점검방법

Chapter

12

전자제어 디젤엔진 정비

01 전자제어 디젤장치 교환

02 전자제어 디젤장치 점검·정비

01 전자제어 디젤장치 교환

1.1 전자제어 디젤엔진 연료필터 교환

구형 차량들은 연료필터가 엔진룸 앞쪽에 공간이 널찍하게 되어있지만, 요즘 차들은 연료필터 교환 시 작업공간이 협소하다. 흡기덕트, 배터리, 배터리 트레이 그리고 ECU를 탈거하면 연료필터를 탈거할 수 있다.

[그림 12-1] 구형 커먼레일 디젤엔진 연료필터

[1] 연료필터 카트리지 교환

① 배터리 ⊖, ⊕단자를 탈거하고 배터리 고정걸쇠를 탈거한다.

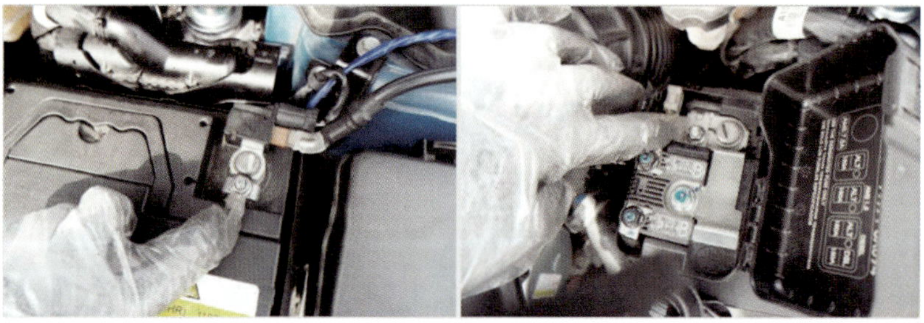

[그림 12-2] 배터리 단자 탈거

[그림 12-3] **배터리 고정걸쇠 탈거**

② 배터리를 탈거한다. 배터리를 빼낼 때 흡기박스를 유림시켜 놓고 작업하면 편리하다. 흡기박스에 흡기필터는 연료필터 교환 시 오염될 수 있으므로 따로 빼놓는다.

③ ECU 브래킷과 배터리 트레이와 결합된 고정된 볼트(은색)를 탈거한다.

[그림 12-4] **배터리 탈거**

[그림 12-5] **볼트 탈거**

④ 운전석 전륜 쇽업쇼버 하우스 상단에 고정된 ECU 브래킷 볼트(은색)를 탈거한다. ⊖극 IBS센서(발전제어센서) 고정타이(은색)는 ECU 차체 고정 브래킷 볼트 3개를 푼 후 브래킷을 유림시켜 후면에 롱로즈로 풀고 빼주면 재활용이 가능하다.

[그림 12-6] ECU 브래킷 볼트(은색)를 탈거

⑤ ECU 브래킷 차체 결합부는 쇽업쇼버 하우스 측면에 고정된 볼트(은색)를 풀어주면 ECU 고정 브래킷은 탈거된다. 이후 IBS센서 고정 브래킷을 분리한다.

⑥ ECU 커넥터를 제거하지 않고도 옆으로 돌려놓으면 연료필터 교환 작업이 가능하다.

[그림 12-7] ECU 브래킷 차체 결합부 볼트 탈거

[그림 12-8] ECU를 연료필터 옆으로 돌려놓음

⑦ 연료필터에 장착된 연료히터 커넥터, 수분센서 커넥터를 아래에 있는 걸쇠를 살짝 잡아 빼면서 탈거한다. 모든 커넥터들이 방수 커넥터여서 잘 안 빠질 수 있다.

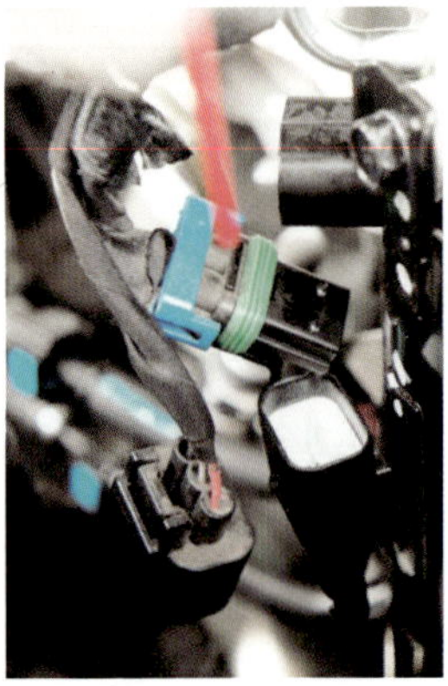

[그림 12-9] 연료히터 및 수분센서 커넥터 탈거

⑧ 연료파이프 IN, OUT라인 커넥터를 양쪽 파란색 부분을 누르고 탈거한다.

⑨ 차체에 고정된 연료필터 브래킷 너트를 탈거한다.

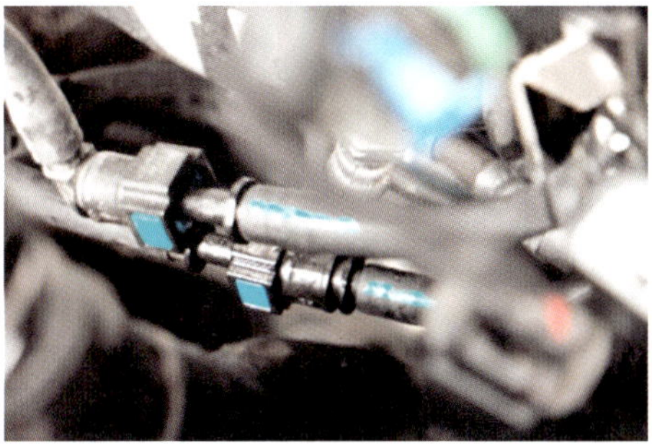

[그림 12-10] **연료파이프 커넥터 탈거**

[그림 12-11] **연료필터 브래킷 너트 탈거**

⑩ 탈거한 필터에는 연료(경유)가 들어있으므로 빈 통을 미리 준비해 필터를 기울여 내부에 있는 연료를 배출시킨 다음, 필터 하단 "연료수분감지센서"를 손으로 풀어 나머지 연료를 배출시킨다. 연료필터 케이스 볼트를 탈거하여 연료필터를 탈거한다.

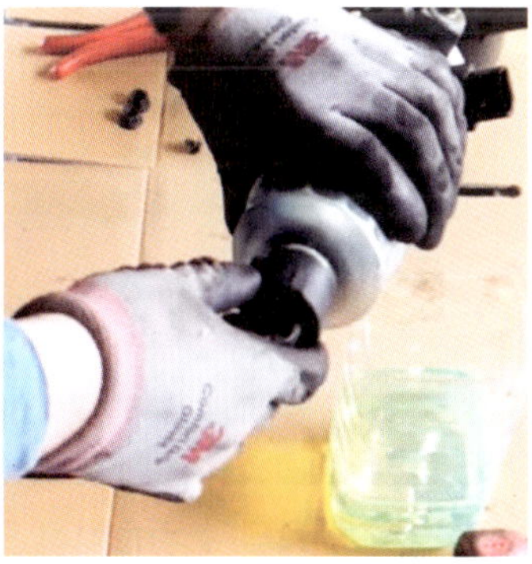

[그림 12-12] **연료수분 감지센서 탈거**

⑪ 연료필터 하우징 헤드를 바이스 등으로 고정시킨 후 필터렌치를 이용하여 연료필터 카트리지를 탈거한다.

⑫ 신품 연료필터 카트리지 오링에 경유로 윤활시켜 준다.

[그림 12-13] **연료필터 카트리지 탈거**

[그림 12-14] **신품 연료필터 카트리지 오링에 오일 윤활**

⑬ 먼지나 분순물이 없는 깨끗한 작업공간에서 신품 연료필터 카트리지를 조립한다. 조립할 때는 손으로만 돌리고 고무패킹이 닿은 뒤 2/3바퀴만 더 돌려주면 된다.

[그림 12-15] **연료필터 카트리지 조립**

[그림 12-16] **연료필터 브래킷 고정**

[그림 12-17] **커넥터 조립**

⑭ 연료수분감지센서는 플라스틱이므로 적당한 힘으로 손으로 조립한다.
⑮ 연료필터를 브래킷에 조립하고 어셈블리를 탈거의 역순으로 조립한다.

[2] 공기빼기

(1) 흡입펌프 방식(기계식 저압연료펌프) 공기빼기

① 프라이밍펌프를 50회 정도 상하로 작동한다.
② 십자드라이버를 이용하여 공기빼기 홀을 개방한 후 공기빼기를 실시하고, 볼트를 다시 체결한다.
③ 프라이밍펌프를 15회 정도 상하로 작동한다.
④ 십자드라이버를 이용하여 공기빼기 홀을 개방한 후 공기빼기를 실시하고, 볼트를 다시 체결한다.
⑤ 프라이밍펌프를 5회 정도 상하로 작동한다.

프라이밍펌프 작업 횟수는 예상치이며, 실제 작업 시는 펌프가 뻣뻣해질 때까지 작업해야 한다. 공기빼기를 1회만 실시하면 공기가 모두 빠지지 않으므로 반드시 2회 이상 실시해야 한다. 오버플로우밸브 방식 에어빼기는 프라이밍펌프를 손으로 단단해 질 때까지 수차례 또는 수십 차례 누른다.

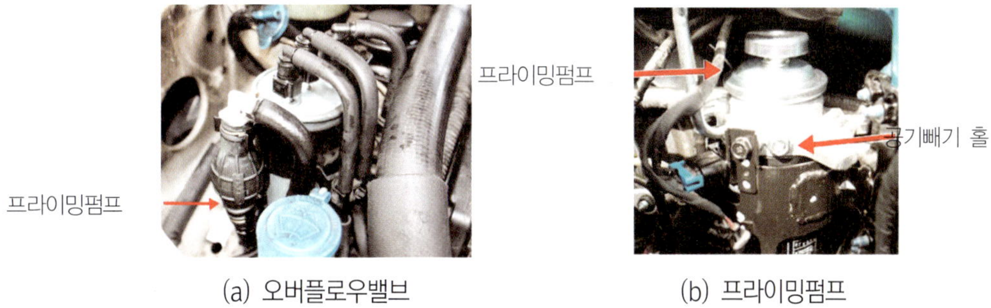

(a) 오버플로우밸브　　(b) 프라이밍펌프

[그림 12-18] **오버플로우밸브와 프라이밍펌프**

(2) 전기식 저압 연료펌프

① 스캐너를 사용해 연료라인에 에어빼기 작업을 실행한다. 약 30초가량 연료펌프를 강제 구동하여 공기가 가득 차 있는 필터에 연료를 다시 채우고 분해되었던 라인에서 공기를 제거한다. 이때 연료필터에도 압력이 가해지기 때문에 제대로 조립이 되어 누유가 없는지도 확인 가능하다.

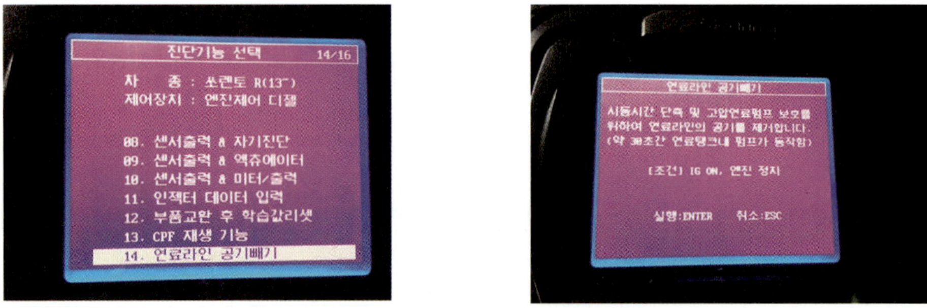

[그림 12-19] **스캐너로 연료라인 공기빼기**

② 에어빼기가 정상적으로 완료되면 시동을 건다. 시동 후 스캐너로 이상 여부를 다시 한 번 확인 후 작업을 종료한다.

(3) 분사펌프 방식 에어빼기

① 프라이밍펌프를 상하로 작동한다.

② 프라이밍펌프에 압이 걸리면 나비너트를 풀어서 에어를 빼준다.

③ 다시 나비너트를 잠근다.

④ ①, ②, ③작업을 반복적으로 하면서 완전히 공기가 나오지 않고 연료만 나올 때까지 한다.

⑤ 나비너트를 규정토크로 잠그고(너무 세게 조이면 패킹이 망가짐) 시동을 건다.

[그림 12-20] **프라이밍펌프 상하 작동**

[그림 12-21] **나비너트 풀기**

1.2 전자제어 디젤엔진 인젝터 교환

[1] 작업 시 주의사항

커먼레일 연료 분사시스템은 극도로 높은 압력(1,600 bar) 하에서 작동하므로 인젝터 탈거 시 다음 사항에 주의를 요한다.

① 엔진 작동 중이나, 시동을 끈 후 30초 동안은 커먼레일 연료 분사시스템과 관련된 어떠한 작업도 해서는 안 된다.

② 항상 작업 안전사항을 지켜야 한다.

③ 작업장을 청결하게 유지해야 하며, 커먼레일 구성 부품은 항상 청결하게 취급한다.

④ 특별한 상황을 제외하고는 인젝터를 분해하지 않는다.

⑤ 연료시스템 조립 시 내부에 이물질 유입이 없도록 주의해서 조립한다.

⑥ 인젝터, 튜브 호스 등 이물질 유입 방지용 보호 캡은 장착 바로 직전에 탈거한다.

⑦ 인젝터 탈·부착 시 인젝터 접촉부는 세척하고, 오링은 새것으로 교환해준다.

⑧ 인젝터 오링에 디젤유를 도포한 다음 실린더 헤드에 삽입한다.

⑨ 실린더 헤드에 인젝터를 삽입할 때 수직 방향으로 충격 등의 손상이 없도록 정확히 삽입한다.

⑩ 고압연료 튜브 조립 시 플레어 너트와 상대 부품과 수직으로 체결한다.

[2] 인젝터 교환

① 배터리 ⊖커넥터를 탈거한다.

② 인터쿨러가 장착된 차량은 인터쿨러 고정 볼트를 탈거한다.

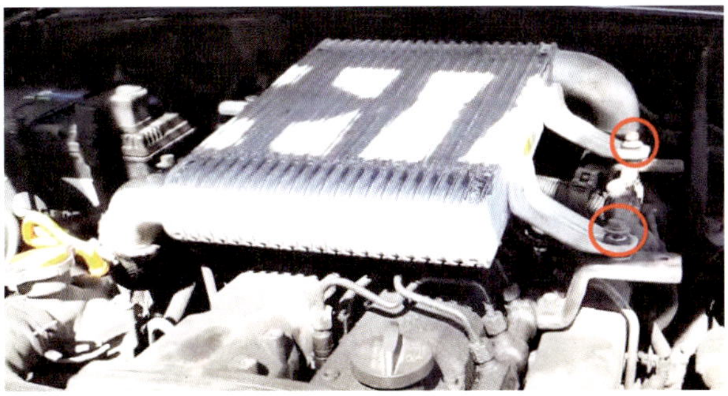

[그림 12-22] **인터쿨러 고정 볼트 탈거**

③ 인터쿨러 입구와 출구측 파이프 클램프를 십자드라이버를 이용하여 풀고 인터쿨러를 탈거한다.

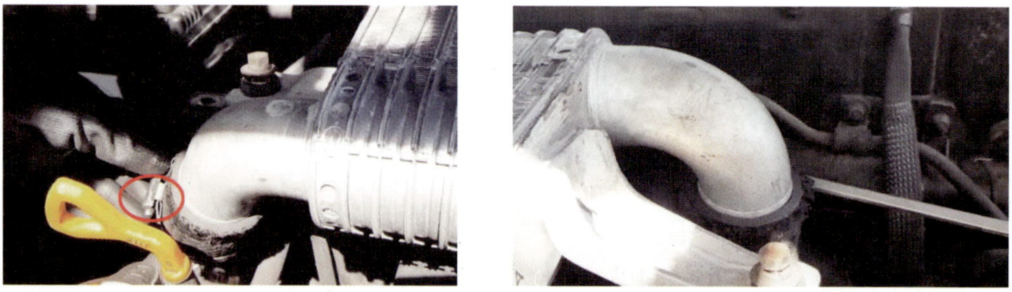

[그림 12-23] **인터쿨러 클램프 탈거**

④ 인젝터 커넥터를 탈거한다. 스프링을 살짝 눌러주고 당기면서 탈거한다.

[그림 12-24] **인젝터 커넥터 탈거**

⑤ 연료리턴 호스를 탈거한다. 롱로즈나 니퍼를 이용하여 리턴호스 고정 클립을 뽑아 주고, 인젝터와 연결된 연료 리턴호스를 잡아 뺀다.

[그림 12-25] **리턴호스 고정 클립 탈거**

[그림 12-26] **리턴호스 탈거**

⑥ 파이프 순서가 바뀌지 않도록 파이프에 미리 표시를 해둔다. 스패너로 커먼레일파이프(딜리버리파이프)에 연결된 고정너트와 인젝터에 연결된 고정너트를 풀고 연료파이프를 탈거한다. 이물질 등이 들어갈 수 있으므로 한쪽은 유림시키고 한쪽만 완전히 풀어도 인젝터를 탈거할 수 있다. 파이프를 탈거한 곳은 이물질이 들어갈 수 있으므로 고무 캡이나 은박지를 잘라 감싸거나 랩 비닐로 감싸둔다.

(a) 인젝터측

(b) 커먼레일측

[그림 12-27] **연료공급파이프 탈거**

⑦ 플러그가 설치된 차량은 인젝터 플러그 고정 볼트를 탈거한 후 롱로즈 등으로 플러그를 잡고 위로 당기면 탈거된다.

[그림 12-28] **플러그 고정 볼트 탈거**

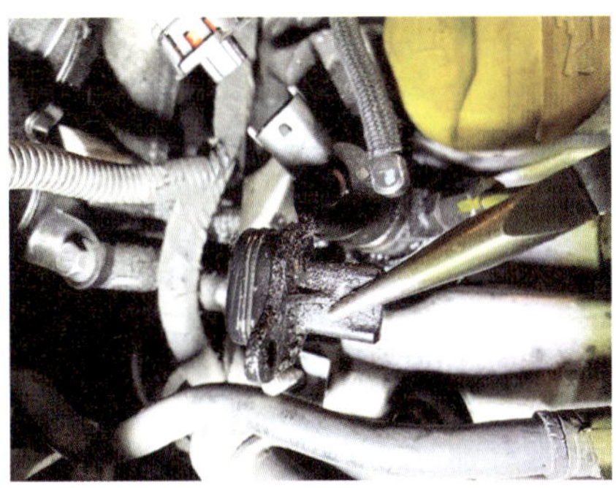
[그림 12-29] **플러그 탈거**

⑧ 플러그가 없는 차량은 인젝터 고정 클램프 볼트를 탈거하고, 롱로즈와 같은 집게를 이용하여 클램프를 올려서 탈거한다.

[그림 12-30] **클램프 볼트 탈거**

[그림 12-31] **클램프 탈거**

⑨ 플러그가 설치된 차량은 인젝터 고정나사를 탈거한다.

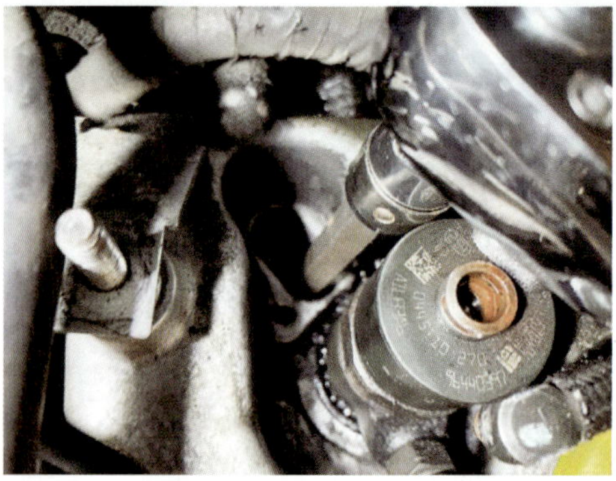

[그림 12-32] **인젝터 고정나사 탈거**

⑩ 스패너 등으로 인젝터 몸체에 결합하여 좌우로 흔들어 탈거하면 되지만, 대부분의 인젝터는 심하게 고착되어 있어서 특수공구를 사용해야 할 경우가 많다.

[그림 12-33] **인젝터 탈거**

⑪ 인젝터 홀 입구에 오일 실이 있으면 니퍼 등으로 잡아 빼거나 드라이버를 대고 한 쪽을 고무망치로 톡톡 쳐주면서 탈거한다.

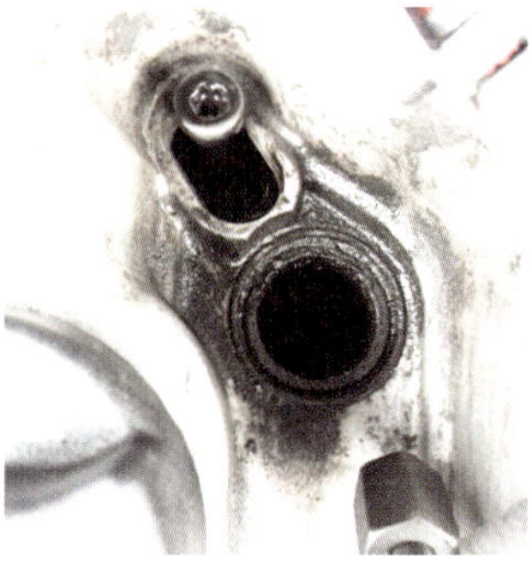

[그림 12-34] **오일 실 탈거**

⑫ 오일 실을 제거하고 신품 오일 실을 장착하기 전에 그동안 누유 되어 고착된 인젝터 홀 내부를 청소해준다. 홀 안으로 이물질이 들어가지 않도록 조심한다. 직접 세척제 등을 분사하지 않고 헝겊에 클리너를 도포하고 닦아내는 것이 가장 좋은 방법이다.

[그림 12-35] **홀 청소 후 상태**

⑬ 신품 오일 실 장착은 오일 실 내부와 비슷한 내경의 소켓을 이용해서 복스 연결대를 이용해서 끼워주고, 테두리를 라쳇의 뒷부분을 이용하여 경계면에 대고 고무망치로 살살 톡톡 치며 장착한다.

[그림 12-36] **오일 실 장착**

⑭ 신품 인젝터를 교환한다. 동와셔와 오링을 신품으로 교환하고, 오링을 끼울 때는 오링에 경유를 바르고 오링이 뒤집히지 않게 끼운다.

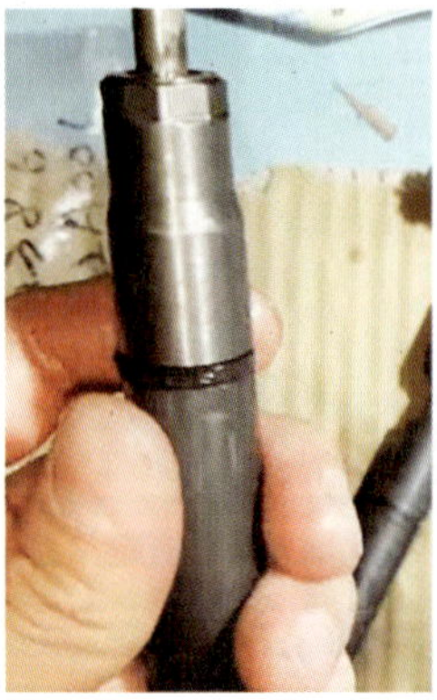

[그림 12-37] **오링 교환**

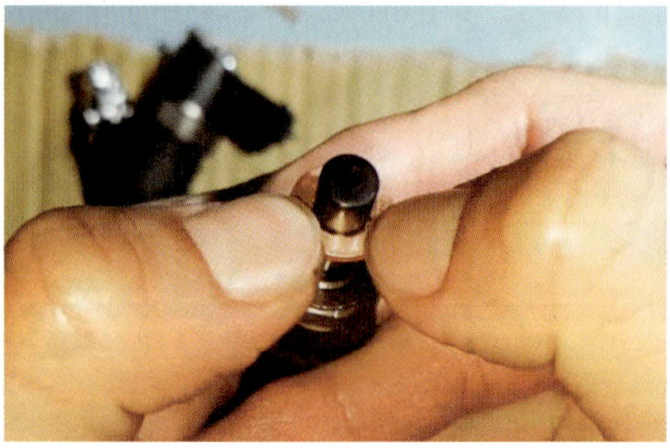

[그림 12-38] **동와셔 교환**

⑮ 조립은 탈거의 역순으로 조립을 한다.

⑯ 작업 완료 후 한 번에 시동이 걸리지 않는다고 오랜 시간 크랭킹하지 말고 여러 번 나누어 시동을 건다. 시동 후 인젝터 주변이나 파이프 등에서 연료가 새어 나오는지 확인해보고, RPM을 높여보고 다시 연료 누유를 확인해 본다. 이상이 없다면 엔진커버, 인터쿨러 등을 장착한다.

⑰ 신품 인젝터 교환 후에는 신품 인젝터 데이터 입력을 스캔을 사용하여 해당 인젝터 데이터를 입력해야 한다. 입력을 하지 않으면 엔진부조나 시동 꺼짐이 발생할 수 있다. 초기화 시 4개 인젝터 코드 모두 입력해야 된다.

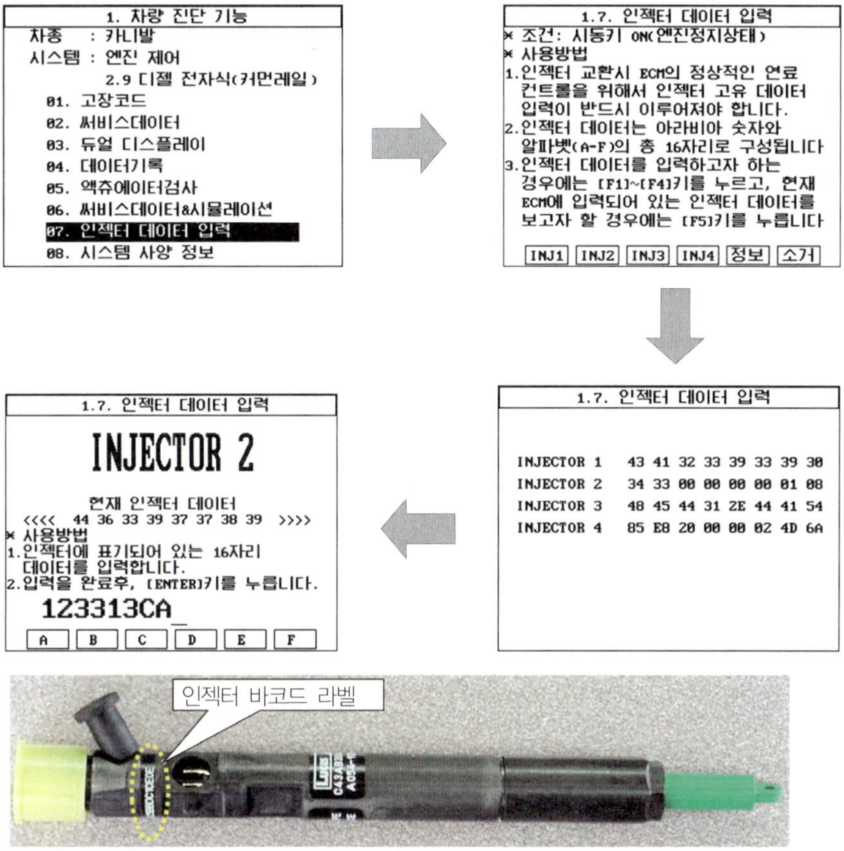

[그림 12-39] **인젝터 데이터 입력 및 인젝터 바코드 라벨**

1.3 전자제어 디젤엔진 고압펌프 교환

[1] 전자제어 디젤엔진 고압펌프 교환(A 엔진)

고압펌프는 자동차의 모든 작동영역에서 고압연료를 충분히 공급하는 것이며, 또한 커먼레일에서의 급격한 압력상승과 원활한 시동을 위해 연료를 비축하는 기능도 갖추고 있어야 한다. 고압펌프가 고가품인 관계로 고압펌프를 교체 시 압력이나 누유를 충분히 육안검사로 하고, 필히 교환 전에는 시운전, 주행 후 엔진오일량을 체크해야 한다. 고압펌프의 불량으로 인해 연료가 엔진으로 유입되어 인젝터 팁 마모는 물론 델파이의 경우는 엔진 피스톤까지 심각한 고장을 주는 경우가 종종 발생되고 있다.

고압펌프 고장 시 증상은 시동이 안 걸리거나, 냉간 시 시동불량 발생, 출력저하가 되면서 시동이 꺼지는 증상, 간헐적 출력부족 현상, 도로 주행 중 액셀을 밟으면 덜컹거리는 증상과 속도가 나지 않으며, 지속적으로 엔진경고등이 점등된다. 엔진경고등이 점등되면 진단기로 스캔을 해야 하며, 고장코드에는 연료압력 낮음 또는 높음, 공급펌프 고장 등 고장코드가 발생한다. 고장코드 확인 후에는 해당 사항 출력값을 확인한다.

데이터스트림명	값	단위
연료 감압 조절 밸브 듀티 사이클	8.235	%
연료 레일 압력	30	Kpa
연료 레일 압력 - 원하는 값	29830	Kpa
연료 레일 압력 센서	0.298	V
연료 레일 온도 센서 전압	1.554	V
연료 볼륨 컨트롤 밸브 - 전류 - 측정됨	0.406	A

[그림 12-40] **출력값 확인**

출력저하 또는 시동이 꺼지는 증상은 주로 고압펌프 마모에 의한 쇳가루가 연료라인을 순환하고 있는 경우가 많다. 인렛미터링밸브를 탈거해 고압펌프 안에 쇳가루가 있는지 확인하고, 연료탱크 내부에도 쇳가루가 있는지 확인해서 쇳가루가 있으면 연료탱크 내 연료를 모두 배출한 뒤 탱크에 남아있는 쇳가루를 제거하고, 새로운 연료를 주입해야 한다. 쇳가루로 인해 연료라인 막힘 현상이 발생하므로 연료라인을 교환 또는 청소해야 한다.

[그림 12-41] **인렛미터링밸브의 쇳가루**

고압펌프 교환방법은 다음과 같다.

① 배터리 ⊕, ⊖단자를 탈거한다.

② 배터리를 탈거한다.

③ 라디에이터 상부 보호커버를 탈거한다.

[그림 12-42] **배터리 탈거**

[그림 12-43] **라디에이터 상부 보호커버 탈거**

④ 라디에이터 상부호스를 탈거한다.

⑤ 흡기쪽에 연결되어 있는 인테이크호스 및 파이프를 탈거한다.

[그림 12-44] **라디에이터 상부호스 탈거**

[그림 12-45] **인테이크호스 및 파이프 탈거**

⑥ 고압펌프에 붙어있는 각종 센서 커넥터 및 파이프를 탈거한다.

[그림 12-46] **커넥터 및 파이프 탈거된 상태**

㉠ 커먼레일측 고압파이프 플랜지 너트(A)를 푼다.
㉡ 고압펌프측 고압파이프 플랜지 너트(B)를 푼다.

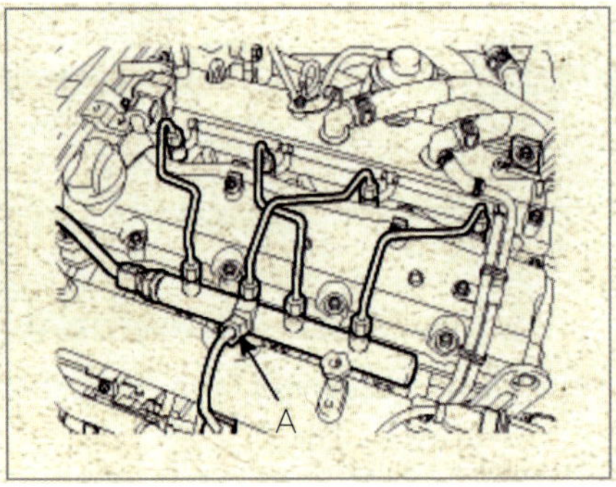

[그림 12-47] **커먼레일 고압파이프 플랜지 너트**

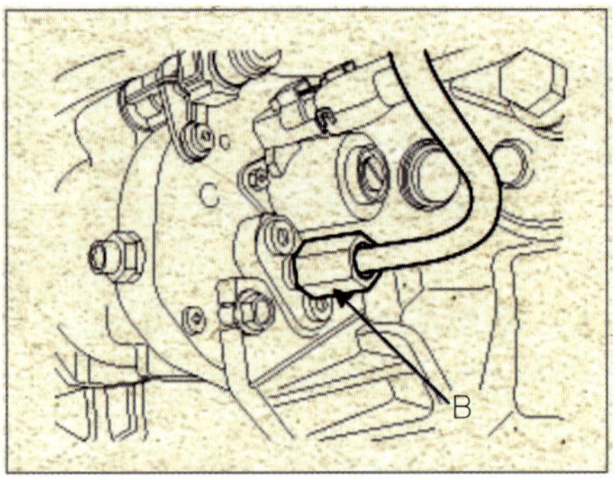

[그림 12-48] **고압펌프측 고압파이프 플랜지 너트**

㉢ 고압파이프 클램프(A)를 탈거하고, 고압파이프(B)를 탈거한다.

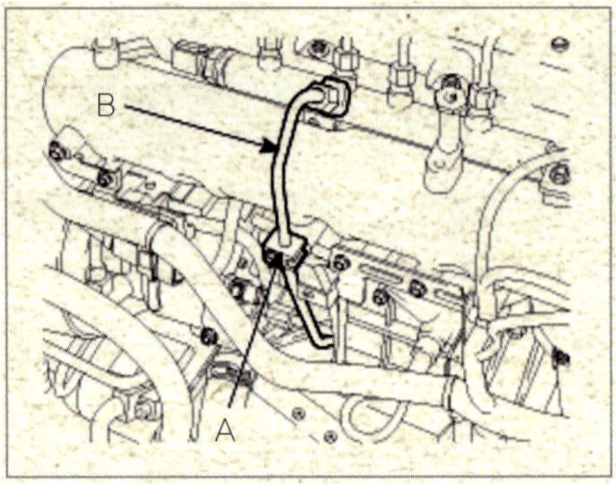

[그림 12-49] **고압파이프 클램프**

㉣ 연료온도센서 커넥터(A)와 인렛미터링밸브 커넥터(B)를 탈거한다.
㉤ 연료공급 호스(C)를 탈거한다.
㉥ 인젝터와 연결되는 리턴호스(D)를 탈거한다.
㉦ 연료필터와 연결되는 리턴호스(E)를 탈거한다.

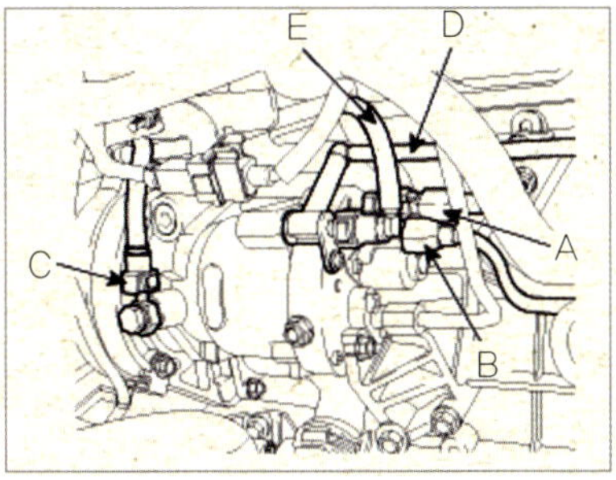

[그림 12-50] **고압펌프 각종 커넥터 및 호스**

ⓞ 브래킷(고압펌프측) 장착 볼트(A)를 탈거한다.

ⓩ 브래킷(실린더 블록측) 장착 볼트(B)를 탈거하고 브래킷을 탈거한다.

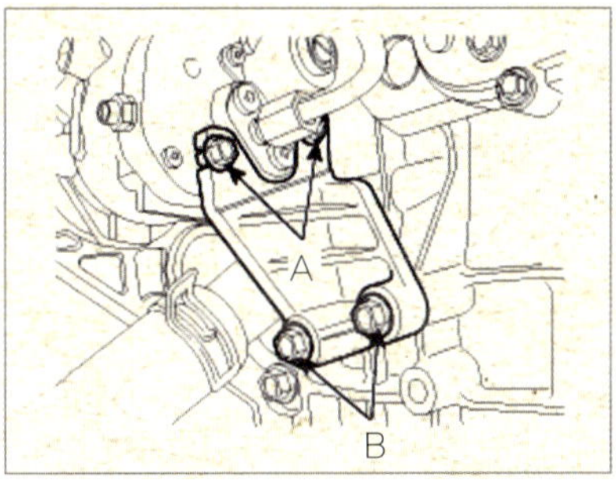

[그림 12-51] **브래킷 장착 볼트**

⑦ 라디에이터 팬 상부커버를 탈거한다.

[그림 12-52] **라디에이터 상부커버 탈거**

⑧ 고압펌프의 기어너트를 탈거하기 위해서 엔진의 프런트 케이스를 탈거한다(고압펌프 스프로켓측에 고무커버가 장착된 차량은 고무커버만 탈거).

[그림 12-53] **엔진 프런트 커버 탈거**

⑨ 커먼레일 고압펌프를 탈거할 때 스프로켓 기어(고압펌프와 타이밍체인이 연결된 부위)를 고정하기 위해 특수공구를 설치한다. 특수공구가 없으면 작업이 거의 불가능하거나 타이밍이 틀어지는 경우가 생기기 때문에 완벽하게 고정시켜 놓고 작업한다.

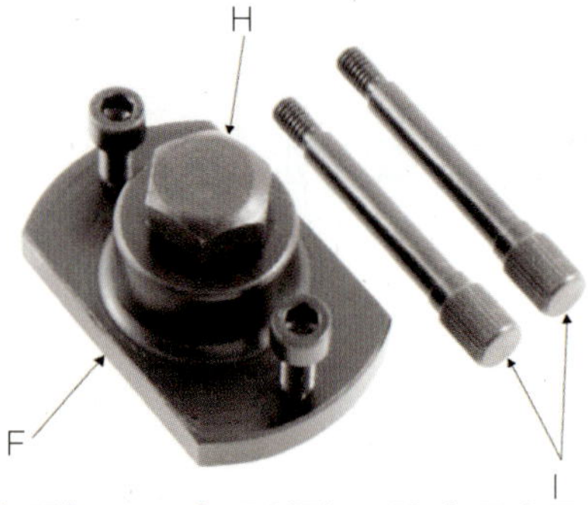

[그림 12-54] **고압펌프 탈거 특수공구**

㉠ 스프로켓의 고정 홀(A)이 타이밍 케이스 고정 홀(B)에 일치하도록 스프로켓(C)을 회전 시킨 후, 특수공구에 포함된 고정 볼트(I)를 이용하여 스프로켓(C)을 타이밍 케이스에 고정시킨다.

㉡ 고압펌프 고정 너트(D)를 푼 후 타이밍 케이스 고정 볼트(E)를 탈거한다.

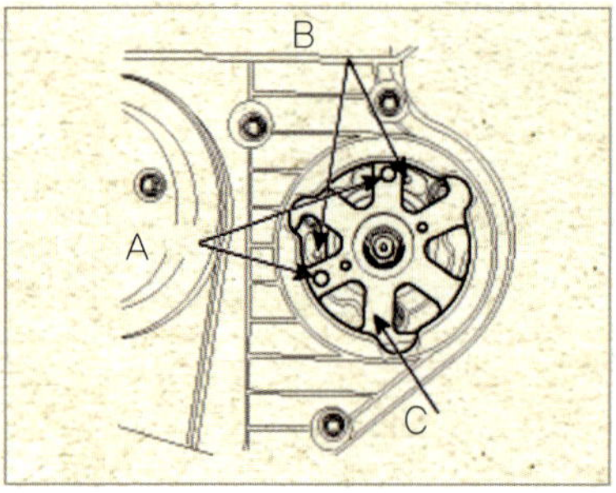

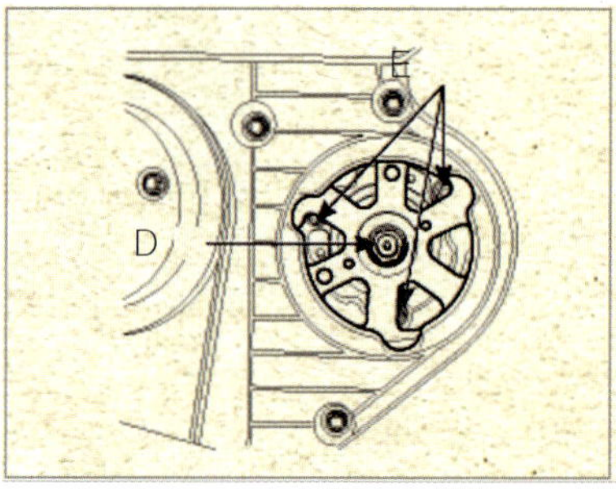

[그림 12-55] **고압펌프 스프로켓**

㉢ 특수공구 본체(F)를 스프로켓 장착 홀(G)에 장착한다.

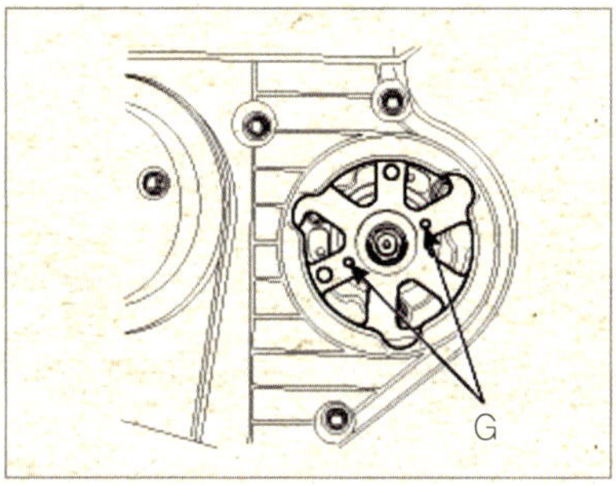

[그림 12-56] **스프로켓 장착 홀**

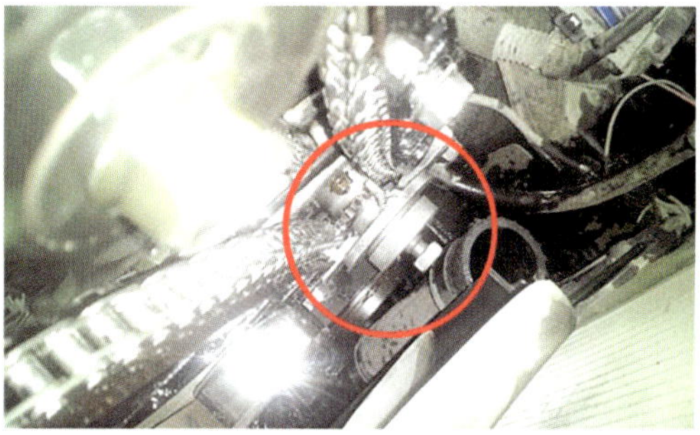

[그림 12-57] **특수공구 설치상태**

㉣ 특수공구 조임 볼트(H)를 스패너 또는 복스를 사용해서 시계방향으로 회전시켜, 고압펌프를 타이밍 케이스에서 탈거한다.

[그림 12-58] **조임 볼트 회전**

[그림 12-59] **고압펌프 탈거된 상태**

⑩ 고압펌프를 탈거의 역순으로 조립하고 특수공구를 탈거한다.

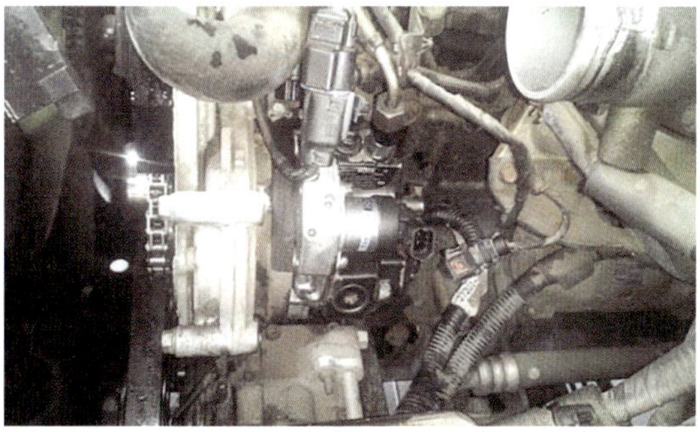

[그림 12-60] **고압펌프 조립**

⑪ 프런트 케이스를 탈거하면 실리콘이 남아 있으므로 오일누유 발생을 방지하기 위해 실리콘을 잘 긁어주고, 기름기 없이 닦아주고 프런트 케이스에 실리콘을 바른다.

⑫ 프런트 케이스를 장착한다(고압펌프 스프로켓측에 고무커버가 장착된 차량은 고무커버만 장착).

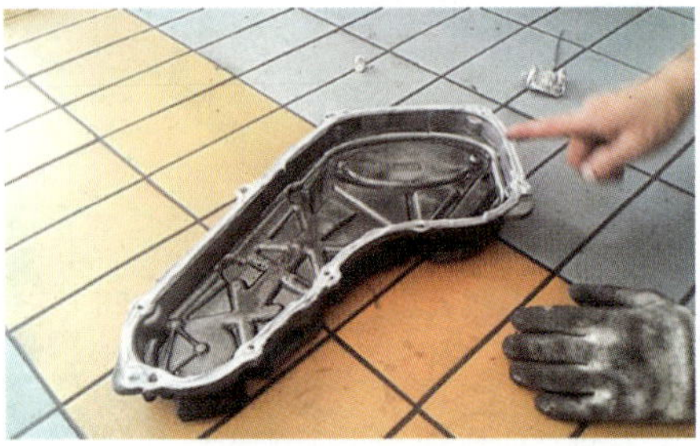

[그림 12-61] **프런트 케이스 실리콘 도포**

[그림 12-62] **프런트 케이스 장착**

⑬ 라디에이터 팬 상부커버를 장착한다.

⑭ 인테이크호스 및 파이프를 장착한다.

⑮ 라디에이터 상부호스를 장착하고, 라디에이터 상부 보호커버를 장착한다.

⑯ 배터리를 장착하고 배터리 단자를 연결한 후 상부호스 탈거 시 빠진 냉각수를 보충한다.

⑰ 시동을 걸고 누유상태를 확인하고 고장진단을 하고 출력값을 확인한다.

[2] 전자제어 디젤엔진 고압펌프 교환(D 엔진)

① 고압파이프를 탈거한다.

[그림 12-63] **고압파이프 탈거**

② 고압펌프를 탈거한다.

[그림 12-64] **고압펌프 탈거**

③ 고압펌프를 장착한다.
④ 고압파이프를 연결한다.

1.4 예열플러그 및 EGR밸브 교환(D엔진)

예열플러그 교체 시기는 3년이나 4년, 6만km에서 8만km 사이에서 교체해주는 것이 좋으며, 차량이 오래되었다면 1년에 한 번 정기점검을 하는 것이 좋다. 예열플러그가 고착되면 실린더 헤드를 교환해야 하거나 특구공구를 이용해서 고착된 예열플러그를 탈거해야 한다. 디젤 차량의 예열플러그 상태 표시등으로 돼지꼬리 모양의 램프를 사용한다.

[그림 12-65] **예열표시등**

예열플러그 고장 시 증상은 시동을 걸고 난 후에도 예열표시등이 1분 이상 지속되거나 사라지지 않을 때, 깜빡거릴 때, 영하의 날씨에 배터리는 정상인데 시동이 걸리지 않거나, 수차례의 시도로 시동이 걸렸어도 흰 연기나 검은 연기가 나온다.

예열플러그 탈거는 차종에 따라 쉽게 접근할 수 있는 차량도 있지만, EGR 쿨러나 흡기 매니폴드를 제거해야 예열플러그를 탈거할 수 있는 차종이 있다. 본 책자에서는 EGR 쿨러를 탈거해야 예열플러그가 탈거되는 차종에 대해서 수록했다. 예열플러그를 교환할 때 예열플러그 릴레이에서 예열플러그로 오는 ⊕본선 케이블 상태도 점검하여 경화되어 불량하면 교환하고, 예열플러그 릴레이(컨트롤러)도 함께 교환해 주는 것이 좋다.

① 배터리 ⊖단자를 탈거한다.
② 엔진커버를 탈거한다.
③ EGR 진공호스를 탈거한다.

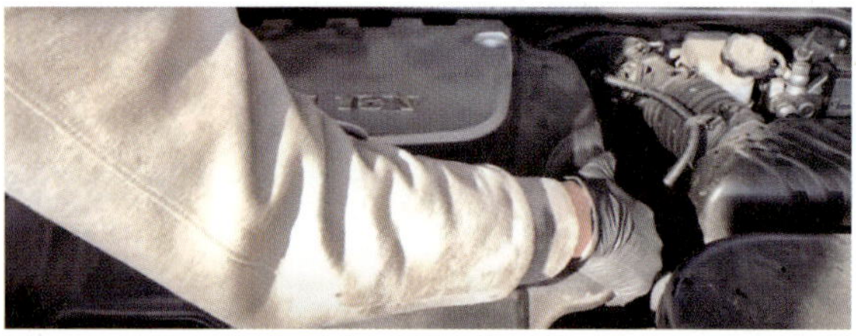

[그림 12-66] 엔진커버 탈거

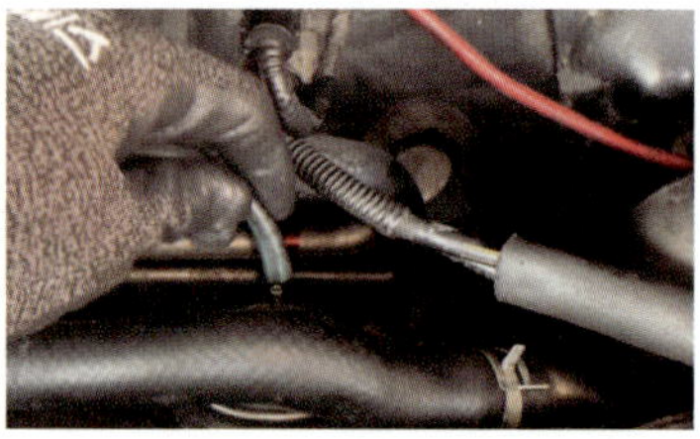

[그림 12-67] EGR 진공호스 탈거

④ 인젝터 커넥터를 모두 탈거하고 캠각센서 커넥터도 탈거한다.

[그림 12-68] 인젝터 커넥터 탈거

[그림 12-69] 캠각 센서 커넥터 탈거

⑤ 배선 고정 클립 3개를 롱노즈를 이용해서 고정 클립을 눌러주면서 당기면 쉽게 탈거된다. 탈거한 후 배선을 들어서 엔진커버 스터드에 걸쳐 놓는다.

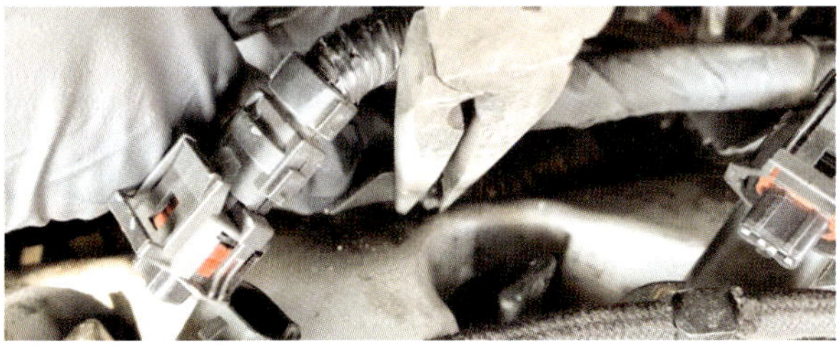

(a) 배선 고정 클립 탈거

(b) 배선 정리

[그림 12-70] **배선 탈거**

⑥ 진공호스를 비틀면서 당기면 쉽게 탈거되고, 고착되어도 고무 끝부분을 힘껏 당기면 탈거된다. 진공호스에 표시해서 조립 시 바뀌지 않도록 한다.

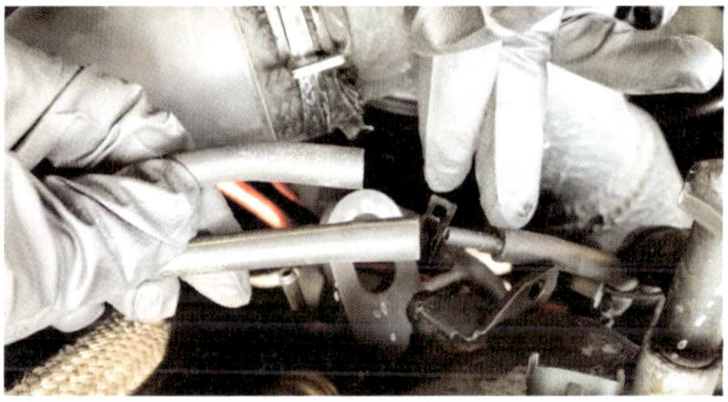

[그림 12-71] **진공호스 탈거**

⑦ 브레이크 부스터호스에 클램프를 뒤로 이동시킨 후 롱노즈 플라이어를 이용하여 밀어서 탈거한다.

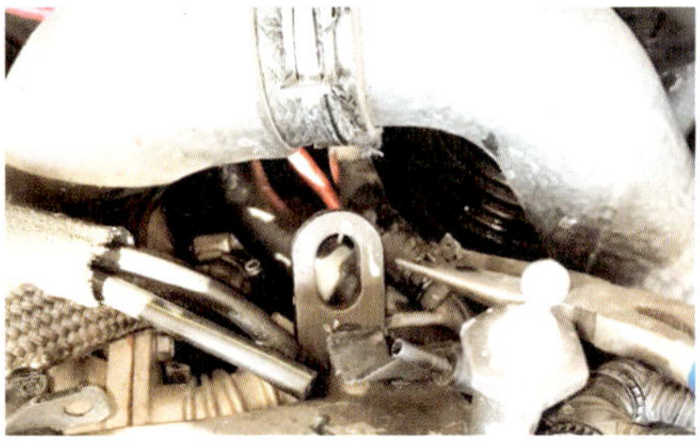

(a) 클램프 탈거

(b) 호스 탈거

[그림 12-72] **브레이크 부스터 호스 탈거**

⑧ 냉각호스에 압이 걸려있어 냉각수가 쏟아져 나올 수 있으므로 라디에이터 캡을 열어 라인압력을 제거한다.

⑨ 브리드호스를 탈거한다.

[그림 12-73] **라디에이터 캡 탈거**

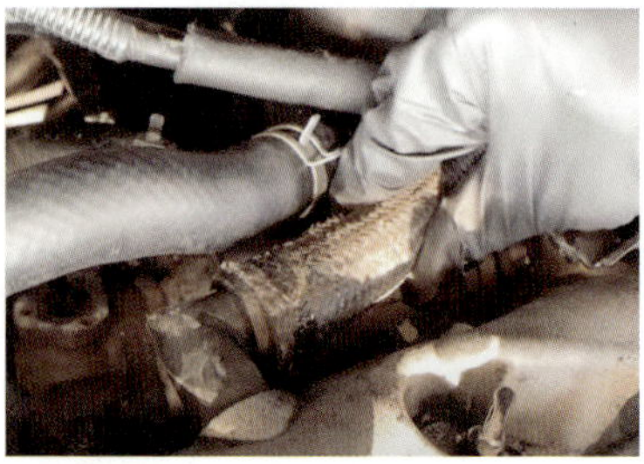

[그림 12-74] **브리드호스 탈거**

⑩ 바깥쪽 쿨러 냉각호스에서 클램프를 탈거한 후 냉각수가 나올 수 있으므로 호스 아래 부분에 수건(보루)을 깔고 호스를 탈거한다.

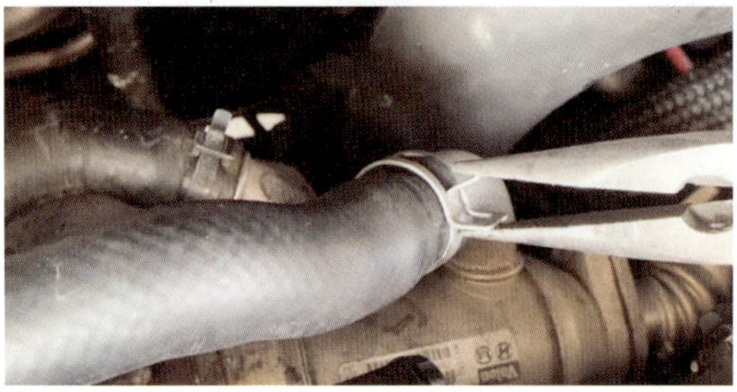

(a) 클램프 탈거

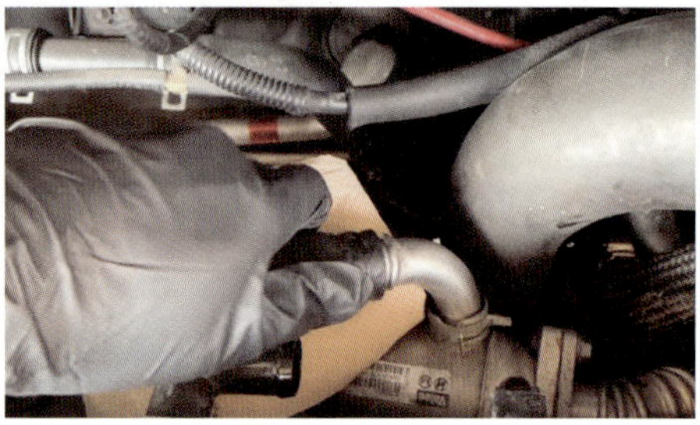

(b) 호스 탈거

[그림 12-75] **바깥쪽 냉각호스 탈거**

⑪ 안쪽 쿨러호스도 클램프를 탈거한 후 냉각수가 나올 수 있으므로 호스 아래 부분에 수건(보루)을 깔고 호스를 탈거하고, 반대쪽 부분도 클램프를 탈거하고 호스를 탈거한다. 탈거한 EGR 쿨러 냉각호스 자리에 비닐장갑 등을 이용하여 냉각수가 빠지지 않도록 막아 준다.

(a) 클램프 탈거

(b) 호스 탈거

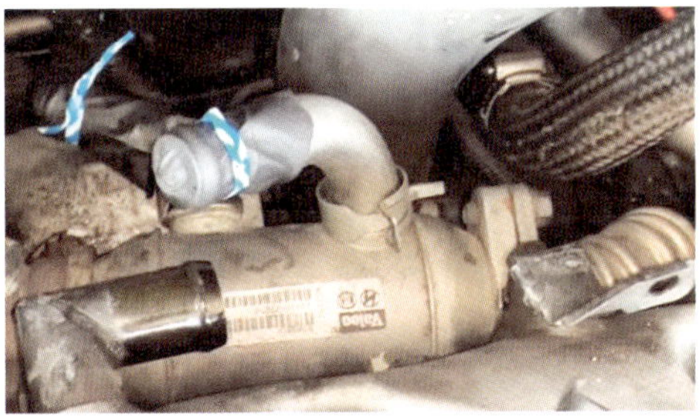

(c) 호스라인 밀봉

[그림 12-76] **안쪽 냉각호스 탈거**

⑫ EGR 쿨러 고정너트 및 EGR 쿨러파이프 고정나사를 탈거하고 개스킷을 탈거한다.

[그림 12-77] **EGR밸브 고정너트 탈거**

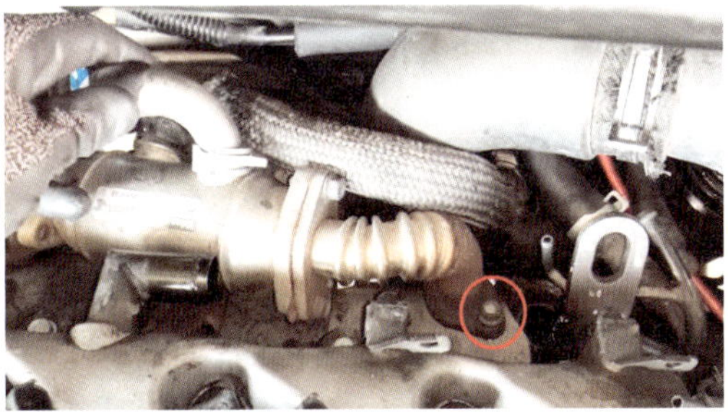

[그림 12-78] **EGR 쿨러파이프 탈거**

⑬ 예열플러그 플레이트 10mm 고정너트를 모두 탈거하고 예열플러그 전원공급 ⊕선을 1번 예열플러그에서 탈거한다.

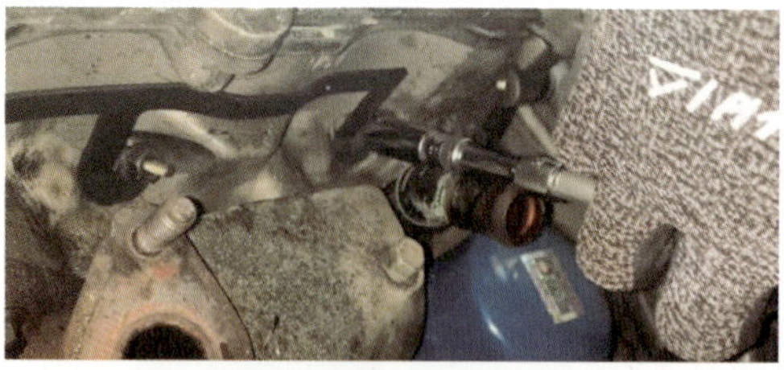

[그림 12-79] 플레이트 고정너트 탈거

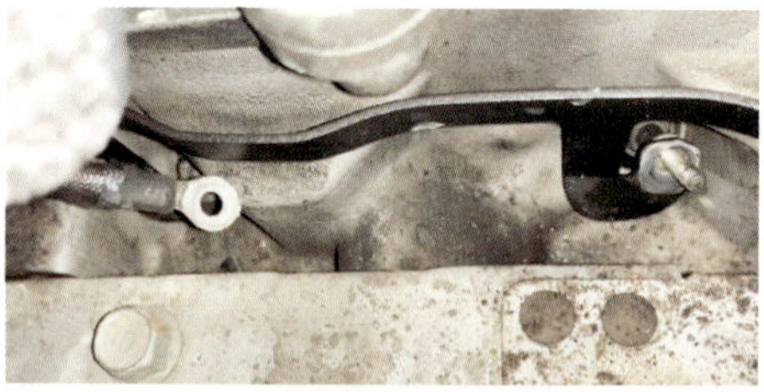

[그림 12-80] 예열플러[그 ⊕선 탈거

⑭ 예열플러그 플레이트를 탈거한다.

[그림 12-81] 예열플러[그 플레이트 탈거

⑮ 예열플러그를 모두 탈거한다. 탈거한 곳에 신품 예열플러그를 모두 조립한다. 최종 체결은 토크렌치를 사용하여 규정토크로 조립한다.

[그림 12-82] 예열플러그 탈거

[그림 12-83] 신품 예열플러그 조립

⑯ 탈거된 예열플러그 플레이트를 설치하고, 예열플러그 전원공급 ⊕선을 1번 예열플러그에 연결한 후 플레이트 고정너트를 조립하고, 토크렌치로 규정토크로 조인다.

(a) 플레이트 설치

(b) 전원공급 ⊕선 조립

(c) 플레이트 고정 너트 조립

[그림 12-84] **예열플러[그 플레이트 조립**

⑰ 이물질이 들어가지 않게 구멍을 막고 쇠 브러시로 엔진쪽과 파이프쪽 개스킷 자리를 청소한 후 구멍을 막았던 것을 제거한다.

[그림 12-85] **개스킷 설치장소 청소**

⑱ EGR 쿨러에서 EGR밸브와 파이프를 탈거한 후 개스킷을 설치했던 곳에 이물질을 제거하고, 신품 EGR 개스킷 및 신품 EGR밸브를 조립한다. 최종 체결은 토크렌치로 규정토크로 조인다.

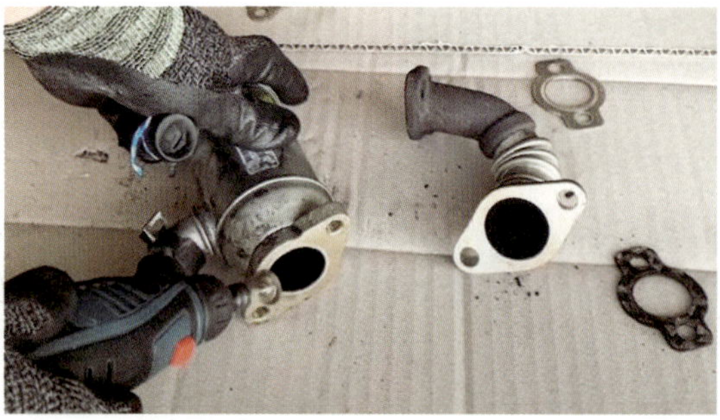

[그림 12-86] **EGR밸브와 파이프 이물질 제거**

[그림 12-87] **신품 EGR밸브 조립**

⑲ 파이프쪽도 개스킷을 설치했던 곳에 이물질을 제거하고, 신품 개스킷으로 교환 후 파이프를 조립한다. 최종 체결은 토크렌치로 규정토크로 조인다.

[그림 12-88] **파이프 조립**

⑳ 엔진 쪽에 금속 개스킷을 올려주고 파이프쪽은 개스킷을 볼트 구멍에 정확히 맞춰서 놓는다.

(a) 엔진쪽 개스킷 설치　　(b) 파이프쪽 개스킷 설치

[그림 12-89] **개스킷 설치**

㉑ 파이프와 EGR 쿨러를 조립한다. 최종 체결은 토크렌치로 규정토크로 조인다.

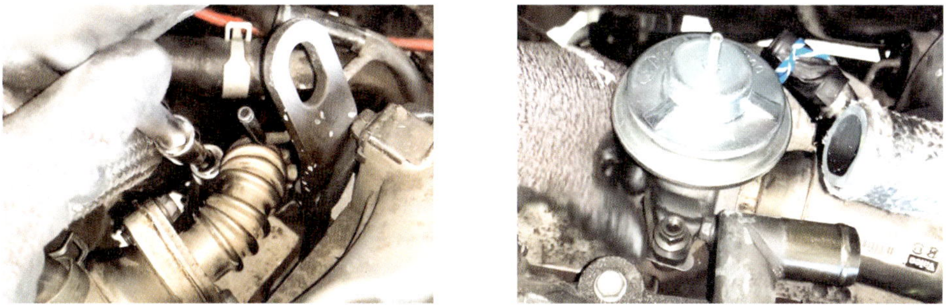

(a) 파이프 조립 (b) EGR 쿨러 조립

[그림 12-90] **파이프 및 EGR 쿨러 조립**

㉒ 쿨러호스 설치 파이프를 막았던 것을 제거하고 쿨러호스를 조립하고 클램프로 조인다. 클램프는 자국이 나 있는 기존에 있었던 자리에 그대로 걸어주는 것이 좋다.

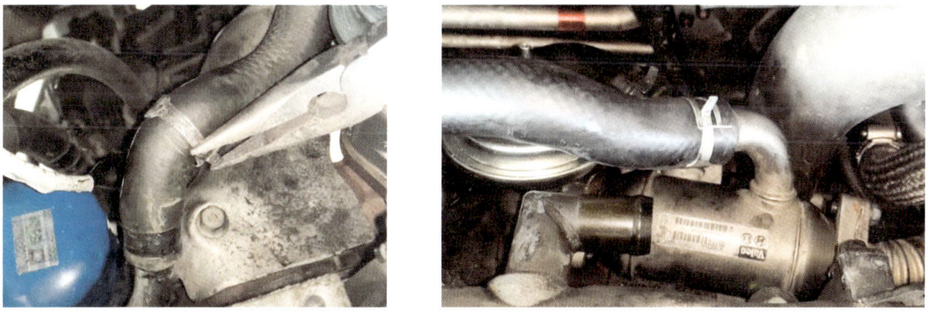

[그림 12-91] **쿨러 호스 조립**

㉓ 브레이크 부스터호스를 조립하고 클램프로 조인다.

㉔ 진공호스를 진공파이프에 조립한다.

[그림 12-92] **부스터호스 조립**

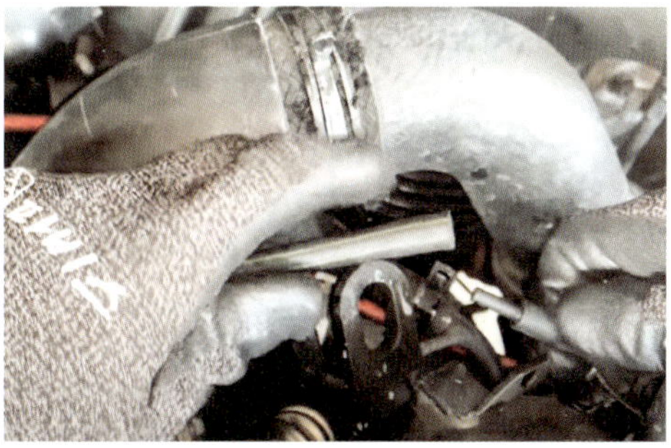

[그림 12-93] **진공호스 조립**

㉕ 인젝터 커넥터 및 캠각센서 커넥터를 조립하고 배선 고정 클립을 끼운다.

[그림 12-94] 인젝터 및 캠각센서 커넥터 배선 조립

㉖ EGR밸브에 진공호스를 조립한다.

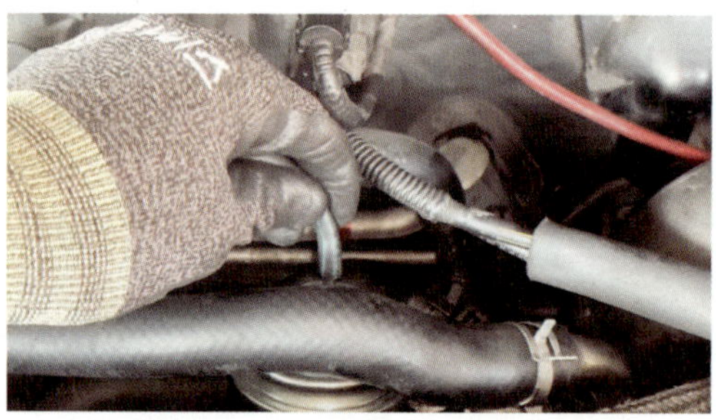

[그림 12-95] EGR 진공호스 조립

㉗ 시동을 걸어 예열상태를 확인한 후 이상이 없으면 엔진커버를 조립한다.

1.5 전자제어 디젤엔진 연료압력 조절밸브 탈・부착

① 키 스위치를 OFF로 한다.

② 현대 D엔진은 출구제어 방식(OMV : Outlet Metering Valve)이라 커먼레일 후단부에 설치되어 있고, 쌍용 CRDI엔진이나 KJ엔진은 고압펌프 후면에 위치해 있어 입구제어 방식(IMV : Inlet Metering Valve)이라 한다.

③ 현대 D엔진은 작업의 편의를 위해 인터쿨러 호스를 탈거한 후, 연료압력조절밸브의 커넥터(2핀)를 탈거한다.

④ 현대 D엔진은 커먼레일에서 연료압력조절밸브 고정 볼트를 탈거한다. 쌍용 CRDI 엔진 또는 KJ엔진은 고압펌프 후면에 위치한 연료압력조절밸브 고정 볼트를 탈거

한다.

⑤ 연료압력조절밸브를 탈거한다.

⑥ 조립은 탈거의 역순으로 한다.

(a) 인터쿨러호스 탈거

(b) 커넥터 탈거

(c) 연료압력조절밸브 고정 볼트 탈거

[그림 12-96] **현대 D엔진 연료압력조절밸브 탈거**

(a) 연료압력조절밸브 고정 볼트 탈거

(b) 연료압력조절밸브 탈거

[그림 12-97] **쌍용 CRDI엔진 및 KJ엔진 연료압력조절밸브 탈거**

1.6 전자제어 디젤엔진 연료압력센서 탈 · 부착

① 전자제어 디젤엔진 연료압력센서 커넥터(3핀)를 탈거한다.

② 복스렌치 또는 스패너를 사용하여 연료압력센서를 탈거한다.

(a) A2엔진, 그랜드스타렉스

(b) D엔진, 싼타페CM

[그림 12-98] **커넥터 탈거**

(a) A2엔진, 그랜드스타렉스

(b) D엔진, 싼타페CM

[그림 12-99] **연료압력센서 탈거**

③ 조립은 탈거의 역순으로 작업을 진행한다.

④ 교환 작업 후에는 스캐너를 활용하여 공기빼기 작업을 진행한다.

02 전자제어 디젤장치 점검 · 정비

2.1. 전자제어 디젤엔진 연료압력 점검

[1] 연료압력 점검방법

① 엔진 시동 후 스캐너를 준비한다.

② 기능 선택에서 차량 통신 기능을 선택한다.

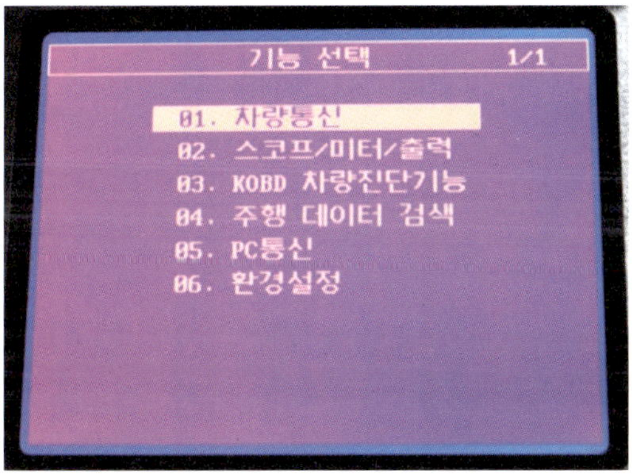

[그림 12-100] 차량 통신 기능 선택

③ 제조회사 선택에서 측정할 제조회사를 선택한다.

④ 차종 선택에서 측정할 차종 선택을 한다.

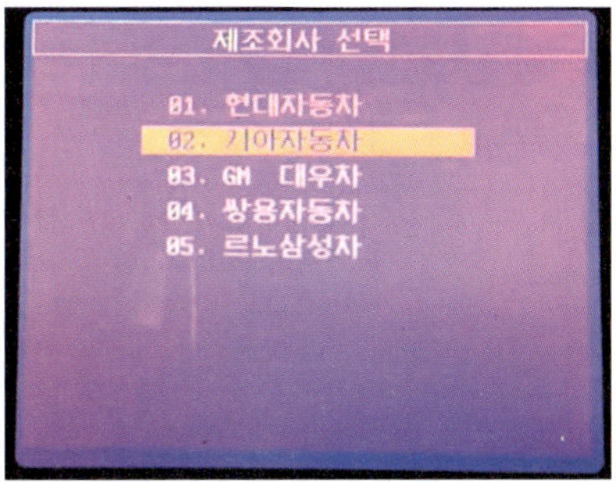

[그림 12-101] 제조회사 선택

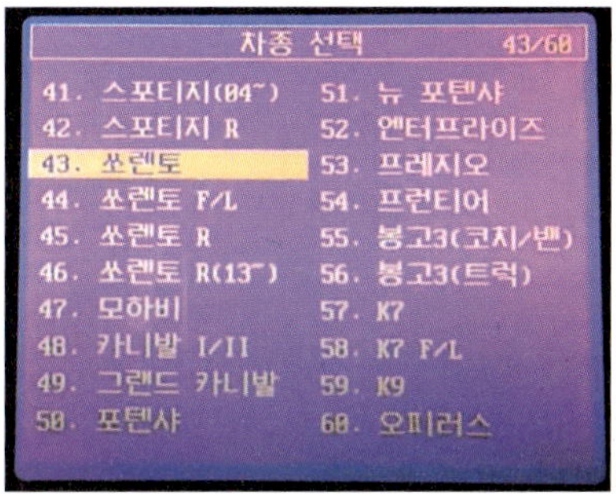

[그림 12-102] 차종 선택

⑤ 제어장치 선택에서 엔진제어를 선택한다.

⑥ 사양 선택에서 엔진 사양을 선택한다.

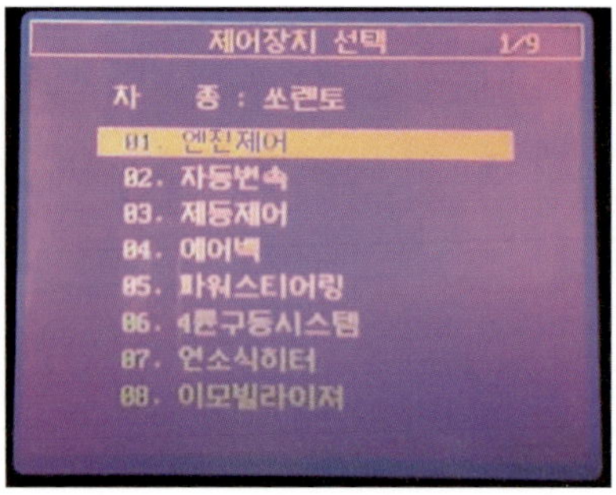

[그림 12-103] **엔진제어 선택**

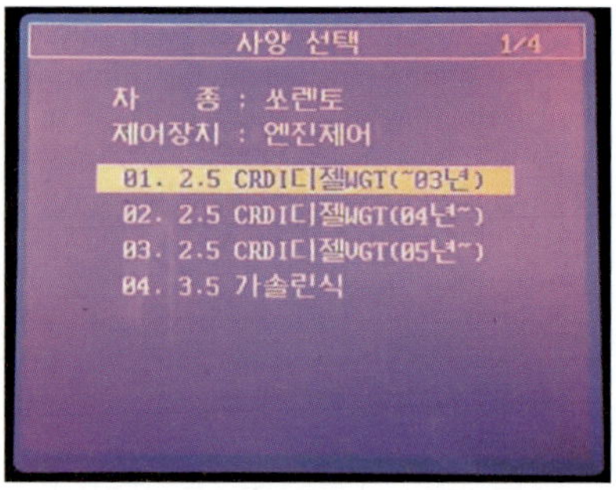

[그림 12-104] **엔진 사양 선택**

⑦ 진단기능 선택에서 센서출력을 선택한다.

⑧ 센서출력에서 레일압력을 확인한다.

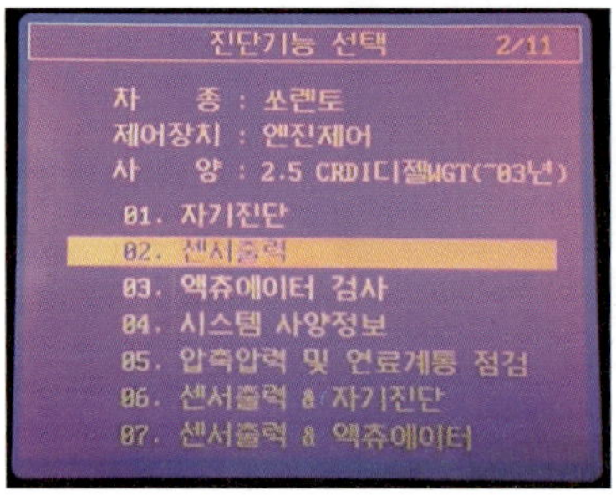

[그림 12-105] **센서출력 선택**

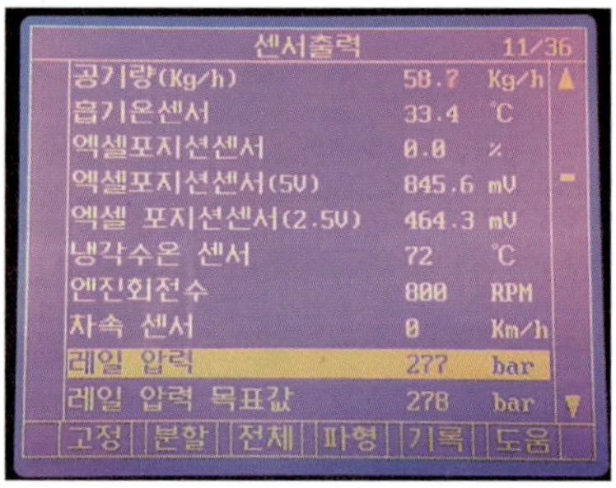

[그림 12-106] **레일압력 확인**

[2] 답안지 작성

① 측정(또는 점검)

㉠ 측정값 : 측정한 연료압력(예 : 277bar/공회전 시)을 답안지에 기입한다.

㉡ 규정(정비한계)값 : 차량마다 규정값이 다르므로 감독위원이 제시하는 규정값 또는 정비지침서를 참고하여 규정값(예 : 200~320bar/공회전 시)을 답안지에 기입한다.

② 판정 및 정비 조치사항

㉠ 측정값이 규정값 범위를 벗어나면 판정의 불량에 ☑ 표시한 후 정비 및 조치할

사항에 연료압력조절기 커넥터를 확인하여 커넥터가 탈거되어 있으면 "연료압력 조절밸브 커넥터 접속 후 재점검", 커넥터가 접속되어 있으면 "연료압력조절밸브 교환 후 재점검"으로 답안지를 작성한다.

㉡ 측정값이 규정값 범위 내에 들어오면 판정의 양호에 ☑ 표시한 후 정비 및 조치할 사항에 "정비 및 조치할 사항 없음"또는 "없음"으로 답안지를 작성한다.

항목	① 측정(또는 점검)		② 판정 및 정비(또는 조치)사항		득점
	측정값	규정(정비한계)값	판정(□에 "✔" 표)	정비 및 조치할 사항	
연료압력 (고압)	277bar/ 공회전 시	200~320bar/ 공회전 시	☑ 양호 □ 불량	없음	

2.2 전자제어 디젤엔진 인젝터 리턴(백리크)량 점검

[1] 인젝터 리턴(백리크)량 점검방법

① 인젝터 리턴호스 고정 핀을 모두 탈거하고 인젝터 리턴호스를 탈거한다.
② 백리크 테스터기 라인을 실린더 번호에 맞추어 연결한다.
③ 백리크 테스터기를 고정하고 리턴파이프를 폐쇄한다.

[그림 12-107] **리턴호스 탈거**

[그림 12-108] **백리크 테스터기 설치**

④ 엔진을 시동하고 공전상태로 1분간 유지한다.
⑤ 엔진을 가속하여 30초간 3,000rpm을 유지한 후 엔진을 정지한다.
⑥ 비이커를 수평으로 하여 리턴 연료량을 측정한다.

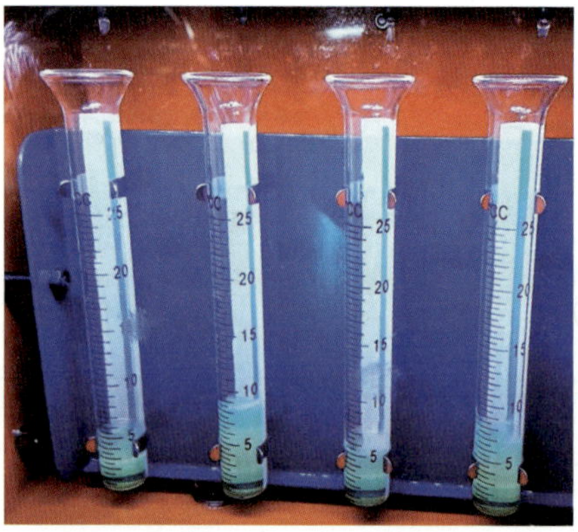

[그림 12-109] 리턴 연료량 측정

⑦ 측정이 완료되면 백리크 테스터기를 탈거한다.

⑧ 리턴파이프를 연결 후 고정 키를 장착한다.

[2] 답안지 작성

① 측정(또는 점검)

㉠ 측정값 : 백리크 측정값(예 : 1번 인젝터 30cc, 2번 인젝터 38cc, 3번 인젝터 33cc, 4번 인젝터 29cc)을 답안지에 기록한다.

㉡ 규정(정비한계)값 : 차량마다 규정값이 다르므로 감독위원이 제시하는 규정값 또는 정비지침서를 참고하여 규정값(예 : 28~35cc)을 답안지에 기입한다.

② 판정 및 정비 조치사항

㉠ 측정값이 규정값 범위를 벗어나면 판정의 불량에 ☑ 표시한 후 정비 및 조치할 사항에(예 : "2번 인젝터 교환 후 재점검") 으로 답안지를 작성한다.

㉡ 측정값이 규정값 범위 내에 들어오면 판정의 양호에 ☑ 표시한 후 정비 및 조치할 사항에 "정비 및 조치할 사항 없음"또는 "없음"으로 답안지를 작성한다.

항목	① 측정(또는 점검)							② 판정 및 정비(또는 조치)사항		득점
	측정값						규정(정비한계)값	판정(□에 "✔" 표)	정비 및 조치할 사항	
인젝터 라인 (백리크)량	1	2	3	4	5	6	28~35cc	□ 양호 ☑ 불량	2번 인젝터 교환 후 재점검	
	30 cc	38 cc	33 cc	29 cc						

2.3 전자제어 디젤엔진 공회전속도 점검

[1] 공회전속도 점검방법

① 엔진 시동 후 스캐너를 준비한다.

② 차량 통신 기능을 선택한다.

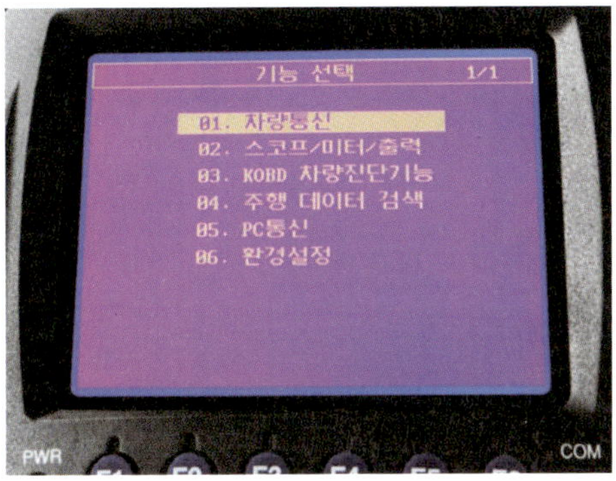

[그림 12-110] **차량 통신 기능 선택**

③ 제조회사 선택에서 측정할 제조회사를 선택한다.

④ 차종 선택에서 측정할 차종 선택을 한다.

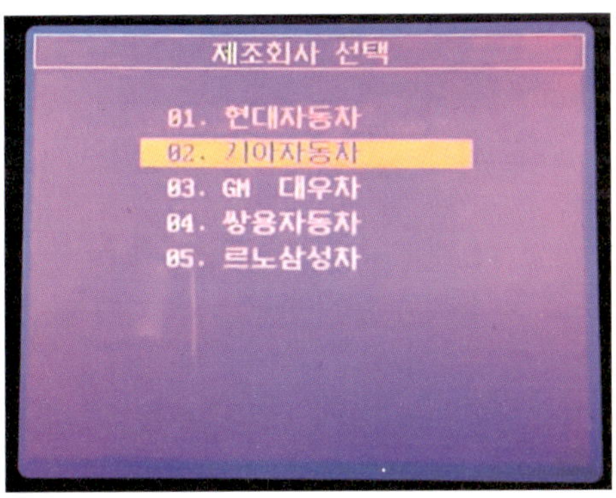

[그림 12-111] **제조회사 선택**

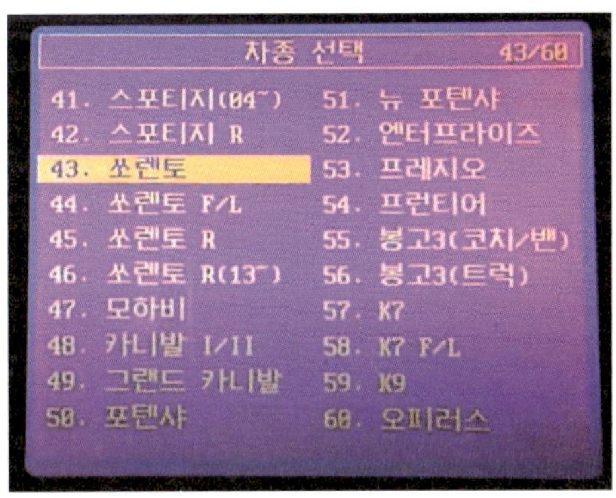

[그림 12-112] **차종 선택**

⑤ 제어장치 선택에서 엔진제어를 선택한다.

⑥ 사양 선택에서 엔진 사양을 선택한다.

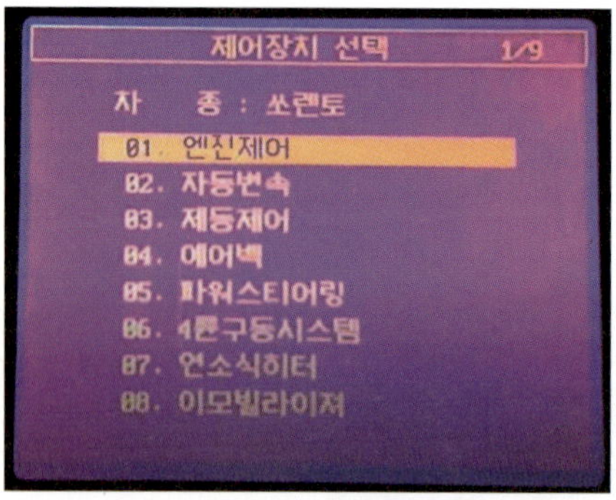

[그림 12-113] **엔진제어 선택**

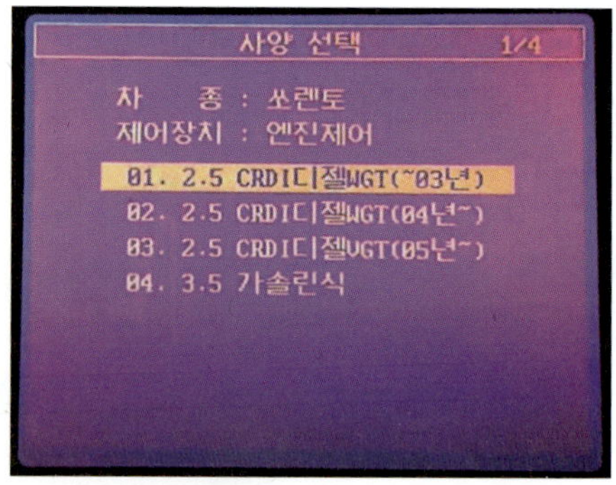

[그림 12-114] **엔진 사양 선택**

⑦ 진단기능 선택에서 센서출력을 선택한다.

⑧ 센서출력에서 공회전속도(엔진회전수)를 확인한다.

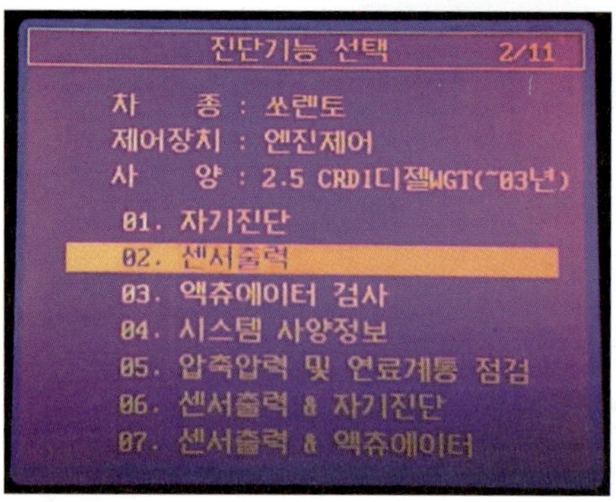

[그림 12-115] **센서출력 선택**

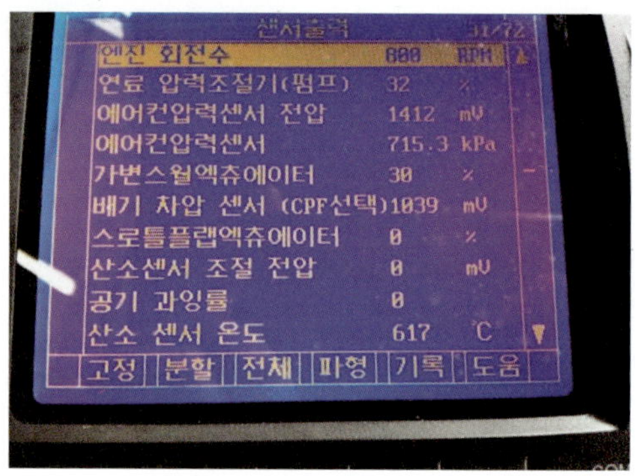

[그림 12-116] **공회전속도 확인**

[2] 답안지 작성

① 측정(또는 점검)

㉠ 측정값 : 측정한 공회전 속도(예 : 800rpm)를 답안지에 기입한다.

㉡ 규정(정비한계)값 : 차량마다 규정값이 다르므로 감독위원이 제시하는 규정값 또는 정비지침서를 참고하여 규정값(예 : 750~850rpm)을 답안지에 기입한다.

② 판정 및 정비 조치사항

㉠ 측정값이 규정값 범위를 벗어나면 판정의 불량에 ☑ 표시한 후 정비 및 조치할 사항에 "엔진 관련 센서 점검하여 고장센서 수리 후 재점검"으로 답안지를 작성한다.

㉡ 측정값이 규정값 범위 내에 들어오면 판정의 양호에 ☑ 표시한 후 정비 및 조치할 사항에 "정비 및 조치할 사항 없음"또는 "없음"으로 답안지를 작성한다.

항목	① 측정(또는 점검)		② 판정 및 정비(또는 조치)사항		득점
	측정값	규정(정비한계)값	판정(□에 "✔" 표)	정비 및 조치할 사항	
공회전 속도	800rpm	750~850rpm	☑ 양호 □ 불량	정비 및 조치할 사항 없음	

2.4 전자제어 디젤엔진 고압펌프 점검

[1] 고압펌프(스캐너)

① 연료압력조절밸브 커넥터 탈거 후 크랭킹한다.

② 연료압력 1,300~1,400bar 확인.

③ 1번 구간처럼 압력이 천천히 떨어져야 한다. 시간은 알 수 없다.

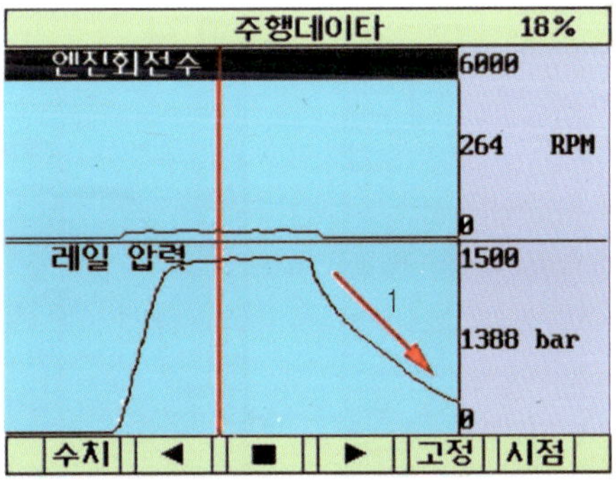

[그림 12-117] 압력조절밸브

[2] 고압펌프(크랭킹 1)

① 연료압력조절밸브 커넥터 탈거, 1번 구간 시간 2.4초 이내(4V), 고압펌프 정상으로 판단한다.

② 2번 구간 시간 1.6초 이내(3V).

③ KEY ON시 0.5V.

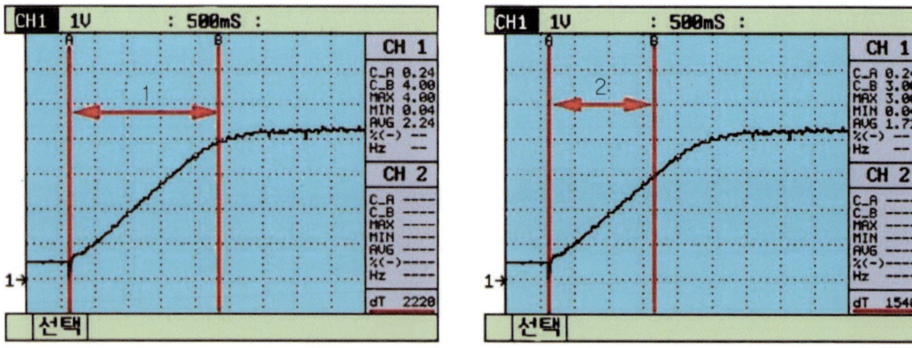

[그림 12-118] 고압펌프(크랭킹 1)

[3] 고압펌프(크랭킹 2)

① 연료압력조절밸브 커넥터를 탈거한다.

② 1번 구간 시간 16초 이내(4.4V~0.6V까지), 고압펌프 내부 부품 정상 판단.

③ 2번 구간 시간 8.6초 이내(4.4~1.0V까지).

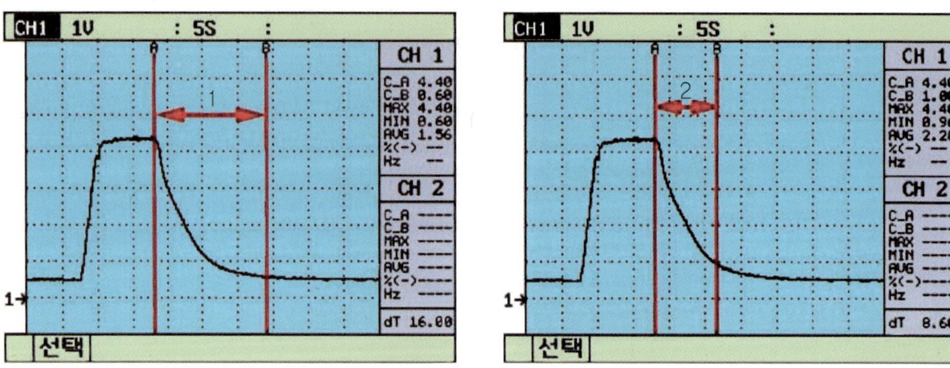

[그림 12-119] 고압펌프(크랭킹 2)

2.5 기계식 분사노즐압력 점검

[1] 측정방법

① 노즐시험기에 노즐을 설치하고, 시험기 연료탱크의 연료(경유)량을 점검한다.

② 노즐시험기 펌프 레버를 작동시켜 공기빼기를 실시한다.

③ 펌프 레버를 1~2회 정도 작동시켰다가 힘껏 1회전 작동시킨다. 이때 펌프 레버를 매초 1회 정도의 속도로 작동시킨다.

④ 압력계의 지침이 천천히 상승하고 분사 중에는 지침이 흔들린다. 지침이 흔들리기 시작한 위치를 읽어 분사개시압력을 측정한다.

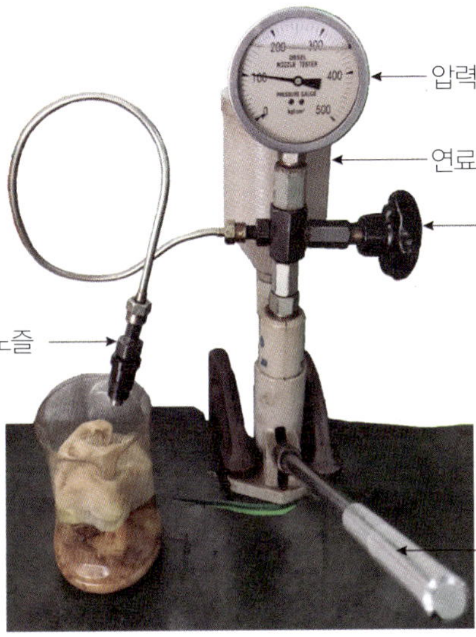

[그림 12-120] 분사노즐시험기

[표 12-1] 분사압력 규정값

차 종	분사개시 압력
그레이스, 포터	분사개시 압력 : 120kgf/cm^2 , 조정 압력 : 125~135kgf/cm^2
타이탄, 베스타	135kgf/cm^2
점보 타이탄	170~175kgf/cm^2

[2] 분사압력 조정방법

① 스크루식(screw type) : 압력 조정나사를 조이면 상승하나 풀면 하강한다.

② 심식(shim type) : 심을 증가시키면 압력 상승, 감소하면 하강한다.

[3] 후적 유무 및 분무상태 점검

① 분사노즐 팁을 깨끗이 닦는다.

② 노즐 테스터 펌프 레버를 매초 4~6회 정도의 속도로 작동시킨다.

③ 분무는 양호한 상태인지를 점검한다.

④ 노즐 끝부분을 손가락으로 만져보면 연료가 맺혀 있으면 후적이므로 불량이다.

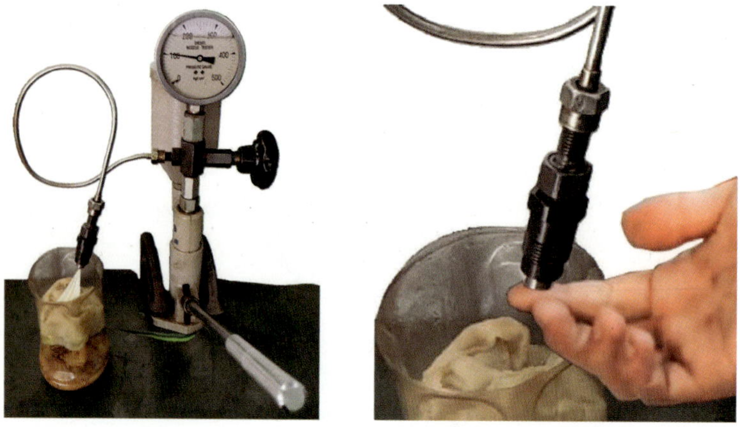

(a) 분부상태 점검　　(b) 후적상태 점검

[그림 12-121] **분무상태 및 후적상태 점검**

[4] 답안지 작성

① 측정(또는 점검)

㉠ 측정값 : 측정한 분사노즐 압력(예 : 130kgf/cm^2)을 답안지에 기입한다.

㉡ 규정(정비한계)값 : 감독위원이 제시하는 규정값 또는 정비지침서를 참고하여 규정값(예 : 125～135kgf/cm^2)을 답안지에 기입한다.

② 판정 및 정비 조치사항

㉠ 측정값이 규정값 범위를 벗어나거나 후적이 있으면 판정의 불량에 ☑ 표시한 후 정비 및 조치할 사항에 분사압력이 불량 시 스크루식은 "압력 조정나사로 규정값으로 조정 후 재점검", 심식은 "심을 규정값으로 조정 후 재점검"으로 기입하고, 후적이 있을 경우에는 분사압력이 양호해도 "분사노즐 교환 후 재점검"으로 답안지를 작성한다.

㉡ 측정값이 규정값 범위 내에 들어오면 판정의 양호에 ☑ 표시한 후 정비 및 조치할 사항에 "정비 및 조치할 사항 없음"또는 "없음"으로 답안지를 작성한다.

측정항목	① 측정(또는 점검)		② 판정 및 정비(또는 조치)사항			득점
	측정값	규정(정비한계)값	후적 유무 (□에 "✔" 표)	판정(□에 "✔" 표)	정비 및 조치할 사항	
분사노즐 압력	130 kgf/cm^2	125～135kgf/cm^2	☑ 유 □ 무	□ 양호 ☑ 불량	분사노즐 교환	

2.6 EGR밸브 및 EGR 솔레노이드밸브 점검

[1] 배기가스 재순환장치(EGR) 검사방법

① 스로틀바디에서 진공호스(녹색선)를 분리시키고, 핸드 진공펌프를 진공호스에 연결한다.

② 진공호스를 빼낸 니플은 플러그로 막는다.

③ 엔진이 냉각되었을 때(냉각수 온도 60℃ 이하)와 난기 운전되었을 때(냉각수 온도 80~95℃) 아래 사항을 점검한다.

④ 스로틀바디의 EGR 진공포트에 진공펌프를 연결, 엔진 회전수 증가에 따라 진공도는 증가해야 한다.

엔진 냉각수 온도	진공	엔진 회전상태	정상상태
냉간	진공을 가함	공전상태	진공이 해제된다.
열간	0.06kgf/cm^2	공전상태	진공이 유지된다.
	0.26kgf/cm^2	공전이 불규칙함	

[2] EGR밸브 제어 진공검사

① 엔진의 냉각수 온도를 80~95℃가 되도록 난기 운전시킨 후 스로틀바디 EGR 진공 니플에서 진공호스를 분리시키고 니플에 진공펌프를 연결한다.

② 엔진 시동을 한 후 가속시키면서 스로틀바디 E포트 진공이 엔진 회전속도 상승에 비례하여 증가하는지를 점검한다. 이때 진공 변화에 문제가 있으면 스로틀바디 E포트가 막혔을 가능성이 있으므로 청소를 한다.

[3] EGR밸브 단품 검사방법

① EGR 솔레노이드밸브를 떼어내어 고착, 카본 퇴적 등을 점검하고, 상태가 나쁘면 솔벤트로 청소하여 밸브 시트의 접촉이 완전하도록 한다.

② 핸드 진공펌프를 EGR 솔레노이드밸브에 연결한다.

③ 0.67kgf/cm^{2}의 진공을 가하면서 공기의 밀폐도를 점검한다.

④ EGR의 한 통로에서 공기를 불면서 다음 사항을 점검한다.

진 공	결 과
0.07kgf/cm^2 이하	공기가 통하지 않는다.
0.23kgf/cm^2 이상	공기가 통한다.

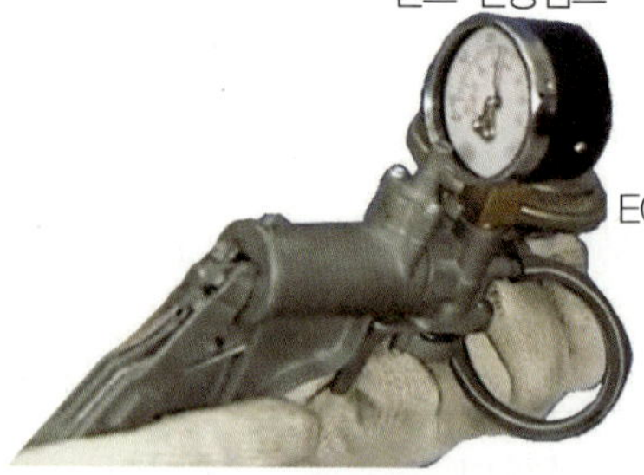

[그림 12-122] EGR 솔레노이드밸브에 핸드 진공펌프 연결

⑤ EGR밸브를 설치할 때 신품의 개스킷을 사용하여야 하며 볼트의 조임 토크는 1.5 ~2.2kgf · m이다.

[4] EGR 솔레노이드밸브 검사방법

EGR 컨트롤 솔레노이드밸브는 ECU에 의해 제어된다. 엔진 냉각수 온도가 낮거나 공회전 시에는 밸브가 닫혀 연소가스가 서지탱크에 유입되지 않다가, 엔진이 워밍업되어 정상 작동 시에는 밸브가 개방되어 연소가스의 일부가 서지탱크로 유입된다.

① 진공호스를 분리시킬 때 식별표시를 해두어 원래 위치에 장착하기에 용이하게 한다.
② 솔레노이드밸브에서 진공호스(녹색)를 분리한다.
③ 하니스 커넥터를 분리시킨다.
④ 진공을 가하면서 EGR 솔레노이드밸브에 전압을 인가했을 때와 인가하지 않았을 때를 점검한다.

배터리전압	정상상태
인가했을 때	진공이 유지됨
인가하지 않았을 때	진공이 해제됨

⑤ 솔레노이드밸브 터미널 사이의 저항을 측정한다.

항목	규정값
EGR 컨트롤 솔레노이드밸브 코일저항	36~44Ω(20℃에서)

(a) 작동 점검

(b) 저항 점검

[그림 12-123] **솔레노이드 점검**

[5] 전자 EGR밸브 교환 시 초기화 방법

CRDI 유로3세대 1,600bar, 1,800bar, 연료압력이 적용된 R엔진, U엔진 EGR밸브, ACV교환 시 초기화를 해야 하며, 전자 EGR 교환한 후 학습값 초기화를 실행하지 않으면 주행 후 소음과다, 출력부족, 매연과다, 엔진 진동, 연비불량 등의 증상이 나타날 수 있다. 초기화 방법은 다음과 같다.

① IG ON 후 약 10초 경과 후

② 스캐너 학습값 초기화 메뉴 실행

③ IG OFF 후 약 20초 이상 경과 후 IG ON하면 초기화 실행

[6] 답안지 작성

① 측정(또는 점검)

㉠ 측정값의 작동시험에서는 작동상태(예 : ON : 진공유지, OFF : 진공해제)를 기록하고 저항은 측정한 저항값(예 : 34Ω)을 기록한다.

㉡ 규정값은 작동시험에서는 ON : 진공유지, OFF : 진공해제를 기록하고 저항은 36~44Ω을 기록한다.

② 판정 및 정비 조치사항

㉠ 배터리전압을 공급하였을 때 진공이 해제되고, 전원이 공급하지 않았을 때 진공이 유지되거나, 저항값이 규정값을 벗어나면 판정의 불량에 ☑ 표시한 후 정비 및 조치할 사항에 "솔레노이드밸브 교환 후 재점검"으로 답안지를 작성한다.

㉡ 배터리전압을 공급하였을 때 진공이 유지되거나, 전원을 공급하지 않았을 때 진공이 해제되고 저항값이 규정값 이내이면, 판정의 양호에 ☑ 표시한 후 정비 및 조치할 사항에 "정비 및 조치할 사항 없음"또는 "없음"으로 답안지를 작성한다.

<table>
<tr><th rowspan="2">항목</th><th rowspan="2">측정
항목</th><th colspan="2">① 측정(또는 점검)</th><th colspan="2">② 판정 및 정비(또는 조치)사항</th><th rowspan="2">득점</th></tr>
<tr><th>측정값</th><th>규정(정비한계)값</th><th>판정(□에
"✔" 표)</th><th>정비 및 조치할
사항</th></tr>
<tr><td rowspan="2">EGR
솔레노이
드밸브</td><td>작동
시험</td><td>ON : 진공유지
OFF : 진공해제</td><td>ON : 진공유지
OFF : 진공해제</td><td rowspan="2">☑ 양호
☐ 불량</td><td rowspan="2">없음</td><td rowspan="2"></td></tr>
<tr><td>저항</td><td>34Ω</td><td>36～44Ω</td></tr>
</table>

2.7 예열플러그 점검

[1] 측정방법

① 멀티 테스터를 사용하여 전원단자부와 바디 사이에 접촉시켜 저항을 점검한다.

② 규정값 0.25Ω~0.30Ω(20℃)을 벗어나면 예열플러그를 교환한다.

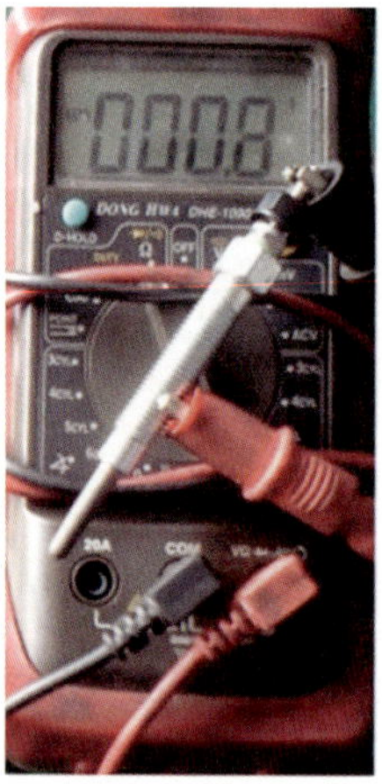

[그림 12-124] 예열플러그 통전 점검

[2] 답안지 작성

① 측정(또는 점검)

㉠ 측정값 : 측정한 예열플러그 저항값(예 : 0.8Ω)을 답안지에 기입한다.

㉡ 규정(정비한계)값 : 차량마다 규정값이 다르므로 감독위원이 제시하는 규정값 또는 정비지침서를 참고하여 규정값(예 : 0.25Ω~0.30Ω)을 답안지에 기입한다.

② 판정 및 정비 조치사항

㉠ 측정값이 규정값 범위를 벗어나면 판정의 불량에 ☑ 표시한 후 정비 및 조치할 사항에 "예열플러그 교환 후 재점검"으로 답안지를 작성한다.

㉡ 측정값이 규정값 범위 내에 들어오면 판정의 양호에 ☑ 표시한 후 정비 및 조치할 사항에 "정비 및 조치할 사항 없음"또는 "없음"으로 답안지를 작성한다.

항목	① 측정(또는 점검)		② 판정 및 정비(또는 조치)사항		득점
	측정값	규정(정비한계)값	판정(□에 "✔" 표)	정비 및 조치할 사항	
예열플러그 저항	0.8Ω	0.25Ω~0.30Ω	□ 양호 ☑ 불량	예열플러그 교환 후 재점검	

2.8 디젤 전자제어 인젝터 파형

[1] 디젤 전자제어 인젝터 파형 점검

① 주어진 엔진 인젝터 (+)핀에 소전류 픽업과 1번 (+)프로브를, (−)프로브는 (−)에 연결한다.

[그림 12-125] 프로브 설치

② 윈도우 바탕 화면에서 Hi-DS 아이콘을 클릭한다.
③ 로그인 창이 뜨면 취소 버튼을 클릭한다.
④ 다음 화면 사용제약 경고문에서 확인을 클릭한다.
⑤ 다음 창에서 오실로스코프 버튼을 클릭한다.
⑥ 차량정보를 입력한다.
⑦ ENGINE, 엔진제어시스템 아이콘을 클릭한다.

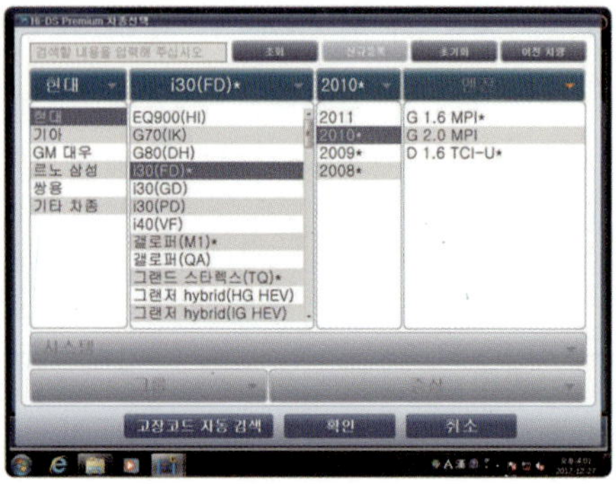

[그림 12-126] **차량정보 입력**

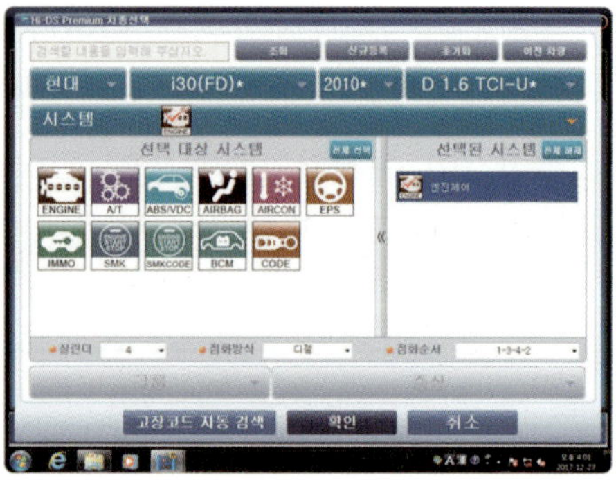

[그림 12-127] **엔진시스템 아이콘 클릭**

⑧ 환경설정에서 1번 채널 전압 60V, 소전류 30A, Time 1.5ms로 설정한다.

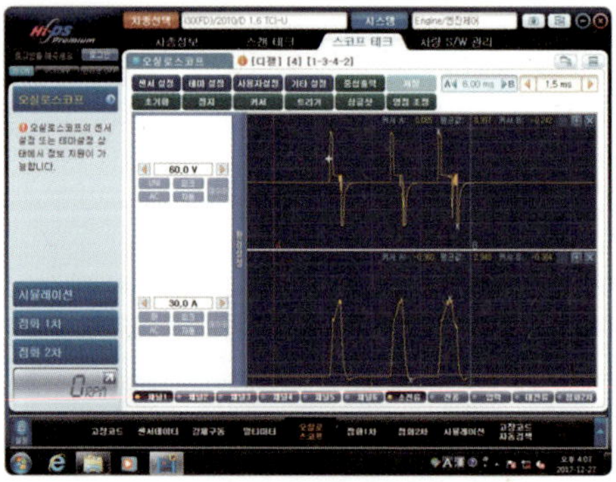

[그림 12-128] **환경설정에서 전압, 소전류, Time 설정**

⑨ 화면을 확대 트리거를 실행 후 파형이 표시되면 정지버튼을 클릭하여 화면을 정지한다.
⑩ 예비분사 1파형의 분사시간, (+), (-)서지전압, 전류값을 기록한다.

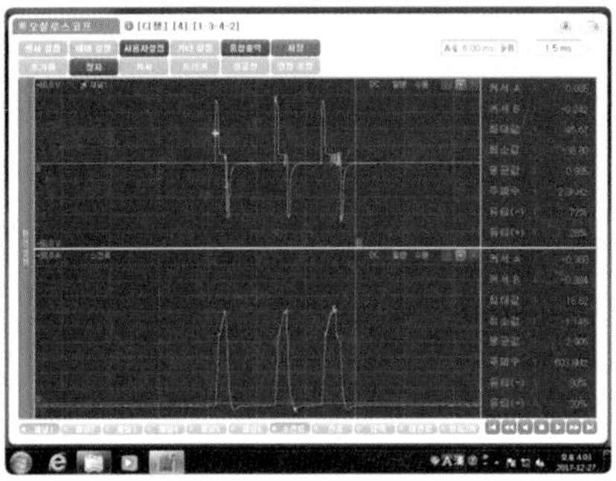

[그림 12-129] **화면 정지**

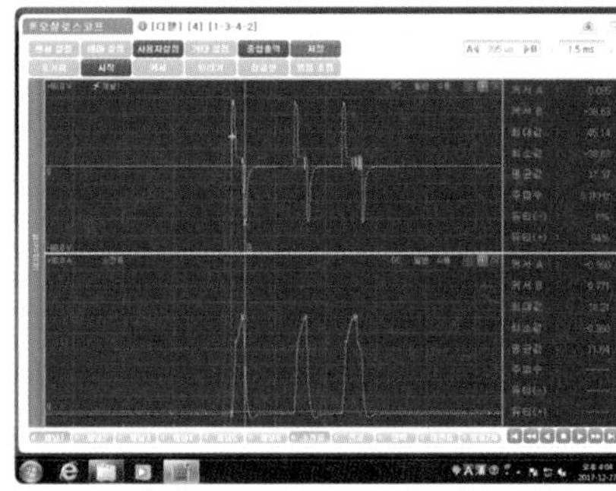

[그림 12-130] **예비분사 1파형 측정값 기록**

⑪ 예비분사 2파형의 분사시간, (+), (-) 서지전압, 전류값을 기록한다.

⑫ 주분사 파형의 분사시간, (+), (-) 서지 전압, 전류값을 기록한다.

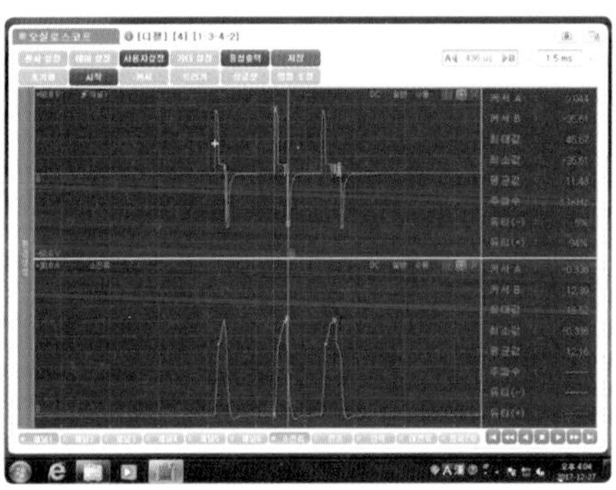

[그림 12-131] **예비분사 2파형 측정값 기록**

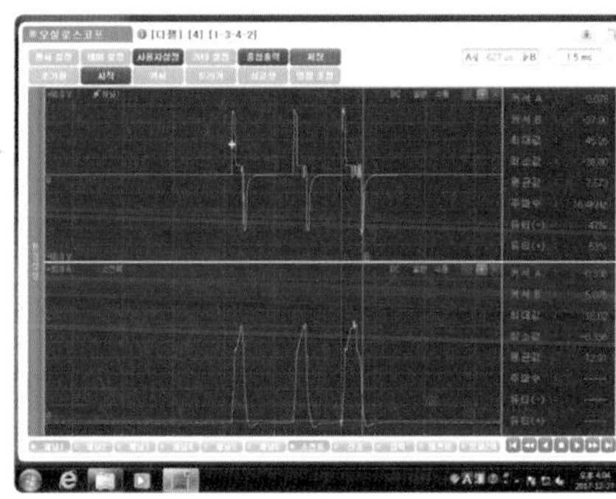

[그림 12-132] **주분사 파형 측정값 기록**

⑬ 캡처 인쇄 아이콘을 클릭 후 확인 버튼을 클릭한다.

⑭ 프린터 창이 뜨면 확인 버튼을 클릭하여 프린트한다.

[2] 답안지 작성

① 출력한 파형에 예비분사 1, 2 서지전압, 분사시간, 작동전류를 기입한다.

② 출력한 파형에 주분사 서지전압, 분사시간, 작동전류를 기입한다.

[3] 판정 및 정비 조치사항

① 차량마다 규정값이 다르므로 감독위원이 제시하는 규정값을 기준으로 판정한다.

② 양호 판정 시 "측정값이 규정값 범위 내에 있으므로 양호함"으로 프린트한 파형 상단에 기록한다.

③ 불량 판정 시 "출력전압이 규정값을 벗어나므로 인젝터 교환 후 재점검"으로 프린트한 파형 상단에 기록한다.

측정 항목	파형 상태	득점
파형 측정	요구사항 조건에 맞는 파형을 프린트하여 아래사항을 분석 후 뒷면에 첨부 ① 출력된 파형에 불량요소가 있는 경우에는 반드시 표기 및 설명되어야 함. ② 파형의 주요 특징에 대하여 표기 및 설명되어야 함.	

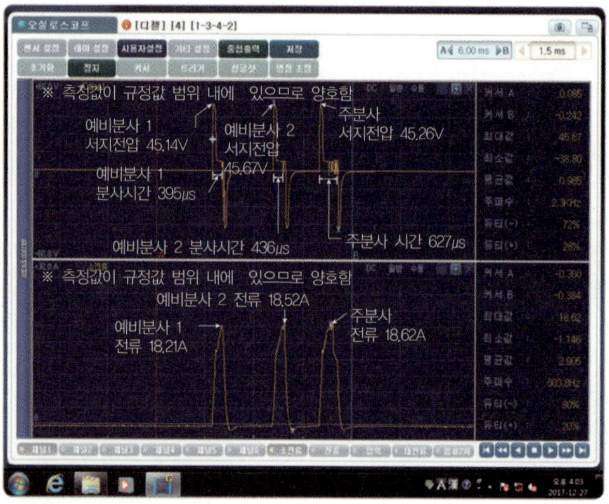

[그림 12-133] 답안지 작성

Chapter 13

배출가스 검사

01 엔진시동 작업

02 배출가스 점검

03 매연 측정

01 엔진시동 작업

1.1 시동에 필요한 요소 점검

① 배터리 점검 : 배터리의 단자 및 터미널의 접촉상태를 확인하여 접속 불량 시 접속을 확실히 하고, 배터리전압도 정상인가 확인한다.

(a) 단자 접촉상태 확인

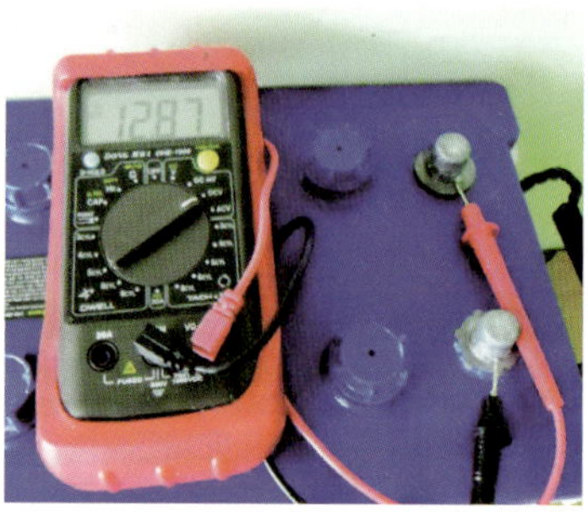

(b) 배터리전압 점검

[그림 13-1] **배터리상태 점검**

② 키 박스 커넥터를 점검한다.

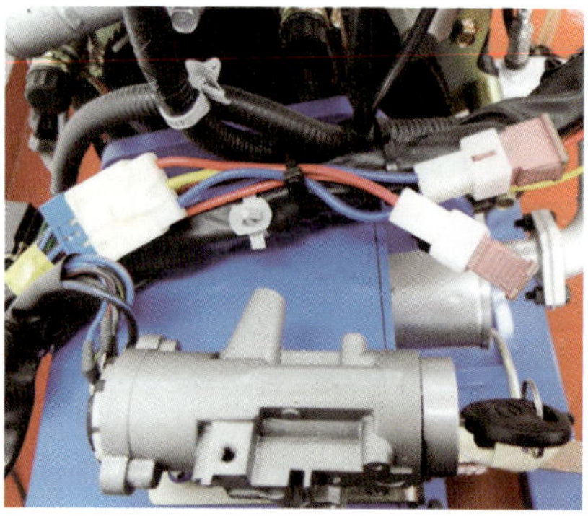

[그림 13-2] **키 박스 커넥터 점검**

③ **엔진룸 퓨즈박스** : 퓨즈박스 커버의 퓨즈 및 릴레이 위치를 보면서 시동릴레이, 이그니션퓨즈, ECU퓨즈, B+퓨즈(메인퓨즈) 등 시동에 관련된 릴레이와 퓨즈를 점검하여 단선 점검 및 탈착 여부, 접촉 여부를 점검하여 릴레이 또는 퓨즈가 없거나 단선된 경우 교환하고 접촉이 불량하면 접촉을 확실히 한다.

④ 실내 퓨즈박스, ECU 커넥터, 연료펌프 릴레이 및 커넥터, 메인컨트롤 릴레이 상태를 확인한다.

(a) 엔진룸 퓨즈박스

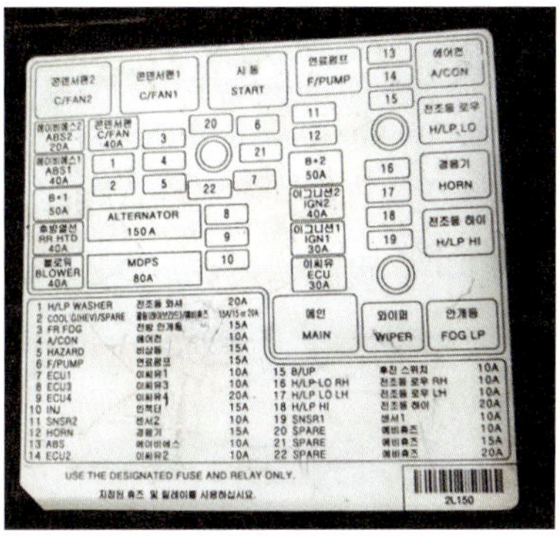

(b) 엔진룸 퓨즈박스 커버

[그림 13-3] **엔진룸 퓨즈박스 점검**

(a) 실내 퓨즈박스

(b) 실내 퓨즈박스 커버

[그림 13-4] **실내 퓨즈박스 점검**

[그림 13-5] ECU 커넥터 점검

⑤ 기동전동기 ST 단자 및 B 단자 점검 후 탈거 시 연결한다.

⑥ 고압 케이블 및 점화코일, 파워 트랜지스터(페일러센서) 커넥터 점검 후 탈거 또는 불량 시 수정한다.

[그림 13-6] ST 단자 및 B 단자 점검

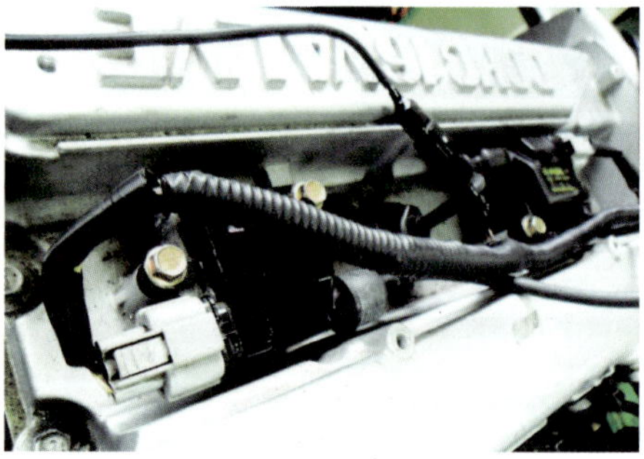

[그림 13-7] 점화코일 배선 및 점화 코일 점검

⑦ 인젝터, 크랭크 각센서, 캠각센서, 흡입공기량센서(MAP), ISC밸브 등 각종 센서의 커넥터 상태를 점검하여 접촉 불량 시 커넥터 접속을 확실히 한다.

[그림 13-8] 크랭크 각센서 커넥터 점검

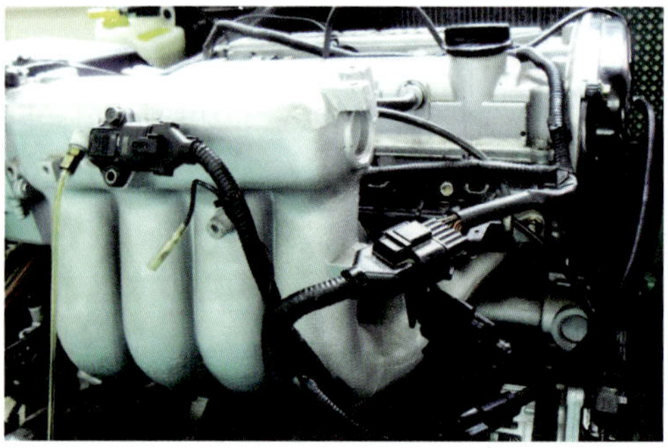

[그림 13-9] 캠각센서, MAP센서 커넥터 점검

[그림 13-10] **TPS 커넥터 점검**

[그림 13-11] **ISC 밸브 커넥터 점검**

⑧ 연료펌프 커넥터를 점검한다.

[그림 13-12] **연료펌프 커넥터 점검**

⑨ 자동변속기 차량은 체인지 레버가 P 또는 N 위치에 있는가 확인하고, 위치가 틀리면 체인지 레버를 P 위치로 설정한다.

[그림 13-13] **인히비터 스위치 커넥터 점검**

[그림 13-14] **체인지 레버위치 점검**

⑩ 다른 부위가 이상이 없으면 배터리의 (+)단자에 절연 케이블을 연결하고, 배터리의 (-)단자에 접지 케이블을 연결한다.

⑪ 점화 스위치를 시동위치로 하여 엔진을 시동한다.

1.2 시동회로 점검

시험장에서 점화장치, 연료장치, 크랭킹회로 중 어느 특정한 곳만 고장 났을 경우 고장 난 부위만 점검해서 시동작업을 해야 한다.

[1] 점화장치회로의 이상개소 찾는 순서

배터리 → 키 커넥터 → 메인컨트롤 릴레이 → 고압 케이블 → 점화코일 → 각센서(크랭크각센서, 캠각센서)를 학인 후 파워 TR(페일러 센서) 커넥터 또는 퓨즈를 점검한다.

[2] 연료장치회로의 이상개소 찾는 순서

배터리 → 키 커넥터 → 메인컨트롤 릴레이 → 연료펌프 커넥터 → 연료펌프 릴레이 → 인젝터 → 각센서(크랭크 각센서, 캠각센서) 커넥터 또는 퓨즈를 점검한다.

[3] 크랭킹회로의 이상개소 찾는 순서

배터리 → 키 커넥터 → 엔진룸 퓨즈박스 → 실내 퓨즈박스 → 메인컨트롤 릴레이 → 스타트 릴레이 → 기동전동기 ST 단자 순으로 해당되는 커넥터 또는 퓨즈를 점검한다.

02 배출가스 점검

2.1 CO, HC

[1] CO, HC 측정방법

① 배출가스 시험기 설치 후 시험차량을 시동하고 CO, HC 채취 프로브를 배기머플러에 연결 후 예열한다.

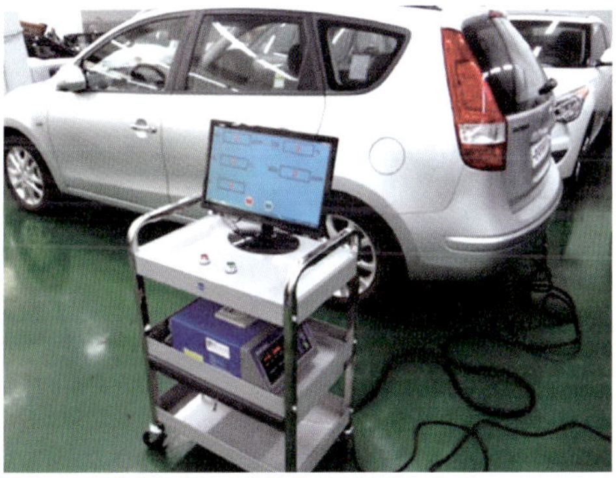

[그림 13-15] CO, HC 채취 프로브 설치

② 측정기 화면을 확인한다.

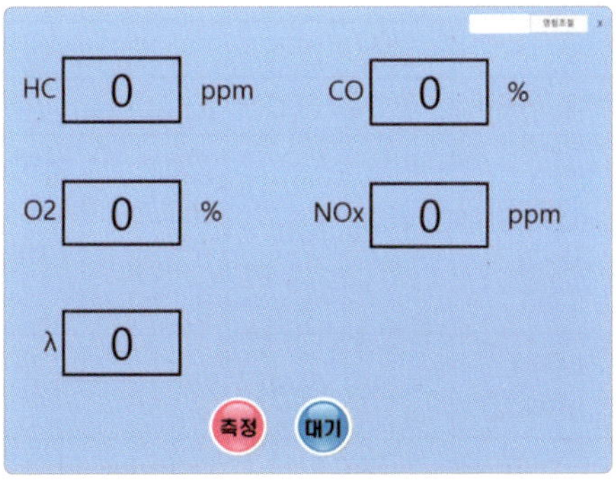

[그림 13-16] 측정기 화면

③ 측정기 전면의 측정 버튼을 누른다.

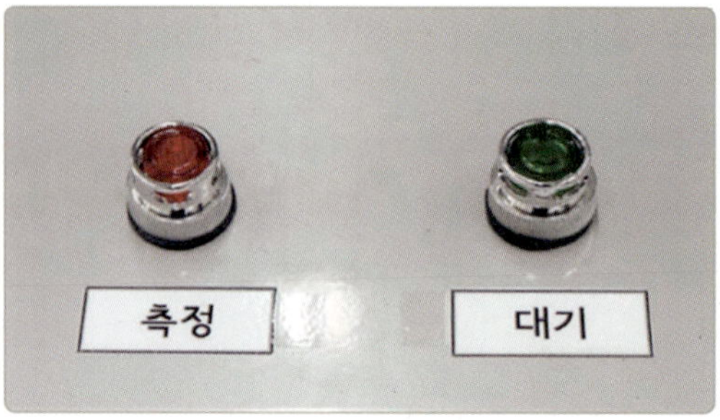

[그림 13-17] **측정버튼**

④ 측정값이 수시로 변하므로 현재 보이는 값을 읽는다(예 : CO : 0.65%, HC : 95ppm).

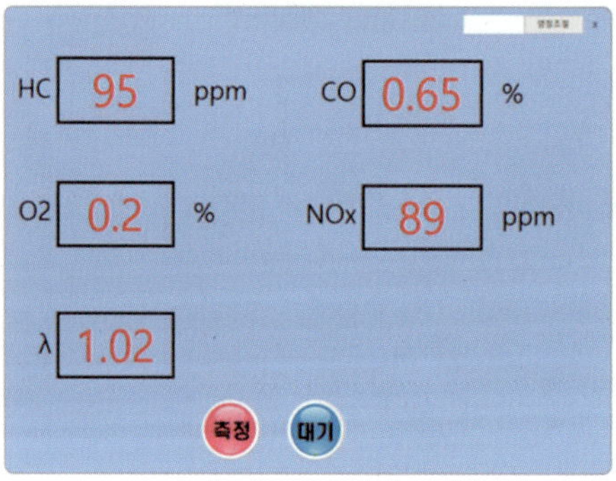

[그림 13-18] **측정화면**

[2] 휘발유(알코올 포함) 사용 또는 가스사용 자동차 운행 차량 배출 허용기준(CO, HC)

<table>
<tr><th>차종</th><th>제작일자</th><th>일산화탄소</th><th>배기관 탄화수소</th><th>공기과잉률</th></tr>
<tr><td rowspan="4">승용자동차</td><td>1987. 12. 31.이전</td><td>4.5% 이하</td><td>1,200ppm 이하</td><td rowspan="4">1±0.1 이내, 다만, 기화기식 연료공급장치 부착 자동차는 1±0.15 이내, 촉매 미부착 자동차는 1±0.20 이내</td></tr>
<tr><td>1988. 1. 1.부터
2000. 12. 31.까지</td><td>1.2% 이하</td><td>220ppm 이하(휘발유·알코올 사용 자동차)
400ppm 이하(가스 사용 자동차)</td></tr>
<tr><td>2001. 1. 1부터
2005. 12. 31까지</td><td>1.2% 이하</td><td>220ppm 이하</td></tr>
<tr><td>2006. 1. 1 이후</td><td>1.0% 이하</td><td>120ppm 이하</td></tr>
</table>

[3] 답안지 작성

① 측정(또는 점검)

㉠ 측정값 CO : 0.65%, HC : 95ppm을 답안지에 기입한다.

㉡ 기준값 : 등록증 상에 있는 년식에 의거해(예 : 2002년 기준값 CO : 1.2% 이하, HC : 220ppm 이하) 답안지에 기입한다.

K	M	H	E	M	4	2	A	P	2	A	000001

연도	부호	연도	부호	연도	부호	연도	부호	연도	부호
1987	H	1994	R	2001	1	2008	8	2015	F
1988	J	1995	S	2002	2	2009	9	2016	G
1989	K	1996	T	2003	3	2010	A	2017	H
1990	L	1997	V	2004	4	2011	B	2018	J
1991	M	1998	W	2005	5	2012	C	2019	K
1992	N	1999	X	2006	6	2013	D	2020	L
1993	P	2000	Y	2007	7	2014	E	2021	M

② 판정 및 정비 조치사항

㉠ 측정값이 기준값 범위를 벗어나면 부적합에 표시한다.

㉡ 측정값이 기준값 범위 내에 있으면 적합에 표시한다.

항목	① 측정(또는 점검)		② 판정(□에 "✔" 표)	득 점
	측정값	기준값		
CO	0.65%	1.2% 이하	□ 적합 ☑ 부적합	
HC	95ppm	120ppm 이하		

※ 감독위원이 제시한 자동차 등록증(또는 차대번호)을 활용하여 차종 및 연식을 적용합니다.
※ 자동차검사기준 및 방법에 의하여 기록 판정합니다.
※ CO는 소수점 둘째자리 이하는 버리고 0.1% 단위로 기록합니다.
※ HC는 소수점 첫째자리 이하는 버리고 1ppm 단위로 기록합니다.

03 매연 측정

[그림 13-19] **광투과식 OPA-102**

3.1 매연 측정

[1] 표시

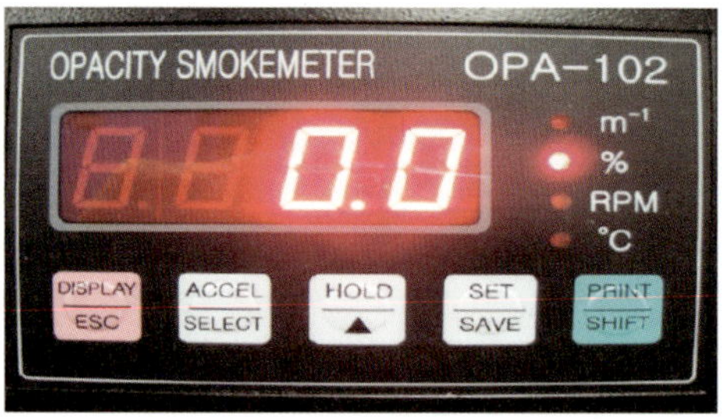

[그림 13-20] **초기 표시 화면**

[DISPLAY]키를 누르면 [광흡수계수 [K] (m-1) → 매연 농도(%) → RPM → ℃] 순으로 측정 항목을 이동한다. 측정항목에 해당하는 단위 LED가 켜진다. 재전원시에는 최종 표시 항목이 다시 표시된다.

[2] 무부하 급가속 일반모드(1회 측정)

① 무부하 급가속 일반모드를 위해서는 설정화면의 홀드모드에서 피크 홀드모드로 설정되어 있어야 한다.

② 측정 대상자동차의 원동기를 중립인 상태(정지가동상태)에서 급가속하여 최고회전속도 도달 후 2초간 공회전시키고 정지가동상태로 5~6초간 둔다. 이와 같은 과정을 3회 반복 실시한다.

③ 측정기의 프로브를 배기관의 벽면으로부터 5mm 이상 떨어지도록 설치하고 5cm 정도의 깊이로 삽입한다.

④ [HOLD]키를 눌러 피크 홀드상태로 이동한다(표시창의 LED가 깜빡이며, 부저음이 울린다).

⑤ 가속페달에 발을 올려놓고 원동기의 최고회전속도에 도달할 때까지 급속히 밟으면서 시료를 채취한다. 이때 가속페달을 밟을 때부터 놓을 때까지 걸리는 시간은 4초 이내로 한다. 이때 홀드된 값을 읽고 프린트를 원하면 [PRINT]키를 누르고, 재측정을 원하면 [HOLD]키를 눌러 홀드 모드를 해제한 다음, ④~⑤과정을 반복한다.

⑥ 측정이 완료되면 배기관으로부터 프로브를 제거한다(이때 프로브가 뜨거우므로, 화상에 주의한다).

[3] 무부하 급가속 검사 모드(법규 적용)

① 측정 대상자동차의 원동기를 중립인 상태(정지가동상태)에서 급가속하여 최고회전속도 도달 후 2초간 공회전시키고 정지가동상태로 5~6초간 둔다. 이와 같은 과정을 3회 반복 실시한다.

② 측정기의 프로브를 배기관의 벽면으로부터 5mm 이상 떨어지도록 설치하고 5cm 정도의 깊이로 삽입한다.

③ [ACCEL] KEY를 누른다. 화면에 "ACEL"이라는 문구가 나오면 [ACCEL] KEY를 한 번 더 누른다.

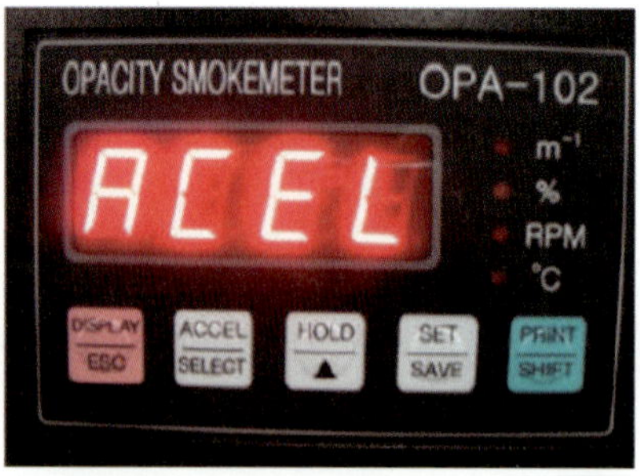

[그림 13-21] 기준값 설정 전 화면

[그림 13-22] 기준값 지정

④ 매연 배출허용기준값을 설정하는 표시가 나오면 [▲] KEY를 이용하여 기준값을 지정하고(5% 단위로 변환), [ACCEL] KEY를 누르면 DISPLAY 화면에 "AC-1"이라는 문구와 함께 LED 4개의 불이 깜빡거린다.

⑤ 이는 첫 번째 측정을 시작할 수 있다는 표시이며, 이때 [ACCEL] KEY를 한 번 더 누르면 표시창의 LED 1개의 불이 깜빡이고, 부저음이 울리면서 측정을 시작한다(이때부터 측정 매연의 최고점을 갱신한다).

[▲] KEY를 이용하여 K (m-1) → 매연 농도(%) → RPM → ℃를 볼 수 있다.

[그림 13-23] 첫 번째 측정 대기 화면

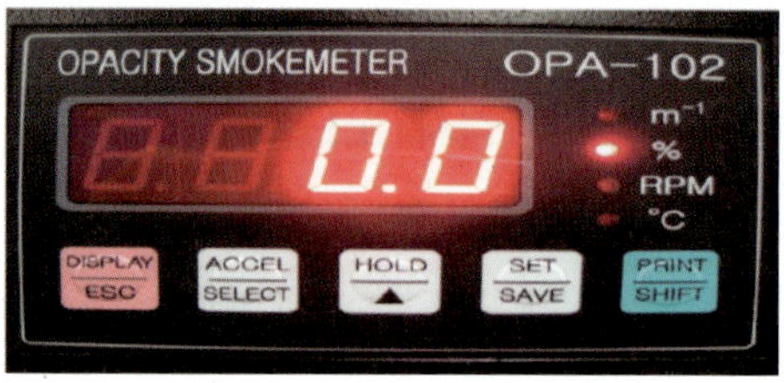

[그림 13-24] 측정 시작 화면

⑥ 가속페달에 발을 올려놓고 원동기의 최고회전속도에 도달할 때까지 급속히 밟으면서 시료를 채취한다. 이때 가속페달을 밟을 때부터 놓을 때까지 걸리는 시간은 4초 이내로 한다.

⑦ 첫 번째 측정이 끝나면 [ACCEL] KEY를 눌러서 두 번째 측정으로 넘어간다. DISPLAY 화면에 "AC-2"이라는 문구와 함께 LED 4개의 불이 깜빡거린다.

⑧ 이는 두 번째 측정을 시작할 수 있다는 표시이며, 이때 [ACCEL] KEY를 한 번 더 누르면 표시창의 LED 1개의 불이 깜빡이고, 부저음이 울리면서 측정을 시작한다(이때부터 측정 매연의 최고점을 갱신한다).

[그림 13-25] **두 번째 측정 대기 화면**

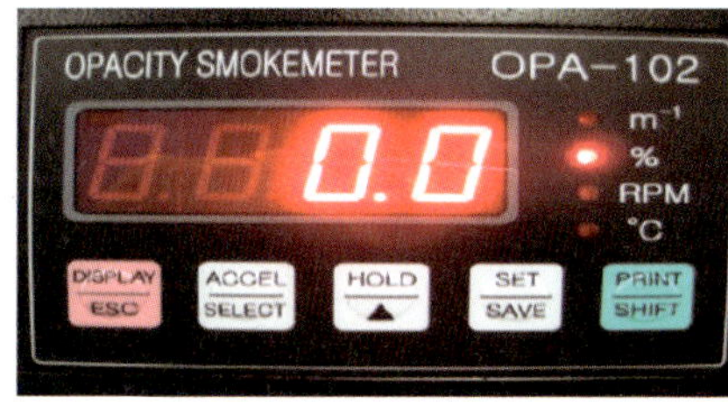

[그림 13-26] **측정 시작 화면**

⑨ 가속페달에 발을 올려놓고 원동기의 최고회전속도에 도달할 때까지 급속히 밟으면서 시료를 채취한다. 이때 가속페달을 밟을 때부터 놓을 때까지 걸리는 시간은 4초 이내로 한다.

⑩ 두 번째 측정이 끝나면 [ACCEL] KEY를 눌러서 세 번째 측정으로 넘어간다. DISPLAY 화면에 "AC-3"이라는 문구와 함께 LED 4개의 불이 깜빡거린다.

⑪ 이는 세 번째 측정을 시작할 수 있다는 표시이며, 이때 [ACCEL] KEY를 한 번 더 누르면 표시창의 LED 1개의 불이 깜빡이고, 부저음이 울리면서 측정을 시작한다(이때부터 측정 매연의 최고점을 갱신한다).

[그림 13-27] **세 번째 측정 대기 화면**

[그림 13-28] **측정 시작 화면**

⑫ 가속페달에 발을 올려놓고 원동기의 최고회전속도에 도달할 때까지 급속히 밟으면서 시료를 채취한다. 이때 가속페달을 밟을 때부터 놓을 때까지 걸리는 시간은 4초 이내로 한다.

⑬ 3번의 측정이 끝나고 판정이 적합이면 DISPLAY 화면에 "PASS"라는 문구가 나오면서 측정은 자동으로 종료되며, [ACCEL] KEY를 누를 때마다 DISPLAY 화면이 바뀌면서 1, 2, 3회의 측정값이 표시되며 평균값(Avrg)과 오차값(Diff)이 표시된다. [PRINT] KEY를 누르면 프린터가 출력되며, [ESC] KEY를 누르기 전까지는 같은 내용을 계속 프린트할 수 있다.

OPA-102
Dust meter

2015-2-20 12:17:10

Free Acceleration Test

	Opacity(%)	RPM
1 :	7.3	3500
2 :	7.9	3600
3 :	8.2	3550
Avrg	7.8	(33.3)
Diff	0.9	(5.0)

Result : Pass

[그림 13-29] **프린터 출력 화면**

⑭ 3회 측정한 매연농도의 최대치와 최소치의 차가 5%를 초과하거나 최종 측정치가 배출허용기준에 맞지 아니한 경우에는 순차적으로 1회씩 더 자동측정하며, 최대 10회까지 측정하면서 매회 측정 시마다 마지막 3회의 측정치를 산출하여 마지막 3회의 최대치와 최소치의 차가 5% 이내이고, 측정치의 산술 평균값도 배출허용기준 이내이면 측정을 마치고 DISPLAY 화면에 "PASS"라는 문구가 나오면서 측정은 자동으로 종료된다. [ACCEL] KEY를 누를 때마다 DISPLAY 화면이 바뀌면서 1, 2, 3회의 측정값이 표시되며 평균값(Avrg)과 오차값(Diff)값이 표시된다. [PRINT] KEY를 누르면 프린터가 출력되며, [ESC] KEY를 누르기 전까지는 같은 내용을 계속 프린트할 수 있다.

만약 10회까지 반복 측정하여도 최대치와 최소치의 차가 5%를 초과하거나 배출허용 기준에 맞지 아니한 경우에는 마지막 3회(8회, 9회, 10회)의 측정치를 산술 평균한 값을 최종측정치로 하고, DISPLAY 화면에 "FAIL"이라는 문구가 나오면서 측정은 자동으로 종료된다.

⑮ 측정이 완료되면 배기관으로부터 프로브를 제거한다(이때 프로브가 뜨거우므로, 화상에 주의한다).

3.2 매연 허용 기준값

[표 13-1] 경유사용 자동차 배출 허용기준(매연)(2022년 11월 14일 개정)

<table>
<tr><th colspan="2">차 종</th><th colspan="2">제작 일자</th><th>매 연</th></tr>
<tr><td colspan="2" rowspan="5">경자동차 및 승용자동차</td><td colspan="2">1995. 12. 31이전</td><td>60% 이하</td></tr>
<tr><td colspan="2">1996. 1. 1부터 2000. 12. 31까지</td><td>55% 이하</td></tr>
<tr><td colspan="2">2001. 1. 1부터 2003. 12. 31까지</td><td>45% 이하</td></tr>
<tr><td colspan="2">2004. 1. 1부터 2007. 12. 31까지</td><td>40% 이하</td></tr>
<tr><td colspan="2">2008. 1. 1이후</td><td>20% 이하</td></tr>
<tr><td rowspan="13">승합・화물・특수자동차</td><td rowspan="5">소형</td><td colspan="2">1995. 12. 31까지</td><td>60% 이하</td></tr>
<tr><td colspan="2">1996. 1 .1부터 2000. 12. 31까지</td><td>55% 이하</td></tr>
<tr><td colspan="2">2001. 1. 1부터 2003. 12. 31까지</td><td>45% 이하</td></tr>
<tr><td colspan="2">2004. 1. 1부터 2007. 12. 31까지</td><td>40% 이하</td></tr>
<tr><td colspan="2">2008. 1. 1이후</td><td>20% 이하</td></tr>
<tr><td rowspan="8">중형</td><td colspan="2">1992. 12. 31이전</td><td>60% 이하</td></tr>
<tr><td colspan="2">1993. 1 .1부터 1995. 12. 31까지</td><td>55% 이하</td></tr>
<tr><td colspan="2">1996. 1 .1부터 1997. 12. 31까지</td><td>45% 이하</td></tr>
<tr><td rowspan="2">1998. 1 .1부터
2000. 12. 31까지</td><td>시내버스</td><td>40% 이하</td></tr>
<tr><td>시내버스 외</td><td>45% 이하</td></tr>
<tr><td colspan="2">2001. 1 .1부터 2004. 9. 30까지</td><td>45% 이하</td></tr>
<tr><td colspan="2">2004. 10 .1부터 2007. 12. 31까지</td><td>40% 이하</td></tr>
<tr><td colspan="2">2008. 1. 1이후</td><td>20% 이하</td></tr>
</table>

① 차종에는 자동차등록증에 기제된 차종을 참고하여(예 : 승용, 소형, 중형 중 선택) 기록한다.

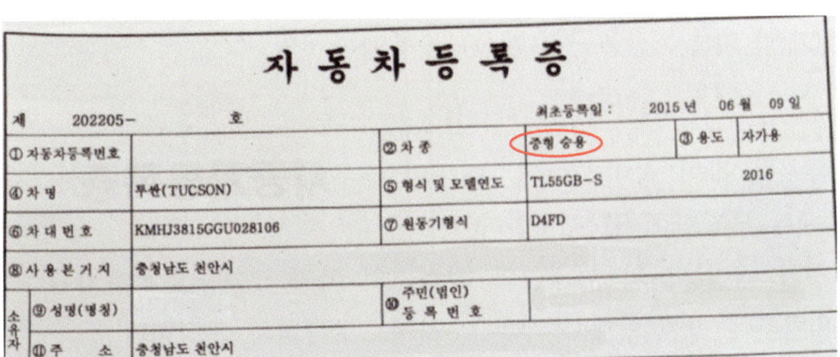

자 동 차 등 록 증

제 202205- 호 최초등록일 : 2015 년 06 월 09 일

① 자동차등록번호		② 차 종	중형 승용	③ 용도	자가용
④ 차 명	투싼(TUCSON)	⑤ 형식 및 모델연도	TL55GB-S		2016
⑥ 차 대 번 호	KMHJ3815GGU028106	⑦ 원동기형식	D4FD		
⑧ 사 용 본 거 지	충청남도 천안시				
소유자 ⑨ 성명(명칭)		⑩ 주민(법인) 등 록 번 호			
소유자 ⑪ 주 소	충청남도 천안시				

[그림 13-30] 차종 선택

② **연식** : 차대번호 총 17자리 중에서 10번째 해당 연식(예 : 2016년식)을 기록한다.

K	M	H	E	M	4	2	A	P	G	A	000001

연도	부호	연도	부호	연도	부호	연도	부호	연도	부호
1987	H	1994	R	2001	1	2008	8	2015	F
1988	J	1995	S	2002	2	2009	9	2016	G
1989	K	1996	T	2003	3	2010	A	2017	H
1990	L	1997	V	2004	4	2011	B	2018	J
1991	M	1998	W	2005	5	2012	C	2019	K
1992	N	1999	X	2006	6	2013	D	2020	L
1993	P	2000	Y	2007	7	2014	E	2021	M

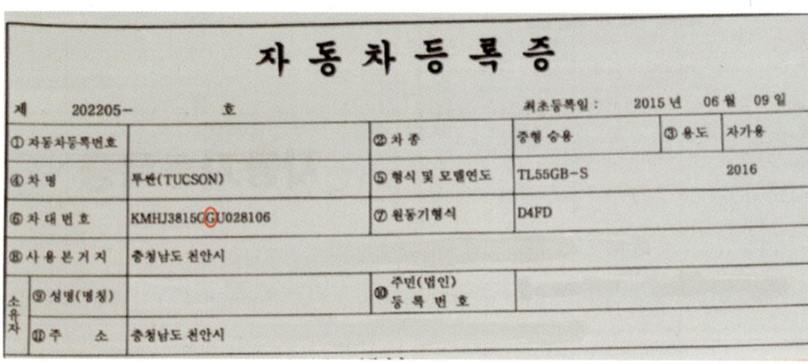

자 동 차 등 록 증

제 202205- 호 최초등록일 : 2015 년 06 월 09 일

① 자동차등록번호		② 차 종	중형 승용	③ 용도	자가용
④ 차 명	투싼(TUCSON)	⑤ 형식 및 모델연도	TL55GB-S 2016		
⑥ 차 대 번 호	KMHJ3815CGU028106	⑦ 원동기형식	D4FD		
⑧ 사 용 본 거 지	충청남도 천안시				
소유자 ⑨ 성명(명칭)		⑩ 주민(법인) 등 록 번 호			
소유자 ⑪ 주 소	충청남도 천안시				

[그림 13-31] **연식선택**

③ **기준값** : 차량 연식에 맞는 기준값(예 : 20% 이하)을 기록한다.

④ **측정값** : 측정값은 소수점을 절삭하여 기록한다(예 : 3%)

⑤ **측정** : 1회, 2회, 3회 측정시마다 측정한 측정값을 기록한다(예 : 1회 : 2.6%, 2회 3.6%, 3회 2.8%).

⑥ **산출근거(계산) 기록** : 산출근거(계산) 기록에는 3회 측정값을 평균으로 나누어 계산(예 : $\frac{2.6+3.6+2.8}{3}=3$)한다.

⑦ **판정** : 측정한 값이 정비 기준값 이내인 경우에는 적합에 ☑ 표시, 기준값을 벗어난 경우에는 부적합에 ☑ 표시한다.

⑧ 3회 측정한 매연농도의 최대치와 최소치의 차가 5%를 초과하거나 최종 측정치가 배출허용기준에 맞지 않을 경우는 순차적으로 1회씩 측정한다.

자동차 번호 :

① 점검(또는 측정)					② 판정 및 정비(또는 조치)사항		득점
차종	연식	기준값	측정값	측정	산출근거(계산)기록	판정 (□에 "✔" 표)	
소형	2016년	20% 이하	3%	1회 : 2.6% 2회 : 3.6% 3회 : 2.8%	$\frac{2.6+3.6+2.8}{3}=3$	☑ 적합 ☐ 부적합	

※ 차종, 연식 기준값은 자동차등록증을 활용하여 기재하고 기준값 적용.
※ 자동차 검사기준 및 방법에 의하여 기록 판정합니다.
※ 측정값은 소수점을 절삭하여 기록한다.